计算机建筑应用系列

AutoCAD 2008 室内装潢图绘制全程突破

谭荣伟 编著

中国建筑工业出版社

图书在版编目(CIP)数据

AutoCAD 2008室内装潢图绘制全程突破/谭荣伟编著.
北京：中国建筑工业出版社，2007
（计算机建筑应用系列）
ISBN 978-7-112-09764-7

Ⅰ.A… Ⅱ.谭… Ⅲ.室内装饰-建筑设计：计算机辅助设计-应用软件，AutoCAD 2008 Ⅳ.TU238-39

中国版本图书馆CIP数据核字(2007)第184706号

计算机建筑应用系列
AutoCAD 2008 室内装潢图绘制全程突破
谭荣伟 编著

*

中国建筑工业出版社出版、发行（北京西郊百万庄）
各地新华书店、建筑书店经销
北京天成排版公司制版
北京建筑工业印刷厂印刷

*

开本：787×1092毫米 1/16 印张：31$\frac{1}{2}$ 字数：783千字
2008年4月第一版 2008年4月第一次印刷
印数：1—3,000册 定价：**75.00**元(含光盘)
ISBN 978-7-112-09764-7
(16428)

版权所有 翻印必究
如有印装质量问题，可寄本社退换
（邮政编码 100037）

室内装饰设计是建筑的内部空间设计，与人的工作和生活关系最为密切。室内设计水平高低直接关系到居住与工作环境质量的好与坏。而在室内装饰设计中，最能直观了解装饰效果的是室内三维装饰透视图。因此，建筑室内空间三维装饰图形的绘制，是室内设计师和建筑师需掌握的基本技能之一。

本书以 AutoCAD 2008 简体中文版作为设计软件平台，结合各种建筑室内空间装饰设计的特点，除了全面介绍 AutoCAD 软件的三维图形绘制功能和编辑修改方法外，还详细介绍室内设计常用室内装饰设施，如办公桌、会议桌、椅子、沙发、床、衣柜、书柜、坐便器、洗脸盆、洗菜盆和洗衣机以及茶几、落地灯、吊灯、热水瓶、餐具车等多种家具、橱具、洁具、电器和灯具的三维图形绘制方法等。同时，精心挑选常见和典型的建筑室内装饰空间，如客厅和餐厅、卧室和书房、厨房和卫生间、会议室和经理办公室等多种室内形式，逐步论述了在现代室内空间装饰设计中，如何使用 AutoCAD 绘制和布置创建以及观察各种建筑三维室内空间透视图的方法及其技巧，包括绘制三维墙体和三维门窗、三维吊顶造型、三维家具和三维洁具、三维人物和三维花草、三维橱具、三维电器和三维灯具以及三维相机视图等的操作方法与技巧。

本书所论述的知识和案例内容既翔实、细致，又丰富、典型；本书还密切结合室内装饰工程实际，具有很强的操作性和实用性，十分适合建筑设计、室内外装饰装潢设计、环境设计和房地产、规划咨询等相关专业设计师、工程技术人员和在校师生学习 AutoCAD 绘制室内装潢图的参考书，也可作为培训教材。

* * *

责任编辑：郭　栋
责任设计：赵明霞
责任校对：孟　楠　刘　钰

序　言

　　室内装饰设计是建筑的内部空间设计，与人的工作和生活关系最为密切。室内设计水平高低直接关系到居住与工作环境质量的好与坏。而在室内装饰设计中，最能直观了解装饰效果的是室内三维装饰透视图。因此，建筑室内空间三维装饰图形的绘制，是室内设计师和建筑师需掌握的基本技能之一。

　　室内一般是指建筑物的内部空间，而室内设计则是对建筑物的内部空间进行的环境和艺术设计。室内设计作为独立的综合性学科，于 20 世纪 60 年代初形成，在世界范围内开始出现室内设计概念，开始强调室内空间装饰的功能性、追求造型单纯化，并考虑经济、实用和耐久。室内装饰设计是建筑的内部空间环境设计，与人的生活关系最为密切。现代室内设计是根据建筑空间的使用性质和所处环境，运用物质技术手段和艺术处理手法，从内部把握空间，设计其形状和大小。为了满足人们在室内环境中能舒适地生活和活动，而整体考虑环境和用具的布置设施。室内设计的根本目的，在于创造满足物质与精神两方面需要的空间环境。因此，室内设计具有物质功能和精神功能的两重性，设计在满足物质功能合理的基础上，更重要的是要满足精神功能的要求，要创造风格、意境和情趣来满足人的审美要求。

　　随着时代的飞速发展，计算机辅助设计(CAD)得到飞速发展，其技术已有了巨大的突破，已由传统的专业化、单一化的操作方式逐渐向简单明了的可视化、多元化的方向飞跃，以满足设计者在 CAD 设计过程中尽情发挥个性设计理念和创新灵感、表现个人创作风格的新需求。其中最为出色的 CAD 设计软件之一是美国 Autodesk 公司的 AutoCAD，AutoCAD 不仅具有强大的二维平面绘图功能，而且具有出色的、灵活可靠的三维建模功能，是进行室内装饰图形设计最为有力的工具与途径之一。使用 AutoCAD 绘制建筑室内装饰图形，不仅可以利用人机交互界面实时地进行修改，快速地把个人的意见反映到设计中去，而且可以感受修改后的效果，从多个角度任意进行观察，是建筑室内装饰设计的得力工具。

　　本书以 AutoCAD 2008 简体中文版作为设计软件平台，结合各种建筑室内空间装饰设计的特点，除了全面介绍 AutoCAD 软件的三维图形绘制功能和编辑修改方法外，还详细介绍室内设计常用室内装饰设施，如办公桌、会议桌、椅子、沙发、床、衣柜、书柜、坐便器、洗脸盆、洗菜盆和洗衣机以及茶几、落地灯、吊灯、热水瓶、餐具车等多种家具、橱具、洁具、电器和灯具的三维图形绘制方法等。同时精心挑选常见和典型的建筑室内装饰空间，如客厅和餐厅、卧室和书房、厨房和卫生间、会议室和经理办公室等多种室内形式，逐步论述了在现代室内空间装饰设计中，如何使用 AutoCAD 绘制和布置创建以及观察各种建筑三维室内空间透视图的方法及其技巧，包括绘制三维墙体和三维门窗、三维吊顶造型、三维家具和三维洁具、三维人物和三维花草、三维电器和灯具以及三维相机视图等的操作方法与技巧。

本书所论述的知识和案例内容既翔实、细致，又丰富、典型；本书还密切结合室内装饰工程实际，具有很强的操作性和实用性，十分适合建筑设计、室内外装饰装潢设计、环境设计和房地产、规划咨询等相关专业设计师、工程技术人员和在校师生学习 AutoCAD 绘制室内装潢图的参考书，也可作为培训教材。

本书由谭荣伟负责策划和编写，卢琼莲、许鉴开、卢一昂、黄冬梅、谭荣钊、卢晓华、韦燕姬、谭小金、黄春燕、杨勇、江桂邦、谭小芬、欧美莲、许琢玉、余云飞、李应霞、马显汉、许景婷、王丽超、黎育信、饶付南、谭小凤、黄艳丽、阙光毅、陈炎华、韦金来、卢芸芸、谭小泳、王军辉、李淼等参加了部分章节编写。由于编者水平有限，虽然经过再三勘误，但仍难免有纰漏之处，欢迎广大读者予以指正。

目 录

第1章 室内装潢设计及CAD基本知识 ... 1
1.1 室内装潢设计概述 ... 1
1.1.1 关于室内装潢设计 ... 1
1.1.2 室内装潢设计步骤 ... 3
1.2 室内装潢图绘制方法 ... 6
1.2.1 手工绘制室内装潢图 ... 6
1.2.2 计算机绘制室内装潢图 ... 6
1.3 AutoCAD概述 ... 7
1.3.1 AutoCAD简介 ... 7
1.3.2 AutoCAD使用环境 ... 8
1.3.3 AutoCAD 2008操作界面 ... 10
1.3.4 AutoCAD基本使用操作 ... 24
1.4 AutoCAD图形坐标系 ... 28
1.4.1 坐标形式及设置 ... 28
1.4.2 绝对直角坐标 ... 31
1.4.3 相对直角坐标 ... 32
1.4.4 相对极坐标 ... 33
1.4.5 三维空间坐标系 ... 34
1.4.6 UCS使用方法 ... 37
1.5 室内装潢及AutoCAD设计实例鉴赏 ... 39
1.5.1 公装实例鉴赏 ... 39
1.5.2 家装实例鉴赏 ... 42
1.5.3 AutoCAD三维设计图形鉴赏 ... 44

第2章 AutoCAD三维基本图形绘制 ... 47
2.1 空间点与三维线的绘制 ... 47
2.1.1 空间点 ... 47
2.1.2 三维直线与三维多段线 ... 48
2.1.3 三维射线与三维构造线 ... 49
2.1.4 三维弧线与三维椭圆弧线 ... 51
2.1.5 三维多线与三维样条曲线 ... 52
2.1.6 三维螺旋线 ... 54
2.2 三维基本实体图形的绘制 ... 55
2.2.1 长方体和正方体 ... 55
2.2.2 楔体 ... 56
2.2.3 圆柱体和椭圆柱体 ... 57

  2.2.4 圆锥体和椭圆锥体 ………………………………………………………… 58
  2.2.5 球体和圆环体 …………………………………………………………… 59
  2.2.6 多段体和棱锥体 ………………………………………………………… 60
 2.3 三维复合实体图形的绘制 ………………………………………………………… 61
 2.4 三维基本曲面体图形的绘制 ……………………………………………………… 63
  2.4.1 长方体表面和正方体表面 ……………………………………………… 63
  2.4.2 棱锥面和楔体表面 ……………………………………………………… 64
  2.4.3 上半球面和下半球面 …………………………………………………… 65
  2.4.4 球体表面和圆环体表面 ………………………………………………… 66
  2.4.5 圆锥体表面和圆锥台体表面 …………………………………………… 67
 2.5 三维复合曲面和网格面图形的绘制 ……………………………………………… 68
  2.5.1 平面曲面 ………………………………………………………………… 68
  2.5.2 直纹网格和平移曲面 …………………………………………………… 69
  2.5.3 旋转网格曲面和定边界曲面 …………………………………………… 70
  2.5.4 三维网格和任意三维面 ………………………………………………… 71
  2.5.5 三维多面网格 …………………………………………………………… 73
 2.6 二维图形快速转换成三维图形 …………………………………………………… 74
  2.6.1 拉伸转换 ………………………………………………………………… 74
  2.6.2 旋转转换 ………………………………………………………………… 76
  2.6.3 扫掠和放样 ……………………………………………………………… 77

第 3 章 AutoCAD 三维图形编辑与修改 ………………………………………… 81

 3.1 三维图形基本编辑与修改方法 …………………………………………………… 81
  3.1.1 三维旋转和三维镜像 …………………………………………………… 81
  3.1.2 三维阵列 ………………………………………………………………… 83
  3.1.3 三维对齐 ………………………………………………………………… 84
  3.1.4 三维移动 ………………………………………………………………… 85
 3.2 三维线条的编辑与修改方法 ……………………………………………………… 86
  3.2.1 三维多段线的编辑修改 ………………………………………………… 86
  3.2.2 三维样条曲线的编辑修改 ……………………………………………… 86
 3.3 三维实体的编辑与修改方法 ……………………………………………………… 87
  3.3.1 倒角与倒圆角 …………………………………………………………… 87
  3.3.2 切割与切面 ……………………………………………………………… 89
  3.3.3 布尔运算 ………………………………………………………………… 90
  3.3.4 分解实体 ………………………………………………………………… 91
  3.3.5 边的编辑修改 …………………………………………………………… 92
  3.3.6 面的编辑修改 …………………………………………………………… 94
  3.3.7 体的编辑修改 …………………………………………………………… 100
 3.4 三维图形渲染美化 ………………………………………………………………… 103
  3.4.1 一般简单美化 …………………………………………………………… 104
  3.4.2 简单渲染 ………………………………………………………………… 105

目 录

第4章　室内家具设施三维图形绘制（1） ... 108
4.1　办公家具三维图形绘制 ... 108
- 4.1.1　办公桌三维图形绘制 ... 108
- 4.1.2　椅子三维图形绘制 ... 116
- 4.1.3　玻璃桌三维图形绘制 ... 125
- 4.1.4　小茶几三维图形绘制 ... 131

4.2　灯具三维图形绘制 ... 137
- 4.2.1　吊灯三维图形绘制 ... 137
- 4.2.2　落地灯三维图形绘制 ... 143

4.3　配餐家具三维图形绘制 ... 152
- 4.3.1　餐具架三维图形绘制 ... 152
- 4.3.2　餐具车三维图形绘制 ... 161

4.4　日常生活用品三维图形绘制 ... 170
- 4.4.1　茶壶三维图形绘制 ... 170
- 4.4.2　热水瓶三维图形绘制 ... 177

4.5　室内其他装饰物三维图形绘制 ... 185
- 4.5.1　室内装饰小品三维图形绘制 ... 185
- 4.5.2　文字装饰三维图形绘制 ... 192

第5章　室内家具设施三维图形绘制（2） ... 196
5.1　日常办公家具三维图形绘制 ... 196
- 5.1.1　沙发三维图形绘制 ... 196
- 5.1.2　大会议桌三维图形绘制 ... 210

5.2　日常生活家具三维图形绘制 ... 220
- 5.2.1　双人床三维图形绘制 ... 220
- 5.2.2　衣柜三维图形绘制 ... 238
- 5.2.3　书柜三维图形绘制 ... 252

5.3　日常生活橱具电器三维图形绘制 ... 265
- 5.3.1　洗衣机三维图形绘制 ... 265
- 5.3.2　洗菜盆三维图形绘制 ... 280

5.4　洁具三维图形绘制 ... 292
- 5.4.1　坐便器三维图形绘制 ... 292
- 5.4.2　洗脸盆三维图形绘制 ... 304

第6章　客厅、餐厅及门厅室内三维图形绘制 ... 318
6.1　客厅、餐厅及门厅三维模型绘制 ... 318
- 6.1.1　客厅、餐厅及门厅平面绘制 ... 318
- 6.1.2　客厅、餐厅及门厅三维墙体造型绘制 ... 326
- 6.1.3　客厅、餐厅及门厅三维门窗造型绘制 ... 330

6.2　客厅、餐厅及门厅三维家具设施绘制 ... 339
- 6.2.1　客厅和餐厅等室内家具电器绘制 ... 339
- 6.2.2　客厅和餐厅等室内人物花草绘制 ... 344

6.3　客厅、餐厅及门厅三维图形观察 ... 347

6.3.1 预置视点和动态观察客厅等三维图形 ……………………………………… 347
6.3.2 使用相机观察客厅等三维图形 …………………………………………… 350

第7章 卧室和书房室内三维图形绘制 ……………………………………………… 353
7.1 卧室三维 CAD 图形绘制 …………………………………………………… 353
7.1.1 卧室墙体三维造型绘制 …………………………………………………… 353
7.1.2 卧室门窗三维造型绘制 …………………………………………………… 359
7.1.3 卧室家具电器等设施三维造型布置 ……………………………………… 365
7.1.4 卧室三维图形观察 ………………………………………………………… 369
7.2 书房三维 CAD 图形绘制 …………………………………………………… 374
7.2.1 书房三维墙体造型创建 …………………………………………………… 374
7.2.2 书房三维门窗造型创建 …………………………………………………… 379
7.2.3 书房三维家具设施创建 …………………………………………………… 383
7.2.4 书房三维图形观察 ………………………………………………………… 390

第8章 厨房和卫生间室内三维图形绘制 …………………………………………… 394
8.1 厨房室内三维 CAD 图形绘制 ……………………………………………… 394
8.1.1 厨房三维墙体造型绘制 …………………………………………………… 394
8.1.2 厨房三维门窗造型绘制 …………………………………………………… 399
8.1.3 厨房橱柜等家具设施三维造型绘制 ……………………………………… 401
8.1.4 厨房室内三维图形观察 …………………………………………………… 408
8.2 卫生间室内三维 CAD 图形绘制 …………………………………………… 413
8.2.1 卫生间三维墙体和门扇造型创建 ………………………………………… 413
8.2.2 卫生间三维洁具设施创建 ………………………………………………… 419
8.2.3 卫生间三维室内图形观察 ………………………………………………… 427

第9章 会议室和经理办公室室内三维图形绘制 …………………………………… 431
9.1 会议室室内三维 CAD 图形绘制 …………………………………………… 431
9.1.1 会议室三维墙体造型绘制 ………………………………………………… 431
9.1.2 会议室三维门窗和吊顶造型绘制 ………………………………………… 435
9.1.3 会议室三维室内家具设施绘制 …………………………………………… 443
9.1.4 会议室三维室内图形观察 ………………………………………………… 454
9.2 经理办公室三维 CAD 图形绘制 …………………………………………… 460
9.2.1 经理办公室三维墙体造型创建 …………………………………………… 460
9.2.2 经理办公室三维门窗和吊顶造型创建 …………………………………… 464
9.2.3 经理办公室三维室内家具设施创建 ……………………………………… 471
9.2.4 经理办公室三维图形观察 ………………………………………………… 478

附录 三维 CAD 图形索引 …………………………………………………………… 482
A. 家具三维 CAD 图形(讲解案例) ………………………………………………… 482
B. 常见室内空间三维 CAD 图形(讲解案例) ……………………………………… 486
C. 常用三维 CAD 图形(图库) ……………………………………………………… 488

第1章 室内装潢设计及CAD基本知识

📖 本章理论知识论述要点提示

本章主要论述室内装潢及其装潢图设计的一些基本知识，同时也扼要地介绍AutoCAD相关知识及其基本使用方法。此外，本章还将介绍一些国内外室内设计的方法与发展以及工程案例。

本章案例绘图思路与技巧提示

本章介绍了 AutoCAD 有关三维图形绘制的最基本操作方法和三维坐标系绘图要点，同时列举了一些公装和家装典型案例，作为鉴赏和学习参考。

1.1 室内装潢设计概述

室内装潢是现代工作生活空间环境中比较重要的内容，也是与建筑设计密不可分的组成部分。了解室内装潢的特点和要求，对学习使用 AutoCAD 进行装潢设计是十分必要的。

1.1.1 关于室内装潢设计

室内(Interior)是指建筑物的内部，即建筑物的内部空间。室内设计(Interior Design)就是反映对建筑物的内部空间进行设计。所谓"装潢"意为"装点、美化、打扮"之义。关于室内设计的特点与专业范围，各种提法很多，但把室内设计简单地称为"装潢设计"是较为普通的。诚然，在室内设计工作中含有装潢设计的内容，但它又不完全是单纯的装潢问题。要深刻地理解室内设计的含义，需对历史文化、技术水平、城市文脉、环境状况、经济条件、生活习俗和审美要求等因素做出综合的分析，才能掌握室内设计的内涵和其应有的特色。在具体的创作过程中，室内设计不同于雕塑、绘画等其他的造型艺术形式能再现生活，只能运用自身的特殊手段，如：空间、体形、细部、色彩、质感等形成的综合整体效果，表达出各种抽象的意味：宏伟、壮观、粗放、秀丽、庄严、活泼、典雅等气氛。因为室内设计的创作，其构思过程是受各种制约条件限定的，只能沿着一定的轨迹，运用形象的思维逻辑，创造出美的艺术形式。图 1.1 是室内和室外的空间环境装潢设计效果。

从含义上说，室内设计是建筑创作不可割裂的组成部分，其焦点是如何为人们创造出良好的物质与精神上的生活环境。所以室内设计不是一项孤立的工作，确切地说，它是建

图1.1 室内与室外空间装潢

筑构思中的深化、延伸和升华。因而既不能人为地将它从完整的建筑总体构思中划分出去，也不能抹杀掉室内设计的相对独立性，更不能把室内外空间界定得那么准确。因为室内空间的创意，是相对于室外环境和总体设计架构而存在的，只能是相互依存、相互制约、相互渗透和相互协调的有机关系。忽视或有意割断这种内在的联系关系，将使创作落入空中楼阁的境地，犹如无源之水、无本之木一样，失掉了构思的依据，必然导致创作思路的枯竭，使其作品苍白、落套而缺乏新意。显然，当今室内设计发展的特征，是更多的强调尊重人们自身的价值观、深层的文化背景、民族的形式特色及宏观的时代新潮。通过装潢设计，可以使得室内环境更加优美，更加适宜人们工作生活。图1.2所示是常见住宅居室中的客厅装潢前后的效果对比。

图1.2 室内空间装潢前后效果

现代室内设计作为一门新兴的学科，尽管还只是近数十年的事，但是人们有意识地对自己生活、生产活动的室内进行安排布置，甚至美化装潢，赋予室内环境以所祈使的气氛，却早已从人类文明伊始的时期就存在了。我国各类民居，如北京的四合院、四川的山地住宅以及上海的里弄建筑等，在体现地域文化的建筑形体和室内空间组织、在建筑装潢的设计与制作等许多方面，都有极为宝贵的可供借鉴的成果。随着经济的发展，从公共建筑、商业建筑开始，及至涉及千家万户的居住建筑，在室内设计和建筑装潢方面都有了蓬勃的发展。现在社会是一个经济、信息、科技、文化等各方面都高速发展的社会，人们对社会的物质生活和精神生活不断提出新的要求，相应地人们对自身所处的生产、生活活动环境的质量，也必须将提出更高的要求，这就需要设计师从实践到理论认真学习、钻研和探索，才能创造出安全、健康、适用、美观、能满足现代室内综合要求、具有文化内涵的室内环境。如图 1.3 所示是不同的室内装潢风格。

图 1.3　不同的室内装潢风格

1.1.2　室内装潢设计步骤

室内设计是根据建筑物的使用性质、所处环境和相应标准，运用物质技术手段和建筑美学原理，创造功能合理、舒适优美、满足人们物质和精神生活需要的室内环境。设计构思时，需要运用物质技术手段，即各类装潢材料和设施设备等，这是容易理解的；还需要遵循建筑美学原理，这是因为室内设计的艺术性，除了有与绘画、雕塑等艺术之间共同的美学法则之外，作为"建筑美学"，更需要综合考虑使用功能、结构施工、材料设备、造价标准等多种因素。

如从设计者的角度来分析室内设计的方法，主要有以下几点：

（1）总体与细部深入推敲

总体推敲，即是室内设计应考虑的几个基本观点，有一个设计的全局观念。细部推敲，即从细处着手，具体进行设计时，必须根据室内的使用性质，深入调查、收集信息，掌握必要的资料和数据，从最基本的人体尺度、人流动线、活动范围和特点、家具与设备等的尺寸和使用它们必须的空间等着手。

（2）里外、局部与整体协调统一

室内环境需要与建筑整体的性质、标准、风格，与室外环境相协调统一，它们之间有着相互依存的密切关系，设计时需要从里到外、从外到里多次反复协调，务使更趋完善、合理。

（3）立意与表达

设计的构思、立意至关重要。可以说，一项设计，没有立意就等于没有"灵魂"，设计的难度也往往在于要有一个好的构思。一个较为成熟的构思，往往需要足够的信息量，有商讨和思考的时间，在设计前期和出方案过程中使立意、构思逐步明确，形成一个好的构思。

对于室内设计来说，正确、完整又有表现力地表达出室内环境设计的构思和意图，使建设者和评审人员能够通过图纸、模型、说明等，全面地了解设计意图，也是非常重要的。室内设计根据设计的进程，通常可以分为四个阶段：即准备阶段、方案阶段、施工图阶段和实施阶段。

(1) 准备阶段

设计准备阶段主要是接受委托任务书,签订合同,或者根据标书要求参加投标;明确设计任务和要求,如室内设计任务的使用性质、功能特点、设计规模、等级标准、总造价,根据任务的使用性质所需创造的室内环境氛围、文化内涵或艺术风格等。收集需要装修的建筑室内空间各个房间尺寸大小及业主要求等相关资料,图1.4所示是需要装修的空间平面基本平面尺寸大小等一些数据资料。

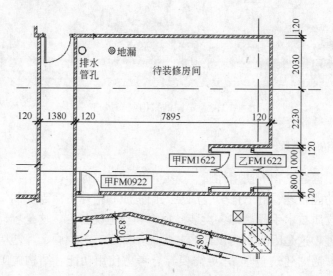

图1.4 空间平面基本尺寸数据

(2) 方案阶段

方案设计阶段是在设计准备阶段的基础上,进一步收集、分析、运用与设计任务有关的资料与信息,构思立意,进行初步方案设计,深入设计,进行方案的分析与比较。确定初步设计方案,提供设计文件,如平面图、立面图、透视图、室内装潢材料实样版面等。初步设计方案需经审定后,方可进行施工图设计。图1.5所示是某个住宅项目装潢方案效果图。

图1.5 方案设计

（3）施工图阶段

施工图设计阶段是提供有关平面、立面、构造节点大样以及设备管线图等施工图纸，满足施工的需要。图1.6所示是某个项目装潢节点大样施工图。

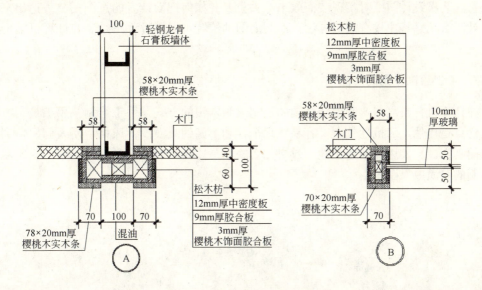

图1.6　节点大样装修施工图

（4）实施阶段

设计实施阶段也即是工程的施工阶段。室内工程在施工前，设计人员应向施工单位进行设计意图说明及图纸的技术交底；工程施工期间需按图纸要求核对施工实况，有时还需根据现场实况提出对图纸的局部修改或补充；施工结束时，会同质检部门和建设单位进行工程验收。为了使设计取得预期效果，室内设计人员必须抓好设计各阶段的环节，充分重视设计、施工、材料、设备等各个方面，并熟悉、重视与原建筑物的建筑设计、设施设计的衔接，同时还须协调好与建设单位和施工单位之间的相互关系，在设计意图和构思方面取得沟通与共识，以期取得理想的设计工程成果。图1.7所示是住宅室内装修施工现场。

图1.7　家装施工现场

1.2 室内装潢图绘制方法

室内装潢设计图纸对实现装潢效果至关重要。如何把设计者的意图完整表达出来,装潢设计图纸无疑是比较有效的方法,而装潢图的绘制可以通过手工绘制和计算机辅助设计来实现。

1.2.1 手工绘制室内装潢图

在计算机普及之前,室内装潢图的绘制最为常用的方式是手工绘制。手工绘制方法的最大优点是自然,随机性较大,容易体现个性和不同的装潢设计风格,使人们领略到其所带来的真实性、实用性和趣味性的效果。其缺点是比较费时且不易修改。图1.8所示是手工绘制的装潢效果图。

图1.8 手绘效果图

1.2.2 计算机绘制室内装潢图

随着计算机信息技术的飞速发展,装潢设计已逐步摆脱传统的图板和三角尺,步入计算机辅助设计(CAD)时代。在国内外,装潢效果图及施工图的设计,如今也几乎完全实现了使用计算机进行绘制和修改。计算机辅助设计的最大优势在于其可以任意修改,并能随时修改。图1.9所示是计算机绘制的装潢效果图。

图1.9 电脑绘制效果图

1.3 AutoCAD 概述

1.3.1 AutoCAD 简介

AutoCAD 是美国欧特克公司(Autodesk Inc.)的通用计算机辅助设计软件，AutoCAD 是"Auto Computer Aided Design"的简称。美国 Autodesk 公司是全球最大的软件公司之一，其总部位于美国加利福尼亚州的圣拉斐(SAN RAFAEL)，其 AutoCAD 产品以近 20 种不同语言的版本在世界各地供应，其最新版本是 AutoCAD 2008，如图 1.10 所示。

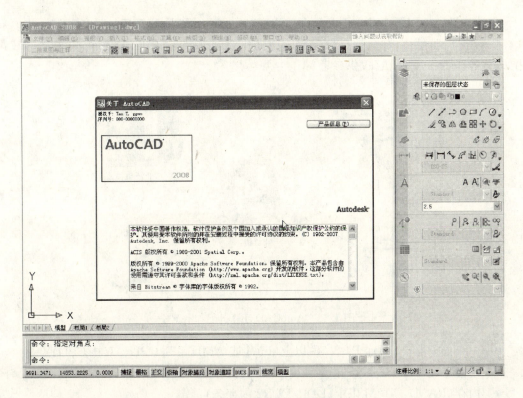

图 1.10 最新版本 AutoCAD 2008

AutoCAD 已广泛应用于建筑、土木、机械、电子、航天、船舶、轻工业、化工和地质等诸多工程领域，如图 1.11 所示。设计业正日益全球化和迅猛发展的今天，许多业主、商业顾问、合作者、供应商、位于不同地方，却都需要尽快地得到设计信息，使用 AutoCAD 可以得到所需要的设计信息，无论它在什么地方，并且可以比以往更加快捷、方便和准确。

自 1982 年 12 月发布 AutoCAD 的第 1 个版本 AutoCAD R2.0 以来，AutoCAD 至今已进行了十多次的更新换代。总的来看，AutoCAD 的功能日趋全面并越来越强大，其使用越来越方便灵活，更适合工程设计发展的需求，适用的工程领域日趋全面和多样化，同时具有延续性和向上兼容性，更便于操作和使用。

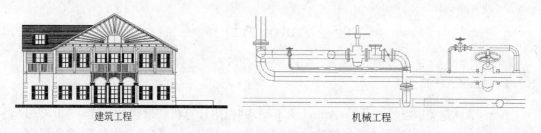

图 1.11 AutoCAD 工程应用

1.3.2 AutoCAD 使用环境

在计算机硬件配置要求方面，一个较为完备的 AutoCAD 计算运行设备环境，主要有计算机、打印机(绘图仪)、扫描仪、数码相机和刻录机等，如图 1.12 所示。一般建议采用如下主流配置的计算机(仅供参考)：

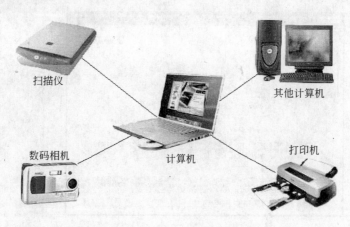

图 1.12 AutoCAD 计算机配置示意

- 中央处理器(CPU)：P4-2.5G 以上(Intel 或 AMD 系列 CPU、双核 CPU)。
- 硬盘空间(Hard Disk Space)：80～120G 以上。
- 内存(RAM)：512M 以上(DDR/DDR2 内存条)。
- 显视器(Display)：17 英寸纯平或 15 英寸液晶，1024×768 分辨率以上，128M 以上显存。
- 其他设备(Others)：打印机、扫描仪、数码相机、绘图仪、刻录机等备选设备。

使用 AutoCAD 三维的其他建议配置如下：

- 操作系统：Windows XP Professional Service Pack 2 建议在用户界面语言与 AutoCAD 语言的代码页匹配的操作系统上安装非英文版本的 AutoCAD。代码页为不同语言的字符集提供支持。
- 处理器：3.0GHz 或更快的处理器。
- 图形卡：128MB 或更高，OpenGL 工作站类，必须安装支持硬件加速的 DirectX 9.0c 或更高版本的图形卡。从 ACAD.msi 文件进行的安装不能安装 DirectX 9.0c 或更高版本的图形卡。这种情况下,需要手动安装用于硬件加速的 DirectX 以进行配置。

- RAM:2GB(或更大)。
- 硬盘:2GB(不包括安装所需的 750MB)。

在 Windows 操作系统下安装 AutoCAD 的方法很简单,将 AutoCAD 软件 CD 光盘插入 CD-ROM 或 DVD 驱动器中。单击"我的电脑",打开 CD 光盘。然后单击"Setup.exe/Install.exe"文件开始安装过程。系统将弹出安装向导页面,在 AutoCAD 媒体浏览器中,在 AutoCAD2008 安装向导窗口上单击"安装产品",按其提示可以顺利完成安装。若使用的 AutoCAD 软件 CD 光盘中设置了 Autorun(自动安装),则系统将自动弹出安装向导页面,即可开始安装过程,同样按其提示可以顺利完成安装。

安装 AutoCAD 时,将自动检测 Windows 操作系统是 32 位版本还是 64 位版本,安装适当的 AutoCAD 版本。不能在 64 位版本的 Windows 上安装 32 位版本的 AutoCAD。

成功安装了 AutoCAD 以后,单击其快捷图标(如在桌面上双击 AutoCAD 图标可以启动该软件)将进入 AutoCAD 绘图环境,如图 1.13 所示。AutoCAD 提供的操作界面非常友好,与 Windows 风格一致,功能也更强大,是设计师的得力助手。

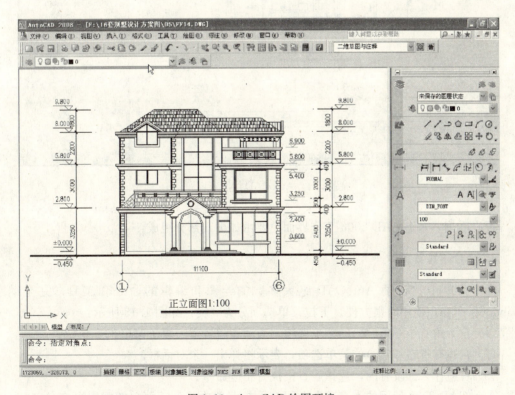

图 1.13 AutoCAD 绘图环境

AutoCAD 2008 的操作界面是纯粹的 Windows 风格,使用更为直观方便,比较符合人体视觉要求。熟悉其绘图环境和掌握基本操作方法,是学习使用 AutoCAD 2008 的基础。

1.3.3 AutoCAD 2008 操作界面

安装了 AutoCAD 2008 以后，单击其快捷图标将进入 AutoCAD 2008 绘图环境，其绘图布局形式如图 1.14 所示。AutoCAD 2008 提供的操作界面非常友好，与 Windows XP 风格一致，功能也更强大。

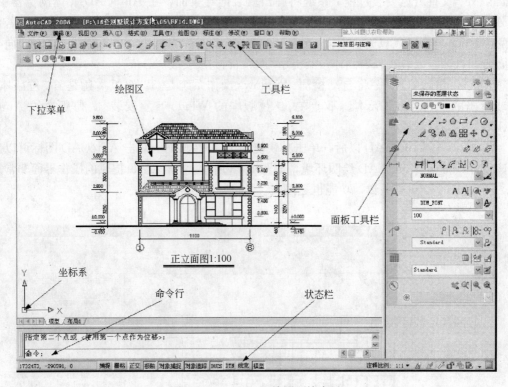

图 1.14 AutoCAD 绘图环境布局

可以看出，AutoCAD 2008 工作界面主要由如下几部分组成：

1. 命令下拉菜单

命令菜单中包含了 AutoCAD 绝大多数的绘图和编辑的命令和工具，完全继承 Windows 风格，使用时很方便。下拉菜单选项分为 3 类，如图 1.15 所示：

(1) 右下角有小三角(▼)的菜单选项，表示还包含下一级子菜单。
(2) 右边有省略号(…)的菜单选项，表示将弹出一个对话框。
(3) 右边什么都没有的，选择后直接执行相应命令。

AutoCAD 2008 使用的大多数命令可在下拉菜单中找到。菜单的配置可在 Acad.mnu 文件中找到，用户也可编辑或修改菜单文件，以适合自己的要求。AutoCAD 2008 中的所提供的下拉菜单及其对应的主要功能如下所述：

(1)【文件】下拉菜单，文件菜单主要针对文件的操作，包括【新建】、【打开】、【保存】和【页面设置管理器】、【打印】等 20 多个命令选项。如图 1.16 所示。

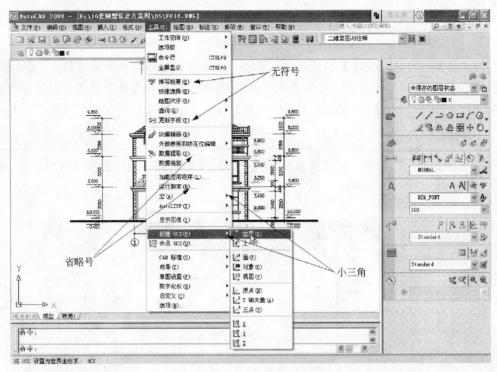

图 1.15 菜单选项类型

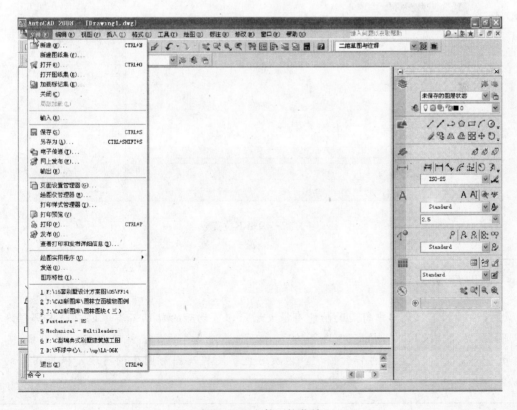

图 1.16 文件下拉菜单

> **技巧与提示**
>
> 【文件】菜单中【发送】功能是可以将当前文件作为邮件的附件发送出去。【关闭】项可以关闭当前的图形文件，而不是退出 AutoCAD。在文件菜单中的【页面设置管理器】、【绘图仪管理器】和【打印样式管理器】功能，能够设置输出打印的页面、打印机及打印的型式等。

（2）【编辑】下拉菜单，包括【放弃】、【剪切】、【复制】、【粘贴】和【查找】等 10 多个命令选项。如图 1.17 所示。

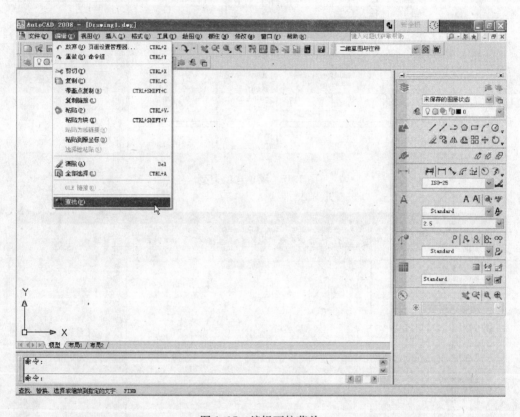

图 1.17　编辑下拉菜单

> **技巧与提示**
>
> 【编辑】下拉菜单中剪贴的功能有很大增强，剪切后的粘贴不再像以前版本那样麻烦，粘贴操作很简单。执行粘贴命令后，只需点取旋转的位置就可以完成粘贴操作，而且粘贴出来的图形不再作为图块，这就避免了图块及图形图块的清理，根据用户的需要，也可以将剪贴板内容粘贴为图块。

(3)【视图】下拉菜单,包括【重画】、【重生成】、【缩放】、【平移】、【消隐】和【渲染】等10多个命令选项。如图1.18所示。

图1.18 视图下拉菜单

【视图】中的【重画】功能就是重新刷新图形,而【重生成】命令是在觉得所显示的图形不够圆滑时使用,系统将会按当前的图形大小调整圆弧的显示平滑度。实时【平移】、实时【缩放】是两个非常有用的功能,是AutoCAD R14版之后才增加的。记住实时缩放时按住鼠标并向上拖动时图形会放大,按住鼠标并向下拖动时图形会缩小,而左右拖动是无效的。【鸟瞰视图】在绘制大图形时配合使用更方便,它可以在一个小的窗口中显示整图的内容,可以用窗选某一部分显示。【视口】就是将窗口分成几部分分别显示图形中的不同部分,可以对激活的窗口进行平移、缩放而不影响其他视口中的图形显示。【三维视图】功能是指从不同角度来观看图形,主要用于三维操作,用于平面时可以将图形的不同位置保存为不同的视图名称,通过引用该名称来实现快速地显示出不同的位置。

(4)【插入】下拉菜单,包括【块】、【DWG参照】、【光栅图像参照】、【3D Studio】、

【OLE 对象】等 10 多个命令选项。如图 1.19 所示。

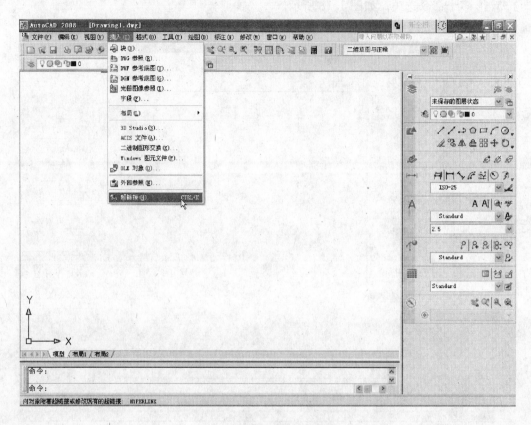

图 1.19 【插入】下拉菜单

> **技巧与提示**
>
> 【插入】菜单主要是提供将不同的部件插入当前图形中的功能，它可以控制在图形中插入图块（包括图形文件）、外部参照、光栅图像、矢量图像等。图块与外部参照有何区别，插入的图块已成为当前图形的一部分，对图块的更改必须在当前的图形中进行，而外部参照一般情况下只是一个参照图，不能进行编辑，有点像链接。外部参照也可以嵌入到当前的图形中成为图形的一部分。在嵌入中有两个选项，一个是插入、一个是嵌入，区别是：插入时外部参照与当前图形的相同图层中的对象合并在一起形成一个层，而嵌入时外部参照中的图层重新命名而独立于当前图形的图层，故而图层数增多。光栅图像指一般的点阵格式的图片，如：bmp、jpg、gif 格式等，矢量图片指的是由图元组成的图片，如 wmf、sat、3ds、eps 格式。

(5)【格式】下拉菜单，包括【图层】、【颜色】、【线型】、【文字样式】、【标注样式】、【单位】等 10 多个命令选项。如图 1.20 所示。

图 1.20 【格式】下拉菜单

【格式】菜单主要是设置图形的格式，包括有图层、颜色、线型、线宽、字型、标注样式、打印型式、点型式、复线型式、单位、标高（厚度）、图形界限等。制图前，一定要设置好各种格式，最好是将设置好格式的空白图形保存为模板图以便于以后的引用，而不必每次新建图形时都要设置。颜色项是设置当前及新增对象的颜色，线型可设置当前及新增对象的线型，也可以通过该项装载外部的线型。AutoCAD 中的图层与其他软件的图层有所不同，它没有先后的顺序，它只是像 Microsoft Office 的样式一样，将不同的设置保存起来方便调用。将所需的不同样式设置成不同的图层，以后就在不同的图层中绘制对象，这样就可以得到所需的对象样式。图层设置中可以设置颜色、线型、线宽、打印型式以及一些图层独有的设置（图层的开/关、冻结/解冻、锁定/解锁等功能）。字型、标注样式、点形式及复线形式是独立于图层的，必须单独设置。单位主要是设置图形中使用的长度及角度的单位及精度等选项内容。

（6）【工具】下拉菜单，包括【工作空间】、【命令行】、【块编辑器】、【加载应用程序】、【CAD 标准】、【新建 UCS】和【选项】等 20 多个命令选项。如图 1.21 所示。

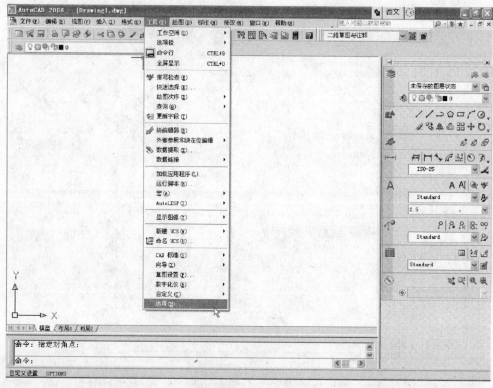

图1.21 【工具】下拉菜单

【工具】菜单主要提供了控制图形的一些工具。在 AutoCAD 的版本升级中，对文本的操作越来越受到重视，增加了文本的拼写检查及文本的查找功能，文本可以直接使用 Windows 的 *.ttf 全真矢量字体等。拼写检查的操作方法与 Microsoft Office 大致相同。快速选择的功能确实很强，它可以通过所要选择对象的共同特征来选择对象，如选择某一图层的对象、选择某一颜色的对象等。查询功能可查询两点的距离、封闭对象的面积、面域的集中属性（周长、面积、顶点坐标等）、多个对象属性的列表，以及时间及图形状态。

【新建 UCS】为用户定义坐标系统，用于定义不同的坐标系及在各坐标系之间转换。【向导】功能是 AutoCAD 2000 以上版本的新增功能，它为改进了布局及打印功能而设置。对于布局向导，用户可通过向导的指引设置布局中的项目。【草图设置】主要是设置对象捕捉、对象跟踪、极向跟踪以及捕捉和栅格功能，它是一种辅助功能。请注意它是将以前版本的功能进行改进，并综合在一个对话框中。【自定义】菜单可让用户装载辅助菜单、增减菜单条等，如果自己写了些程序并编写了自己的菜单，可以在这里装载菜单。选项就是以前版本的参数选择，设置的基础项很多，包括各种文件的位置、各显示项目的状态调整、文件保存的格式、打印出图的设置、系统的兼容性问题、用户的行为参数、自动捕捉的显示设置、对象的选择方法以及所有配置内容的保存和恢复等内容。

(7)【绘图】下拉菜单，包括绘制【直线】、【射线】、【圆形】和【弧线】等20多个命令选项。如图1.22所示。

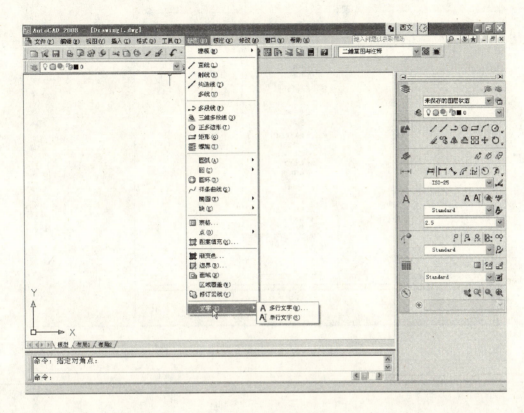

图1.22 【绘图】下拉菜单

技巧与提示 AutoCAD

【绘图】菜单中产生的对象（图元）为最基本的、未修改的图元，它是最基本的功能，可分为以下几类：

- 线的功能：线段、直线、折线（多段线）、多边形、矩形。
- 弧的功能：圆弧、圆、圆环、云形线（样条线）、椭圆等。
- 块的功能：图块、点、剖面线（阴影线）、边界、面域等。
- 文本功能：单行文本、段落文本。
- 表面功能：多种表面的建立。
- 实体功能：多种实体的建立。

(8)【标注】下拉菜单，包括【快速标注】、【线性】标注、【连续】标注和【角度】标注等10多个命令选项。如图1.23所示。

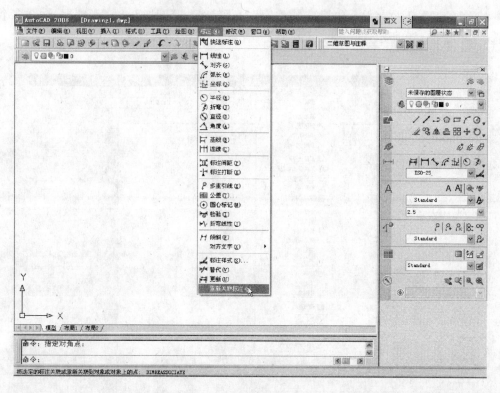

图 1.23 【标注】下拉菜单

> **【标注】** 标注应该说也是绘图的一部分，由于它的重要性和与众不同，所以专门为它设置一个菜单条。早期的 AutoCAD 版本没有标注功能，只能靠手工增加标注，随着版本的升级，标注功能已非常完美，除了自动产生标注文本外，设置好的标注型式基本都不需要修改。快速标注是新增的功能，它可通过选择多个对象一次性产生多个标注对象。

(9)【修改】下拉菜单，包括【镜像】、【阵列】、【移动】和【删除】等20多个命令选项。如图1.24所示。

> **【修改】** 菜单可分为4个部分：第一部分为对对象本身属性的修改，除了对各种对象都可通用的"属性"菜单外，对一些特定的对象(如阴影、折线、云形线、复线、特性、文本、外部参照、图块)还增加了特定的编辑方法，方便了操作。第二部分为在保留对象的基础上利用该对象产生新的对象，此类命令包括复制、镜像、偏移、阵列等。第三部分为改变对象某方面的性质或利用辅助的对象改变性质，此类命令有抹除(删除)、移动、旋转、比例、拉伸、加长、修剪、延伸、截断、倒角、圆角等。第四部分为对复杂对象的编辑，此类命令有三维操作中的各种操作，实体编辑中的不同命令以及炸开。炸开是将对象拆散为不同的对象，主要针对图块、标注及折线对象。

第1章 室内装演设计及CAD基本知识

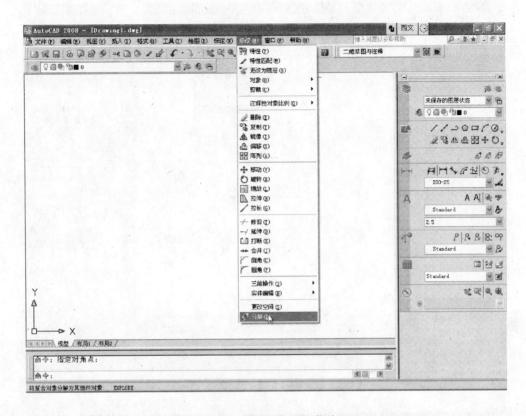

图1.24 【修改】下拉菜单

(10)【窗口】下拉菜单，包括【关闭】、【全部关闭】窗口等多个命令选项。如图1.25所示。

> **技巧与提示 AutoCAD**
>
> 【窗口】菜单是AutoCAD 2000以上版本新增的，由于可同时打开多个图形文件，所以通过窗口的菜单项可选择各窗口的排列形式，以及选择某个窗口做为当前的使用窗口等。

(11)【帮助】下拉菜单，包括【帮助】、【新功能专题练习】等多个命令选项。如图1.26所示。

2. 工具栏

AutoCAD提供了直观的工具栏供直接执行命令。工具栏上有很多图标按钮，单击这些按钮将执行相应的命令。工具栏可根据需要方便拖至屏幕的任意位置。在AutoCAD 2008中有几十个已命名的工具栏，每个工具栏分别包含数量不等的工具。例如图1.27所示为常用的【绘图】工具栏。

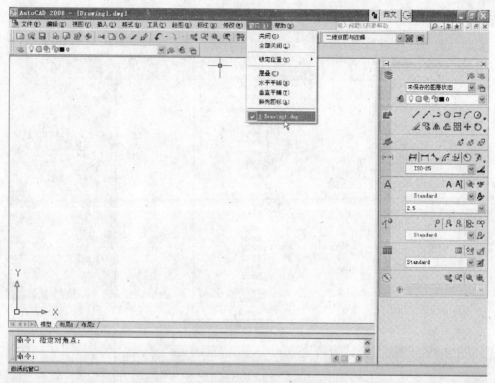

图 1.25 【窗口】下拉菜单

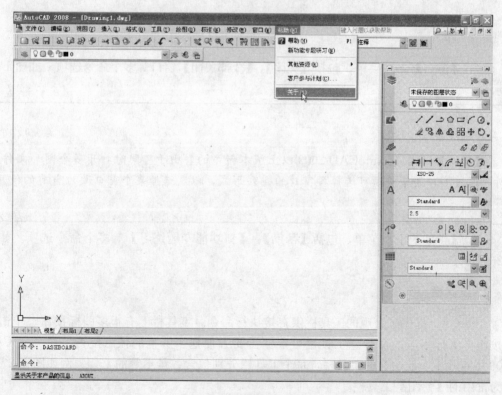

图 1.26 【帮助】下拉菜单

图 1.27 绘图工具栏

在任意工具栏上单击右键,窗口将弹出工具栏选项,如图 1.28 所示。选中其中的一个,该工具栏将会在窗口中显示。

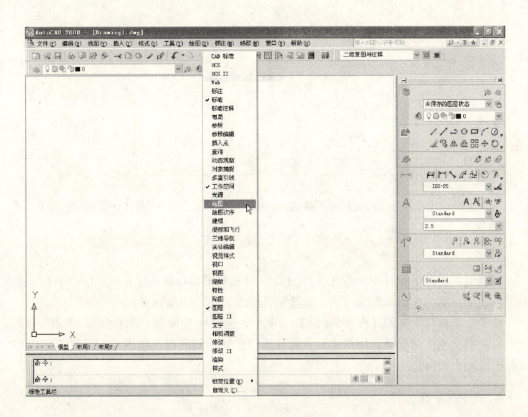

图 1.28 打开工具栏

3. 绘图窗口区域

绘图窗口区域就是中间的一大块空白的区域,如图 1.29 所示。它是的绘图工作区,绘制结果直接反映在上边。其颜色可以设置为各种颜色。此外可以通过关闭或打开工具条缩放绘图窗口,也可使用【窗口】(Viewports)等命令改变绘图窗口。

绘图区没有边界,利用视窗功能,可使绘图区无限增大或减小。因此,无论多大的图形,都可置于其中。绘图区的右边和下边分别有两个滚动条,可使视窗上下或左右移动。鼠标移至绘图区中时,会出现十字光标和拾取框。十字光标和拾取框是作图的主要工具。

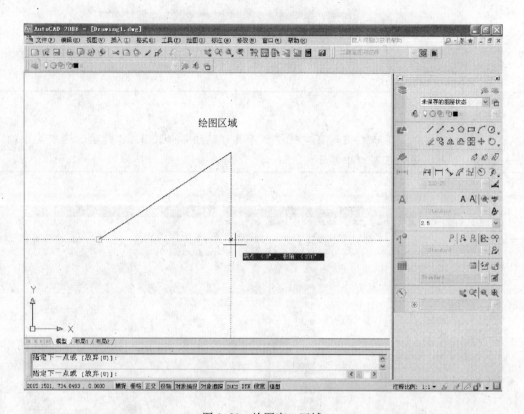

图 1.29 绘图窗口区域

在绘图区的左下角有两个相互垂直的箭头组成的图形,这是 AutoCAD 的坐标。坐标系图标用于显示当前坐标系的设置,如坐标原点、X、Y、Z 轴正向等。

位于绘图窗口下方的【模型/布局】选项卡,主要用于模型空间和图纸(布局)空间之间来回交换。通常情况下,用户都是首先在模型空间绘制图形,绘图结束后转至图纸空间安排图纸输出布局。

4. 命令提示行

命令提示行位于 AutoCAD 的底部用于接受的命令或参数输入和显示 AutoCAD 系统信息与提示。命令行提示区可以直接用鼠标调整大小。按下 F2 键后可以直接调出文本窗口,方便查看前边的绘图信息。如图 1.30 所示。

5. 命令注释行

当正在选择执行一个命令时,该行显示命令的功能意义和菜单项和工具按钮项的帮助说明等,在其他情况下显示当前图形绘制的状态。如图 1.31 所示。此状态栏不仅显示了当前十字光标所处的三维坐标,而且显示了绘图辅助工具(例如捕捉、栅格、正交模式、极轴跟踪、对象捕捉、对象捕捉追踪、线宽显示、图纸模型开关)的状态。

绘图辅助工具的各按钮状态在按下时为打开,其中部分意义分别介绍如下:

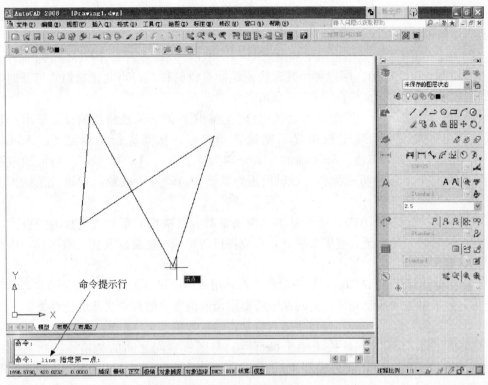

图 1.30 命令提示行

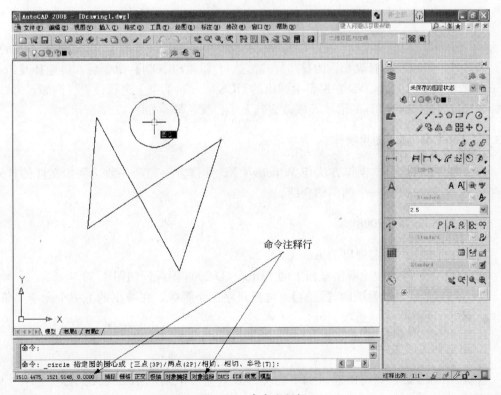

图 1.31 命令注释行

（1）捕捉（SNAP）：所谓捕捉是指当打开该设置后，光标只能在 X 和 Y 方向移动固定的距离（即精确移动）。

（2）栅格（GRID）：栅格也用于辅助定位，用户在打开栅格显示时，屏幕上布满小点。

（3）正交（ORTHO）：用户可用其来控制绘制直线的种类，当此正交模式打开时，用户只能绘制垂直直线、水平直线和 45°倾角直线。

（4）极轴（PLOAR）：所谓跟踪是指用户在绘制图形时，系统将根据设置显示一条追踪线，用户可在该追踪线上根据提示精确移动光标，从而进行精确绘图。AutoCAD 2008 缺省设置了四个极轴，与 X 轴的夹角分别为 0°、90°、180°、270°。当极轴跟踪打开时，若用户在绘图中将光标移至极轴附近，系统将自动显示极轴，并显示光标当前的方位。

（5）对象捕捉（OSNAP）：所有基本几何图形都有可决定其形状和方位的关键点，用户在绘图时若将光标移至这些图形附近，系统将自动显示一捕捉框及捕捉点名称，由此可用来精确定位。

（6）对象追踪（OTRACK）：打开对象跟踪，用户可通过捕捉对象上的关键点，然后沿正交方向或极轴方向拖动光标，此时系统将显示当前位置与捕捉点之间的相对关系。

（7）动态输入（DYN）：在窗口中随光标动态输入数据和文字等。

（8）模型（MODEL）：此按钮用于模型空间与图纸空间之间的切换。当此按钮为按下时，用户所处的工作环境为模型空间；反之，则系统为用户提供的工作环境为图纸空间。

6. 绘图坐标系

坐标光标位置就是的工作位置，坐标光标会因执行的命令不同而有显示出不同的样式。当然，也可以自己修改光标的显示样式。执行【UCSICON】命令后，再选择【Properties】或输入 P，AutoCAD 在屏幕上弹出的 UCS Icon 对话框上进行设置。例如，可以将坐标图标设置为 2D 或 3D 的形状，或改变其大小、颜色等。如图 1.32 所示。

1.3.4　AutoCAD 基本使用操作

AutoCAD 2008 基本操作方法与 Windows XP 操作方法完全一致，例如文件的打开、保存和关闭等，在此作一个简单的介绍。

1. 进入 AutoCAD 2008

可以通过如下方法实现启动 AutoCAD 2008：
- 使用鼠标连续快速双击桌面上的 AutoCAD 2008 图标。如图 1.33 所示。
- 单击 Windows 系统的【开始】，选择程序命令菜单，在弹出的下一个命令菜单中选择 AutoCAD 2008 命令选项。

2. 建立新图形文件

启动 AutoCAD 后，可以通过如下几种方式创建一个新的 AutoCAD 图形文件（如图 1.34 所示）：

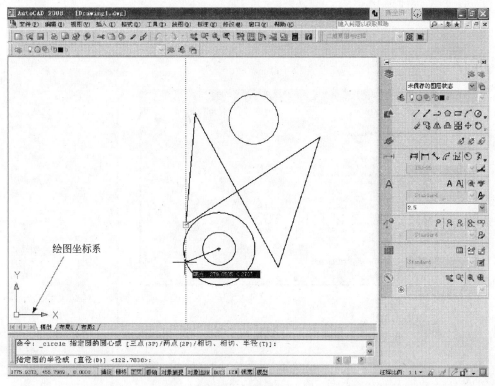

图1.32 绘图坐标系

❑ 【文件】下拉菜单：选择【文件】下拉菜单的【新建】命令选项。

❑ 使用标准工具栏：单击标准工具栏中的【新建】命令图标。

❑ 在"命令："命令行下输入NEW(new)或N(n)。

❑ 直接使用"Ctrl+N"快捷键。

图1.33 启动AutoCAD 2008

3. 打开已有图形

启动AutoCAD后，可以通过如下几种方式打开一个已有的AutoCAD图形文件（如图1.35所示）：

❑ 【文件】下拉菜单：选择【文件】下拉菜单的【打开】命令选项。

❑ 使用标准工具栏：单击标准工具栏中的【打开】命令图标。

❑ 在"命令："命令行下输入OPEN或open。

❑ 直接使用"Ctrl+O"快捷键。

4. 保存图形

启动AutoCAD后，可以通过如下几种方式保存绘制好的AutoCAD图形文件（如图1.36所示）：

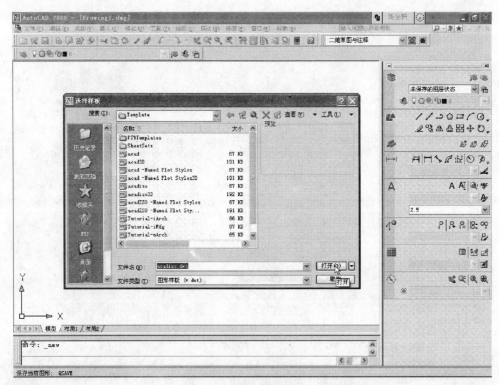

图 1.34　建立新图形文件

图 1.35　打开已有图形

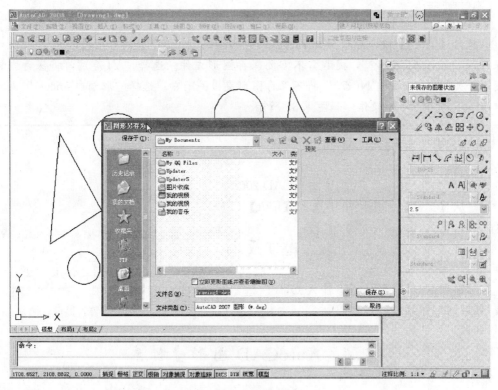

图 1.36 保存图形

- 【文件】下拉菜单：选择【文件】下拉菜单的【保存】命令选项。
- 使用标准工具栏：单击标准工具栏中的【保存】命令图标。
- 在"命令:"命令行下输入 SAVE 或 save。
- 直接使用"Ctrl+S"快捷键。

若以另外一个名字保存图形文件，可以通过以下两种方式实现：

- 【文件】下拉菜单：选择【文件】下拉菜单的【另存为】命令选项。
- 在"命令:"命令行下输入 SAVE AS 或 save as。

> 执行【SAVE AS】命令后，AutoCAD 将弹出图形"图形另存为"对话框，可以在该对话框中以新的名字保存图形文件。

5. 关闭图形

启动 AutoCAD 后，可以通过以下两种方式关闭图形文件：

- 【文件】下拉菜单：选择【文件】下拉菜单的【关闭】命令选项。
- 在"命令:"命令行下输入【CLOSE】或 close。

> 执行【Close】命令后，若该图形没有存盘，AutoCAD 将弹出警告"是否将改动保存到 Drawing1.dwg?"，提醒需不需要保存图形文件。选择"Y(是)"，将保存当前图形并关闭它；选择"N(否)"将不保存图形直接关闭它。选择"取消(Cancel)"表示取消关闭当前图形的操作。如图 1.37 所示。

6. 退出 AutoCAD

可以通过如下方法实现退出 AutoCAD 2008：

❑ 从【文件】下拉菜单中选择【Exit】(退出)命令选项。

❑ 在"命令："命令行下输入 EXIT 或 exit 后回车。

❑ 在"命令："命令行下输入 QUIT(退出)或 quit 后回车。

图 1.37 警告提示

1.4 AutoCAD 图形坐标系

AutoCAD 图形的位置是由坐标系来确定的。AutoCAD 环境下使用两个坐标系，即世界坐标系、用户坐标系。

一般地，AutoCAD 以屏幕的左下角为坐标原点 O(0,0,0)，X 轴为水平轴，向右为正；Y 轴为垂直轴，向上为正；Z 轴则根据右手规则确定，垂直于 XOY 平面，指向使用者，如图 1.38 所示。这样的坐标系称为世界坐标系(World Coordinate System)，简称 WCS，有时又称通用坐标系。世界坐标系是固定不变的。AutoCAD 允许根据绘图时的不同需要，建立自己专用的坐标系，即用户坐标系(User Coordinate System)，简称 UCS。用户坐标系主要在三维绘图时使用。

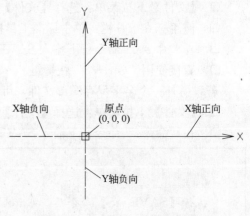

图 1.38 AutoCAD 二维坐标系

1.4.1 坐标形式及设置

1. 坐标系的形式

AutoCAD 在屏幕上其坐标系的表示形式，如图 1.39 所示。在 AutoCAD 环境下进行图形绘制时，可以采用绝对直角坐标、相对直角坐标、相对极坐标、球坐标或柱坐标等方法确定点的位置。后两种坐标在三维坐标系中介绍。

使用以下两种方法可以改变 AutoCAD 坐标系图标形状,同时还可以设置其坐标大小(如图 1.40 所示):

□ 在 AutoCAD 提示"命令:"下输入 UCSICON 命令,再输入 P,在弹出的 UCS 图标对话框上进行设置。即

命令:UCSICON(控制坐标系图标形状)

图 1.39 坐标系常见形式

输入选项[开(ON)/关(OFF)/全部(A)/非原点(N)/原点(OR)/特性(P)]<开>:p(输入 P)

□ 打开【视图】下拉菜单,选择【显示】命令。接着选择【UCS 图标】命令,最后选择【特性】命令,在弹出的 UCS 图标对话框上进行设置。

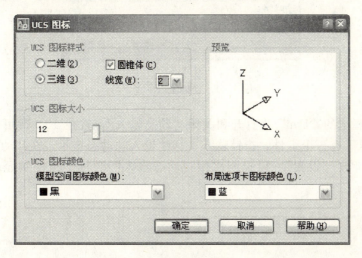

图 1.40 坐标设置

此外,可以使 AutoCAD 显示或隐藏其坐标系图标。坐标显示的设置可由以下两种方法实现:

□ 在"命令:"下输入 UCSICON 命令,即:

命令:UCSICON(控制坐标系图标显示)

输入选项[开(ON)/关(OFF)/全部(A)/非原点(N)/原点(OR)/特性(P)]<开>:ON(输入 ON 或 OFF 控制显示)

□ 打开【视图】下拉菜单,选择【显示】命令。接着选择【UCS 图标】命令,最后选择【开/关】命令开关。

若选择或输入的是 Off,则 AutoCAD 在屏幕上不显示坐标系图标。

2. 坐标显示

在屏幕的左下角状态栏中,AutoCAD 提供了一组用逗号隔开的数字,从左至右分别

代表 X 轴、Y 轴和 Z 轴的坐标值。如图 1.41 所示。当移动鼠标时，坐标值将随着变化，状态栏中所显示的坐标值是光标的当前位置。

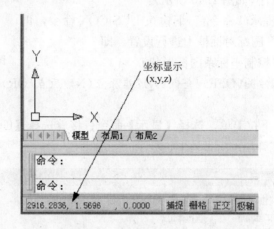

图 1.41 坐标值(X、Y、Z)

单击状态栏上的"Dyn"来打开和关闭"动态输入"。按住 F12 键可以临时将其关闭。"动态输入"有三个组件：指针输入、标注输入和动态提示。在"动态"上单击鼠标右键，然后单击"设置"，以控制启用"动态输入"时每个组件所显示的内容。如图 1.42 所示。

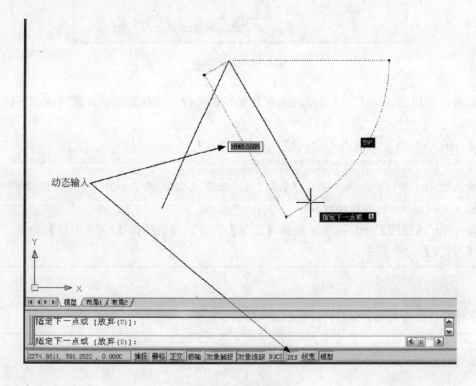

图 1.42 动态输入

> **经验与技术**
>
> 【F12】是动态坐标显示或不显示的开关。

1.4.2 绝对直角坐标

AutoCAD 通过直接输入坐标值(X、Y、Z)在屏幕上确定唯一的点位置,该坐标(X、Y、Z)是相对于坐标系的原点(0,0,0)的,称为绝对直角坐标。在二维平面条件下,只需考虑 X、Y 的坐标值即可,Z 的值恒为 0,即(X,Y)。AutoCAD 绝对直角坐标的输入方法为:在命令提示后通过键盘直接以 "X,Y" 形式输入。

> **经验与技术**
>
> 直线 BC、CA 可以按相同方法绘制得到。若坐标数值为负,则直线的方向与正值相反。

> **经验与技术**
>
> (1) 图 1.43 所示的三角形 A、B、C 三点坐标可以通过如下方式实现:
> 命令:LINE(输入绘制直线 AB 命令)
> 指定第一点:22,13(输入直线起点 A 的坐标值)
> 指定下一点或 [放弃(U)]:73,13(输入直线终点 B 的坐标值)
> 指定下一点或 [放弃(U)]:
> 指定下一点或 [闭合(C)/放弃(U)]:(回车)
>
>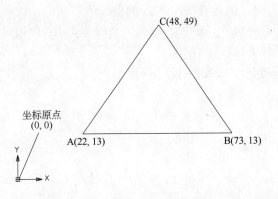
>
> 图 1.43 使用绝对直角坐标

(2) 按(1)的方法,使用绝对直角坐标方法绘制图 1.44 所示的图形。

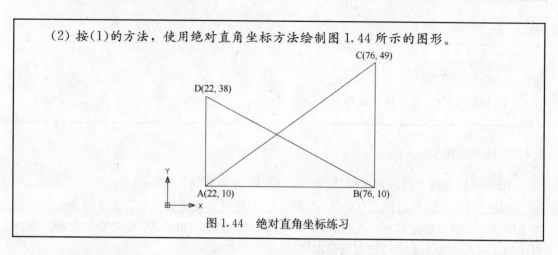

图 1.44 绝对直角坐标练习

1.4.3 相对直角坐标

除了绝对外直角坐标,AutoCAD 还可以利用"@X、Y、Z"方法精确地设定点的位置。"@X、Y、Z"表示相对于上一个点分别在 X、Y、Z 方向的距离。这样的坐标称为相对直角坐标。在二维平面环境(XOY 平面)下绘制图形对象,可以不考虑 Z 坐标,AutoCAD 将 Z 坐标保持为 0 不变,也即以"@X,Y"形式来表示。

> **技巧与提示**
>
> AutoCAD 相对直角坐标的输入方法为:在命令提示后通过键盘直接以"@X,Y"形式输入。直线 AC 可以按相同方法(@0,13)绘制得到。若坐标数值为负,则直线的方向与正值相反。

> **技巧与提示**
>
> (1) 图 1.45 所示的图形 A、B、C 三点坐标可以通过如下方式实现:
> 命令:LINE(输入绘制直线 AB 命令)
> 指定第一点:33,47(输入直线起点 A 的坐标值)
> 指定下一点或 [放弃(U)]:@22,0(输入直线终点 B、C 相对于 A 点的坐标值)
> 指定下一点或 [放弃(U)]:(回车)
> 指定下一点或 [闭合(C)/放弃(U)]:(回车)

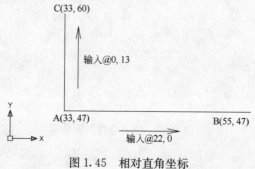

图 1.45 相对直角坐标

（2）按(1)的方法，使用相对直角坐标方法((@9,9、@0,18)绘制图1.46所示的图形。

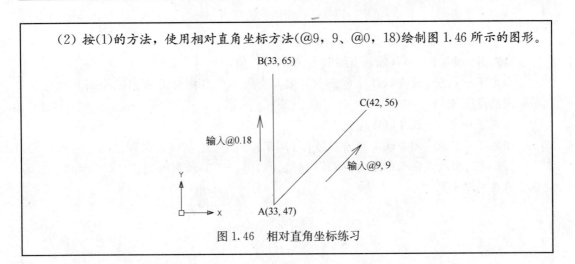

图1.46　相对直角坐标练习

1.4.4　相对极坐标

相对极坐标是指相对于某一个固定位置点的距离和角度而确定新的位置所使用的坐标。在AutoCAD中默认的角度方向为逆时针方向，用极坐标进行点的定位总是相对于前一个点，而不是原点。

AutoCAD相对极坐标坐标的输入方法为：在命令提示后通过键盘直接以"@X<Y"形式输入，其中X表示相对于前一个点的距离大小，Y表示与坐标系水平X轴直线的角度大小。

> 若坐标数值或角度为负，则直线的方向与正值相反，角度方向为顺时针方向。

> （1）图1.47所示的图形A、B、C三点坐标可以通过如下方式实现，直线BC、AC可以按相同方法((@13<120、@18<90)绘制得到：

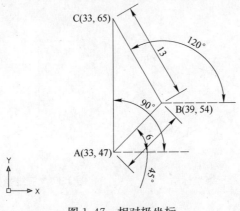

图1.47　相对极坐标

命令：LINE(输入绘制直线 AB 命令)

指定第一点：33，47(输入直线起点 A 的坐标值)

指定下一点或[放弃(U)]：@9<45(输入直线终点 B 相对于 A 点的距离 9 和与水平轴线的角度 45°)

指定下一点或[放弃(U)]：(回车)

指定下一点或[闭合(C)/放弃(U)]：(回车)

(2) 使用相对直角坐标方法(@18<43、@10<－33)绘制如图 1.48 所示的图形，注意角度的"＋"、"－"。

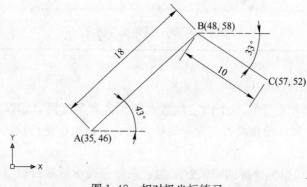

图 1.48　相对极坐标练习

1.4.5　三维空间坐标系

使用 AutoCAD 进行三维空间图形的绘制时，图形对象位置点由 3 个坐标确定，即(X、Y、Z)。其坐标系由 X、Y、Z 轴构成，如图 1.49 所示。

AutoCAD 在屏幕上三维坐标系的表示形式，如图 1.50 所示。

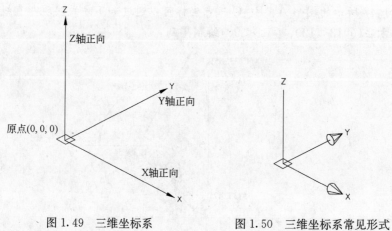

图 1.49　三维坐标系　　　　图 1.50　三维坐标系常见形式

无论当前坐标系是 WCS 还是 UCS，在三维空间中精确定义点的位置方法是一样的，通常采用三维直角坐标、三维柱坐标或三维球坐标。

❏ 三维直角坐标

在 AutoCAD 三维空间中，一般采用三维直角坐标法确定义点的位置。即 AutoCAD 三维空间点坐标的输入方法为：在命令提示后通过键盘直接以"@X、Y、Z"形式输入，其中"@X、Y、Z"表示相对于上一个点分别在 X、Y、Z 方向的距离。

符码与技术 AutoCAD

图 1.51 所示的空间图形 A 点坐标可以通过如下方式实现：

命令：LINE(输入绘制直线 OA 命令)

指定第一点：0, 0, 0(输入直线起点 O 的坐标值)

指定下一点或 [放弃(U)]：@22, 7, 20(输入直线终点 A 的坐标)

指定下一点或 [放弃(U)]：(回车)

指定下一点或 [闭合(C)/放弃(U)]：(回车)

图 1.51 三维直角坐标

❏ 三维柱坐标

三维柱坐标是 AutoCAD 二维绘图中所使用的极坐标的推广。在极坐标中，采用"@X<Y"表示相对坐标位置，其中 X 为与相对点的距离，Y 为与 X 轴的夹角，例如，"@100<60"，表示在 XY 平面内与 X 轴成 60°角的方向上移动 100 个单位距离。

三维柱坐标是在极坐标的基础上附加一个沿 Z 轴方向的距离，即"@X<Y, Z"，其中 X 为距离，Y 为转角，Z 为沿 Z 轴方向的距离。

符码与技术 AutoCAD

例如"@26<53, 20"表示的空间位置点 A 如图 1.52 所示。

命令：LINE(输入绘制直线 OA 命令)

指定第一点：0, 0, 0(输入直线起点 O 的坐标值)

指定下一点或 [放弃(U)]：@26<53, 20(输入直线终点 A 的坐标)

指定下一点或 [放弃(U)]：(回车)

指定下一点或[闭合(C)/放弃(U)]:(回车)

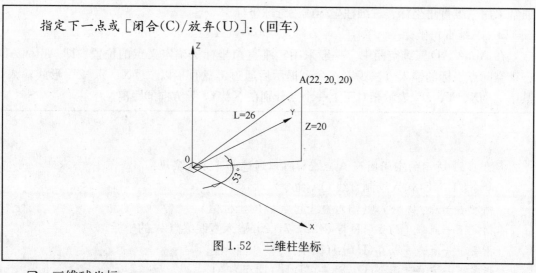

图1.52 三维柱坐标

❑ 三维球坐标

三维球坐标采用"@ X<Y<Z"表示相对坐标位置,是AutoCAD二维绘图中所使用的极坐标的推广。球坐标与柱坐标的不同之处在于柱坐标采用一个角度和两个距离值(@X<Y,Z),而球坐标则采用一个距离值和两个角度,即"@X<Y<Z",其中X为与相对点的距离,Y为与X轴的夹角,Z为与XOY平面或其平行面的夹角。

技巧与提示 AutoCAD

例如,@26<53<38表示的空间位置点A如图1.53所示。
命令:LINE(输入绘制直线OA命令)
指定第一点:0,0,0(输入直线起点O的坐标值)
指定下一点或[放弃(U)]:@26<53<38(输入直线终点A的坐标)
指定下一点或[放弃(U)]:(回车)
指定下一点或[闭合(C)/放弃(U)]:(回车)

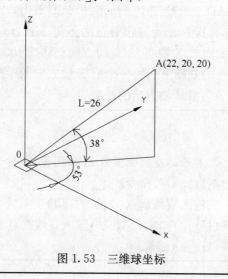

图1.53 三维球坐标

1.4.6 UCS 使用方法

建立与改变 UCS 位置和方向的 AutoCAD 命令是 UCS。启动 UCS 命令可以通过以下 3 种方式：

- 在"命令："命令提示下输入 UCS 命令。
- 在 UCS 工具栏中选择 UCS 按钮。
- 打开【工具】菜单选择【新建 UCS】命令，在弹出的子菜单中进一步选择命令。

激活 UCS 命令后，AutoCAD 命令提示为：

命令：UCS(建立与改变 UCS)

当前 UCS 名称：*世界*

指定 UCS 的原点或 [面(F)/命名(NA)/对象(OB)/上一个(P)/视图(V)/世界(W)/X/Y/Z/Z 轴(ZA)]＜世界＞：

各子选项的含义为：

(1) 指定 UCS 的原点——移动当前 UCS 的原点来定义一个新的 UCS。移动 UCS 时，X、Y、Z 轴的方向保持不变。

(2) Z 轴(ZA)——指定一个新的坐标原点和当前 Z 轴正方向上的一个点确定新的 Z 轴正方向。

(3) 对象(OB)——指定一个图形对象来定义一个新的 UCS。

(4) 面(F)——将 UCS 附着于三维实体的一个面上(用鼠标单击实体的面即可)，新的 UCS 的 X 轴正方向与所选第一个面的封闭边相吻合。

(5) 视图(V)——将新的 UCS 的 XOY 平面设置在与屏幕平行的平面上，原点则保持不变。

(6) X/Y/Z/——分别旋转 X、Y、Z 轴建立新的 UCS。

(7) ＜世界＞：——默认值，回车采用使图形返回到世界坐标系下当前 UCS 的原点作为新的 UCS 原点位置。

修炼与规范 AutoCAD

(1) 通过指定实体面来确定一个新的 UCS，如图 1.54 所示。

命令：UCS(在"命令："命令提示下键入 UCS 命令)

当前 UCS 名称：*世界*

指定 UCS 的原点或 [面(F)/命名(NA)/对象(OB)/上一个(P)/视图(V)/世界(W)/X/Y/Z/Z 轴(ZA)]＜世界＞：f(输入 f 通过指定实体面来确定一个新的 UCS)

选择实体对象的面：

输入选项 [下一个(N)/X 轴反向(X)/Y 轴反向(Y)]＜接受＞：(回车)

(2) 绕 X 轴(或 Y 轴、Z 轴)旋转建立新的 UCS。如图 1.55 所示。

命令：UCS(使用 UCS 命令建立新的坐标系)
当前 UCS 名称：*没有名称*
指定 UCS 的原点或［面(F)/命名(NA)/对象(OB)/上一个(P)/视图(V)/世界(W)/X/Y/Z/Z 轴(ZA)］＜世界＞：X(绕 X 轴旋转 270°建立新的 UCS)
指定绕 X 轴的旋转角度＜90＞：270(旋转 270°)

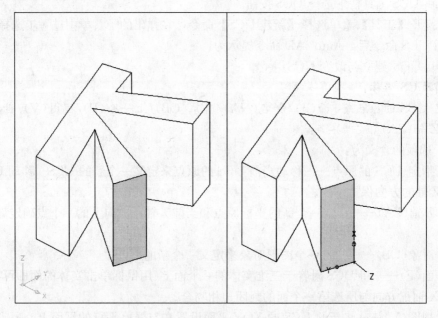

图 1.54　指定面建立新的 UCS

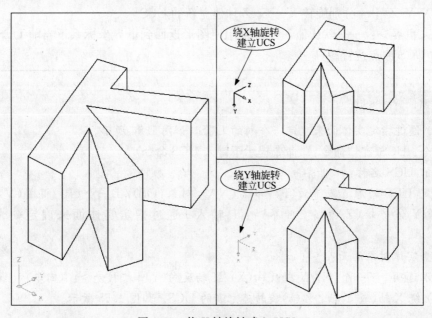

图 1.55　绕 X 轴旋转建立 UCS

技巧与提示 AutoCAD

有关 AutoCAD 三维图形绘制及其编辑修改方法详见后面相关章节详细介绍,有关 AutoCAD 平面绘图方法参见相关文献,在此从略。

1.5 室内装潢及 AutoCAD 设计实例鉴赏

室内设计要美化环境是无可置疑的,但如何达到美化的目的,有不同的手法:

(1) 用装潢符号作为室内设计的效果。

(2) 现代室内设计的手法,该手法即是在满足功能要求的情况下,利用材料、色彩、质感、光影等有序的布置创造美。

(3) 空间分割。组织和划分平面与空间,这是室内设计的一个主要手法。利用该设计手法,巧妙地布置平面和利用空间,有时可以突破原有的建筑平面、空间的限制,满足室内需要。在另一种情况下,设计又能使室内空间流通、平面灵活多变。

(4) 民族特色。在表达民族特色方面,应采用设计手法使室内充满民族韵味,而不是民族符号、语言的堆砌。

(5) 其他设计手法。如:突出主题、人流导向、制造气氛等都是室内设计的手法。

室内设计人员往往首先拿到的是一个建筑的外壳,这个外壳或许是新建的,或许是老建筑,设计的魅力就在于在原有建筑的各种限制下做出最理想的方案。下面将列举介绍一些公共空间和住宅室内装潢效果图,供在室内装潢设计中学习参考和借鉴。

1.5.1 公装实例鉴赏

1. 大堂装潢效果图,如图 1.56 所示。

图 1.56 大堂装潢效果图

2. 餐厅装潢效果图,如图 1.57 所示。
3. 电梯厅装潢效果图,如图 1.58 所示。
4. 室内游泳池装潢效果图,如图 1.59 所示。
5. 会议室报告厅装潢效果图,如图 1.60 所示。

图 1.57　餐厅装潢效果图

图 1.58　电梯厅装潢效果图

图 1.59　室内游泳池装潢效果图

图 1.60　会议室报告厅装潢效果图

6. 会客室装潢效果图，如图 1.61 所示。

图 1.61　会客室装潢效果图

7. 办公室装潢效果图，如图 1.62 所示。

图 1.62　办公室装潢效果图

8. 公装局部装潢效果图，如图 1.63 所示。

图 1.63　局部设计效果图

9. 公共卫生间装潢效果图，如图 1.64 所示。

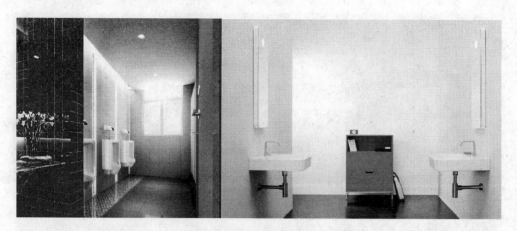

图 1.64　公共卫生间装潢效果

10. 茶楼装潢效果图，如图 1.65 所示。

图 1.65　茶楼装潢效果图

1.5.2　家装实例鉴赏

1. 客厅装潢效果图，如图 1.66 所示。

图 1.66　客厅装潢效果图

2. 卧室装潢效果图，如图 1.67 所示。
3. 厨房装潢效果图，如图 1.68 所示。

图 1.67　卧室装潢效果图

图 1.68　厨房装潢效果图

4. 卫生间装潢效果图，如图 1.69 所示。

图 1.69　卫生间装潢效果图

5. 餐厅装潢效果图,如图 1.70 所示。

图 1.70　餐厅装潢效果图

6. 其他空间装潢效果图,如图 1.71 所示。

图 1.71　其他空间装潢效果图

1.5.3　AutoCAD 三维设计图形鉴赏

1. 机械制造(如图 1.72、图 1.73 所示)

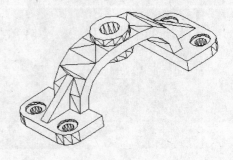

图 1.72　自行车　　　　　　　　图 1.73　机械零件

2. 建筑工程(如图 1.74、图 1.75 所示)

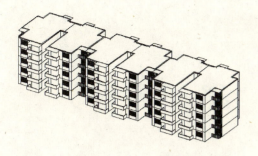

图 1.74　住宅建筑

图 1.75　学校建筑

3. 人物和植物(如图 1.76、图 1.77 所示)

图 1.76　室内植物

图 1.77　人物

4. 家具设施(如图 1.78、图 1.79 所示)

图 1.78　茶几

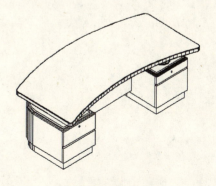

图 1.79　办公桌

5. 其他(如图1.80、图1.81所示)

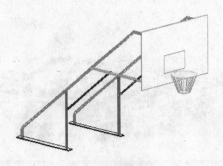 

图1.80　篮球架　　　　　　　　　图1.81　茶壶

第 2 章 AutoCAD 三维基本图形绘制

📖 本章理论知识论述要点提示

本章主要论述 AutoCAD 三维空间图形的绘制功能和使用方法。包括空间点、三维直线与三维曲线的绘制；长方体和圆柱体等三维基本实体图形的绘制；三维复合实体图形的绘制；长方体表面和球体表面等三维基本曲面体图形的绘制；直纹曲面和任意三维面等三维复合曲面图形的绘制以及二维图形快速转换成三维图形的方法。

本章案例绘图思路与技巧提示

本章操作案例主要是结合介绍相关三维基本图形绘图功能时，对每一个功能命令配以图形作为辅助说明，以便快速掌握该功能命令操作要领和技巧。

2.1 空间点与三维线的绘制

空间点与三维线的绘制，是 AutoCAD 最为基本的功能。其中三维线包括三维直线与三维多段线、三维射线与三维构造线、三维弧线与三维椭圆弧线、三维多线与三维样条曲线等各种线型的绘制。

2.1.1 空间点

空间点的绘制与平面点的绘制几乎是一样的，其 AutoCAD 功能命令同样是 POINT（缩略为 PO）。区别在于输入点的位置时，输入点的坐标为(X, Y, Z)，而平面点的绘制输入点的坐标为(X, Y)。

启动 POINT 命令可以通过以下 3 种方式：
- 打开【绘图】下拉菜单选择命令【点】选项。
- 单击【绘图】工具栏上的【点】命令图标。
- 在"命令:"命令行提示下直接输入 POINT 或 PO 命令。

在进行绘制前，先设置点的形式和大小。打开【格式】下拉菜单，选择命令【点样式】选项就可以选择点的图案形式和图标的大小。如图 2.1 所示。点的形状和大小也可以由系统变量 PDMODE 和 PDSIZE 控制，其中变量 PDMODE 用于设置点的显示图案形式，变量 PDSIZE 则用来控制图标的大小。

空间的点绘制可以按下面步骤进行，如图 2.2 所示。

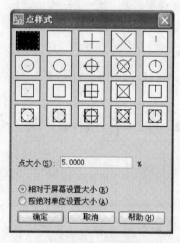
图2.1 设置空间点样式

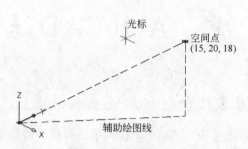
图2.2 绘制空间点

(1) 打开【绘图】下拉菜单,选择【点样式】命令选项设置点的形式和大小。
(2) 进行点绘制。

命令:POINT(输入画点命令)
当前点模式:PDMODE=66 PDSIZE=5.0000(系统变量的设置数值)
指定点:15,20,18(直接输入点的坐标X、Y、Z)

2.1.2 三维直线与三维多段线

1. 三维直线

三维直线的绘制与平面直线的绘制几乎也是一样的,其AutoCAD功能命令同样是LINE(缩略为L)。区别在于输入直线端点的位置时,输入点的坐标为(X,Y,Z),而不是(X,Y)。

启动LINE命令可以通过以下3种方式:
- 打开【绘图】下拉菜单选择【直线】命令选项。
- 单击【绘图】工具栏上的【直线】命令图标。
- 在"命令:"命令行提示下直接输入LINE或L命令。

三维直线的绘制可以按下面步骤进行,执行LINE命令后,AutoCAD提示与平面时是一致的。如图2.3所示。

命令:LINE(输入绘制三维直线ab命令)
指定第一点:6,8,7(指定三维直线起点a)
指定下一点或[放弃(U)]:15,20,18(指定三维直线终点b)
指定下一点或[放弃(U)]:(回车结束绘制)

为便于更为直观地观察绘制效果,最好使用VP命令改变视点进行观察,如设置观察点为(315,45)。图中的辅助线是为了便于学习而由作者添加的。后面有关操作与此相似,不再重述。

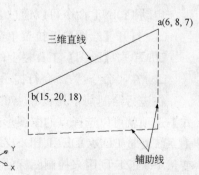
图2.3 绘制三维直线

2. 三维多段线

绘制三维多段线的功能命令为 3DPOLY，而不是绘制平面多段线的命令 PLINE。此外，3DPOLY 不能设置线的宽度，也不能绘制圆弧。利用 3DPOLY 命令，通过输入多个三维坐标点(X，Y，Z)即可绘制三维多段线。

启动 3DPOLY 命令可以通过以下两种方式：

❏ 打开【绘图】下拉菜单选择【3D Polyline】命令选项。

❏ 在"命令:"命令行提示下直接输入 3DPOLY 命令。

三维多段线的绘制可以按下面步骤进行，执行 3DPOLY 命令后，即可按 AutoCAD 提示进行绘制。如图 2.4 所示。

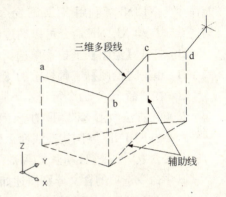

命令：3DPOLY(输入绘制三维多段线命令)

指定多段线的起点：7，9，5(三维多段线起点 A 的位置)

指定直线的端点或 [放弃(U)]：15，12，10(三维多段线所通过点 B 的位置)

指定直线的端点或 [放弃(U)]：15，20，18(三维多段线所通过下一点 C 的位置)

图 2.4 绘制三维多段线

指定直线的端点或 [闭合(C)/放弃(U)]：23，20，15(三维多段线所通过下一点 D 的位置)

……

指定直线的端点或 [闭合(C)/放弃(U)]：(下一点)

指定直线的端点或 [闭合(C)/放弃(U)]：(回车结束绘制)

2.1.3 三维射线与三维构造线

1. 三维射线

AutoCAD 的三维射线与二维一样，是沿着一个方向无限延伸即长度也是无限长的三维直线，主要用来定位的辅助绘图线，其绘制功能命令为 RAY。利用 RAY 命令，通过输入两个三维坐标点(X，Y，Z)即可绘制三维射线。

启动 RAY 命令可以通过以下两种方式：

❏ 打开【绘图】下拉菜单选择【射线】命令选项。

❏ 在"命令:"命令行提示下直接输入 RAY 命令。

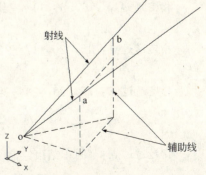

三维射线的绘制可以按下面步骤进行，执行 RAY 命令后，即可按 AutoCAD 提示进行绘制。如图 2.5 所示。

图 2.5 绘制三维射线

命令：RAY(输入绘制射线命令 RAY)
指定起点：9，9，9(射线起点的位置)
指定通过点：80，80，80(射线所通过点的位置)
……
指定通过点：(回车结束绘制)

2. 三维构造线

三维构造线是 AutoCAD 用来定位对齐边角点长度是无限长的辅助绘图线。其绘制功能命令为 XLINE。利用 XLINE 命令，通过输入两个三维坐标点(X，Y，Z)即可绘制三维构造线。启动 XLINE 命令可以通过以下 3 种方式：

- 打开【绘图】下拉菜单选择【构造线】选项。
- 单击【绘图】工具栏上的【构造线】命令图标。
- 在"命令："命令行提示下直接输入命令 XLINE。

按上述方法激活 XLINE 功能命令后，AutoCAD 提示：
命令：XLINE(绘制构造线命令)
指定点或 [水平(H)/垂直(V)/角度(A)/二等分(B)/偏移(O)]：(操作命令选项)
其中命令选项的含义分别简述如下：

(1) 水平(H)：绘通过指定点，且与当前 UCS 的 X 轴平行的构造线。
(2) 垂直(V)：绘通过指定点，且与当前 UCS 的 Y 轴平行的构造线。
(3) 角度(A)：在与当前 UCS 的 XOY 平面平行的平面上，通过指定点且与当前 UCS 的 X 轴正方向或与指定的直线在当前 UCS 的 XOY 平面上的投影成给定角度的构造线。
(4) 二等分(B)：绘平分一角度且过该角的顶点的构造线。
(5) 偏移(O)：绘与所选线平行且偏移一定距离的构造线。

三维构造线的绘制可以按下面步骤进行，执行 XLINE 命令后，即可按 AutoCAD 提示进行绘制。如图 2.6 所示。

命令：XLINE(输入绘制三维构造线直线命令)
指定点或 [水平(H)/垂直(V)/角度(A)/二等分(B)/偏移(O)]：
指定通过点：6，8，11(三维构造线起点 o)
指定通过点：15，20，17(三维构造线终点 a)
指定通过点：35，60，23(三维构造线终点 b)
……
指定通过点：(回车结束绘制)

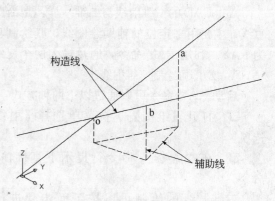

图 2.6 绘制三维构造线

2.1.4 三维弧线与三维椭圆弧线

1. 三维弧线

与二维平面中绘制弧线不同,尽管其操作命令均是 ARC,但绘制三维曲线时需结合使用 UCS 命令。其绘制方法如下所述:

(1) 先改变 UCS,使用 UCS 命令进行设置用户坐标系。

(2) 然后在该 UCS 平面上,使用绘制弧线 ARC 命令

(3) 使用 UCS 命令返回世界坐标系(WCS),即可完成三维弧线。

激活 ARC 功能命令方法与二维绘图操作时一样:

❑ 打开【绘图】下拉菜单选择【弧线】命令选项。

单击【绘图】工具栏上的【弧线】命令图标。

❑ 在"命令:"命令行提示下直接输入 ARC 命令。

三维弧线的绘制可以按下面步骤进行,如图 2.7 所示。

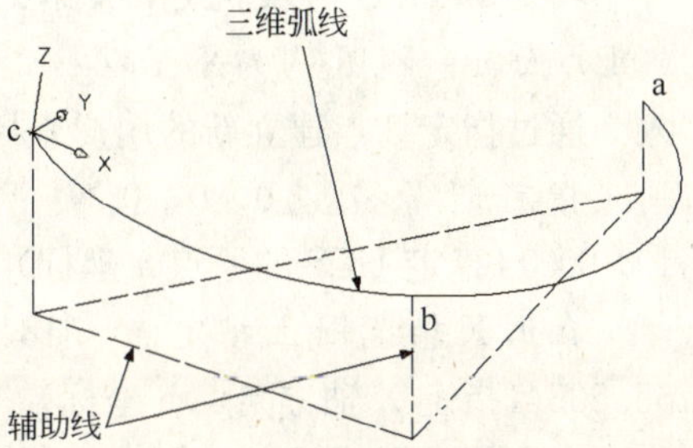

(1) 命令:UCS(先建立新的用户坐标系)

当前 UCS 名称:*没有名称*

指定 UCS 的原点或 [面(F)/命名(NA)/对象(OB)/上一个(P)/视图(V)/世界(W)/X/Y/Z/Z 轴(ZA)] <世界>:N(输入 N 建立新的用户坐标系)

指定新 UCS 的原点或 [Z 轴(ZA)/三点(3)/对象(OB)/面(F)/视图(V)/X/Y/Z] <0,0,0>:3(输入 3 通过指定 3 点建立新的用户坐标系)

指定新原点<0,0,0>:20.1916,12.0857,7.6403(指定 UCS 的原点 a 坐标)

在正 X 轴范围上指定点<18.4317,-11.4006,0.0000>:6.6441,8.8588,5.9100(指定 X 轴方向点 b 坐标)

在 UCS XY 平面的正 Y 轴范围上指定点<17.4317,-10.4006,0.0000>:23.6283,20.0000,11.8199(指定 Y 轴方向点 c 坐标)

(2) 命令:ARC(绘制三维弧线)

指定圆弧的起点或 [圆心(C)]:(指定起始点 a)

指定圆弧的第二个点或 [圆心(C)/端点(E)]:指定第二点 b)

指定圆弧的端点:(指定起终点 c)

(3) 命令:UCS(返回世界坐标系)

当前 UCS 名称:*世界*

指定 UCS 的原点或 [面(F)/命名(NA)/对象(OB)/上一个(P)/视图(V)/世界(W)/X/Y/Z/Z 轴(ZA)] <世界>:W(输入 W 返回世界坐标系)

图 2.7 绘制三维曲线

2. 三维椭圆弧线

与绘制三维弧线相似,在进行绘制三维椭圆弧线时需结合使用 UCS 命令。其 Auto-

CAD 功能命令是 ELLIPSE，再在命令提示下输入 ARC。

（1）先改变 UCS，使用 UCS 命令进行设置用户坐标系。

（2）然后在该 UCS 平面上，使用绘制三维椭圆弧线 ELLIPSE 命令。

（3）使用 UCS 命令返回世界坐标系（WCS），即可完成三维椭圆弧线。

激活 ELLIPSE 功能命令方法与二维绘图操作时一样：

- 打开【绘图】下拉菜单选择【椭圆】命令选项，再执子命令选项【圆弧】。
- 单击【绘图】工具栏上的【椭圆弧】命令图标。
- 在"命令:"命令行提示下直接输入 ELLIPSE 或 EL 命令后再输入 A。

三维椭圆弧线的绘制可以按下面步骤进行，如图 2.8 所示。

（1）命令：UCS(先建立新的用户坐标系)

当前 UCS 名称：*没有名称*

指定 UCS 的原点或 [面(F)/命名(NA)/对象(OB)/上一个(P)/视图(V)/世界(W)/X/Y/Z/Z 轴(ZA)] <世界>：N(输入 N 建立新的用户坐标系)

指定新 UCS 的原点或 [Z 轴(ZA)/三点(3)/对象(OB)/面(F)/视图(V)/X/Y/Z] <0,0,0>：3(输入 3 通过指定 3 点建立新的用户坐标系)

指定新原点 <0,0,0>：567.6508，59.8445，100.0000（指定 UCS 的原点 a 坐标）

在正 X 轴范围上指定点 <18.4317，－11.4006，0.0000>：568.1209，184.9957，65.5334（指定 X 轴方向点 b 坐标）

在 UCS XY 平面的正 Y 轴范围上指定点 <17.4317，－10.4006，0.0000>：654.8997，85.7970，56.2546（指定 Y 轴方向点 c 坐标）

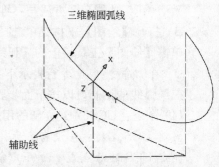

图 2.8 绘制三维椭圆弧线

（2）命令：ellipse(绘制椭圆弧)

指定椭圆的轴端点或 [圆弧(A)/中心点(C)]：_a(选择圆弧命令选项)

指定椭圆弧的轴端点或 [中心点(C)]：(指定椭圆弧的轴端点位置)

指定轴的另一个端点：(指定轴的另一个端点位置)

指定另一条半轴长度或 [旋转(R)]：(指定另一条半轴长度)

指定起始角度或 [参数(P)]：(指定起始角度位置)

指定终止角度或 [参数(P)/包含角度(I)]：(指定终止角度位置)

（3）命令：UCS(返回世界坐标系)

当前 UCS 名称：*世界*

指定 UCS 的原点或 [面(F)/命名(NA)/对象(OB)/上一个(P)/视图(V)/世界(W)/X/Y/Z/Z 轴(ZA)] <世界>：W(输入 W 返回世界坐标系)

2.1.5 三维多线与三维样条曲线

1. 三维多线

三维多线不能通过输入三维坐标点来进行绘制，需结合使用 UCS 命令。其 AutoCAD

绘制命令也是 MLINE(缩略为 ML)。多线的样式、修改名称、设置特性和加载新的多线的样式等编辑操作与二维绘图时一样。

启动 MLINE 命令可以通过以下 3 种方式：
- 打开【绘图】下拉菜单选择【多线】命令选项。
- 单击【绘图】工具栏上的【多线】命令图标。
- 在"命令:"命令行提示下直接输入 MLINE 或 ML 命令。

三维多线的绘制可以按下面步骤进行，如图 2.9 所示。

(1) 命令：UCS(先建立新的用户坐标系)

当前 UCS 名称：*没有名称*

指定 UCS 的原点或 [面(F)/命名(NA)/对象(OB)/上一个(P)/视图(V)/世界(W)/X/Y/Z/Z 轴(ZA)]＜世界＞：N(输入 N 建立新的用户坐标系)

指定新 UCS 的原点或 [Z 轴(ZA)/三点(3)/对象(OB)/面(F)/视图(V)/X/Y/Z]＜0,0,0＞：3(输入 3 通过指定 3 点建立新的用户坐标系)

指定新原点＜0,0,0＞：57.6508,5.8445,10.0000(指定 UCS 的原点 a 坐标)

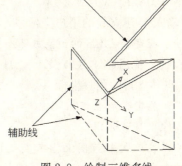

图 2.9 绘制三维多线

在正 X 轴范围上指定点＜18.4317,−11.4006,0.0000＞：56.9,18.7,65.34(指定 X 轴方向点 b 坐标)

在 UCS XY 平面的正 Y 轴范围上指定点＜17.4317,−10.4006,0.0000＞：6.97,85.70,56.46(指定 Y 轴方向点 c 坐标)

(2) 命令：MLINE(绘制多线)

当前设置：对正＝上，比例＝20.00，样式＝STANDARD

指定起点或 [对正(J)/比例(S)/样式(ST)]：S(输入 S 设置多线比例，即其宽度)

输入多线比例＜20.00＞：50(输入多线宽度)

当前设置：对正＝上，比例＝50.00，样式＝STANDARD

指定起点或 [对正(J)/比例(S)/样式(ST)]：(指定多线起点位置)

指定下一点：

指定下一点或 [放弃(U)]：

……

指定下一点或 [闭合(C)/放弃(U)]：(回车结束绘制)

(3) 命令：UCS(返回世界坐标系)

当前 UCS 名称：*世界*

指定 UCS 的原点或 [面(F)/命名(NA)/对象(OB)/上一个(P)/视图(V)/世界(W)/X/Y/Z/Z 轴(ZA)]＜世界＞：W(输入 W 返回世界坐标系)

2. 三维样条曲线

AutoCAD 绘制三维样条曲线命令是 SPLINE。其绘制方法与在二维平面中使用方法基本一样，只是输入的点是包含(X,Y,Z)坐标值的空间点。启动 SPLINE 命令可以通过以下3种方式：

- 打开【绘图】下拉菜单选择【样条曲线】命令选项。
- 单击【绘图】工具栏上的【样条曲线】命令图标。
- 在"命令："命令行提示下直接输入SPLINE或SPL命令。

三维样条曲线的绘制可以按下面步骤进行，如图2.10所示。

(1) 命令：UCS(先建立新的用户坐标系)

当前UCS名称：*没有名称*

指定UCS的原点或[面(F)/命名(NA)/对象(OB)/上一个(P)/视图(V)/世界(W)/X/Y/Z/Z轴(ZA)]<世界>：N(输入N建立新的用户坐标系)

指定新UCS的原点或[Z轴(ZA)/三点(3)/对象(OB)/面(F)/视图(V)/X/Y/Z]<0，0，0>：3(输入3通过指定3点建立新的用户坐标系)

指定新原点<0，0，0>：9.68，5.85，1.00(指定UCS的原点a坐标)

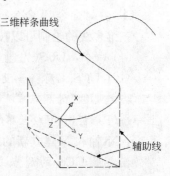

图2.10 绘制三维样条曲线

在正X轴范围上指定点<18.4317，−11.4006，0.0000>：5.9，1.7，6.34(指定X轴方向点b坐标)

在UCS XY平面的正Y轴范围上指定点<17.4317，−10.4006，0.0000>：3.97，85.7，5.46(指定Y轴方向点c坐标)

(2) 命令：SPLINE(输入绘样条曲线命令)

指定第一个点或[对象(O)]：(指定曲线的第一点坐标)

指定下一点：

指定下一点或[闭合(C)/拟合公差(F)]<起点切向>：

……

指定下一点或[闭合(C)/拟合公差(F)]<起点切向>：(回车结束绘制)

指定起点切向：(回车)

指定端点切向：(回车)

(3) 命令：UCS(返回世界坐标系)

当前UCS名称：*世界*

指定UCS的原点或[面(F)/命名(NA)/对象(OB)/上一个(P)/视图(V)/世界(W)/X/Y/Z/Z轴(ZA)]<世界>：W(输入W返回世界坐标系)

2.1.6 三维螺旋线

AutoCAD绘制三维螺旋线命令是HELIX。启动HELIX命令可以通过以下3种方式：

- 打开【建模】下拉菜单中的【螺旋】选项。
- 单击【建模】工具栏上的【螺旋】按钮。
- 在"命令："命令行提示下直接输入HELIX并回车。

三维螺旋线的绘制可以按下面步骤进行，如图2.11所示。

图2.11 绘制三维螺旋线

命令：Helix(绘制三维螺旋)
圈数＝3.0000　扭曲＝CCW
指定底面的中心点：
指定底面半径或[直径(D)]<1.0000>：
指定顶面半径或[直径(D)]<355.3099>：
指定螺旋高度或[轴端点(A)/圈数(T)/圈高(H)/扭曲(W)]<1.0000>：

2.2　三维基本实体图形的绘制

AutoCAD 三维基本实体图形，包括长方体(含正方体)、圆锥体(含椭圆锥体)、楔形体与圆柱体(含椭圆柱体)、球体和圆环体等三维实体。AutoCAD 提供了直接绘制这些三维基本实体图形的功能命令。

2.2.1　长方体和正方体

长方体和正方体是最为规则的三维图形之一。

1. 长方体

长方体是指长度、宽度和高度 3 个方向的尺寸不相同的立体图形。其命令 AutoCAD 功能命令是 BOX。启动 BOX 命令可以通过以下 3 种方式：

- 打开【建模】下拉菜单中的【长方体】选项。
- 单击【建模】工具栏上的【长方体】按钮。
- 在"命令："命令行提示下直接输入 BOX 并回车。

AutoCAD 默认长方体的长、宽、高分别平行于当前坐标系的 X、Y、Z 轴。在 AutoCAD 提示下输入长方体的长度、宽度与高度时，输入的数值可以是正值或负值。正值表示沿相应坐标轴的正方向生成长方体，反之则是沿相应坐标轴的负方向生成长方体。

此外，要观察所绘制的三维基本图形，可以结合 VP(视点观察)和 HIDE(消隐)命令。以下相关章节操作同此。

以在命令行启动 BOX 为例，创建长方体的过程如下所述，如图 2.12 所示。

命令：BOX(输入绘制长方体命令 BOX)
指定第一个角点或[中心(C)]：(确定长方体的另一个角点位置或输入长方体底面中心点的坐标)
指定其他角点或[立方体(C)/长度(L)]：(指定长方体其他角点)
指定高度或[两点(2P)]<195.7622>：(指定长方体高度)

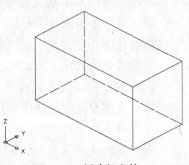

图 2.12　创建长方体

2. 正方体

正方体是指长度、宽度和高度 3 个方向的尺寸都相同的立体图形。其 AutoCAD 功能命令也是 BOX，绘制方法与长方体基本一样。启动 BOX 命令可以通过以下 3 种方式：

- 打开【建模】下拉菜单中的【长方体】选项。
- 单击【建模】工具栏上的【长方体】按钮。
- 在"命令："命令行提示下直接输入 BOX 并回车。

以在命令行启动 BOX 为例，创建正方体的过程如下所述，如图 2.13 所示。

命令：BOX（执行绘制正方体命令 BOX）

指定第一个角点或 [中心(C)]：（确定正方体的另一个角点位置或输入正方体底面中心点的坐标）

指定其他角点或 [立方体(C)/长度(L)]：C（输入 C 绘制正方体）

指定长度：1500（输入边长）

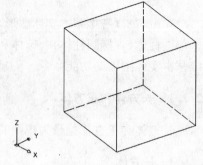

图 2.13 创建正方体

2.2.2 楔体

楔体是一种如楔状的立体图形，分为等边的楔形体和不等边的楔形体。其 AutoCAD 功能命令是 WEDGE。启动 WEDGE 命令可以通过以下 3 种方式：

- 打开【建模】下拉菜单中的【楔体】选项。
- 单击【建模】工具栏上的【楔体】按钮。
- 在命令行"命令："提示符下输入 WEDGE 并回车。

在输入楔形体的长度、宽度、高度值时，其数值可以是正值或是负值。如果输入正值，AutoCAD 将沿着相应坐标轴的正方向生成楔形体；反之，则沿坐标轴的负方向生成楔形体。

以在命令行启动 WEDGE 为例，创建楔形体的过程如下所述，如图 2.14 所示。

命令：WEDGE（输入绘制楔形体命令 WEDGE）

指定第一个角点或 [中心(C)]：（确定楔形体第一个顶点的位置或按中心点方式生成楔形体）

指定其他角点或 [立方体(C)/长度(L)]：（确定楔形体另一个顶点的位置，或者选择 C、L 生成等边楔形体与按指定的长度、宽度、高度生成楔形体）

不允许零长度的楔体。

指定其他角点或 [立方体(C)/长度(L)]：

指定高度或 [两点(2P)] <708.4537>：（输入楔形体的高度）

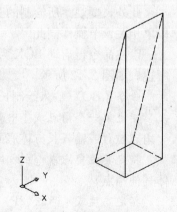

图 2.14 创建楔形体

2.2.3 圆柱体和椭圆柱体

1. 圆柱体

圆柱体是一种如筒状的立体图形。其 AutoCAD 功能命令是 CYLINDER。启动 CYLINDER 命令可以通过以下 3 种方式：

- 打开【建模】下拉菜单中的【圆柱体】选项。
- 单击【建模】工具栏上的【圆柱体】按钮。
- 在命令行"命令:"提示符下输入 CYLINDER 并回车。

以在命令行启动 CYLINDER 为例，创建圆柱体的过程如下所述，如图 2.15 所示。

命令：CYLINDER(输入绘制圆柱体的命令 CYLINDER)

指定底面的中心点或［三点(3P)/两点(2P)/相切、相切、半径(T)/椭圆(E)］：(确定圆柱体底面的中心点位置或输入 E 绘制椭圆柱体)

指定底面半径或［直径(D)］：(输入圆柱体底面半径大小或输入 D 来指定底面的直径)

指定高度或［两点(2P)/轴端点(A)］：(输入圆柱体的高度或指定椭圆柱体另一端面上的椭圆中心点位置)

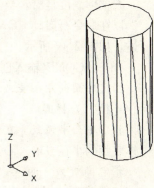

图 2.15 创建圆柱体

2. 椭圆柱体

椭圆柱体与是圆柱体类似的形体，为椭圆筒状的立体图形。其 AutoCAD 功能命令也是 CYLINDER。启动 CYLINDER 命令可以通过以下 3 种方式：

- 打开【建模】下拉菜单中的【圆柱体】选项。
- 单击【建模】工具栏上的【圆柱体】按钮。
- 在命令行"命令:"提示符下输入 CYLINDER 并回车。

以在命令行启动 CYLINDER 为例，创建椭圆柱体的过程如下所述，如图 2.16 所示。

命令：CYLINDER(输入绘制椭圆柱体的命令)

指定底面的中心点或［三点(3P)/两点(2P)/相切、相切、半径(T)/椭圆(E)］：E(输入 E 绘制椭圆柱体)

指定第一个轴的端点或［中心(C)］：(指定椭圆柱体底面椭圆轴线端点或椭圆中心点位置)

指定第一个轴的其他端点：(指定椭圆柱体底面椭圆轴线另一个端点)

指定第二个轴的端点：

指定高度或［两点(2P)/轴端点(A)］<319.3629>：3500(指定椭圆柱体的高度)

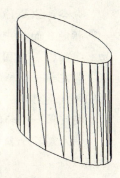

图 2.16 创建椭圆柱体

2.2.4 圆锥体和椭圆锥体

1. 圆锥体

圆锥体是一种锥状的立体图形，圆锥体既可以是正立的，也可以是倾斜的。其 AutoCAD 功能命令是 CONE。启动 CONE 命令可以通过以下 3 种方式：

- 打开【建模】下拉菜单中的【圆锥体】选项。
- 单击【建模】工具栏上的【圆锥体】按钮。
- 在命令行"命令:"提示符下输入 CONE 并回车。

圆锥体高度是沿着当前 UCS 的 Z 轴方向的。

以在命令行启动 CONE 为例，创建圆锥体的过程如下所述，如图 2.17 所示。

命令：CONE(输入创建圆锥体的命令 CONE)

指定底面的中心点或 [三点(3P)/两点(2P)/相切、相切、半径(T)/椭圆(E)]：

指定底面半径或 [直径(D)] <968.9581>：(输入圆锥体底面的半径或输入 D 来指定底面的直径)

指定高度或 [两点(2P)/轴端点(A)/顶面半径(T)] <1242.2677>：(输入圆锥体高度或输入 Apex/A 来绘制倾斜的圆锥体)

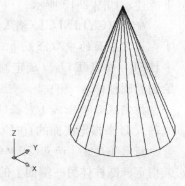

图 2.17 创建圆锥体

2. 椭圆锥体

椭圆锥体与是圆锥体类似的形体，为一种锥状的立体图形。其 AutoCAD 功能命令也是 CONE。启动 CONE 命令可以通过以下 3 种方式：

- 打开【建模】下拉菜单中的【圆锥体】选项。
- 单击【建模】工具栏上的【圆锥体】按钮。
- 在命令行"命令:"提示符下输入 CONE 并回车。

以在命令行启动 CONE 为例，创建椭圆锥体的过程如下所述，如图 2.18 所示。

命令：CONE(输入创建椭圆锥体的命令)

指定底面的中心点或 [三点(3P)/两点(2P)/相切、相切、半径(T)/椭圆(E)]：eE(输入 E 创建椭圆锥体)

指定第一个轴的端点或 [中心(C)]：(指定椭圆锥体底面的轴线端点)

指定第一个轴的其他端点：

指定第二个轴的端点：(指定椭圆锥体底面的轴线第 2 个端点)

指定高度或 [两点(2P)/轴端点(A)/顶面半径(T)] <1392.4371>：(指定椭圆锥体高度)

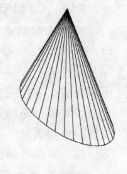

图 2.18 创建椭圆锥体

2.2.5 球体和圆环体

1. 球体

球体也是最为规则的三维空间图形之一。其 AutoCAD 功能命令也是 SPHERE。启动 SPHERE 命令可以通过以下 3 种方式：

- 打开【建模】下拉菜单中的【球体】选项。
- 单击【建模】工具栏上的【球体】按钮。
- 在命令行"命令:"提示符下输入 SPHERE 并回车。

以在命令行启动 SPHERE 为例，创建球体的过程如下所述，如图 2.19 所示。

命令：SPHERE(输入绘制球体的命令 SPHERE)

指定中心点或 [三点(3P)/两点(2P)/相切、相切、半径(T)]：(指定球体中心点的位置)

指定半径或 [直径(D)]：(输入球体半径或输入 D 来指定球体的直径)

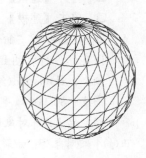

图 2.19 创建球体

2. 圆环体

圆环体是一个环状的立体图形。其 AutoCAD 功能命令是 TORUS。启动 TORUS 命令可以通过以下 3 种方式：

- 打开【建模】下拉菜单中的【圆环体】选项。
- 单击【建模】工具栏上的【圆环体】按钮。
- 在命令行"命令:"提示符下输入 TORUS 并回车。

以在命令行启动 TORUS 为例，创建圆环体的过程如下所述，如图 2.20 所示。

命令：TORUS(输入绘制圆环体的命令 TORUS)

指定中心点或 [三点(3P)/两点(2P)/相切、相切、半径(T)]：(指定圆环体中心点的位置)

指定半径或 [直径(D)] <625.6014>：(输入圆环体的半径或输入 D 来指定圆环体的直径)

指定圆管半径或 [两点(2P)/直径(D)] <661.3051>：(输入管体的半径或输入 D 来指定管体的直径)

在绘制圆环体时，若圆环体的半径小于或等于管体的半径，则圆环体为封闭体，如图 2.21 所示。

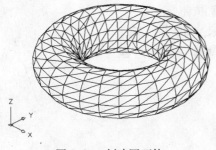
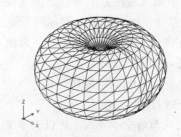

图 2.20 创建圆环体　　　图 2.21 封闭的圆环体

2.2.6 多段体和棱锥体

1. 多段体

多段体是一个多个连续长方体构成的立体图形。其 AutoCAD 功能命令是 POLYSOLID。启动 POLYSOLID 命令可以通过以下 3 种方式：

- 打开【建模】下拉菜单中的【多段体】选项。
- 单击【建模】工具栏上的【多段体】按钮。
- 在命令行"命令："提示符下输入 POLYSOLID 并回车。

以在命令行启动 POLYSOLID 为例，创建多段体的过程如下所述，如图 2.22 所示。

命令：Polysolid(绘制多段体)
高度=80.0000，宽度=5.0000，对正=居中
指定起点或 [对象(O)/高度(H)/宽度(W)/对正(J)] <对象>：w(输入 W 设置多段体的宽度)
指定宽度<5.0000>：18
高度=80.0000，宽度=18.0000，对正=居中
指定起点或 [对象(O)/高度(H)/宽度(W)/对正(J)] <对象>：h(输入 H 设置多段体的高度)
指定高度<80.0000>：1500
高度=1500.0000，宽度=18.0000，对正=居中
指定起点或 [对象(O)/高度(H)/宽度(W)/对正(J)] <对象>：
指定下一个点或 [圆弧(A)/放弃(U)]：
指定下一个点或 [圆弧(A)/放弃(U)]：
指定下一个点或 [圆弧(A)/闭合(C)/放弃(U)]：
……
指定下一个点或 [圆弧(A)/闭合(C)/放弃(U)]：(回车)

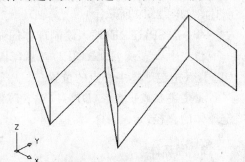

图 2.22 创建多段体

2. 棱锥面

棱锥面是一个棱形的锥体图形。其 AutoCAD 功能命令是 PYRAMID。启动命令 PYRAMID 可以通过以下 3 种方式：

- 打开【建模】下拉菜单中的【棱锥面】选项。
- 单击【建模】工具栏上的【棱锥面】按钮。
- 在命令行"命令："提示符下输入 PYRAMID 并回车。

以在命令行启动 PYRAMID 为例，创建棱锥面的过程如下所述，如图 2.23 所示。

命令：pyramid(绘制棱锥面)
4 个侧面 外切
指定底面的中心点或 [边(E)/侧面(S)]：
指定底面半径或 [内接(I)] <1667.8744>：

图 2.23 创建棱锥体

指定高度或[两点(2P)/轴端点(A)/顶面半径(T)]<5227.9605>：(指定棱锥面立体高度)

2.3 三维复合实体图形的绘制

三维复合实体图形是指不能使用AutoCAD功能命令直接创建，但可以通过两个或两个以上的命令建立的不规则三维实体图形。下面结合图2.24所示的具体例子，说明如何绘制三维复合实体图形。

(1) 使用PLINE命令绘制一个"7"字造型平面图形，如图2.25所示。

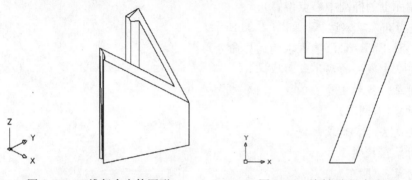

图2.24 三维复合实体图形　　图2.25 绘制"7"字造型

命令：PLINE(绘制多段线)

指定起点：(确定起点位置)

当前线宽为 0.0000

指定下一个点或[圆弧(A)/半宽(H)/长度(L)/放弃(U)/宽度(W)]：(依次输入多段线坐标点或直接在屏幕上使用鼠标点取)

指定下一点或[圆弧(A)/闭合(C)/半宽(H)/长度(L)/放弃(U)/宽度(W)]：(下一点位置)

指定下一点或[圆弧(A)/闭合(C)/半宽(H)/长度(L)/放弃(U)/宽度(W)]：

……

指定下一点或[圆弧(A)/闭合(C)/半宽(H)/长度(L)/放弃(U)/宽度(W)]：

指定下一点或[圆弧(A)/闭合(C)/半宽(H)/长度(L)/放弃(U)/宽度(W)]：cC(闭合图形结束操作)

(2) 将图形拉伸为三维实体图形。如图2.26所示。

命令：EXTRUDE(输入放样拉伸命令)

当前线框密度：ISOLINES=4

选择要拉伸的对象：找到 1 个(选择二维目标对象)

选择要拉伸的对象：(可选择多个二维目标对象或回车结束选择)

指定拉伸的高度或[方向(D)/路径(P)/倾斜角(T)]<242.5842>：(输入拉伸的高度)

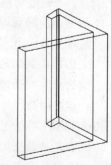

图2.26 拉伸为三维图形

使用 VP 命令，在弹出的子【视点预置】命令进行观察。

（3）在"7"字造型底部绘制一个圆柱体，圆心位于"7"字造型底部中部位置。如图 2.27 所示。

命令：CYLINDER（输入绘制圆柱体的命令）

指定底面的中心点或 [三点(3P)/两点(2P)/相切、相切、半径(T)/椭圆(E)]：（确定圆柱体底面的中心点位置）

指定底面半径或 [直径(D)]：（输入圆柱体底面半径大小或输入 D 来指定底面的直径）

指定高度或 [两点(2P)/轴端点(A)] <2020.4887>：（输入圆柱体的高度或指定椭圆柱体另一端面上的椭圆中心点位置）

（4）进行布尔求差运算。如图 2.28 所示。

命令：SUBTRACT（输入求差运算命令）

选择要从中减去的实体或面域...

选择对象：找到 1 个

选择对象：（回车）

选择要减去的实体或面域...

选择对象：找到 1 个

选择对象：（回车）

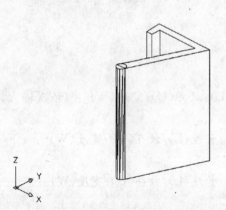
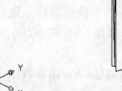

图 2.27 绘制一个圆柱体　　　　　　　图 2.28 布尔求差运算

（5）通过切割，可以生成如图 2.29 所示的复合三维实体图形，消隐后即可得到前述图形。

命令：SLICE（输入切割命令）

选择要剖切的对象：找到 1 个

选择要剖切的对象：

指定切面的起点或 [平面对象(O)/曲面(S)/Z 轴(Z)/视图(V)/XY(XY)/YZ(YZ)/ZX(ZX)/三点(3)] <三点>：3

指定平面上的第一个点：

指定平面上的第二个点：

指定平面上的第三个点：

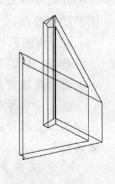

图 2.29 切割实体

在所需的侧面上指定点或 [保留两个侧面(B)] <保留两个侧面>：

2.4 三维基本曲面体图形的绘制

AutoCAD 三维基本曲面体包括长方体和正方体表面、棱锥体和楔形体表面、上下半球体表面、圆锥体和圆环体表面以及球体表面等。这些三维基本曲面体可以使用 AutoCAD 功能命令直接绘制。

2.4.1 长方体表面和正方体表面

1. 长方体表面

长方体表面实质是长方体的外表面立体图形，其长度、宽度和高度不相等。其 AutoCAD 功能命令是 AI_BOX。启动 AI_BOX 命令可以通过以下两种方式：

❑ 在命令行"命令："提示符下输入 3D 并回车选择相应的选项。
❑ 在命令行"命令："提示符下输入 AI_BOX 并回车。

绘制长方体表面时输入的长度、宽度和高度数值不能为负值，其方向分别沿着 X、Y、Z 轴的正向。但长方体表面绕 Z 轴的转角可以是正值或负值，其转向符合右手规则。

以在命令行启动 3D 为例，创建长方体表面的过程如下所述，如图 2.30 所示。

命令：3D

输入选项

[长方体表面(B)/圆锥面(C)/下半球面(DI)/上半球面(DO)/网格(M)/棱锥面(P)/球面(S)/圆环面(T)/楔体表面(W)]：B(输入 B 绘制长方体表面)

指定角点给长方体：

指定长度给长方体：

指定长方体表面的宽度或 [立方体(C)]：

指定高度给长方体：

指定长方体表面绕 Z 轴旋转的角度或 [参照(R)]：(输入长方体表面绕 Z 轴的旋转角度或输入 R 以参考角度来确定长方体表面方向)

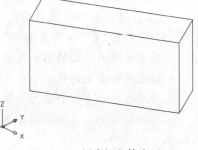

图 2.30 创建长方体表面

2. 长方体表面

正方体表面与长方体表面类似，只是其长度、宽度和高度均相等。其 AutoCAD 功能命令也是 AI_BOX。启动 AI_BOX 命令可以通过以下两种方式：

❑ 在命令行"命令："提示符下输入 3D 并回车选择相应的选项。
❑ 在命令行"命令："提示符下输入 AI_BOX 并回车。

以在命令行启动 3D 为例，创建正方体表面的过程如下所述，如图 2.31 所示。

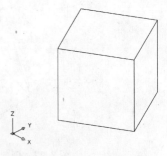

图 2.31 创建正方体表面

命令：3d

输入选项

［长方体表面(B)/圆锥面(C)/下半球面(DI)/上半球面(DO)/网格(M)/棱锥面(P)/球面(S)/圆环面(T)/楔体表面(W)］：B(输入 B 绘制长方体表面)

指定角点给长方体：

指定长度给长方体：

指定长方体表面的宽度或［立方体(C)］：c(输入 c 绘制为正方体的表面)

指定长方体表面绕 Z 轴旋转的角度或［参照(R)］：

2.4.2 棱锥面和楔体表面

1. 棱锥体表面

顾名思义，棱锥面是指棱锥体的外表面图形，其中四面体表面是其特殊的一种形式。其 AutoCAD 功能命令是 AI_PYRAMID。启动 AI_PYRAMID 命令可以通过以下两种方式：

❏ 在命令行"命令:"提示符下输入 3D 并回车选择相应的选项。

❏ 在命令行"命令:"提示符下输入 AI_PYRAMID 并回车。

以在命令行启动 AI_PYRAMID 为例，创建棱锥面的过程如下所述，如图 2.32 所示。

命令：3d

输入选项

［长方体表面(B)/圆锥面(C)/下半球面(DI)/上半球面(DO)/网格(M)/棱锥面(P)/球面(S)/圆环面(T)/楔体表面(W)］：p(输入 p 绘制棱锥面的命令)

指定棱锥面底面的第一角点：

指定棱锥面底面的第二角点：

指定棱锥面底面的第三角点：

指定棱锥面底面的第四角点或［四面体(T)］：(输入底面的第四个基点或输入 T 绘制四面体)

指定棱锥面的顶点或［棱(R)/顶面(T)］：(输入顶点的位置或选择 R、T 进行其他选择，其中上述选项中的 R 表示通过绘制另外一条脊线来形成棱锥体表面；T 表示通过绘制另一个顶平面来形成棱锥体表面)

可以使用 3d 绘制四面体表面。具体可以按下面操作进行，如图 2.33 所示。

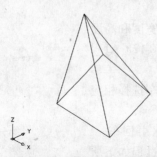 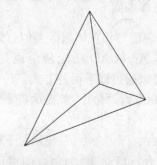

图 2.32 创建棱锥体表面　　　　图 2.33 创建四面体表面

命令：3d(绘制四面体表面的命令)
输入选项
[长方体表面(B)/圆锥面(C)/下半球面(DI)/上半球面(DO)/网格(M)/棱锥面(P)/球面(S)/圆环面(T)/楔体表面(W)]：p
指定棱锥面底面的第一角点：
指定棱锥面底面的第二角点：
指定棱锥面底面的第三角点：
指定棱锥面底面的第四角点或[四面体(T)]：tt(输入T绘制四面体)
指定四面体表面的顶点或[顶面(T)]：(指定四面体顶点的位置)

2. 楔体表面

楔体表面是指楔形体的外表面图形，其中四面体表面是其特殊的一种形式。其 AutoCAD 功能命令是 AI_WEDGE。启动 AI_WEDGE 命令可以通过以下两种方式：

❑ 在命令行"命令："提示符下输入 3D 并回车选择相应的选项。
❑ 在命令行"命令："提示符下输入 AI_WEDGE 并回车。

以在命令行启动 3D 为例，创建楔形体表面的过程如下所述，如图 2.34 所示。

命令：3d
输入选项
[长方体表面(B)/圆锥面(C)/下半球面(DI)/上半球面(DO)/网格(M)/棱锥面(P)/球面(S)/圆环面(T)/楔体表面(W)]：w(输入 w 绘制楔形体表面的命令)
指定角点给楔体表面：
指定长度给楔体表面：
指定楔体表面的宽度：
指定高度给楔体表面：
指定楔体表面绕 Z 轴旋转的角度：0(输入绕 Z 轴的形状角度)

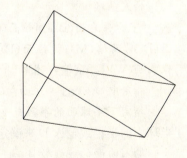

图 2.34 创建楔形体表面

2.4.3 上半球面和下半球面

1. 上半球面

球体的上球半外表面即是上半球面。其 AutoCAD 功能命令是 AI_DOME。启动 AI_DOME 命令可以通过以下两种方式：

❑ 在命令行"命令："提示符下输入 3D 并回车选择相应的选项。
❑ 在命令行"命令："提示符下输入 AI_DOME 并回车。

以在命令行启动 AI_DOME 为例，创建上半球面的过程如下所述，如图 2.35 所示。

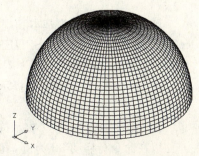

图 2.35 创建上半球面

命令：3d

输入选项

[长方体表面(B)/圆锥面(C)/下半球面(DI)/上半球面(DO)/网格(M)/棱锥面(P)/球面(S)/圆环面(T)/楔体表面(W)]：do(输入 do 绘制上半球面的命令)

指定中心点给上半球面：

指定上半球面的半径或 [直径(D)]：2100(输入上半球面的半径或输入 D 来确定上半球面的直径)

输入曲面的经线数目给上半球面<16>：96(输入经线方向的网格分段数)

输入曲面的纬线数目给上半球面<8>：32(输入纬线方向的网格分段数)

2. 下半球面

球体的下球半外表面即是下半球面。其 AutoCAD 功能命令是 AI_DISH。启动 AI_DISH 命令可以通过以下两种方式：

- 在命令行"命令："提示符下输入 3D 并回车选择相应的选项。
- 在命令行"命令："提示符下输入 AI_DISH 并回车。

以在命令行启动 AI_DISH 为例，创建下半球面的过程如下所述，如图 2.36 所示。

命令：3d

输入选项

[长方体表面(B)/圆锥面(C)/下半球面(DI)/上半球面(DO)/网格(M)/棱锥面(P)/球面(S)/圆环面(T)/楔体表面(W)]：di(输入 di 绘制下半球面的命令)

指定中心点给下半球面：(指定下半球面的中心位置)

指定下半球面的半径或 [直径(D)]：1500(输入下半球面的半径或输入 D 来确定下半球面的直径)

输入曲面的经线数目给下半球面<16>：96(输入经线方向的网格分段数)

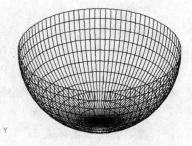

图 2.36 创建下半球面

输入曲面的纬线数目给下半球面<8>：12(输入纬线方向的网格分段数)

2.4.4 球体表面和圆环体表面

1. 球体表面

球体外表面是最为基本和规则的三维形体表面。其 AutoCAD 功能命令是 AI_SPHERE。启动 AI_SPHERE 命令可以通过以下两种方式：

- 在命令行"命令："提示符下输入 3D 并回车选择相应的选项。
- 在命令行"命令："提示符下输入 AI_SPHERE 并回车。

以在命令行启动 3d 为例，创建球体表面的过程如下所述，如图 2.37 所示。

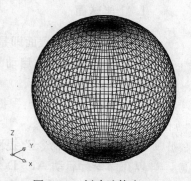

图 2.37 创建球体表面

命令：3d
输入选项
[长方体表面(B)/圆锥面(C)/下半球面(DI)/上半球面(DO)/网格(M)/棱锥面(P)/球面(S)/圆环面(T)/楔体表面(W)]：s(输入 s 绘制球体表面的命令)
指定中心点给球面：(指定球体表面的中心位置)
指定球面的半径或[直径(D)]：
输入曲面的经线数目给球面<16>：96
输入曲面的纬线数目给球面<16>：32

2. 圆环体表面

圆环体表面是圆环状的三维形体表面，也是基本的形体表面之一。其 AutoCAD 功能命令是 AI_TORUS。启动 AI_TORUS 命令可以通过以下两种方式：

❑ 在命令行"命令："提示符下输入 3D 并回车选择相应的选项。
❑ 在命令行"命令："提示符下输入 AI_TORUS 并回车。

以在命令行启动 3D 为例，创建圆环体表面的过程如下所述，如图 2.38 所示。

命令：3D
输入选项
[长方体表面(B)/圆锥面(C)/下半球面(DI)/上半球面(DO)/网格(M)/棱锥面(P)/球面(S)/圆环面(T)/楔体表面(W)]：t(输入 T 绘制圆环体表面的命令)
指定圆环面的中心点：(指定圆环体表面的中心位置)
指定圆环面的半径或[直径(D)]：
指定圆管的半径或[直径(D)]：
输入环绕圆管圆周的线段数目<16>：48
输入环绕圆环面圆周的线段数目<16>：32

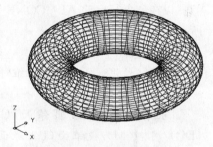

图 2.38 创建圆环体表面

2.4.5 圆锥体表面和圆锥台体表面

1. 圆锥体表面

圆锥体表面是一个锥状的三维形体表面，是 AutoCAD 曲面体的基本表面之一。其 AutoCAD 功能命令是 AI_CONE。启动 AI_CONE 命令可以通过以下两种方式：

❑ 在命令行"命令："提示符下输入 3D 并回车选择相应的选项。
❑ 在命令行"命令："提示符下输入 AI_CONE 并回车。

以在命令行启动 AI_CONE 为例，创建圆锥体表面的过程如下所述，如图 2.39 所示。

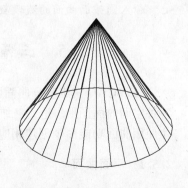

图 2.39 创建圆锥体表面

命令：3D

输入选项

[长方体表面(B)/圆锥面(C)/下半球面(DI)/上半球面(DO)/网格(M)/棱锥面(P)/球面(S)/圆环面(T)/楔体表面(W)]：C(输入C绘制圆锥体表面的命令)

指定圆锥面底面的中心点：

指定圆锥面底面的半径或[直径(D)]：

指定圆锥面顶面的半径或[直径(D)]<0>：

指定圆锥面的高度：

输入圆锥面曲面的线段数目<16>：32

2. 圆锥台体表面

圆锥台体表面与圆锥体表面是其特殊形式，其顶面的圆的半径大于0。其AutoCAD功能命令也是AI_CONE。启动AI_CONE命令可以通过以下两种方式：

❑ 在命令行"命令："提示符下输入3D并回车选择相应的选项。

❑ 在命令行"命令："提示符下输入AI_CONE并回车。

以在命令行启动AI_CONE为例，创建圆锥台体表面的过程如下所述，如图2.40所示。

命令：3D

正在初始化...已加载三维对象。

输入选项

[长方体表面(B)/圆锥面(C)/下半球面(DI)/上半球面(DO)/网格(M)/棱锥面(P)/球面(S)/圆环面(T)/楔体表面(W)]：C(输入C绘制圆锥体台表面的命令)

指定圆锥面底面的中心点：

指定圆锥面底面的半径或[直径(D)]：(输入底面的圆的半径或输入D来确定其直径)

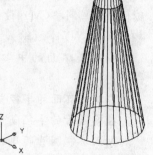

图2.40 创建圆锥台体表面

指定圆锥面顶面的半径或[直径(D)]<0>：(输入顶面的圆的半径或输入D来确定其直径，该数值大于0)

指定圆锥面的高度：

输入圆锥面曲面的线段数目<16>：32

2.5 三维复合曲面和网格面图形的绘制

AutoCAD三维复合曲面图形包括直纹曲面和平移曲面、旋转曲面与给定边界曲面等各种空间曲面图形。进行三维复合曲面图形绘制时，需先绘制相关的操作图形对象，然后才使用曲面功能命令创建相应的三维复合曲面图形。

2.5.1 平面曲面

平面曲面表面与前面所述的基本曲面体有所不同，其形体仅为一个空间四边平面体，其AutoCAD功能命令是PLANESURF。启动PLANESURF命令可以通过以下3种方式：
- 打开【建模】下拉菜单中的【平面曲面】选项。
- 单击【建模】工具栏上的【平面曲面】按钮。
- 在命令行"命令："提示符下输入PLANE-SURF并回车。

以在命令行启动PLANESURF为例，创建平面曲面表面的过程如下所述，如图2.41所示。

命令：PLANESURF
指定第一个角点或[对象(O)]<对象>：
指定其他角点：

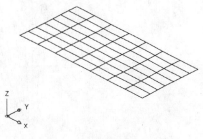

图2.41 创建平面曲面表面

2.5.2 直纹网格和平移曲面

1. 直纹网格曲面

由两条指定的直线或曲线图形为相对的两边，而生成的一个用三维网格表示的曲面称为AutoCAD的直纹网格曲面。其AutoCAD功能命令是RULESURF。启动RULESURF命令可以通过以下两种方式：
- 打开【绘图】下拉菜单中的【建模】子菜单，选择其中的【网格】选项，在选中【直纹网格】功能命令项。
- 在命令行"命令："提示符下输入RULESURF并回车。

以在命令行启动RULESURF为例，创建直纹网格曲面的过程如下所述，如图2.42所示。

(1) 先按平面二维绘图方法绘制两条相对应的空间直线或曲线，在此从略。
(2) 然后使用RULESURF创建三维直纹曲面。

命令：RULESURF(绘制三维直纹网格曲面的命令)
当前线框密度：SURFTAB1＝16(当前系统变量数值，可以使用SURFTAB1功能命令变更其数值大小)
选择第一条定义曲线：(选择第1条曲线)
选择第二条定义曲线：(选择第2条曲线)

指定的两条直线或曲线图形对象必须先绘出，然后再执行RULESURF功能命令进行直纹网格曲面绘制。若两条直线或曲线图形对象方向或图形类型不相同，则将得到不同的直纹网格曲面图形，如图2.43所示。

2. 平移网格曲面

由1条轨迹线沿着1条指定方向矢量伸展而生成的一个用三维网格表示的曲面称为AutoCAD的平移网格曲面。AutoCAD是沿着远离拾取点的端点方向形成三维平移曲面的。其AutoCAD功能命令是TABSURF。启动TABSURF命令可以通过以下两种方式：

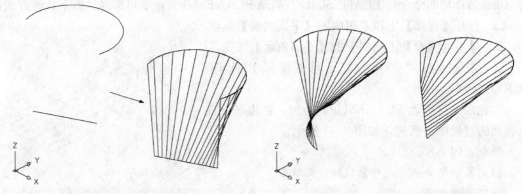

图 2.42 创建直纹网格曲面　　　　图 2.43 不同的直纹网格曲面形式

❑ 打开【绘图】下拉菜单中的【建模】子菜单，选择其中的【网格】选项，在选中【平移网格】功能命令项。

❑ 在命令行"命令:"提示符下输入 TABSURF 并回车。

以在命令行启动 TABSURF 为例，创建平移网格曲面的过程如下所述，如图 2.44 所示。

(1) 先按平面二维绘图方法绘制 1 条三维方向矢量直线或曲线和 1 条路径直线或曲线，在此从略。

(2) 使用 TABSURF 创建三维平移网格曲面。

命令：TABSURF（绘制三维平移网格曲面的命令）

当前线框密度：SURFTAB1＝16

选择用作轮廓曲线的对象：

选择用作方向矢量的对象：

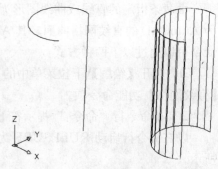

图 2.44 创建平移曲面

2.5.3 旋转网格曲面和定边界曲面

1. 旋转网格曲面

由 1 条轨迹线绕一条指定的旋转轴旋转而成的，用三维网格表示的曲面称为 AutoCAD 的旋转网格曲面。轨迹线与旋转轴不能在同一个 UCS 上，否则无法生成旋转网格曲面。其 AutoCAD 功能命令是 REVSURF。启动 REVSURF 命令可以通过以下 3 种方式：

❑ 打开【绘图】下拉菜单中的【建模】子菜单，选择其中的【网格】选项，在选中【旋转网格】功能命令项。

❑ 在命令行"命令:"提示符下输入 REVSURF 并回车。

以在命令行启动 REVSURF 为例，创建旋转曲面的过程如下所述，如图 2.45 所示。

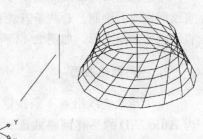

图 2.45 创建旋转曲面

(1) 先按前面有关章节介绍的方法绘制 1 条三维轨迹线和 1 条三维旋转轴。

(2) 然后使用 REVSURF 绘创建三维旋转曲面。

命令：REVSURF（绘制三维旋转曲面的命令）

当前线框密度：SURFTAB1＝16 SURFTAB2＝6（当前系统变量值，可使用 SURFTAB1、SURFTAB2 进行重新设置）

选择要旋转的对象：（选择轨迹曲线对象）

选择定义旋转轴的对象：（选择旋转轴）

指定起点角度＜0＞：（输入起始角度，起始角度是指旋转角的起始位置与轨迹线之间的夹角）

指定包含角（＋＝逆时针，－＝顺时针）＜360＞：（输入旋转角度大小，"＋"、"－"分别表示为沿着逆时针和顺时针方向旋转，默认值为360°）

2. 边界网格曲面

由 4 条首尾连接的边构造而成的，用三维网格表示的曲面称为 AutoCAD 的边界网格曲面。4 条边界必须先绘出，而且 4 条边界必须是首尾相连，否则不能创建边界网格曲面。其 AutoCAD 功能命令是 EDGESURF。启动 EDGESURF 命令可以通过以下两种方式：

❑ 打开【绘图】下拉菜单中的【建模】子菜单，选择其中的【网格】选项，在选中【边界网格】功能命令项。

❑ 在命令行"命令："提示符下输入 EDGESURF 并回车。

以在命令行启动 EDGESURF 为例，创建边界网格曲面的过程如下所述，如图 2.46 所示。

(1) 先按前面有关章节介绍的方法绘制 4 条三维首尾相连空间边界线。

(2) 然后使用 EDGESURF 创建三维定边界曲面。

命令：EDGESURF（绘制三维边界网格曲面的命令）

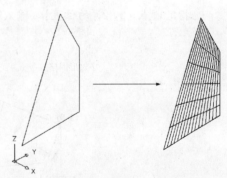

图 2.46 创建定边界曲面

当前线框密度：SURFTAB1＝16 SURFTAB2＝6

选择用作曲面边界的对象 1：（选择第 1 条边界边）

选择用作曲面边界的对象 2：（选择第 2 条边界边）

选择用作曲面边界的对象 3：（选择第 3 条边界边）

选择用作曲面边界的对象 4：（选择第 4 条边界边）

2.5.4 三维网格和任意三维面

1. 三维网格

根据指定的 M 行、N 列个顶点与网格中每一个顶点的位置生成的图形称为 AutoCAD 的三维网格。其 AutoCAD 功能命令是 3DMESH。3DMESH 主要是为专业程序员而设计，其他用户应该使用 3D 命令(如 3DFACE、AI_MESH)。AutoCAD 用矩阵来定义三维网格，其大小由 M 向和 N 向网格数决定，M×N 等于必须指定的顶点数量，其中 M、N 方向上的网格数量为 2～256 之间的值。

启动 3DMESH 命令可以通过以下两种方式：

❑ 打开【绘图】下拉菜单中的【建模】子菜单，选择其中的【网格】选项，在选中【三维网格】功能命令项。

❑ 在命令行"命令:"提示符下输入 3DMESH 并回车。

以在命令行启动 3DMESH 为例，创建三维网格的过程如下所述，如图 2.47 所示。

命令：3DMESH(绘制三维网格的命令)
输入 M 方向上的网格数量：3(输入 M 方向网格面的顶点数)
输入 N 方向上的网格数量：4(输入 N 方向网格面的顶点数)
指定顶点(0,0)的位置：(输入第 1 行、第 1 列的顶点位置)
指定顶点(0,1)的位置：(输入第 1 行、第 2 列的顶点位置)
指定顶点(0,2)的位置：.
指定顶点(1,0)的位置：(输入第 2 行、第 1 列的顶点位置)
指定顶点(1,1)的位置：(输入第 2 行、第 2 列的顶点位置)
指定顶点(1,2)的位置：
指定顶点(2,0)的位置：
指定顶点(2,1)的位置：
指定顶点(2,2)的位置：(输入第 2 行、第 2 列的顶点位置)
……

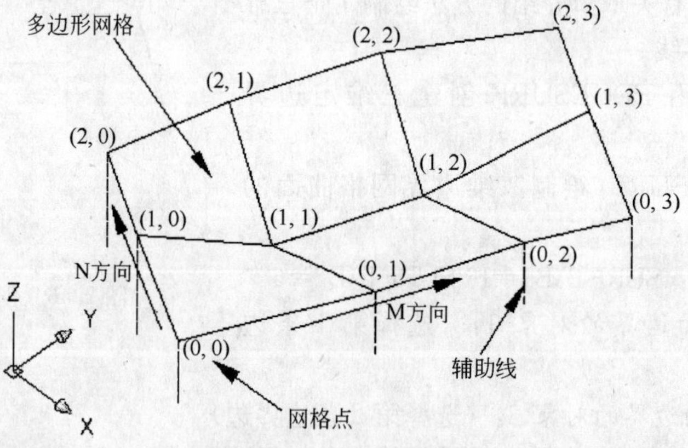

图 2.47 创建三维网格

在 AutoCAD 中，网格中每个顶点的位置由 m 和 n(即顶点的行列坐标)定义。定义顶点首先从顶点(0,0)开始。在指定行 m+1 上的顶点之前，必须先提供行 m 上的每个顶点的坐标位置。顶点之间可以是任意距离。网格的 M 和 N 方向由其顶点位置决定。

2. 任意三维面

每个平面的顶点最多不超过 4 个的任意位置的空间平面称为 AutoCAD 的任意三维面。

3DFACE 在三维空间中的任意位置创建一个三边或四边曲面，其 AutoCAD 功能命令是 3DFACE。启动 3DFACE 命令可以通过以下两种方式：

❑ 打开【绘图】下拉菜单中的【建模】子菜单，选择其中的【网格】选项，在选中【三维面】功能命令项。

❑ 在命令行"命令:"提示符下输入 3DFACE 并回车。

以在命令行启动 3DFACE 为例，创建任意三维面的过程如下所述，如图 2.48 所示。

命令：3DFACE(绘制任意三维面的命令)

指定第一点或［不可见(I)］：(输入第 1 个任意三维面的第 1 个点)

指定第二点或［不可见(I)］：(输入第 1 个任意三维面的第 2 个点)

指定第三点或［不可见(I)］＜退出＞：(输入第 1 个任意三维面的第 3 个点，也可以回车结束绘制操作)

指定第四点或［不可见(I)］＜创建三侧面＞：(输入第 1 个任意三维面的第 4 个点或回车以绘制 3 个边的三维面)

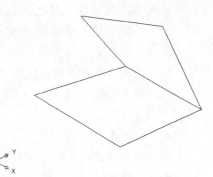

图 2.48 创建任意三维面

指定第三点或［不可见(I)］＜退出＞：(继续进行绘制下一个任意三维面的操作)

指定第四点或［不可见(I)］＜创建三侧面＞：

指定第三点或［不可见(I)］＜退出＞：

指定第四点或［不可见(I)］＜创建三侧面＞：

……

指定第三点或［不可见(I)］＜退出＞：(回车)

2.5.5 三维多面网格

由不可见的内部分隔构成的三维表面称为 AutoCAD 的三维多面网格。三维多面网格类似于三维网格，两种网格都是逐点构造的，因此可以创建不规则表面形状。通过指定各个顶点，然后将这些顶点与网格中的面关联，可以定义多面网格。多面网格将作为一个单元来编辑。通常情况下，通过应用程序而不是用户直接输入来使用 PFACE 命令。要创建单个三维面，建议使用 3DFACE 命令。要创建三维网格，请使用 3D、3DMESH、REV-SURF、RULESURF、EDGESURF 或 TABSURF 命令。

与任意三维面相比，三维多面网格可以节省了内存空间并加快了图形的生成速度。其 AutoCAD 功能命令是 PFACE。启动 PFACE 命令可以通过以下方式：

❑ 在命令行"命令:"提示符下输入 PFACE 并回车。

以在命令行启动 PFACE 为例，创建三维多面网格的过程如下所述，如图 2.49 所示。

命令：PFACE(创建三维多面网格)

指定顶点 1 的位置：(指定第 1 个顶点，点的序列号为 1，顶点的序列号是按点的输入先后顺序编排的。可以输入负的顶点数值使拓扑多边形的边不可见)

指定顶点 2 的位置 或＜定义面＞：

指定顶点 3 的位置 或＜定义面＞：
指定顶点 4 的位置 或＜定义面＞：(指定第 4 个顶点,点的序列号为 4)
指定顶点 5 的位置 或＜定义面＞：(回车结束点的输入)
面 1,顶点 1：
输入顶点编号或［颜色(C)/图层(L)］：1(输入分配到 1 号面上的 1 号顶点的点序列号)
面 1,顶点 2：
输入顶点编号或［颜色(C)/图层(L)］＜下一个面＞：2(输入分配到 1 号面上的 2 号顶点的点序列号)

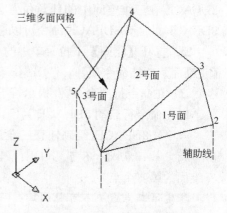

图 2.49　创建三维多面网格

面 1,顶点 3：
输入顶点编号或［颜色(C)/图层(L)］＜下一个面＞：3
面 1,顶点 4：
输入顶点编号或［颜色(C)/图层(L)］＜下一个面＞：4
面 1,顶点 5：
输入顶点编号或［颜色(C)/图层(L)］＜下一个面＞：
面 2,顶点 1：
输入顶点编号或［颜色(C)/图层(L)］：
……
输入顶点编号或［颜色(C)/图层(L)］：(回车结束)

其中"定义"选项是表示通过已给出的点定义一个面；"颜色(C)/图层(L)"选项表示可通过指定图层和颜色来确定当前和以后形成的面。

2.6　二维图形快速转换成三维图形

在 AutoCAD 环境下,通过拉伸(EXTRUDE)、旋转(REVOLVE)等功能命令,将某些二维平面图形生成三维空间实体图形。

2.6.1　拉伸转换

拉伸转换功能是指将一些封闭的二维图形,如圆(CIRCLE)、椭圆(ELLISPE)、封闭的二维多义线(PLINE)和封闭的二维样条曲线(SPLINE)等图形对象,通过指定的高度或路径进行拉伸,从而生成三维实体图形的方法。拉伸路径则可以是封闭的,也可以是不闭合的,如直线(LINE)、二维多义线(PLINE)、弧线(ARC)、椭圆弧(ELLISPE)、圆(CIRCLE)、椭圆(ELLISPE)等图形对象。拉伸路径与要转换的二维图形不能在同一空间平面上。

拉伸转换功能的 AutoCAD 命令是 EXTRUDE。启动 EXTRUDE 命令可以通过以下 3 种方式：

❑ 打开【建模】下拉菜单中的【拉伸】选项。
❑ 单击【建模】工具栏上的【拉伸】按钮。
❑ 在命令行"命令:"提示符下键入 EXTRUDE 并回车。

以在命令行启动 EXTRUDE 为例,拉伸转换功能的使用方法如下所述。

(1) 通过指定高度进行拉伸。先使用 PLINE、CIRCLE、ELLISPE 或 SPLINE 等命令绘制二维封闭图形作为拉伸对象,然后使用 EXTRUDE 通过指定高度进行拉伸,如图 2.50 所示。

(a) 命令: SPLINE(输入绘制样条曲线命令)

指定第一个点或 [对象(O)]:(输入曲线的第一点或选择对象进行样条曲线转换)

指定下一点:

指定下一点或 [闭合(C)/拟合公差(F)] <起点切向>:

指定下一点或 [闭合(C)/拟合公差(F)] <起点切向>:

……

指定下一点或 [闭合(C)/拟合公差(F)] <起点切向>:C(闭合样条曲线)

指定起点切向:(回车)

指定端点切向:(回车)

(b) 命令: EXTRUDE(输入放样拉伸命令)

当前线框密度: ISOLINES=4

选择要拉伸的对象:找到 1 个(选择二维目标对象)

选择要拉伸的对象:(可选择多个二维目标对象或回车结束选择)

指定拉伸的高度或 [方向(D)/路径(P)/倾斜角(T)] <2020.4887>:1500(输入拉伸的高度)

(c) 执行 VP 命令,然后在弹出的设置观察视点进行观察。如图 2.51 所示。

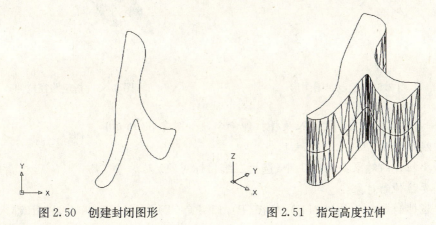

图 2.50 创建封闭图形　　　　图 2.51 指定高度拉伸

(2) 通过指定路径进行拉伸。首先,使用 PLINE、CIRCLE、ELLISPE 或 SPLINE 等命令绘制二维封闭图形作为拉伸对象;然后,使用 UCS 和相关图形绘制命令创建一条路径直线或曲线;最后,使用 EXTRUDE 通过指定高度进行拉伸。

(a) 命令: SPLINE(输入绘制样条曲线命令)

指定第一个点或[对象(O)]：(输入曲线的第一点或选择对象进行样条曲线转换)
指定下一点：
指定下一点或[闭合(C)/拟合公差(F)]＜起点切向＞：
指定下一点或[闭合(C)/拟合公差(F)]＜起点切向＞：
……
指定下一点或[闭合(C)/拟合公差(F)]＜起点切向＞：C(闭合样条曲线)
指定起点切向：(回车)
指定端点切向：(回车)

(b) 命令：UCS(使用 UCS 命令建立新的坐标系)
当前 UCS 名称：＊世界＊
指定 UCS 的原点或[面(F)/命名(NA)/对象(OB)/上一个(P)/视图(V)/世界(W)/X/Y/Z/Z 轴(ZA)]＜世界＞：X(绕 X 轴旋转 90°建立新的 UCS)
指定绕 X 轴的旋转角度＜90＞：90(旋转 90°)

(c) 命令：ARC(绘制弧线)
指定圆弧的起点或[圆心(C)]：
指定圆弧的第二个点或[圆心(C)/端点(E)]：
指定圆弧的端点：

(d) 执行 VP 命令，然后在弹出的设置观察视点进行观察。如图 2.52 所示。

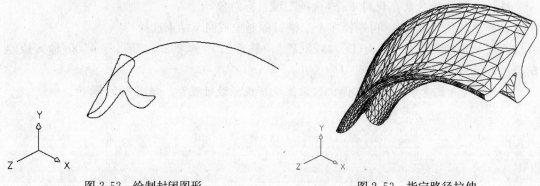

图 2.52　绘制封闭图形　　　　　　图 2.53　指定路径拉伸

❏ 命令：EXTRUDE(键入放样拉伸命令，如图 2.53 所示)
当前线框密度：ISOLINES＝4
选择要拉伸的对象：找到 1 个(选择二维目标对象)
选择要拉伸的对象：
指定拉伸的高度或[方向(D)/路径(P)/倾斜角(T)]＜1500.0000＞：P(键入 P 来指定放样路径)
选择拉伸路径或[倾斜角(T)]：(选择路径曲线)

2.6.2　旋转转换

旋转转换功能是指可以将一些封闭的二维图形对象，如圆(CIRCLE)、椭圆(EL-

LISPE)、封闭的二维多义线(PLINE)、封闭的样条曲线(SPLINE)等,通过绕指定的轴线旋转生成三维实体图形。旋转轴可以是弧线(ARC)、线(LINE)或二维多义线(PLINE)或坐标轴等。旋转轴与要旋转的二维图形对象不能在同一空间平面上,因此需结合 UCS 绘制旋转轴。

旋转转换功能的 AutoCAD 命令是 REVOLVE。启动 REVOLVE 命令可以通过以下 3 种方式:

❑ 打开【建模】下拉菜单中的【旋转】选项。
❑ 单击【建模】工具栏上的【旋转】按钮。
❑ 在命令行"命令:"提示符下键入 REVOLVE 并回车。

以在命令行启动 REVOLVE 为例,旋转转换功能的使用方法如下所述。

(1) 使用 ARC 命令绘制平面图形对象。如图 2.54 所示。

命令:ARC(绘制弧线)

指定圆弧的起点或 [圆心(C)]:

指定圆弧的第二个点或 [圆心(C)/端点(E)]:

指定圆弧的端点:

(2) 进行旋转生成三维图形。如图 2.55 所示。

命令:REVOLVE(键入旋转绘图命令)

当前线框密度:ISOLINES=4

选择要旋转的对象:找到 1 个(选择二维图形作为旋转对象)

选择要旋转的对象:

指定轴起点或根据以下选项之一定义轴 [对象(O)/X/Y/Z] <对象>:(指定轴起点)

指定轴端点:(指定轴端点)

指定旋转角度或 [起点角度(ST)] <360>:(输入旋转角度)

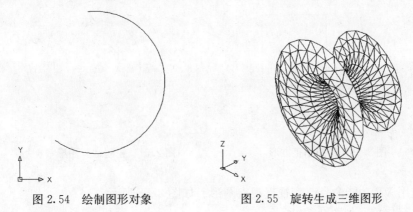

图 2.54 绘制图形对象   图 2.55 旋转生成三维图形

2.6.3 扫掠和放样

1. 扫掠

扫掠是指通过沿路径扫掠二维曲线来创建三维实体或曲面。用 SWEEP 命令,可以通过沿开放或闭合的二维或三维路径扫掠开放或闭合的平面曲线(轮廓)创建新实体或曲面。SWEEP 沿指定的路径以指定轮廓的形状绘制实体或曲面。可以扫掠多个对象，但是这些对象必须位于同一平面中。

扫掠功能的 AutoCAD 命令是 SWEEP。启动 LOFT 命令可以通过以下 3 种方式：

- 打开【建模】下拉菜单中的【扫掠】选项。
- 单击【建模】工具栏上的【扫掠】按钮。
- 在命令行"命令："提示符下键入 SWEEP 并回车。

以在命令行启动 SWEEP 为例，扫掠功能的使用方法如下所述。

(1) 绘制一个小正方形作为扫掠对象。如图 2.56 所示。

命令：polygon(绘制正方形)

输入边的数目<6>：4

指定正多边形的中心点或 [边(E)]：

输入选项 [内接于圆(I)/外切于圆(C)] <I>：

指定圆的半径：

(2) 绘制螺旋图形作为扫掠路径。如图 2.57 所示。

命令：HELIX(绘制螺旋图形)

圈数＝3.0000　扭曲＝CCW

指定底面的中心点：

指定底面半径或 [直径(D)] <1.0000>：

指定顶面半径或 [直径(D)] <9674.5154>：

指定螺旋高度或 [轴端点(A)/圈数(T)/圈高(H)/扭曲(W)] <1.0000>：

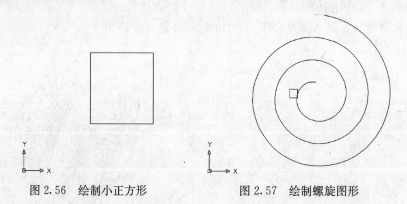

图 2.56　绘制小正方形　　　图 2.57　绘制螺旋图形

(3) 使用 VP 功能命令改变视点观察图形。如图 2.58 所示。

(4) 进行扫掠。如图 2.59 所示。

命令：SWEEP(进行扫掠)

当前线框密度：ISOLINES=4

选择要扫掠的对象：找到 1 个(选择小正方形)

选择要扫掠的对象：(回车)

选择扫掠路径或 [对齐(A)/基点(B)/比例(S)/扭曲(T)]：(选择螺旋曲线路径)

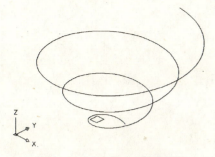

图 2.58 改变视点观察图形

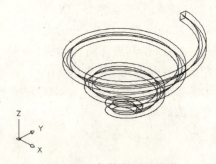

图 2.59 扫掠得到的图形

2. 放样

使用放样(LOFT)命令,可以通过对包含两条或两条以上横截面曲线的一组曲线进行放样(绘制实体或曲面)来创建三维实体或曲面。横截面定义了结果实体或曲面的轮廓(形状)。横截面(通常为曲线或直线)可以是开放的(例如圆弧),也可以是闭合的(例如圆)。LOFT 用于在横截面之间的空间内绘制实体或曲面。使用 LOFT 命令时,至少必须指定两个横截面。

如果对一组闭合的横截面曲线进行放样,则生成实体;如果对一组开放的横截面曲线进行放样,则生成曲面。

放样功能的 AutoCAD 命令是 LOFT。启动 LOFT 命令可以通过以下 3 种方式:

❑ 打开【建模】下拉菜单中的【旋转】选项。
❑ 单击【建模】工具栏上的【旋转】按钮。
❑ 在命令行"命令:"提示符下键入 LOFT 并回车。

以在命令行启动 LOFT 为例,旋转转换功能的使用方法如下所述。

(1) 绘制两个截面(圆形和六边形)。如图 2.60 所示。

命令:polygon(绘制六边形)

输入边的数目<4>:6

指定正多边形的中心点或 [边(E)]:

需要点或选项关键字。

指定正多边形的中心点或 [边(E)]:

输入选项 [内接于圆(I)/外切于圆(C)] <I>:

指定圆的半径:

命令:CIRCLE(绘制圆形)

指定圆的圆心或 [三点(3P)/两点(2P)/相切、相切、半径(T)]:

指定圆的半径或 [直径(D)] <1022.3095>:

(2) 改变 UCS,绘制放样路径曲线。如图 2.61 所示。

命令:UCS(改变 UCS)

当前 UCS 名称:*世界*

指定 UCS 的原点或 [面(F)/命名(NA)/对象(OB)/上一个(P)/视图(V)/世界(W)/

X/Y/Z/Z 轴(ZA)]＜世界＞：X
　　指定绕 X 轴的旋转角度＜90＞：90
　　命令：ARC(绘制放样路径曲线)
　　指定圆弧的起点或[圆心(C)]：
　　指定圆弧的第二个点或[圆心(C)/端点(E)]：
　　指定圆弧的端点：

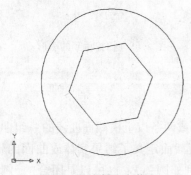
图 2.60　绘制两个截面

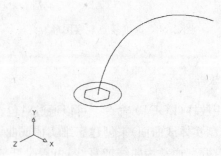
图 2.61　绘制路径曲线

(3) 移动其中一个截面图形。如图 2.62 所示。
命令：MOVE
选择对象：找到 1 个
选择对象：
指定基点或[位移(D)]＜位移＞：
指定第二个点或＜使用第一个点作为位移＞：
(4) 进行放样，使用 VP 改变视图观察。如图 2.63 所示。
命令：LOFT(进行放样)
按放样次序选择横截面：找到 1 个
按放样次序选择横截面：找到 1 个，总计 2 个
按放样次序选择横截面：
输入选项[导向(G)/路径(P)/仅横截面(C)]＜仅横截面＞：P(输入 P 进行路径放样)
选择路径曲线：指定对角点：
选择路径曲线：

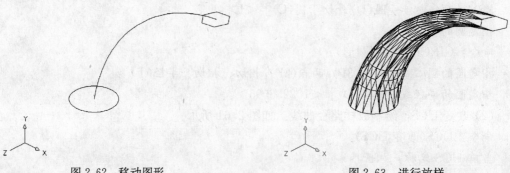
图 2.62　移动图形　　　　　　　　　图 2.63　进行放样

第 3 章　AutoCAD 三维图形编辑与修改

📖 本章理论知识论述要点提示

本章对 AutoCAD 三维空间图形的编辑和修改方法进行详细论述说明。所介绍的内容包括三维旋转、三维阵列、三维镜像等基本编辑修改方法；三维直线和曲线图形编辑与修改方法；倒角、圆角、切割及布尔运、边和面的算等三维实体图形编辑与修改方法以及三维图形渲染美化方法等各方面理论知识与操作技巧。

本章案例绘图思路与技巧提示

本章操作案例主要是结合介绍相关三维图形基本编辑和修改功能时，均对每一个功能命令配以图形作为辅助说明，以便快速掌握该功能命令操作要领和技巧。

3.1　三维图形基本编辑与修改方法

除了可以继续使用二维平面绘图中的编辑功能(如复制、移动和删除等)外，三维图形还具有其独立的基本编辑与修改功能，包括三维旋转(ROTATE3D)、三维镜像(MIRROR3D)、三维阵列(3DARRAY)与三维对齐(ALIGN)等编辑多种操作。这些功能命令为绘制三维图形提供了最为基本的编辑与修改操作。

3.1.1　三维旋转和三维镜像

1. 三维旋转

将指定的图形对象绕三维空间的轴(该轴为旋转轴，可以是坐标轴或图形对象)旋转称为 AutoCAD 三维旋转编辑功能。其 AutoCAD 功能命令是 ROTATE3D。启动 ROTATE3D 命令可以通过以下两种方式：

❏ 打开【修改】下拉菜单中的【三维操作】子菜单，选择其中【三维旋转】的命令。
❏ 在"命令:"提示下直接输入命令 ROTATE3D。

以在命令行启动 ROTATE3D 为例，三维旋转编辑功能的使用方法如下所述，如图 3.1 所示。

命令：ROTATE3D(输入三维旋转命令)
UCS 当前的正角方向：ANGDIR=逆时针 ANGBASE=0
选择对象：找到 1 个(选择三维图形对象)

选择对象：(回车)
指定基点：
拾取旋转轴：
指定角的起点或键入角度：
指定角的端点：
正在重生成模型。

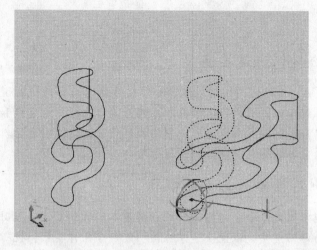

图 3.1　三维旋转

2. 三维镜像

将指定的图形对象相对于某个空间平面作镜像操作，得到对称于该空间平面的图形，该编辑功能称为 AutoCAD 三维镜像。镜像空间平面为可以是任一空间面。其 AutoCAD 功能命令是 MIRROR3D。启动 MIRROR3D 命令可以通过以下两种方式：

- 打开【修改】下拉菜单中的【三维操作】子菜单，选择其中【三维镜像】的命令。
- 在"命令："提示下直接输入命令 MIRROR3D。

以在命令行启动 MIRROR3D 为例，三维镜像编辑功能的使用方法如下所述，如图 3.2 所示。

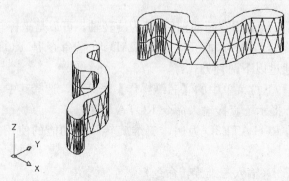

图 3.2　三维镜像

命令：MIRROR3D(输入三维镜像命令)

选择对象：找到 1 个(选择三维图形对象)

选择对象：(回车)

指定镜像平面(三点)的第一个点或

[对象(O)/最近的(L)/Z 轴(Z)/视图(V)/XY 平面(XY)/YZ 平面(YZ)/ZX 平面(ZX)/三点(3)]<三点>：zx(选择确定镜像空间平面的选项，此处以 ZX 平面作为镜像空间平面)

指定 ZX 平面上的点<0，0，0>：(指定镜像空间平面 ZX 基点)

是否删除源对象？[是(Y)/否(N)]<否>：N(输入 Y 或 N 确定是否删除原图形对象)

3.1.2 三维阵列

1. 三维矩形阵列

将指定的图形对象按矩形排列方式生成多个图形对象，形成一个矩形排列图形对象群体，该编辑功能称为 AutoCAD 三维矩形阵列。其 AutoCAD 功能命令是 3DARRAY。启动 3DARRAY 命令可以通过以下两种方式：

□ 打开【修改】下拉菜单中的【三维操作】子菜单，选择其中的【三维阵列】命令。
□ 在"命令："提示下直接输入命令 3DARRAY。

以在命令行启动 3DARRAY 为例，三维矩形阵列编辑功能的使用方法如下所述，如图 3.3 所示。

命令：3DARRAY(输入三维矩形阵列命令)

正在初始化...已加载 3DARRAY。

选择对象：找到 1 个(选择目标对象)

选择对象：(回车)

输入阵列类型[矩形(R)/环形(P)]<矩形>：R(选择阵列方式，此处选择 R 按矩形方式产生阵列)

输入行数(———)<1>：3

输入列数(｜｜｜)<1>：3

输入层数(...)<1>：2

指定行间距(———)：

指定列间距(｜｜｜)：

指定层间距(...)：

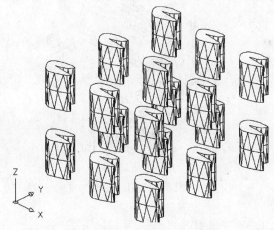

图 3.3 矩形阵列

三维矩形阵列中的行、列、层分别是沿着当前 UCS 的 X、Y、Z 轴的方向。此外，所要输入的间距值可以是正值也可以是负值。若输入的值是正值，则表示阵列是沿着相应坐标轴的正方向进行；否则，是沿着相应坐标轴的负方向进行。

2. 三维圆周阵列

将指定的图形对象按圆周排列方式生成多个图形对象,形成一个圆周排列图形对象群体,该编辑功能称为 AutoCAD 三维圆周阵列。其 AutoCAD 功能命令也是 3DARRAY。启动 3DARRAY 命令可以通过以下两种方式:

- 打开【修改】下拉菜单中的【三维操作】子菜单,选择其中的【三维阵列】命令。
- 在"命令:"提示下直接输入命令 3DARRAY。

以在命令行启动 3DARRAY 为例,三维圆周阵列编辑功能的使用方法如下所述,如图 3.4 所示。

命令:3DARRAY(输入三维圆周阵列命令)

选择对象:找到 1 个(选择目标对象)

选择对象:(回车)

输入阵列类型[矩形(R)/环形(P)]＜矩形＞:p P(选择 P 按圆周方式产生阵列)

输入阵列中的项目数目:6

指定要填充的角度(＋＝逆时针,－＝顺时针)＜360＞:(输入按圆周阵列的圆心角)

旋转阵列对象?[是(Y)/否(N)]＜Y＞:Y(确定阵列时是否旋转图形对象,若输入 N 则不旋转图形对象,只作平移)

指定阵列的中心点:

指定旋转轴上的第二点:

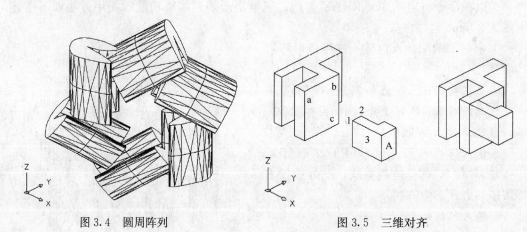

图 3.4　圆周阵列　　　　　　　　图 3.5　三维对齐

3.1.3 三维对齐

将指定的图形对象根据条件来改变指定其方向、位置和角度等,该编辑功能称为 AutoCAD 三维对齐。其 AutoCAD 功能命令是 3DALIGN。启动 3DALIGN 命令可以通过以下两种方式:

- 打开【修改】下拉菜单中的【三维操作】子菜单,选择其中的【三维对齐】命令。
- 在"命令:"提示下直接输入命令 3DALIGN。

以在命令行启动 3DALIGN 为例,三维对齐编辑功能的使用方法如下所述,如图 3.5 所示。

命令：3DALIGN(输入三维对齐命令)
选择对象：找到 1 个(选择图形对象 A)
选择对象：(回车)
指定源平面和方向...
指定基点或 [复制(C)]：(指定要改变位置的对象上的第一个源点 1)
指定第二个点或 [继续(C)] <C>：(指定要改变位置的对象上的第二个源点 2)
指定第三个点或 [继续(C)] <C>：(指定要改变位置的对象上的第二个源点 3)
指定目标平面和方向...
指定第一个目标点：(指定第一个目的点 a)
指定第二个目标点或 [退出(X)] <X>：(指定第一个目的点 b)
指定第三个目标点或 [退出(X)] <X>：(指定第一个目的点 c)

3.1.4 三维移动

AutoCAD 三维移动是指在三维视图中显示移动夹点工具，并沿指定方向将对象移动指定距离。其 AutoCAD 功能命令是 3DMOVE。启动 3DMOVE 命令可以通过以下两种方式：

- 打开【修改】下拉菜单中的【三维操作】子菜单，选择其中的【三维移动】命令。
- 在"命令："提示下直接输入命令 3DMOVE。

以在命令行启动 3DMOVE 为例，三维移动编辑功能的使用方法如下所述，如图 3.6 所示。

命令：3DMOVE
选择对象：找到 1 个
选择对象：
指定基点或 [位移(D)] <位移>：
指定第二个点或 <使用第一个点作为位移>：
正在重生成模型。

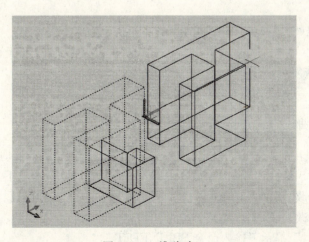

图 3.6 三维移动

3.2 三维线条的编辑与修改方法

三维直线和曲线图形的编辑与修改，除了可以使用复制、删除和移动等基本的功能命令外，AutoCAD还提供了专门编辑修改其中一些特殊三维直线和曲线图形的方法。

3.2.1 三维多段线的编辑修改

三维多段线由3DPOLY绘制得到。对其进行编辑修改功能的AutoCAD命令是PEDIT。启动PEDIT命令可以通过以下几种方式：

- 打开【修改】下拉菜单中的【对象】子菜单，选择其中的【多段线】命令。
- 单击【修改Ⅱ】工具栏上的【编辑多段线】按钮。
- 在"命令:"提示下输入命令PEDIT。
- 先用鼠标单击多段线，然后在绘图区域单击鼠标右键，屏幕将弹出的一个菜单上，选择菜单上的编辑多段线命令。

以在命令行启动PEDIT为例，三维多段线的编辑修改方法如下所述，如图3.7所示。

命令：PEDIT（输入三维多段线编辑命令）

选择多段线或[多条(M)]：

输入选项[闭合(C)/编辑顶点(E)/样条曲线(S)/非曲线化(D)/放弃(U)]：s（输入s进行样条曲线编辑）

输入选项[闭合(C)/编辑顶点(E)/样条曲线(S)/非曲线化(D)/放弃(U)]：（回车结束编辑）

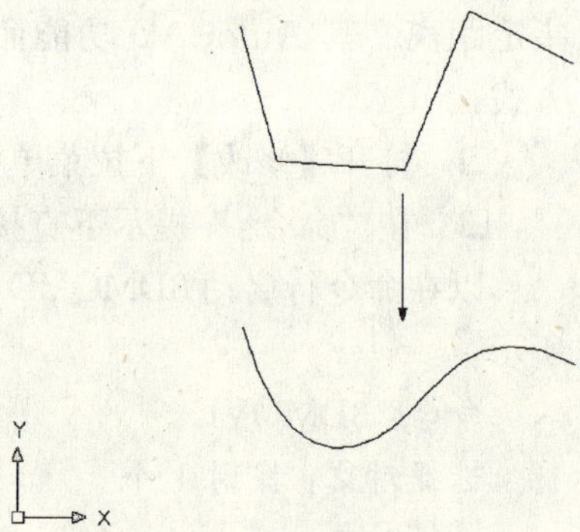

其中上述有关命令选项的含义分别如下：

(1) 闭合(C)——使多段线封闭；当多段线是封闭时，该项为Open。

图3.7 多段线编辑

(2) 编辑顶点(E)——进行顶点编辑，选择该命令后AutoCAD将提供更为详细的编辑命令功能。

(3) 样条曲线(S)——使多段线变为样条曲线。

(4) 非曲线化(D)——此命令是与样条曲线(S)相对应的，执行此命令可以使已变为样条曲线的多段线恢复为带顶点的多段线。

(5) 放弃(U)——回退到上一步操作。

3.2.2 三维样条曲线的编辑修改

三维样条曲线由SPLINE和UCS命令综合使用绘制得到。对其进行编辑修改功能的AutoCAD命令是SPLINEDIT。启动SPLINEDIT命令可以通过以下几种方式：

- 打开【修改】下拉菜单中的【对象】子菜单，选择其中的【样条曲线】命令。
- 单击【修改】工具栏上的编辑样条曲线按钮。
- 在"命令:"提示下输入命令SPLINEDIT。
- 先用鼠标单击样条曲线，然后在绘图区域空白处单击鼠标右键，屏幕将弹出一个菜单，选择菜单上的 Edit Spline 命令。

以在命令行启动 SPLINEDIT 为例，三维样条曲线的编辑修改方法如下所述，如图 3.8 所示。

命令：splinedit(编辑样条曲线)

选择样条曲线：

输入选项［拟合数据(F)/闭合(C)/移动顶点(M)/精度(R)/反转(E)/放弃(U)］：c(输入 C 闭合样条曲线)

输入选项［打开(O)/移动顶点(M)/精度(R)/反转(E)/放弃(U)/退出(X)］＜退出＞：x (输入 X 退出操作)

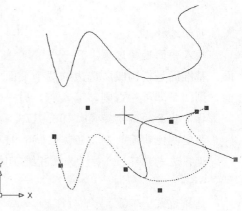

图 3.8　闭合三维样条曲线

其中上述有关命令选项的含义分别如下：

(1) 拟合数据(F)——进行角点数据拟合，如增加、删除、移动和清除等。

(2) 打开(O)——使样条曲线成为开放式，不封闭。

(3) 移动顶点(M)——移动端点。

(4) 精度(R)——重新定义样条曲线的端点。

(5) 反转(E)——是样条曲线的方向反向。

(6) 放弃(U)——回退到上一步操作。

3.3　三维实体的编辑与修改方法

对于三维实体图形，AutoCAD 提供了专门的编辑修改命令，这些编辑修改功能命令包括倒角、倒圆角、切割和切面等方法。此外，AutoCAD 还提供了专门编辑修改实体边、面和体的功能。这些功能包括改变边的颜色、将三维实体中的边复制成单独的线框对象；对实体的面进行拉伸、着色、移动、旋转、倾斜、删除和复制等多项操作。

3.3.1　倒角与倒圆角

1. 倒角

将 AutoCAD 三维实体的外角(凸边)切去或填充三维实体的内角(凹边)的编辑功能称为倒角。其 AutoCAD 功能命令是 CHAMFER。启动 CHAMFER 命令可以通过以下 3 种方式：

- 打开【修改】下拉菜单，选择其中的【倒角】命令选项。
- 单击修改工具栏上的倒角命令功能图标。
- 在命令行"命令："提示符下输入 CHAMFER 并回车。

以在命令行启动 CHAMFER 为例，三维实体的倒角编辑修改方法如下所述，如图 3.9 所示。

命令：CHAMFER(输入倒角命令)

("修剪"模式) 当前倒角距离 1＝196.9173，距离 2＝196.9173

选择第一条直线或［放弃(U)/多段线(P)/距离(D)/角度(A)/修剪(T)/方式(E)/多个(M)］：

基面选择…

输入曲面选择选项［下一个(N)/当前(OK)］＜当前(OK)＞：（选择用于倒角的基准面。基准面是指构成所选边的两个平面中的一个。如果选择以当前高亮度显示的面为基准面，则回车即可；否则，输入N，另一个面则以高亮度显示，该面将作为倒角的基准面）

指定基面的倒角距离＜196.9173＞：

指定其他曲面的倒角距离＜196.9173＞：

选择边或［环(L)］：（选择三维实体上的某一条边）

……

选择边或［环(L)］：

选择边或［环(L)］：（回车）

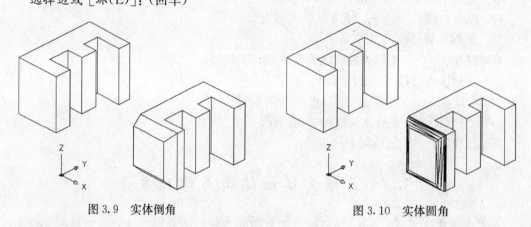

图3.9 实体倒角　　　　　　　　图3.10 实体圆角

2. 圆角

将AutoCAD三维实体的凸边或凹边切成圆角的编辑功能称为圆角。其AutoCAD功能命令是FILLET。启动FILLET命令可以通过以下3种方式：

- 打开【修改】下拉菜单，选择其中的【圆角】命令。
- 单击【修改】工具栏上的命令【圆角】功能图标。
- 在命令行"命令："提示符下输入FILLET并回车。

以在命令行启动FILLET为例，三维实体的圆角编辑修改方法如下所述，如图3.10所示。

命令：FILLET（输入圆角命令）

当前设置：模式＝修剪，半径＝0.0000

选择第一个对象或［放弃(U)/多段线(P)/半径(R)/修剪(T)/多个(M)］：（选择第一个对象或输入P、R、T、M）

输入圆角半径：150

选择边或［链(C)/半径(R)］：（选择倒角边或输入C、R，其中命令Chain含义表示如果要倒圆角的边彼此首尾相接，此时只要选择其中一条边，其他的就会自动被选中。Radius 含义表示重新设置倒角的半径大小)

选择边或[链(C)/半径(R)]:
选择边或[链(C)/半径(R)]:
选择边或[链(C)/半径(R)]:
已选定 4 个边用于圆角。

3.3.2 切割与切面

1. 切割

利用指定的平面对实体进行剖切,将 AutoCAD 三维实体一分为二的编辑功能称为切割。其 AutoCAD 功能命令是 SLICE。启动 SLICE 命令可以通过以下两种方式:

- 打开【修改】下拉菜单中的【三维操作】子菜单,选择其中的【切割】命令。
- 在命令行"命令:"提示符下输入 SLICE 并回车。

以在命令行启动 SLICE 为例,三维实体的切割命令功能使用方法如下所述,如图 3.11 所示。

命令:SLICE(输入切割命令)
选择要剖切的对象:找到 1 个
选择要剖切的对象:
指定切面的起点或[平面对象(O)/曲面(S)/Z 轴(Z)/视图(V)/XY(XY)/YZ(YZ)/ZX(ZX)/三点(3)]<三点>:3
指定平面上的第一个点:
指定平面上的第二个点:
指定平面上的第三个点:
在所需的侧面上指定点或[保留两个侧面(B)]<保留两个侧面>:

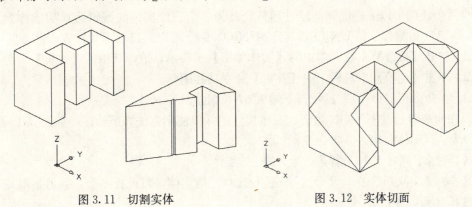

图 3.11 切割实体　　　　　　　图 3.12 实体切面

2. 切面

利用指定的平面对实体进行剖切,从而生成一个截面的编辑功能称为切面。切面可以创建穿过三维实体的横截面,结果可以是表示截面形状的二维对象。也可以选择使用剪切平面(也称为截面对象),实时查看相交实体的剪切轮廓。

其AutoCAD功能命令是SECTION。启动SECTION命令可以通过以下方式：
- 在命令行"命令："提示符下输入SECTION并回车。

以在命令行启动SECTION为例，三维实体的切面命令功能使用方法如下所述，如图3.12所示。

命令：SECTION(输入剖切命令)

选择对象：找到1个

选择对象：

指定截面上的第一个点，依照［对象(O)/Z轴(Z)/视图(V)/XY(XY)/YZ(YZ)/ZX(ZX)/三点(3)］＜三点＞：

指定平面上的第二个点：

指定平面上的第三个点：

其中上述有关命令选项的含义如下：

(1) 对象(O)——用指定图形对象所在的平面剖切实体。

(2) Z轴(Z)——通过指定平面上的一点及该平面的法向方向确定剖切平面。

(3) 视图(V)——用与当前视图平面平行的平面剖切实体。

(4) XY(XY)/YZ(YZ)/ZX(ZX)——使用与当前UCS的XOY、YOZ、ZOX平面平行的平面剖切实体。

(5) 三点(3)——通过指定三点确定剖切平面。

3.3.3 布尔运算

布尔(Boolean)运算是AutoCAD中常用的三维实体编辑修改功能之一，包括并集(UNION)、差集(SUBTRACT)与交集(INTERSECT)。

1. 并集

将两个或两个以上三维实体经过运算合并为一个三维实体的编辑运算功能称为并集。其AutoCAD功能命令是UNION。启动UNION命令可以通过以下3种方式：
- 打开【修改】下拉菜单中的【实体编辑】子菜单，选择其中的【并集】命令。
- 单击【建模】工具栏上的【并集】命令功能图标。
- 在命令行"命令："提示符下输入UNION并回车。

以在命令行启动UNION为例，三维实体的并集使用方法如下所述，如图3.13所示。

命令：UNION(输入并集命令)

选择对象：找到1个(选择进行运算的三维实体)

选择对象：找到1个，总计2个(进行选择三维实体，可选择多个，数目不限)

选择对象：(回车)

2. 差集

将两个或两个以上三维实体经过运算，去掉其中一些实体，从而形成一个新的三维实体的编辑运算功能称为差集。其AutoCAD功能命令是SUBTRACT。启动SUBTRACT命令可以通过以下3种方式：

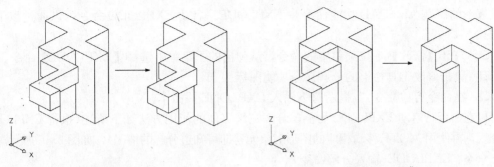

图 3.13　并集　　　　　　　　图 3.14　差集

- 打开【修改】下拉菜单中的【实体编辑】子菜单，选择其中的【差集】命令。
- 单击【建模】工具栏上的【差集】命令功能图标。
- 在命令行"命令："提示符下输入 SUBTRACT 并回车。

以在命令行启动 SUBTRACT 为例，三维实体的差集使用方法如下所述，如图 3.14 所示。

命令：SUBTRACT(输入差集命令)

选择要从中减去的实体或面域…

选择对象：找到 1 个

选择对象：

选择要减去的实体或面域…

选择对象：找到 1 个

选择对象：

3. 交集

将两个或两个以上三维实体进行运算，运算的结果是得到一个新实体，该实体是所有选择到的运算前实体的公共部分，该编辑运算功能称为交集。其 AutoCAD 功能命令是 INTERSECT。启动 INTERSECT 命令可以通过以下 3 种方式：

- 打开【修改】下拉菜单中的【实体编辑】子菜单，选择其中的【交集】命令。
- 单击【建模】工具栏上的【交集】命令功能图标。
- 在命令行"命令："提示符下输入 INTERSECT 并回车。

以在命令行启动 INTERSECT 为例，三维实体的交集使用方法如下所述，如图 3.15 所示。

命令：INTERSECT(输入交集命令)

选择对象：找到 1 个

选择对象：找到 1 个，总计 2 个

选择对象：(回车结束)

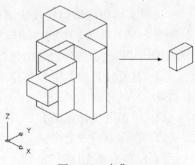

图 3.15　交集

3.3.4　分解实体

将三维实体分离成实体外表面的面域或独立的骨架体(BODY)的编辑功能称为分解。在 AutoCAD 中，面域或骨架体是由线(LINE)、弧(ARC)或样条曲线(SPLINE)以线框的形式表示的。其 AutoCAD 功能命令是 EXPLODE。启动 EXPLODE 命令可以通过以下 3 种方式：

❑ 打开【修改】下拉菜单中的命令，从弹出的子菜单中选择【EXPLODE】命令。
❑ 单击修改工具栏上的分解命令功能图标。
❑ 在命令行"命令："提示符下输入 EXPLODE 并回车。

以在命令行启动 EXPLODE 为例，分解三维实体的使用方法如下所述（执行 EXPLODE 命令后，再使用 MOVE 移动相应的图形对象元素即可知道分解的情况），如图 3.16 所示。

命令：EXPLODE（输入分解命令）

选择对象：找到 1 个（选择要分解的实体图形）

选择对象：（回车结束）

若对三维实体图形进行多次分解，可以得到不同类型的图形对象，如图 3.17 所示。

命令：EXPLODE（输入分解命令）

选择对象：找到 1 个（选择要分解的实体图形）

选择对象：（回车结束）

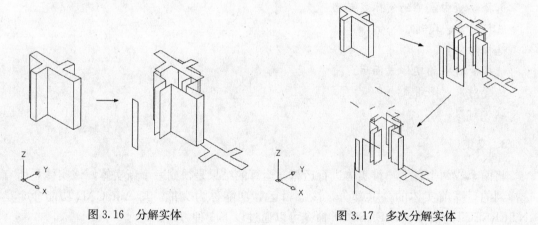

图 3.16　分解实体　　　　　　　　　图 3.17　多次分解实体

3.3.5　边的编辑修改

三维实体边的编辑修改功能包括修压印边、着色边、复制边，其 AutoCAD 功能命令分别是 SOLIDEDIT 中的边编辑修改功能命令 imprint、Color Edges、Copy Edges。启动 SOLIDEDIT 命令进行边的编辑修改，可以通过以下 3 种方式：

❑ 打开【修改】下拉菜单中的【实体编辑】命令，从弹出的子菜单中选择相应的边修改功能命令。
❑ 单击【实体编辑】工具栏上的压印边、着色边、复制边命令选项图标。
❑ 在命令行"命令："提示符下输入 SOLIDEDIT 并回车，接着在命令提示下分别输入 EDGE 和 L 或 EDGE 和 C。

以在命令行启动 SOLIDEDIT 为例，三维实体边的编辑修改功能使用方法如下所述。

1. 修改边的颜色

如图 3.18 所示。

命令：SOLIDEDIT（输入实体编辑命令）

实体编辑自动检查：SOLIDCHECK=1

输入实体编辑选项 [面(F)/边(E)/体(B)/放弃(U)/退出(X)] <退出>：_edge（进入边编辑操作）

输入边编辑选项 [复制(C)/着色(L)/放弃(U)/退出(X)] <退出>：_color（改变实体边的颜色）

选择边或 [放弃(U)/删除(R)]：（选择实体的边，其中 Undo 命令表示撤销最近一次的选择操作；Remove 命令表示把已选择的对象从选择集中去掉。回车后将弹出 Select Color 对话框，在此对话框选择新的颜色）

选择边或 [放弃(U)/删除(R)]：

选择边或 [放弃(U)/删除(R)]：

选择边或 [放弃(U)/删除(R)]：（回车结束选择）

输入边编辑选项 [复制(C)/着色(L)/放弃(U)/退出(X)] <退出>：（回车结束编辑）

实体编辑自动检查：SOLIDCHECK=1

输入实体编辑选项 [面(F)/边(E)/体(B)/放弃(U)/退出(X)] <退出>：（回车）

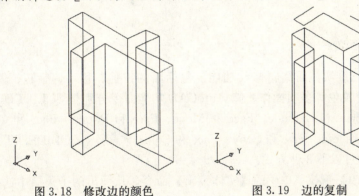

图 3.18　修改边的颜色　　　　图 3.19　边的复制

2. 边的复制

命令：SOLIDEDIT（输入实体编辑命令，如图 3.19 所示）

实体编辑自动检查：SOLIDCHECK=1

输入实体编辑选项 [面(F)/边(E)/体(B)/放弃(U)/退出(X)] <退出>：_edge（进入实体边编辑操作）

输入边编辑选项 [复制(C)/着色(L)/放弃(U)/退出(X)] <退出>：_copy（进行实体边的复制）

选择边或 [放弃(U)/删除(R)]：（选择要复制的实体边）

选择边或 [放弃(U)/删除(R)]：

选择边或 [放弃(U)/删除(R)]：

选择边或 [放弃(U)/删除(R)]：

选择边或 [放弃(U)/删除(R)]：

选择边或 [放弃(U)/删除(R)]：
选择边或 [放弃(U)/删除(R)]：
指定基点或位移：
指定位移的第二点：
输入边编辑选项 [复制(C)/着色(L)/放弃(U)/退出(X)]＜退出＞：(回车)
实体编辑自动检查：SOLIDCHECK＝1
输入实体编辑选项 [面(F)/边(E)/体(B)/放弃(U)/退出(X)]＜退出＞：(结束操作)

3. 压印

命令：imprint(输入实体编辑命令，如图 3.20 所示)

选择三维实体：

选择要压印的对象：

是否删除源对象 [是(Y)/否(N)]＜N＞：

选择要压印的对象：

是否删除源对象 [是(Y)/否(N)]＜N＞：

选择要压印的对象：

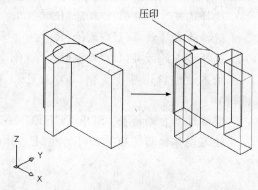

图 3.20 压印

3.3.6 面的编辑修改

AutoCAD 的三维实体面编辑修改功能，包括面的拉伸、移动、旋转、偏移、倾斜、删除、复制与改变颜色等多项操作。其 AutoCAD 功能命令分别是 SOLIDEDIT 中的面编辑修改功能命令 Face 和 Extrude、Face 和 Move、Face 和 Rotate、Face 和 Offset、Face 和 Tape、Face 和 Delete、Face 和 Copy、Face 和 Color 等。启动 SOLIDEDIT 命令进行面的编辑修改可以通过以下 3 种方式：

❑ 打开【修改】下拉菜单中的【实体编辑】命令，从弹出的子菜单中选择相应的编辑功能命令。

❑ 单击 Solids Editing 工具栏上相应的编辑功能命令选项图标。

❑ 在命令行"命令："提示符下输入 SOLIDEDIT 并回车，接着在命令提示下分别输入相应的编辑功能命令。

以在命令行启动 SOLIDEDIT 为例，三维实体面的编辑修改功能使用方法如下所述。

1. 面的拉伸

将实体对象中的面沿着指定的路径，或者指定拉伸高度和拉伸倾斜角度进行拉伸，称为 AutoCAD 面的拉伸功能。AutoCAD 将实体面的法方向作为拉伸时的正方向。如果输入的拉伸高度是正值，则表示沿着实体面的法方向进行拉伸；否则，将沿着其法方向的反向进行拉伸。如图 3.21 所示。

命令：SOLIDEDIT(输入实体编辑命令)

实体编辑自动检查：SOLIDCHECK＝1

输入实体编辑选项 [面(F)/边(E)/体(B)/放弃(U)/退出(X)]＜退出＞：_face(进入

实体面的编辑)

输入面编辑选项

[拉伸(E)/移动(M)/旋转(R)/偏移(O)/倾斜(T)/删除(D)/复制(C)/颜色(L)/材质(A)/放弃(U)/退出(X)]＜退出＞：_extrude(进行实体面的拉伸操作)

选择面或[放弃(U)/删除(R)]：找到一个面(选择要拉伸的实体面)

选择面或[放弃(U)/删除(R)/全部(ALL)]：(回车不再选择面)

指定拉伸高度或[路径(P)]：p(输入拉伸高度或输入P采用路径进行拉伸)

选择拉伸路径：

已开始实体校验。

已完成实体校验。

输入面编辑选项

[拉伸(E)/移动(M)/旋转(R)/偏移(O)/倾斜(T)/删除(D)/复制(C)/颜色(L)/材质(A)/放弃(U)/退出(X)]＜退出＞：(回车)

实体编辑自动检查：SOLIDCHECK=1

输入实体编辑选项[面(F)/边(E)/体(B)/放弃(U)/退出(X)]＜退出＞：(回车结束操作)

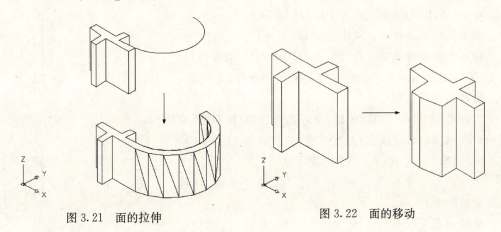

图3.21 面的拉伸　　　　图3.22 面的移动

2. 面的移动

将三维实体对象中的面移动到指定的位置与方向上，称为AutoCAD面的移动功能。如图3.22所示。

命令：SOLIDEDIT(输入实体编辑命令)

实体编辑自动检查：SOLIDCHECK=1

输入实体编辑选项[面(F)/边(E)/体(B)/放弃(U)/退出(X)]＜退出＞：_face(进行三维实体面的编辑)

输入面编辑选项

[拉伸(E)/移动(M)/旋转(R)/偏移(O)/倾斜(T)/删除(D)/复制(C)/颜色(L)/材质(A)/放弃(U)/退出(X)]＜退出＞：_move(移动实体面)

选择面或[放弃(U)/删除(R)]：找到一个面。(选择要移动的实体面)

选择面或[放弃(U)/删除(R)/全部(ALL)]：(回车)

指定基点或位移：

指定位移的第二点：

已开始实体校验。

已完成实体校验。

输入面编辑选项

［拉伸(E)/移动(M)/旋转(R)/偏移(O)/倾斜(T)/删除(D)/复制(C)/颜色(L)/材质(A)/放弃(U)/退出(X)］＜退出＞：(回车)

实体编辑自动检查：SOLIDCHECK＝1

输入实体编辑选项［面(F)/边(E)/体(B)/放弃(U)/退出(X)］＜退出＞：(回车结束操作)

3. 面的旋转

将实体中的一个或多个面绕指定的轴旋转一个角度，称为AutoCAD面的旋转功能。旋转轴可以通过指定两点或选择一个对象来确定，也可以采用UCS的坐标轴作为旋转轴。如图3.23所示。

命令：SOLIDEDIT(输入实体编辑命令)

实体编辑自动检查：SOLIDCHECK＝1

输入实体编辑选项［面(F)/边(E)/体(B)/放弃(U)/退出(X)］＜退出＞：_ face(实体面的编辑操作)

输入面编辑选项

［拉伸(E)/移动(M)/旋转(R)/偏移(O)/倾斜(T)/删除(D)/复制(C)/颜色(L)/材质(A)/放弃(U)/退出(X)］＜退出＞：_ rotate(旋转实体面)

选择面或［放弃(U)/删除(R)］：找到2个面。(选择要旋转的面)

选择面或［放弃(U)/删除(R)/全部(ALL)］：

指定轴点或［经过对象的轴(A)/视图(V)/X轴(X)/Y轴(Y)/Z轴(Z)］＜两点＞：(指定两点作为旋转轴)

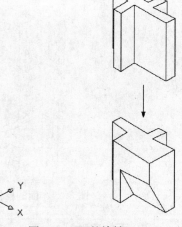

图3.23 面的旋转

在旋转轴上指定第二个点：

指定旋转角度或［参照(R)］：60

已开始实体校验。

已完成实体校验。

输入面编辑选项

［拉伸(E)/移动(M)/旋转(R)/偏移(O)/倾斜(T)/删除(D)/复制(C)/颜色(L)/材质(A)/放弃(U)/退出(X)］＜退出＞：

实体编辑自动检查：SOLIDCHECK＝1

输入实体编辑选项［面(F)/边(E)/体(B)/放弃(U)/退出(X)］＜退出＞：(回车结束操作)

4. 面的偏移

将实体中的一个或多个面以相等的指定距离移动或通过指定的点，称为 AutoCAD 面的偏移功能。如图 3.24 所示。

命令：SOLIDEDIT(输入实体编辑命令)

实体编辑自动检查：SOLIDCHECK＝1

输入实体编辑选项[面(F)/边(E)/体(B)/放弃(U)/退出(X)]＜退出＞：_face(进入实体面的编辑操作)

输入面编辑选项

[拉伸(E)/移动(M)/旋转(R)/偏移(O)/倾斜(T)/删除(D)/复制(C)/颜色(L)/材质(A)/放弃(U)/退出(X)]＜退出＞：_offset(对实体面进行偏移)

选择面或[放弃(U)/删除(R)]：找到一个面。(选择要偏移的实体面)

选择面或[放弃(U)/删除(R)/全部(ALL)]：

指定偏移距离：(输入偏移的距离)

已开始实体校验。

已完成实体校验。

输入面编辑选项

[拉伸(E)/移动(M)/旋转(R)/偏移(O)/倾斜(T)/删除(D)/复制(C)/颜色(L)/材质(A)/放弃(U)/退出(X)]＜退出＞：

实体编辑自动检查：SOLIDCHECK＝1

输入实体编辑选项[面(F)/边(E)/体(B)/放弃(U)/退出(X)]＜退出＞：(回车结束操作)

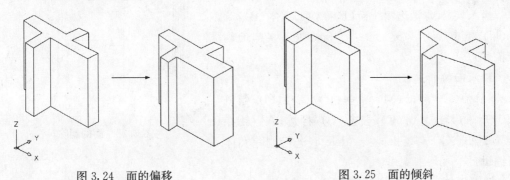

图 3.24　面的偏移　　　　　图 3.25　面的倾斜

5. 面的倾斜

将实体中的一个或多个面按指定的角度进行倾斜，称为 AutoCAD 面的倾斜功能。当输入的倾斜角度为正值时，实体面将向内收缩倾斜；否则，将向外放大倾斜。如图 3.25 所示。

命令：SOLIDEDIT(输入实体编辑命令)

实体编辑自动检查：SOLIDCHECK＝1

输入实体编辑选项[面(F)/边(E)/体(B)/放弃(U)/退出(X)]＜退出＞：_face(进入实体面的编辑操作)

输入面编辑选项

[拉伸(E)/移动(M)/旋转(R)/偏移(O)/倾斜(T)/删除(D)/复制(C)/颜色(L)/材质(A)/放弃(U)/退出(X)]＜退出＞：_taper(对实体面进行倾斜编辑操作)

选择面或[放弃(U)/删除(R)]：找到一个面。（选择要倾斜的实体面）

选择面或[放弃(U)/删除(R)/全部(ALL)]：

指定基点：

指定沿倾斜轴的另一个点：

指定倾斜角度：35

已开始实体校验。

已完成实体校验。

输入面编辑选项

[拉伸(E)/移动(M)/旋转(R)/偏移(O)/倾斜(T)/删除(D)/复制(C)/颜色(L)/材质(A)/放弃(U)/退出(X)]＜退出＞：（回车）

实体编辑自动检查：SOLIDCHECK＝1

输入实体编辑选项[面(F)/边(E)/体(B)/放弃(U)/退出(X)]＜退出＞：（回车）

6. 面的删除

将三维实体中的一个或多个面从实体中删去，称为 AutoCAD 面的删除功能。此种功能适合于倒圆角所产生的面的删除操作。如图 3.26 所示。

命令：SOLIDEDIT(输入实体编辑命令)

实体编辑自动检查：SOLIDCHECK＝1

输入实体编辑选项[面(F)/边(E)/体(B)/放弃(U)/退出(X)]＜退出＞：_face 进入实体面编辑操作)

输入面编辑选项

[拉伸(E)/移动(M)/旋转(R)/偏移(O)/倾斜(T)/删除(D)/复制(C)/颜色(L)/材质(A)/放弃(U)/退出(X)]＜退出＞：_delete(进行删除实体面编辑)

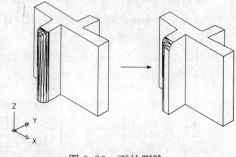

图 3.26 面的删除

选择面或[放弃(U)/删除(R)]：找到一个面。

选择面或[放弃(U)/删除(R)/全部(ALL)]：

已开始实体校验。

已完成实体校验。

输入面编辑选项

[拉伸(E)/移动(M)/旋转(R)/偏移(O)/倾斜(T)/删除(D)/复制(C)/颜色(L)/材质(A)/放弃(U)/退出(X)]＜退出＞：d

选择面或[放弃(U)/删除(R)]：

输入面编辑选项

[拉伸(E)/移动(M)/旋转(R)/偏移(O)/倾斜(T)/删除(D)/复制(C)/颜色(L)/材质

(A)/放弃(U)/退出(X)]＜退出＞：

实体编辑自动检查：SOLIDCHECK＝1

输入实体编辑选项［面(F)/边(E)/体(B)/放弃(U)/退出(X)]＜退出＞：(回车结束编辑)

7. 面的复制

将三维实体中的一个或多个面复制成面域对象或三维表面图形对象，称为 AutoCAD 面的复制功能。如图 3.27 所示。

命令：SOLIDEDIT(输入实体编辑命令)

实体编辑自动检查：SOLIDCHECK＝1

输入实体编辑选项［面(F)/边(E)/体(B)/放弃(U)/退出(X)]＜退出＞：_ face(进入实体面编辑操作)

输入面编辑选项

［拉伸(E)/移动(M)/旋转(R)/偏移(O)/倾斜(T)/删除(D)/复制(C)/颜色(L)/材质(A)/放弃(U)/退出(X)]＜退出＞：_ copy(进行实体面复制编辑)

选择面或[放弃(U)/删除(R)]：找到一个面。

选择面或[放弃(U)/删除(R)/全部(ALL)]：

指定基点或位移：

指定位移的第二点：

输入面编辑选项

［拉伸(E)/移动(M)/旋转(R)/偏移(O)/倾斜(T)/删除(D)/复制(C)/颜色(L)/材质(A)/放弃(U)/退出(X)]＜退出＞：(回车)

实体编辑自动检查：SOLIDCHECK＝1

输入实体编辑选项［面(F)/边(E)/体(B)/放弃(U)/退出(X)]＜退出＞：(回车结束编辑)

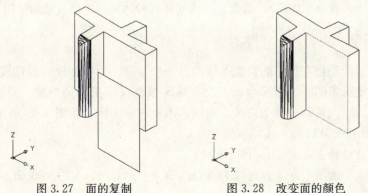

图 3.27　面的复制　　　　图 3.28　改变面的颜色

8. 改变面的颜色

把 AutoCAD 实体中的一个或多个面的颜色进行重新设置的编辑方法，称为改变面的颜色。如图 3.28 所示。

命令：SOLIDEDIT(输入实体编辑命令)

实体编辑自动检查：SOLIDCHECK=1

输入实体编辑选项 [面(F)/边(E)/体(B)/放弃(U)/退出(X)] <退出>：_face(进入实体面的编辑操作)

输入面编辑选项

[拉伸(E)/移动(M)/旋转(R)/偏移(O)/倾斜(T)/删除(D)/复制(C)/颜色(L)/材质(A)/放弃(U)/退出(X)] <退出>：_color(改变实体面的颜色)

选择面或 [放弃(U)/删除(R)]：找到一个面。

选择面或 [放弃(U)/删除(R)/全部(ALL)]：

输入面编辑选项

[拉伸(E)/移动(M)/旋转(R)/偏移(O)/倾斜(T)/删除(D)/复制(C)/颜色(L)/材质(A)/放弃(U)/退出(X)] <退出>：

实体编辑自动检查：SOLIDCHECK=1

输入实体编辑选项 [面(F)/边(E)/体(B)/放弃(U)/退出(X)] <退出>：(回车结束编辑)

3.3.7 体的编辑修改

AutoCAD的三维实体体编辑修改功能，包括体的压印、分隔和抽壳、清除以及检查等多项操作。其AutoCAD功能命令分别是SOLIDEDIT中的面编辑修改功能命令Body和Imprint、Body和Separate、Body和Shell、Body和Clean、Body和Check等。启动SOLIDEDIT命令进行体的编辑修改可以通过以下3种方式：

❏ 打开【修改】下拉菜单中的【实体编辑】命令，从弹出的子菜单中选择相应的编辑功能命令。

❏ 单击【实体编辑】工具栏上的相应的编辑功能命令选项图标。

❏ 在命令行"命令："提示符下输入SOLIDEDIT并回车，接着在命令提示下分别输入相应的编辑功能命令。

以在命令行启动SOLIDEDIT为例，三维实体各种体的编辑修改功能使用方法如下所述。

1. 体的压印

体的压印功能是指在选定的对象上压印另一个对象。为了使压印操作成功，被压印的对象必须与选定对象的一个或多个面相交。压印操作仅限于下列对象：圆弧、圆、直线、二维和三维多段线、椭圆、样条曲线、面域、体及三维实体。如图3.29所示。

命令：SOLIDEDIT(输入实体编辑命令)

实体编辑自动检查：SOLIDCHECK=1

输入实体编辑选项 [面(F)/边(E)/体(B)/放弃(U)/退出(X)] <退出>：b(进入实体编辑操作)

输入体编辑选项

[压印(I)/分割实体(P)/抽壳(S)/清除(L)/检查(C)/放弃(U)/退出(X)] <退出>：I(将对象印在实体面上)

选择三维实体：

选择要压印的对象:
是否删除源对象[是(Y)/否(N)]<N>:(是否删除源目标对象)
选择要压印的对象:
输入体编辑选项
[压印(I)/分割实体(P)/抽壳(S)/清除(L)/检查(C)/放弃(U)/退出(X)]<退出>:(回车)
实体编辑自动检查:SOLIDCHECK=1
输入实体编辑选项[面(F)/边(E)/体(B)/放弃(U)/退出(X)]<退出>:(回车结束编辑)

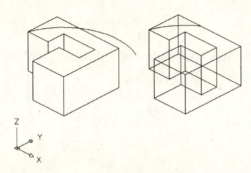 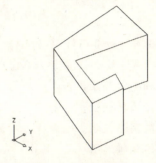

图 3.29　压印图形对象　　　　　图 3.30　分隔实体

2. 体的分割

用不相连的体将一个三维实体对象分割为几个独立的三维实体对象,但分割实体并不分割,形成单一体积的 Boolean 对象。能够分隔的组合实体不能有共同的面积与体积,如用布尔运算构造的具有单一体积的复合目标对象就不能进行分隔。分隔后的实体仍保持其原来的图层与颜色。分割组合实体时,将分割为最简单的形式。如图 3.30 所示。

命令:SOLIDEDIT(输入体编辑命令)

实体编辑自动检查:SOLIDCHECK=1

输入实体编辑选项[面(F)/边(E)/体(B)/放弃(U)/退出(X)]<退出>:_body(进行实体编辑)

输入体编辑选项

[压印(I)/分割实体(P)/抽壳(S)/清除(L)/检查(C)/放弃(U)/退出(X)]<退出>:_separate(进行分隔编辑操作)

选择三维实体:

输入体编辑选项

[压印(I)/分割实体(P)/抽壳(S)/清除(L)/检查(C)/放弃(U)/退出(X)]<退出>:

实体编辑自动检查:SOLIDCHECK=1

输入实体编辑选项[面(F)/边(E)/体(B)/放弃(U)/退出(X)]<退出>:(回车)

3. 体的抽壳

抽壳是用指定的厚度创建一个空的薄层,一个三维实体只能有一个壳。可以为所有面指定一个固定的薄层厚度，通过选择面可以将这些面排除在壳外。AutoCAD通过将现有的面偏移出它们原来的位置来创建新面。指定正值从三维实体图形外开始抽壳，指定负值从三维实体图形内开始抽壳。如图3.31所示。

命令：SOLIDEDIT(输入命令)

实体编辑自动检查：SOLIDCHECK=1

输入实体编辑选项[面(F)/边(E)/体(B)/放弃(U)/退出(X)]<退出>：_body(进入体编辑)

输入体编辑选项

[压印(I)/分割实体(P)/抽壳(S)/清除(L)/检查(C)/放弃(U)/退出(X)]<退出>：_shell(进入抽壳编辑)

选择三维实体：

删除面或[放弃(U)/添加(A)/全部(ALL)]：找到一个面，已删除1个。

删除面或[放弃(U)/添加(A)/全部(ALL)]：

输入抽壳偏移距离：

已开始实体校验。

已完成实体校验。

输入体编辑选项

[压印(I)/分割实体(P)/抽壳(S)/清除(L)/检查(C)/放弃(U)/退出(X)]<退出>：

实体编辑自动检查：SOLIDCHECK=1

输入实体编辑选项[面(F)/边(E)/体(B)/放弃(U)/退出(X)]<退出>：(回车结束操作)

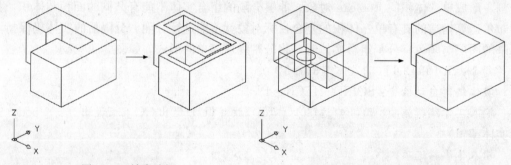

图3.31 抽壳编辑　　　　图3.32 实体清除编辑

4. 体的清除

清除(CLEAN)功能命令是指删除共享边以及那些在边或顶点具有相同表面或曲线定义的顶点。删除所有多余的边、顶点以及不使用的几何图形，不删除压印的边。如图3.32所示。

命令：SOLIDEDIT(输入实体编辑命令)

实体编辑自动检查：SOLIDCHECK=1

输入实体编辑选项[面(F)/边(E)/体(B)/放弃(U)/退出(X)]<退出>：_body(进行实体编辑操作)

输入体编辑选项

[压印(I)/分割实体(P)/抽壳(S)/清除(L)/检查(C)/放弃(U)/退出(X)]<退出>：_clean(进行实体清除编辑操作)

选择三维实体：

输入体编辑选项

[压印(I)/分割实体(P)/抽壳(S)/清除(L)/检查(C)/放弃(U)/退出(X)]<退出>：

实体编辑自动检查：SOLIDCHECK=1

输入实体编辑选项[面(F)/边(E)/体(B)/放弃(U)/退出(X)]<退出>：(回车结束操作)

5. 体的检查

体的检查是指查验实体对象是否为有效的 ACIS 三维实体，也即验证三维实体对象是否为有效的 ACIS 实体，此操作独立于 SOLIDCHECK 设置。当三维实体属于有效的 ACIS 实体时，可以输出 ASCII 的图形信息数据，供其他软件交换使用。ASCII(American Standard Code for Information Interchange，美国信息交换标准代码)是一种图形信息数据交换格式，其目的是便于图形信息数据在不同软件间的交换。该命令由系统变量 SOLIDCHECK 控制。当 SOLIDCHECK=1 时，进行有效性检查；否则，不作此项检查。如图 3.33 所示。

命令：SOLIDEDIT(输入实体编辑命令)

实体编辑自动检查：SOLIDCHECK=1

输入实体编辑选项[面(F)/边(E)/体(B)/放弃(U)/退出(X)]<退出>：_body(进行实体编辑操作)

输入体编辑选项

[压印(I)/分割实体(P)/抽壳(S)/清除(L)/检查(C)/放弃(U)/退出(X)]<退出>：_check(检查实体命令)

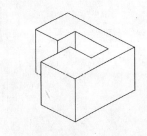

图 3.33 体的检查编辑

选择三维实体：

选择三维实体：此对象是有效的 ShapeManager 实体。(检查结果报告)

输入体编辑选项

[压印(I)/分割实体(P)/抽壳(S)/清除(L)/检查(C)/放弃(U)/退出(X)]<退出>：

实体编辑自动检查：SOLIDCHECK=1

输入实体编辑选项[面(F)/边(E)/体(B)/放弃(U)/退出(X)]<退出>：(回车结束操作)

3.4 三维图形渲染美化

AutoCAD 三维图形的渲染美化功能，包括消隐、阴影图和渲染图等方式。通过对三维图形进行简单的渲染美化，可以使 AutoCAD 绘制的图形效果更加逼真、直观、形象，更为符合视觉效果。相对其他专业渲染软件(如 3DS MAX、Lightscape、VR)，AutoCAD 渲染功能是初步的，润饰比较粗糙。

3.4.1 一般简单美化

1. 消隐

将三维图形对象的不可见的轮廓线隐去，同时隐去被前面图形遮挡住图形对象的轮廓线的功能称为消隐。其 AutoCAD 功能命令是 HIDE。启动 HIDE 命令可以通过以下两种方式：

- 打开【视图】下拉菜单，执行【消隐】命令选项。
- 在命令行"命令："提示符下输入 HIDE 并回车。

以在命令行启动 HIDE 为例，三维图形消隐功能使用方法如下所述。如图 3.34 所示。
命令：HIDE(进行消隐)
正在重生成模型。

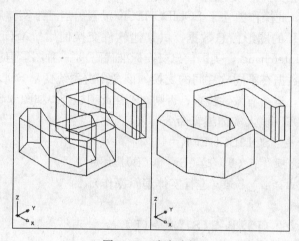

图 3.34 消隐功能

2. 视觉样式图

隐去三维图形所有的隐藏线，并且对可见的表面进行平滑的颜色处理，使其表达效果具有一定的真实性而得到的效果图，即为 AutoCAD 不同视觉样式。注意要显示从点光源、平行光、聚光灯或阳光发出的光线，请将视觉样式设置为真实、概念或带有着色对象的自定义视觉样式。

其 AutoCAD 功能命令是 vscurrent。启动 vscurrent 命令可以通过以下两种方式：

- 打开【视图】下拉菜单，选择【视觉样式】命令，然后在弹出的子菜单中进行命令选择。
- 在"命令："命令行下直接输入 vscurrent 命令后回车。

以在命令行启动 vscurrent 为例，三维图形视觉样式图建立使用方法如下所述，如图 3.35 所示。

命令：vscurrent(使用 vscurrent 创建三维图形的视觉样式图)
输入选项［二维线框(2)/三维线框(3)/三维隐藏(H)/真实(R)/概念(C)/其他(O)］

＜二维线框＞：C(输入 C 表示的概念形式来显示模型对象)

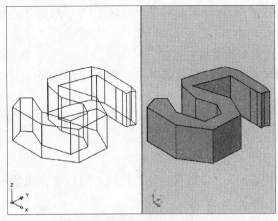

图 3.35　视觉样式图

其中，上述有关命令选项的含义如下：

(1) 二维线框(2)：使 AutoCAD 通过用直线和曲线表示边界来显示图形对象。

(2) 三维线框(3)：使 AutoCAD 不仅通过用直线和曲线表示边界来显示图形对象，而且同时显示新的三维 UCS 图标。

(3) 三维隐藏(H)：以三维线框的表示形式来显示模型对象，并且隐藏不可见的线。

(4) 真实(R)：着色多边形平面间的对象，并使对象的边平滑化，将显示已附着到对象的材质。

(5) 概念(C)：着色多边形平面间的对象，并使对象的边平滑化。着色使用冷色和暖色之间的过渡，效果缺乏真实感，但是可以更方便地查看模型的细节。

3.4.2　简单渲染

通过调整光线、渲染环境、材质等建立起来的三维图形的效果图，即为 AutoCAD 渲染图。其 AutoCAD 功能命令是 RENDER。启动 RENDER 命令可以通过以下 3 种方式：

❑ 打开【视图】下拉菜单选择【渲染】选项，然后在弹出的子菜单中选择相应的命令。

❑ 在【渲染】工具栏上直接选择相应的命令图标。

❑ 在"命令："命令提示行下输入 RENDER 命令后回车。

以调整光源、渲染环境和材质等功能，建立三维图形渲染图的方法如下所述。

1. 调整光源

先按下面其中一个的方式进行光源调整，如图 3.36 所示。

❑ 打开【视图】下拉菜单，选择【渲染】选项，然后在弹出的子菜单中选择【光源】命令，再选择相应的命令选项。

❑ 在【渲染】工具栏上直接选择【光源】命令图标。

❑ 在"命令："命令提示行下键入 LIGHT 命令后回车。

命令：_pointlight

光源

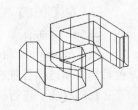

图 3.36　光源调整

指定源位置<0，0，0>：

输入要更改的选项［名称(N)/强度因子(I)/状态(S)/光度(P)/阴影(W)/衰减(A)/过滤颜色(C)/退出(X)］<退出>：i

输入强度（0.00 — 最大浮点数）<1>：

输入要更改的选项［名称(N)/强度因子(I)/状态(S)/光度(P)/阴影(W)/衰减(A)/过滤颜色(C)/退出(X)］<退出>：

2. 设置渲染环境

先按下面其中一个的方式进行设置渲染环境：

❏ 打开【视图】下拉菜单，选择【渲染】选项，然后在弹出的子菜单中选择【渲染环境】命令。

❏ 在【渲染】工具栏上直接选择【渲染环境】命令图标。

❏ 在"命令:"命令提示行下键入 RENDERENVIRONMENT 命令后回车。

激活 RENDERENVIRONMENT 命令后，AutoCAD 弹出一个渲染环境对话框，可以设置雾化、深度参数设置。如图 3.37 所示。

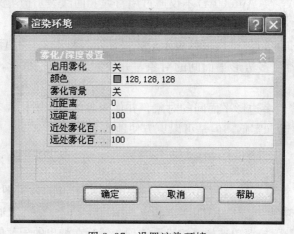

图 3.37　设置渲染环境

3. 设置材质

先按下面其中一个的方式进行设置材质：

❏ 打开【视图】下拉菜单选择【渲染】选项，然后在弹出的子菜单中选择【材质】命令。

❏ 在【渲染】工具栏上直接选择【材质】命令图标。

❏ 在"命令:"命令提示行下键入 materials 命令后回车。

激活 materials 命令后，AutoCAD 弹出一个材质面板对话框，在该对话框设置材质，包括修改和选择各种材质、将选择的材质赋予图形、从当前材质表或材质库中选择材质、建立新的材质、进行材质的修改等。如图 3.38 所示。

4. 渲染

执行 RENDER 命令后，AutoCAD 将弹出 Render 对话框。在该对话框上，将渲染效果图输出到 Render 窗口中,并可以进行渲染后的效果图像保存操作。如图 3.39 所示。

命令:RENDER(建立三维图形渲染图)

图 3.38 设置材质

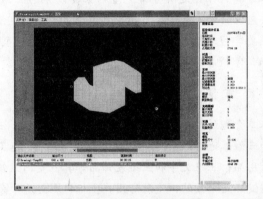

图 3.39 AutoCAD 渲染图

第4章 室内家具设施三维图形绘制(1)

本章理论知识论述要点提示

本章将详细论述部分常见室内家具设施的三维图形绘制方法与技巧,所介绍的三维家具主要包括办公家具、灯具、配餐家具、日常生活用品和其他室内装饰物等各种相关设施。主要学习理解三维家具绘制切入点、不同造型图形绘制要领、绘图功能命令使用方法等知识,掌握各种构造类型三维家具的绘制方法。

本章案例绘图思路与技巧提示

本章介绍的案例包括三维办公桌、三维椅子、三维玻璃桌和三维茶几等办公家具;三维吊灯和三维落地灯等灯具;三维餐具车和三维餐具架等配餐家具;三维茶壶和三维热水瓶日常生活用品;三维文字和三维装饰品等其他室内装饰物。所介绍的家具各自形体不同,但绘图的关键点是一致的,使用好用户坐标(UCS)是十分重要的。各个家具不同部位的三维图形绘制,均需正确设置相应的UCS,在合适的UCS中,才能绘制出正确的三维家具组成构件。

4.1 办公家具三维图形绘制

4.1.1 办公桌三维图形绘制

(1) 本小节将介绍图 4.1 所示的办公桌三维图形绘制方法。

(2) 利用 PLINE 命令绘制支撑桌腿截面。可以先绘制为长方形,然后使用 FILLET 命令进行倒圆角,注意其尺寸比例。如图 4.2 所示。

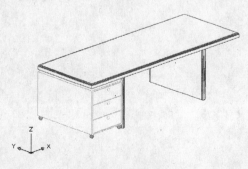

图 4.1 办公桌

图 4.2 绘制桌腿截面

命令：PLINE

指定起点：

当前线宽为 0.0000

指定下一个点或 ［圆弧(A)/半宽(H)/长度(L)/放弃(U)/宽度(W)］：

指定下一点或 ［圆弧(A)/闭合(C)/半宽(H)/长度(L)/放弃(U)/宽度(W)］：

指定下一点或 ［圆弧(A)/闭合(C)/半宽(H)/长度(L)/放弃(U)/宽度(W)］：a(转换为绘制圆弧)

指定圆弧的端点或

［角度(A)/圆心(CE)/闭合(CL)/方向(D)/半宽(H)/直线(L)/半径(R)/第二个点(S)/放弃(U)/宽度(W)］：

指定圆弧的端点或

［角度(A)/圆心(CE)/闭合(CL)/方向(D)/半宽(H)/直线(L)/半径(R)/第二个点(S)/放弃(U)/宽度(W)］：l(重新转换为绘制直线)

指定下一点或 ［圆弧(A)/闭合(C)/半宽(H)/长度(L)/放弃(U)/宽度(W)］：

指定下一点或 ［圆弧(A)/闭合(C)/半宽(H)/长度(L)/放弃(U)/宽度(W)］：

指定下一点或 ［圆弧(A)/闭合(C)/半宽(H)/长度(L)/放弃(U)/宽度(W)］：a

指定圆弧的端点或

［角度(A)/圆心(CE)/闭合(CL)/方向(D)/半宽(H)/直线(L)/半径(R)/第二个点(S)/放弃(U)/宽度(W)］：

指定圆弧的端点或

［角度(A)/圆心(CE)/闭合(CL)/方向(D)/半宽(H)/直线(L)/半径(R)/第二个点(S)/放弃(U)/宽度(W)］：l

指定下一点或 ［圆弧(A)/闭合(C)/半宽(H)/长度(L)/放弃(U)/宽度(W)］：

指定下一点或 ［圆弧(A)/闭合(C)/半宽(H)/长度(L)/放弃(U)/宽度(W)］：(回车结束)

(3) 拉伸生成三维桌腿。可以使用 BOX 和 FILLET 命令生成桌腿。使用 FILLET 时注意棱边的选择。如图 4.3 所示。

命令：extrude

当前线框密度：ISOLINES=4

选择要拉伸的对象：找到 1 个(选择桌腿截面图形)

选择要拉伸的对象：

指定拉伸的高度或 ［方向(D)/路径(P)/倾斜角(T)］<574.7845>：150(输入桌腿的高度)

命令：vp

打开【视图】下拉菜单，选择【三维视图】选项，在弹出的子菜单中选择【视点预置】选项。然后，在弹出的对话框中选择视点(315，45)，单击 OK 按钮确定。

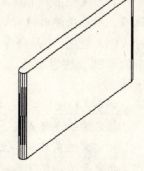

图 4.3 拉伸生成三维桌腿

(4) 复制生成另一个桌腿。可以通过 MIRROR3D 命令进行创建。注意镜像平面的位置的选择。如图4.4所示。

命令：COPY(复制)

选择对象：找到1个(选择桌腿模型)

选择对象：(回车)

当前设置：复制模式＝多个

指定基点或[位移(D)/模式(O)]<位移>：(确定复制基点位置)

指定第二个点或<使用第一个点作为位移>：

指定第二个点或[退出(E)/放弃(U)]<退出>：(回车退出)

(5) 建立新的UCS，使其位于桌腿的上端面，并置为平面视图。如图4.5所示。

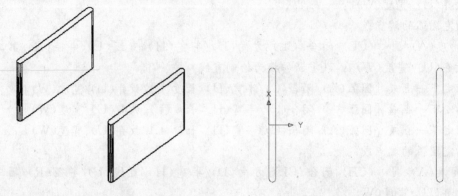

图4.4　复制生成另一个桌腿　　　　　　　图4.5　设置UCS

命令：ucs

当前UCS名称：*世界*

指定UCS的原点或[面(F)/命名(NA)/对象(OB)/上一个(P)/视图(V)/世界(W)/X/Y/Z/Z轴(ZA)]<世界>：f

选择实体对象的面：(选择桌腿的上端面)

输入选项[下一个(N)/X轴反向(X)/Y轴反向(Y)]<接受>：(回车确认)

命令：vp

打开【视图】下拉菜单选择【三维视图】选项，在弹出的子菜单中选择【视点预置】选项。然后在弹出的对话框中选择设置平面视图，单击OK按钮确定。

(6) 使用BOX命令直接创建桌面结构。可以使用PLINE和EXTRUDE命令进行桌面绘制。注意桌面、桌腿的空间位置关系，桌面的位置应与桌腿相协调。如图4.6所示。

命令：box

指定第一个角点或[中心(C)]：

指定其他角点或[立方体(C)/长度(L)]：L(依次输入桌面的长度、宽度与高度)

指定长度：1500

指定宽度：1200

指定高度或[两点(2P)]<7.7486>：750

(7) 使用UCS命令恢复坐标系为WCS，以便绘制抽屉的球形滑轮。如图4.7所示。

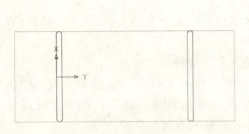
图 4.6　创建桌面
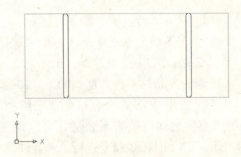
图 4.7　创建桌面

命令：UCS
当前 UCS 名称：＊没有名称＊
指定 UCS 的原点或 [面(F)/命名(NA)/对象(OB)/上一个(P)/视图(V)/世界(W)/X/Y/Z/Z 轴(ZA)] <世界>：W

(8) 使用 SPHERE 命令直接生成球形滑轮。可以使用 AI_SPHERE 命令绘制球形滑轮。注意滑轮位置的安排。如图 4.8 所示。

命令：sphere
指定中心点或 [三点(3P)/两点(2P)/相切、相切、半径(T)]：
指定半径或 [直径(D)]：60(输入滑轮的半径大小)

(9) 复制生成另外三个滑轮。可以使用 UCS 和 MIRROR、MIRROR3D 命令生成其他的滑轮。MIRROR 命令应与 UCS 配合使用。如图 4.9 所示。

图 4.8　创建滑轮
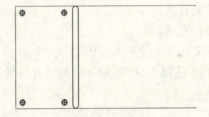
图 4.9　复制生成另外 3 个滑轮

命令：COPY
选择对象：找到 1 个(选择滑轮)
选择对象：(回车)
当前设置：复制模式＝多个
指定基点或 [位移(D)/模式(O)] <位移>：
指定第二个点或 <使用第一个点作为位移>：
指定第二个点或 [退出(E)/放弃(U)] <退出>：
指定第二个点或 [退出(E)/放弃(U)] <退出>：
指定第二个点或 [退出(E)/放弃(U)] <退出>：(回车)

(10) 绘制抽屉。绕 X 轴旋转坐标系建立新的 UCS，然后设置为当前 UCS 的平面视图。如图 4.10 所示。

命令：ucs

当前 UCS 名称：＊世界＊

指定 UCS 的原点或 ［面(F)/命名(NA)/对象(OB)/上一个(P)/视图(V)/世界(W)/X/Y/Z/Z 轴(ZA)］＜世界＞：x

指定绕 X 轴的旋转角度＜90＞：90(输入绕 X 轴的旋转角度)

(11) 使用 BOX 命令直接创建三维抽屉外轮廓。如图 4.11 所示。如果滑轮、抽屉与桌腿及桌面之间的位置不合适，可以改变 UCS 从侧面或顶面视图进行调整。可以使用 PLINE、EXTRUDE 命令进行绘制。注意 UCS 及抽屉的方向与位置。

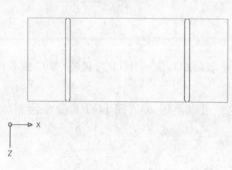

图 4.10　建立新的 UCS

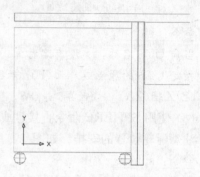

图 4.11　创建抽屉外轮廓

命令：box

指定第一个角点或 ［中心(C)］：

指定其他角点或 ［立方体(C)/长度(L)］：L(依次输入长度、宽度与高度)

指定长度：1200

指定宽度：600

指定高度或 ［两点(2P)］＜7.7486＞：150

(12) 使用 PLINE 命令绘制闭合的抽屉分格线。如图 4.12 所示。

命令：PLINE

指定起点：(按设计安排抽屉的位置与大小)

当前线宽为 0.0000

指定下一个点或 ［圆弧(A)/半宽(H)/长度(L)/放弃(U)/宽度(W)］：

指定下一点或 ［圆弧(A)/闭合(C)/半宽(H)/长度(L)/放弃(U)/宽度(W)］：

指定下一点或 ［圆弧(A)/闭合(C)/半宽(H)/长度(L)/放弃(U)/宽度(W)］：

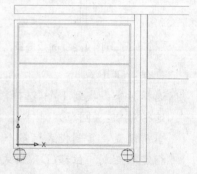

图 4.12　绘制抽屉轮廓分格线

……

指定下一点或 ［圆弧(A)/闭合(C)/半宽(H)/长度(L)/放弃(U)/宽度(W)］：

指定下一点或 ［圆弧(A)/闭合(C)/半宽(H)/长度(L)/放弃(U)/宽度(W)］：(回车)

(13) 把分格线拉伸为很薄的长方体，首先生成分格条，然后对抽屉外轮廓与分格条进行布尔求差运算，生成抽屉分格凹槽。如图 4.13 所示。

命令：extrude

当前线框密度：ISOLINES=4

选择要拉伸的对象：找到1个(选择图形)

选择要拉伸的对象：

指定拉伸的高度或 ［方向(D)/路径(P)/倾斜角(T)］＜574.7845＞：(输入拉伸的高度)

命令：subtract(通过布尔差集运算生成三维分格条，分格条与抽屉外轮廓的布尔运算)

选择要从中减去的实体或面域…

选择对象：找到1个

选择对象：

选择要减去的实体或面域…

选择对象：找到1个

选择对象：(回车进行运算)

(14) 绘制抽屉拉手的截面形状。如图4.14所示。

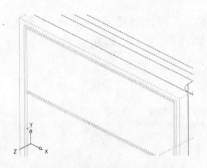
图4.13 生成抽屉分格凹槽

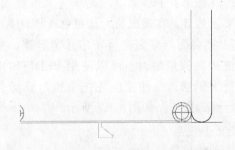
图4.14 绘制抽屉拉手截面

命令：PLINE

指定起点：(拉手设置在抽屉的中部位置)

当前线宽为0.0000

指定下一个点或 ［圆弧(A)/半宽(H)/长度(L)/放弃(U)/宽度(W)］：

指定下一点或 ［圆弧(A)/闭合(C)/半宽(H)/长度(L)/放弃(U)/宽度(W)］：

指定下一点或 ［圆弧(A)/闭合(C)/半宽(H)/长度(L)/放弃(U)/宽度(W)］：

……

指定下一点或 ［圆弧(A)/闭合(C)/半宽(H)/长度(L)/放弃(U)/宽度(W)］：

指定下一点或 ［圆弧(A)/闭合(C)/半宽(H)/长度(L)/放弃(U)/宽度(W)］：(回车)

(15) 旋转生成三维抽屉拉手，同时复制生成另外两个抽屉的拉手。可以利用SPHERE、CONE、TORUS等命令绘制其他形状的拉手。注意绘制位置的选择。如图4.15所示。

命令：revolve

当前线框密度：ISOLINES=4

选择要旋转的对象：找到1个

选择要旋转的对象：
指定轴起点或根据以下选项之一定义轴 [对象(O)/X/Y/Z] <对象>：z
指定旋转角度或 [起点角度(ST)] <360>：360（旋转360°角）

（16）改变视点观察拉手。如图4.16所示。

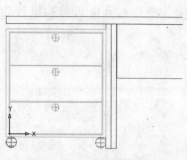

图4.15 生成抽屉拉手

图4.16 观察拉手

命令：VP

打开【视图】下拉菜单，选择【三维视图】选项，在弹出的子菜单中选择【视点预置】选项。然后，在弹出的对话框中选择视点(315，45)，单击OK按钮确定。

（17）把桌面与桌腿进行布尔并集运算，然后对桌面进行倒圆角编辑。可以使用PEDITSOLID命令进行编辑修改。注意应先把桌腿与桌面合并后再进行编辑操作。如图4.17所示。

命令：union
选择对象：找到1个
选择对象：找到1个，总计2个
选择对象：（回车进行运算）
命令：fillet
当前设置：模式=修剪，半径=4.0000

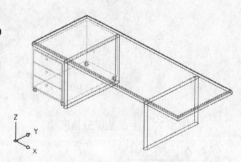

图4.17 对桌面进行倒圆角

选择第一个对象或 [放弃(U)/多段线(P)/半径(R)/修剪(T)/多个(M)]：
输入圆角半径<4.0000>：50
选择边或 [链(C)/半径(R)]：（选择要倒圆角的棱边）
已选定1个边用于圆角。

（18）使用BOX命令创建桌腿之间的后侧板。若隔板的位置不合适，可以隔板UCS使用MOVE命令进行调整。隔板可以利用PLINE与EXTRUDE命令生成。如图4.18所示。

命令：ucs
当前UCS名称：*世界*

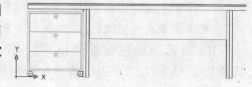

图4.18 绘制后侧板

指定UCS的原点或 [面(F)/命名(NA)/对象(OB)/上一个(P)/视图(V)/世界(W)/X/Y/Z轴(ZA)] <世界>：x

指定绕X轴的旋转角度<90>：
命令：plan
输入选项 [当前UCS(C)/UCS(U)/世界(W)] <当前UCS>：
正在重生成模型。
命令：box
指定第一个角点或 [中心(C)]：
指定其他角点或 [立方体(C)/长度(L)]：L(依次输入长度、宽度与高度)
指定长度：
指定宽度：
指定高度或 [两点(2P)] <7.7486>：
(19) 观察图形，调整后侧板位置。如图4.19所示。
命令：VP
打开【视图】下拉菜单，选择【三维视图】选项，在弹出的子菜单中选择【视点预置】选项。然后，在弹出的对话框中选择视点(315,45)，单击OK按钮确定。
命令：MOVE
选择对象：找到1个
选择对象：
指定基点或 [位移(D)] <位移>：
指定第二个点或<使用第一个点作为位移>：

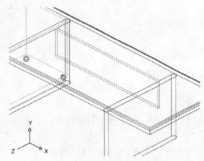

图4.19 调整隔板位置

(20) 使用3DCORBIT命令选择观察视图。可以使用VP命令进行视点的选择。选择视点以便于观察模型为准则，其坐标系最好是在WCS下进行观察。如图4.20所示。
命令：3DFOrbit
按ESC或ENTER键退出，或者单击鼠标右键显示快捷菜单。
正在重生成模型。
(21) 进行消隐，得到办公桌三维图形。如图4.21所示。
命令：HIDE
正在重生成模型。

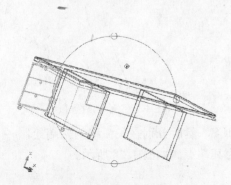

图4.20 观察办公桌

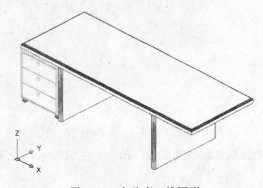

图4.21 办公桌三维图形

（22）改变视觉样式，观察办公桌三维图形。如图4.22所示。

命令：vscurrent

输入选项 [二维线框(2)/三维线框(3)/三维隐藏(H)/真实(R)/概念(C)/其他(O)]<二维线框>：C(输入C)

_C

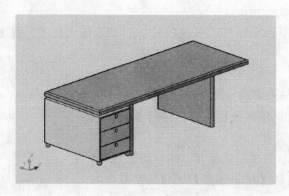

图4.22 办公桌概念视图

4.1.2 椅子三维图形绘制

（1）本小节将介绍图4.23椅子图形的绘制方法。

（2）使用ARC命令绘制两条弧线，以便生成椅脚。如图4.24所示。

命令：ARC

指定圆弧的起点或 [圆心(C)]：(指定起始点)

指定圆弧的第二个点或 [圆心(C)/端点(E)]：(指定第二点)

指定圆弧的端点：(指定起终点)

图4.23 椅子

图4.24 绘制两条弧线

（3）绕当前坐标系的X轴旋转90°，建立新的UCS，然后分别在长弧线的两端绘制一条弧线。端部的弧线以前一步生成的弧线的端点作为其端点。如图4.25所示。

命令：ucs

当前UCS名称：＊世界＊

图 4.25　创建长弧线端部的两条弧线

指定 UCS 的原点或 [面(F)/命名(NA)/对象(OB)/上一个(P)/视图(V)/世界(W)/X/Y/Z/Z 轴(ZA)]＜世界＞：x(绕 x 轴旋转 90°建立新的用户坐标系)

指定绕 x 轴的旋转角度＜90＞：90

命令：vp

打开【视图】下拉菜单，选择【三维视图】选项，在弹出的子菜单中选择【视点预置】选项。然后，在弹出的对话框中选择设置平面视图，单击 OK 按钮确定。

命令：ARC

指定圆弧的起点或 [圆心(C)]：(指定起始点，绘制弧线，以前一步绘制的两条弧线的两个端点绘制一条弧线)

指定圆弧的第二个点或 [圆心(C)/端点(E)]：(指定第二点)

指定圆弧的端点：(指定起终点)

(4) 通过四条弧线创建一个曲面。可以适当修改系统变量 SURFTAB1 和 SURFTAB2 的值。如图 4.26 所示。

命令：edgesurf

当前线框密度：SURFTAB1＝6　SURFTAB2＝6

选择用作曲面边界的对象 1：(依次选择所绘的弧线)

选择用作曲面边界的对象 2：

选择用作曲面边界的对象 3：

选择用作曲面边界的对象 4：

命令：vp

打开【视图】下拉菜单，选择【三维视图】选项，在弹出的子菜单中选择【视点预置】选项。然后，在弹出的对话框中选择设置观察视点(315,45)，单击 OK 按钮确定。

(5) 通过三维镜像生成一个对称的曲面，由此构造生成椅脚。注意空间镜像平面的位置，确保镜像后两个图形吻合良好。如图 4.27 所示。

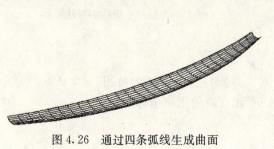
图 4.26　通过四条弧线生成曲面

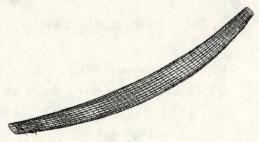
图 4.27　镜像生成对称曲面

命令：MIRROR3D

选择对象：找到 1 个(选择曲面图形对象)

选择对象：(回车)

指定镜像平面(三点)的第一个点或

[对象(O)/最近的(L)/Z 轴(Z)/视图(V)/XY 平面(XY)/YZ 平面(YZ)/ZX 平面(ZX)/三点(3)]＜三点＞：xy(以当前 UCS 的 XOY 平面作为空间镜像平面)

指定 XY 平面上的点＜0，0，0＞：

是否删除源对象？[是(Y)/否(N)]＜否＞：N(回车保留原镜像对象)

(6) 利用 MIRROR3D 命令生成相同侧面方向的椅脚。可以采用 COPY、ROTATE3D 等命令创建另外一个椅脚结构，注意控制椅脚之间的距离。如图 4.28 所示。

命令：MIRROR3D

选择对象：找到 1 个(选择曲面图形对象)

选择对象：(回车)

指定镜像平面(三点)的第一个点或

[对象(O)/最近的(L)/Z 轴(Z)/视图(V)/XY 平面(XY)/YZ 平面(YZ)/ZX 平面(ZX)/三点(3)]＜三点＞：YZ(以当前 UCS 的 YOZ 平面作为空间镜像平面)

指定 YZ 平面上的点＜0，0，0＞：

是否删除源对象？[是(Y)/否(N)]＜否＞：N(回车保留原镜像对象)

(7) 建立新的 UCS，使其与椅脚成一定的倾斜角度。使用 ARC 命令绘制扶手形状曲线，可以采用 PLINE 等命令创建扶手结构路径曲线，注意扶手所在的空间平面与椅脚所在的空间平面的关系。如图 4.29 所示。

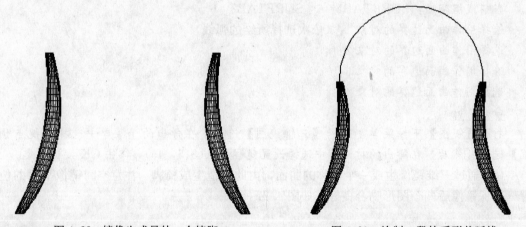

图 4.28 镜像生成另外一个椅脚　　　　图 4.29 绘制一段扶手形状弧线

命令：ucs

当前 UCS 名称：＊世界＊

指定 UCS 的原点或 [面(F)/命名(NA)/对象(OB)/上一个(P)/视图(V)/世界(W)/X/Y/Z/Z 轴(ZA)]＜世界＞：X(绕 X 轴旋转 90°建立新的用户坐标系)

指定绕 X 轴的旋转角度＜90＞：15

命令：vp

打开【视图】下拉菜单，选择【三维视图】选项，在弹出的子菜单中选择【视点预置】选项。然后，在弹出的对话框中选择设置平面视图，单击 OK 按钮确定。

命令：ARC

指定圆弧的起点或 [圆心(C)]：(指定起始点)

指定圆弧的第二个点或 [圆心(C)/端点(E)]：(指定第二点)

指定圆弧的端点：(指定起终点)

(8) 在椅脚的上端面建立用户坐标系，设置新的UCS绘制扶手截面。先使用 ARC 命令绘制两端首尾相接的弧线，然后利用 PEDIT 命令进行连接编辑操作，使其成为一个图形对象。扶手的截面图形最好与椅脚上端部截面相协调。其中，UCS 的设置是确保两者协调的关键操作步骤。如图 4.30 所示。

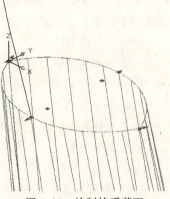

图 4.30　绘制扶手截面形状图形

命令：vp

打开【视图】下拉菜单，选择【三维视图】选项，在弹出的子菜单中选择【视点预置】选项。然后，在弹出的对话框中选择设置观察视点(315，45)，单击 OK 按钮确定。

命令：ucs

当前 UCS 名称：*世界*

指定 UCS 的原点或 [面(F)/命名(NA)/对象(OB)/上一个(P)/视图(V)/世界(W)/X/Y/Z/Z轴(ZA)] <世界>：n(通过3点确定新的UCS)

指定新 UCS 的原点或 [Z轴(ZA)/三点(3)/对象(OB)/面(F)/视图(V)/X/Y/Z] <0, 0, 0>：3

指定新原点<0, 0, 0>：

在正 X 轴范围上指定点<1020.9011, 375.5513, 0.0000>：

在 UCSXY 平面的正 Y 轴范围上指定点<1019.6237, 376.5121, 0.0000>：

命令：pedit

选择多段线或 [多条(M)]：m

选择对象：找到1个

选择对象：找到1个，总计2个

选择对象：找到1个，总计3个

选择对象：找到1个，总计4个

选择对象：找到1个，总计5个

选择对象：

是否将直线和圆弧转换为多段线？[是(Y)/否(N)]? <Y>y

输入选项 [闭合(C)/打开(O)/合并(J)/宽度(W)/拟合(F)/样条曲线(S)/非曲线化(D)/线型生成(L)/放弃(U)]：j(键入J进行连接操作)

合并类型=延伸

输入模糊距离或 [合并类型(J)] <0.0000>：

多段线已增加4条线段

输入选项 [闭合(C)/打开(O)/合并(J)/宽度(W)/拟合(F)/样条曲线(S)/非曲线化(D)/线型生成(L)/放弃(U)]：(回车)

(9) 放样生成扶手，然后恢复为 WCS，并将其与椅子绕当前坐标系的 X 轴旋转 90°。

可以采用 VP 等命令观察视图，但并没有对下一步操作工作带来便利。旋转的方向可以根据绘图需要确定。如图 4.31 所示。

命令：EXTRUDE
当前线框密度：ISOLINES=4
选择要拉伸的对象：找到 1 个
选择要拉伸的对象：
指定拉伸的高度或 [方向(D)/路径(P)/倾斜角(T)]：p(键入 P 沿着指定路径进行放样)
选择拉伸路径或 [倾斜角(T)]：（选择支杆形状曲线作为放样路径）
命令：3DROTATE
UCS 当前的正角方向：ANGDIR＝逆时针　ANGBASE＝0
选择对象：找到 1 个（选择所有图形对象）
……
选择对象：
指定基点：
拾取旋转轴：
指定角的起点或键入角度：90
正在重生成模型。

（10）建立新的 UCS，使其与椅脚所在的侧面相平行，使用 PLINE 命令绘制椅面截面形状。可以采用 ARC、PEDIT 等命令创建椅面截面结构。椅面的平面形式可以是任意的。如图 4.32 所示。

 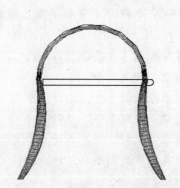

图 4.31　放样生成扶手　　　　图 4.32　绘制椅面截面

命令：ucs
当前 UCS 名称：*世界*
指定 UCS 的原点或 [面(F)/命名(NA)/对象(OB)/上一个(P)/视图(V)/世界(W)/X/Y/Z/Z 轴(ZA)] <世界>：x(绕 x 轴旋转 90°建立新的用户坐标系)
指定绕 x 轴的旋转角度<90>：90
命令：vp

打开【视图】下拉菜单，选择【三维视图】选项，在弹出的子菜单中选择【视点预置】选项。然后，在弹出的对话框中选择设置平面视图，单击 OK 按钮确定。

命令：PLINE
指定起点：
当前线宽为 0.0000
指定下一个点或 [圆弧(A)/半宽(H)/长度(L)/放弃(U)/宽度(W)]：
指定下一点或 [圆弧(A)/闭合(C)/半宽(H)/长度(L)/放弃(U)/宽度(W)]：A(绘制弧线)
指定下一点或 [圆弧(A)/闭合(C)/半宽(H)/长度(L)/放弃(U)/宽度(W)]：
……
指定下一点或 [圆弧(A)/闭合(C)/半宽(H)/长度(L)/放弃(U)/宽度(W)]：L(绘制直线)
……
指定下一点或 [圆弧(A)/闭合(C)/半宽(H)/长度(L)/放弃(U)/宽度(W)]：
指定下一点或 [圆弧(A)/闭合(C)/半宽(H)/长度(L)/放弃(U)/宽度(W)]：(回车)

(11) 建立新的坐标系，绘制椅面放样路径曲线(扶手所在的图层已关闭)。可以采用 CIRCLE、LINE、TRIM 等命令创建放样路径曲线。注意路径曲线的长度，应与椅子的总体尺寸比例协调一致。如图 4.33 所示。

命令：ucs(使用 UCS 命令改变坐标系)
当前 UCS 名称：*世界*
指定 UCS 的原点或 [面(F)/命名(NA)/对象(OB)/上一个(P)/视图(V)/世界(W)/X/Y/Z/Z 轴(ZA)] ＜世界＞：y(绕 Y 轴旋转 90°建立新的用户坐标系)
指定绕 Y 轴的旋转角度＜90＞：90

命令：vp
打开【视图】下拉菜单，选择【三维视图】选项，在弹出的子菜单中选择【视点预置】选项。然后，在弹出的对话框中设置平面视图，单击 OK 按钮确定，得到当前 UCS 的平面视图。

命令：ARC(绘制弧线)
指定圆弧的起点或 [圆心(C)]：(指定起始点)
指定圆弧的第二个点或 [圆心(C)/端点(E)]：(指定第二点)
指定圆弧的端点：(指定起终点)

(12) 生成椅面。如图 4.34 所示。

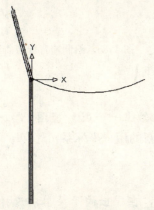

图 4.33　绘制放样路径曲线

图 4.34　生成椅面

命令：EXTRUDE(放样拉伸)

当前线框密度：ISOLINES=4

选择要拉伸的对象：找到 1 个

选择要拉伸的对象：

指定拉伸的高度或［方向(D)/路径(P)/倾斜角(T)］：p(键入 P 沿着指定路径进行放样)

选择拉伸路径或［倾斜角(T)］：(选择支杆形状曲线作为放样路径)

(13) 生成椅面另外一侧的椅脚与扶手。两个椅脚是对称的。可以采用 COPY、UCS、MIRROR 等命令创建生成另外一侧的椅脚与扶手。如图 4.35 所示。

命令：MIRROR3D

选择对象：找到 1 个(选择曲面图形对象)

选择对象：(回车)

指定镜像平面(三点)的第一个点或

［对象(O)/最近的(L)/Z 轴(Z)/视图(V)/XY 平面(XY)/YZ 平面(YZ)/ZX 平面(ZX)/三点(3)］＜三点＞：xy(以当前 UCS 的 XOY 平面作为空间镜像平面)

指定 XY 平面上的点＜0，0，0＞：

是否删除源对象？［是(Y)/否(N)］＜否＞：N(回车)

(14) 建立新的坐标系，以便绘制椅背图形曲线。椅背的倾斜角度根据设计确定，椅背的平面形式可以是其他形式。可以采用 ARC、UCS、EDGESURF 等命令创建椅背结构。如图 4.36 所示。

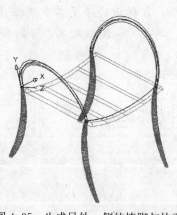

图 4.35 生成另外一侧的椅脚与扶手

图 4.36 绘制椅背造型曲线图形

命令：ucs(使用 UCS 命令改变坐标系)

当前 UCS 名称：＊世界＊

指定 UCS 的原点或［面(F)/命名(NA)/对象(OB)/上一个(P)/视图(V)/世界(W)/X/Y/Z/Z 轴(ZA)］＜世界＞：x(绕 x 轴旋转 20°建立新的用户坐标系)

指定绕 x 轴的旋转角度＜90＞：－20

命令：vp

打开【视图】下拉菜单，选择【三维视图】选项，在弹出的子菜单中选择【视点预置】选项。然后，在弹出的对话框中选择设置平面视图，单击 OK 按钮确定。

使用 ARC 和 PEDIT 命令绘制一个周边曲线图形和一个花纹造型图形。如图 4.36 所示。

命令：ARC(绘制所需的弧线后，利用 PEDIT 进行连接编辑操作)

指定圆弧的起点或[圆心(C)]：(指定起始点)

指定圆弧的第二个点或[圆心(C)/端点(E)]：(指定第二点)

指定圆弧的端点：(指定起终点)

命令：pedit(进行连接编辑，首先使用 ARC 命令绘制两端首尾相接的弧线，然后利用 PEDIT 命令进行连接编辑操作，使其成为一个图形对象)

选择多段线或[多条(M)]：m

选择对象：找到 1 个

选择对象：找到 1 个，总计 2 个

选择对象：找到 1 个，总计 3 个

选择对象：找到 1 个，总计 4 个

选择对象：找到 1 个，总计 5 个

选择对象：

是否将直线和圆弧转换为多段线？[是(Y)/否(N)]？<Y>y

输入选项[闭合(C)/打开(O)/合并(J)/宽度(W)/拟合(F)/样条曲线(S)/非曲线化(D)/线型生成(L)/放弃(U)]：j(键入 J 进行连接操作)

合并类型＝延伸

输入模糊距离或[合并类型(J)]<0.0000>：

多段线已增加 4 条线段

输入选项[闭合(C)/打开(O)/合并(J)/宽度(W)/拟合(F)/样条曲线(S)/非曲线化(D)/线型生成(L)/放弃(U)]：(回车)

(15) 绕当前坐标系的 X 轴旋转 90°，建立新的坐标系，绘制一个圆形(椅面所在图层已关闭)。如图 4.37 所示。

命令：ucs(使用 UCS 命令改变坐标系)

当前 UCS 名称：＊世界＊

指定 UCS 的原点或[面(F)/命名(NA)/对象(OB)/上一个(P)/视图(V)/世界(W)/X/Y/Z/Z 轴(ZA)]<世界>：x(绕 x 轴旋转 90°建立新的用户坐标系)

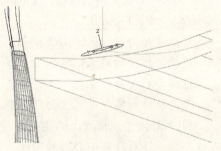

图 4.37　在椅背造型曲线角点处绘制一个圆形

指定绕 x 轴的旋转角度<90>：－90

命令：CIRCLE(绘制一个圆形)

指定圆的圆心或[三点(3P)/两点(2P)/相切、相切、半径(T)]：

指定圆的半径或[直径(D)]：

☞异曲同工之法：可以采用 ARC、PEDIT 等命令绘制放样截面。

☀广而告之：截面图形可以是其他不同的形状，其位置不能与前面绘制的路径曲线在同一个空间平面内。

(16) 通过执行 EXTRUDE 命令生成椅背及其内部组件。如图 4.38 所示。

命令：EXTRUDE(放样拉伸，对花纹则进行拉伸操作)
当前线框密度：ISOLINES=4
选择要拉伸的对象：找到 1 个
选择要拉伸的对象：
指定拉伸的高度或 [方向(D)/路径(P)/倾斜角(T)]：p(键入 P 沿着指定路径进行放样)
选择拉伸路径或 [倾斜角(T)]：(选择支杆形状曲线作为放样路径)

(17) 绘制椅背内部造型。如图 4.39 所示。

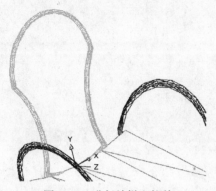

图 4.38 进行放样和拉伸

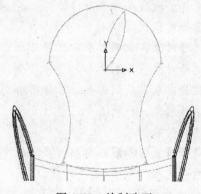

图 4.39 绘制造型

命令：ARC
指定圆弧的起点或 [圆心(C)]：
指定圆弧的第二个点或 [圆心(C)/端点(E)]：
指定圆弧的端点：

(18) 拉伸椅背内部造型。如图 4.40 所示。

命令：EXTRUDE
当前线框密度：ISOLINES=4
选择要拉伸的对象：找到 1 个
选择要拉伸的对象：
指定拉伸的高度或 [方向(D)/路径(P)/倾斜角(T)]：

(19) 阵列生成椅背上的完整的花纹造型。可以采用 COPY、ROTATE3D 等命令创建花纹造型，注意阵列中心轴的选择。如图 4.41 所示。

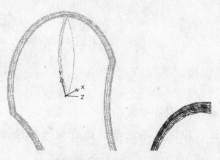

图 4.40 拉伸造型

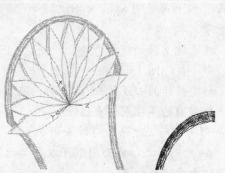

图 4.41 进行花纹陈列

命令：3darray(对花纹进行陈列操作)
正在初始化... 已加载 3DARRAY。
选择对象：找到 1 个
选择对象：
输入阵列类型［矩形(R)/环形(P)］＜矩形＞：p(进行圆周陈列)
输入阵列中的项目数目：8
指定要填充的角度(＋＝逆时针，－＝顺时针)＜360＞：－90(分为两次陈列，旋转角度分别为－90°与 90°)
旋转阵列对象？［是(Y)/否(N)］＜Y＞：
指定阵列的中心点：(以花纹底部的棱边作为陈列轴)
指定旋转轴上的第二点：

(20) 观察选择所需的视图。可以使用 VP、3DCORBIT 等命令进行视点的选择，选择视点以便于观察模型为准则。其坐标系最好是在 WCS 下进行观察。如图 4.42 所示。

命令：3DFOrbit
按 ESC 或 ENTER 键退出，或者单击鼠标右键显示快捷菜单。
正在重生成模型。

(21) 改变视觉样式，观察椅子三维图形。如图 4.43 所示。

命令：vscurrent
输入选项［二维线框(2)/三维线框(3)/三维隐藏(H)/真实(R)/概念(C)/其他(O)］＜二维线框＞：C(输入 C)

图 4.42 椅子三维模型

图 4.43 椅子概念视图

4.1.3 玻璃桌三维图形绘制

(1) 本小节所要介绍的实例是图 4.44 所示的玻璃桌三维造型。

(2) 绘制一个等边三角形。如图 4.45 所示。

命令：POLYGON(绘制 1 个等边三角形)
输入边的数目＜4＞：3(输入等边多边形的边数)
指定正多边形的中心点或［边(E)］：(指定等边多边形中心点位置)

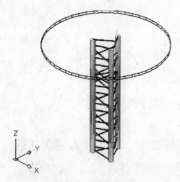
图 4.44　玻璃桌造型

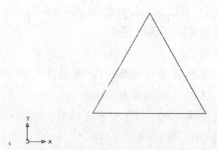
图 4.45　绘制等边三角形

输入选项 ［内接于圆(I)/外切于圆(C)］＜I＞：I(输入 I 以内接圆确定等边多边形)
指定圆的半径：(指定内接圆半径)

(3) 在三角形的三个角分别绘制一个小圆形，如图 4.46 所示。

命令：CIRCLE(绘制圆形)
指定圆的圆心或 ［三点(3P)/两点(2P)/相切、相切、半径(T)］：(指定圆心点位置)
指定圆的半径或 ［直径(D)］＜12＞：(输入圆形半径)
命令：COPY(复制生成其他 2 个圆形)
选择对象：找到 1 个
选择对象：
当前设置：复制模式＝多个
指定基点或 ［位移(D)/模式(O)］＜位移＞：指定第二个点或＜使用第一个点作为位移＞：
指定第二个点或 ［退出(E)/放弃(U)］＜退出＞：
指定第二个点或 ［退出(E)/放弃(U)］＜退出＞：
指定第二个点或 ［退出(E)/放弃(U)］＜退出＞：

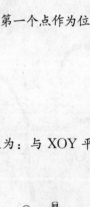
图 4.46　绘制小圆形

(4) 改变视点观察所绘图形。如图 4.47 所示。
命令：DDVPOINT

使用视点预置功能，在弹出的视点预置对话框中设置视点的参数为：与 XOY 平面的夹角 315°，与 X 轴正方向的夹角 30°。然后，单击确认按钮即可。

(5) 将小圆形拉伸为三维圆柱体。如图 4.48 所示。

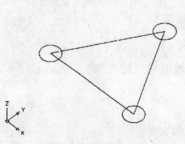
图 4.47　改变视点

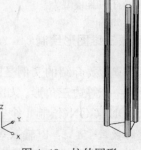
图 4.48　拉伸圆形

命令：EXTRUDE(将小圆形拉伸)

当前线框密度：ISOLINES=4

选择对象：找到1个

选择对象：找到2个，总计3个

选择对象：(回车)

指定拉伸高度或［路径(P)］：1550

指定拉伸的倾斜角度<0>：0

(6) 在其中的圆柱体上绘制两条三维直线(通过捕捉圆柱体的上下端圆心位置即可得到)。如图4.49所示。

(7) 设置新的UCS(用户坐标系)在两条三维直线的平面上，然后在直线之间绘制平行线。如图4.50所示。

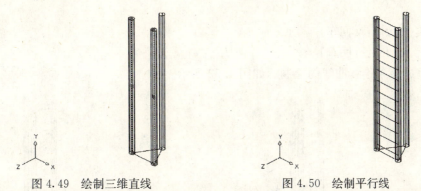

图4.49　绘制三维直线　　　　　　图4.50　绘制平行线

命令：UCS(设置新的 UCS)

当前UCS名称：＊世界＊

输入选项

［新建(N)/移动(M)/正交(G)/上一个(P)/恢复(R)/保存(S)/删除(D)/应用(A)/?/世界(W)］<世界>：N

指定新UCS的原点或［Z轴(ZA)/三点(3)/对象(OB)/面(F)/视图(V)/X/Y/Z］<0,0,0>：3

指定新原点<0,0,0>：

在正X轴范围上指定点<882.6782，869.0815，614.1325>：

在UCSXY平面的正Y轴范围上指定点<881.3284，868.1446，614.1325>：

命令：LINE(绘制直线)

指定第一点：(指定直线起点位置)

指定下一点或［放弃(U)］：(指定直线终点位置)

指定下一点或［放弃(U)］：(回车)

命令：OFFSET(偏移生成平行线)

指定偏移距离或［通过(T)］<通过>：(输入偏移距离或指定通过点位置)

选择要偏移的对象或<退出>：(选择要偏移的图形)

指定通过点：(指定偏移位置)

选择要偏移的对象或＜退出＞：(回车结束)

(8) 以平行直线的各个端点为基点，绘制连续的样条曲线。如图4.51所示。

命令：SPLINE(绘制样条曲线轮廓)

指定第一个点或 [对象(O)]：(指定样条曲线的第1点A或选择对象进行样条曲线转换)

指定下一点：(指定下一点B位置)

指定下一点或 [闭合(C)/拟合公差(F)] ＜起点切向＞：(指定下一点C位置或选择备选项)

指定下一点或 [闭合(C)/拟合公差(F)] ＜起点切向＞：(指定下一点D位置或选择备选项)

……

指定下一点或 [闭合(C)/拟合公差(F)] ＜起点切向＞：(指定下一点O位置或选择备选项)

指定起点切向：(回车)

指定端点切向：(回车)

(9) 完成该条连续曲线的绘制。如图4.52所示。

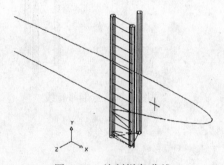
图4.51 绘制样条曲线

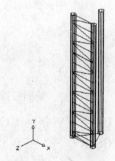
图4.52 完成曲线

(10) 改变UCS为WCS(世界坐标系)，然后在曲线底端绘制各小圆形。如图4.53所示。

命令：UCS(改变UCS为WCS)

当前UCS名称：＊没有名称＊

输入选项

[新建(N)/移动(M)/正交(G)/上一个(P)/恢复(R)/保存(S)/删除(D)/应用(A)/？/世界(W)] ＜世界＞：W

命令：CIRCLE(绘制圆形)

指定圆的圆心或 [三点(3P)/两点(2P)/相切、相切、半径(T)]：(指定圆心点位置)

指定圆的半径或 [直径(D)] ＜12＞：(输入圆形半径)

(11) 将小圆形按样条曲线进行放样拉伸，形成一个三维曲线体。如图4.54所示。

命令：EXTRUDE(将小圆形按样条曲线进行放样拉伸)

当前线框密度：ISOLINES=4

选择对象：找到1个

选择对象：

指定拉伸高度或 [路径(P)]：P

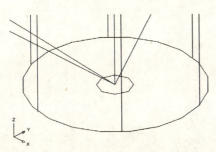
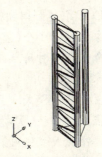

图 4.53　绘制小圆形　　　　　　　图 4.54　放样拉伸

选择拉伸路径或［倾斜角］:（选择样条曲线）

(12) 进行三维曲线体的三维镜像。如图 4.55 所示。

命令：mirror3d

选择对象：找到 1 个

选择对象：

指定镜像平面(三点)的第一个点或

［对象(O)/最近的(L)/Z 轴(Z)/视图(V)/XY 平面(XY)/YZ 平面(YZ)/ZX 平面(ZX)/三点(3)］＜三点＞：3

在镜像平面上指定第一点：在镜像平面上指定第二点：在镜像平面上指定第三点：

是否删除源对象？［是(Y)/否(N)］＜否＞：N(回车)

(13) 按同样方法得到另外一侧的曲线体。如图 4.56 所示。

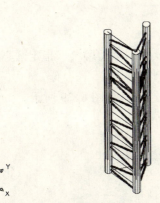

图 4.55　镜像曲线体　　　　　　　图 4.56　完成曲线体创建

(14) 将 UCS 设置在圆柱体的上端部，然后将底部的三角形复制到圆柱体的上端部。接着，绘制三角形内角等分线作为辅助线。如图 4.57 所示。

命令：UCS(将 UCS 设置在圆柱体的上端部)

当前 UCS 名称：＊世界＊

指定 UCS 的原点或［面(F)/命名(NA)/对象(OB)/上一个（P)/视图（V)/世界（W)/X/Y/Z/Z 轴（ZA)］＜世界＞：m(输入 M 移动 UCS)

指定新原点或［Z 向深度(Z)］＜0，0，0＞：

图 4.57　绘制上部辅助线

命令：COPY(复制得到相同的图形)
选择对象：找到1个(选择要复制图形)
选择对象：指定对角点：找到2个
选择对象：(回车)
当前设置：复制模式＝多个
指定基点或［位移(D)/模式(O)］＜位移＞：
指定第二个点或＜使用第一个点作为位移＞：
指定第二个点或［退出(E)/放弃(U)］＜退出＞：
指定第二个点或［退出(E)/放弃(U)］＜退出＞：
指定第二个点或［退出(E)/放弃(U)］＜退出＞：命令：
LINE(绘制直线)
指定第一点：(指定直线起点位置)
指定下一点或［放弃(U)］：(指定直线终点位置)
指定下一点或［放弃(U)］：(回车)

(15) 通过 ELEV 功能命令设置新的坐标高程，然后使用 POLYGON 绘制玻璃台面。如图 4.58 所示。

命令：ELEV(设置新的坐标高程)
指定新的默认标高＜0.0000＞：

图 4.58 绘制玻璃台面

指定新的默认厚度＜0.0000＞：10
命令：CIRCLE(绘制圆形)
指定圆的圆心或［三点(3P)/两点(2P)/相切、相切、半径(T)］：(指定圆心点位置)
指定圆的半径或［直径(D)］＜12＞：(输入圆形半径)

(16) 删除多余的线条图形，完成三维玻璃桌子的绘制。如图 4.59 所示。
命令：HIDE
正在重生成模型。

(17) 改变视觉样式观察玻璃桌三维图形。如图 4.60 所示。

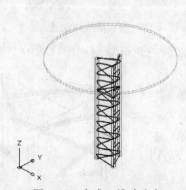

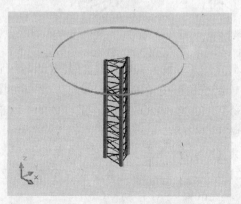

图 4.59 完成三维玻璃桌　　　　图 4.60 玻璃桌概念视图

命令：vscurrent

输入选项 [二维线框(2)/三维线框(3)/三维隐藏(H)/真实(R)/概念(C)/其他(O)] <二维线框>：C(输入 C)

4.1.4 小茶几三维图形绘制

(1) 本小节所要介绍的实例是图 4.61 所示的小茶几。

(2) 绘制四分之一弧线。先使用 CIRCLE、LINE 绘制圆形截面和直线，再剪切为四分之一弧线，如图 4.62 所示。

图 4.61 小茶几　　　　　　图 4.62 绘制四分之一弧线

命令：CIRCLE(绘制圆形支杆截面)

指定圆的圆心或 [三点(3P)/两点(2P)/相切、相切、半径(T)]：

指定圆的半径或 [直径(D)]：

命令：LINE(依次绘制所需的直线)

指定第一点：

  指定下一点或 [放弃(U)]：

  指定下一点或 [放弃(U)]：

  指定下一点或 [闭合(C)/放弃(U)]：(回车)

命令：TRIM(对图形对象进行剪切)

当前设置：投影＝UCS，边＝无

选择剪切边…

选择对象或<全部选择>：找到 1 个

选择对象：(回车)

选择要修剪的对象，或按住 Shift 键选择要延伸的对象，或

[栏选(F)/窗交(C)/投影(P)/边(E)/删除(R)/放弃(U)]：

选择要修剪的对象，或按住 Shift 键选择要延伸的对象，或

[栏选(F)/窗交(C)/投影(P)/边(E)/删除(R)/放弃(U)]：(回车)

注意：可以使用 ARC 命令绘制四分之一弧线。

(3) 改变 UCS，设置为平面视图，然后绘制一个圆形作为放样截面，如图 4.63 所示。

命令：ucs

当前 UCS 名称：*世界*

指定 UCS 的原点或 [面(F)/命名(NA)/对象(OB)/上一个(P)/视图(V)/世界(W)/X/Y/Z/Z 轴(ZA)]＜世界＞：x(绕当前 UCS 的 X 轴旋转生成新的 UCS，与当前坐标系相垂直)

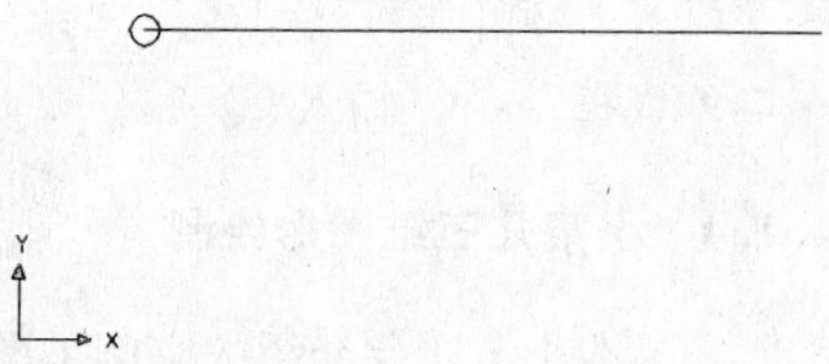

图 4.63 绘制一个圆形

指定绕 X 轴的旋转角度＜90＞：90(绕当前 UCS 的 X 轴旋转 90°)

命令：plan(执行设置平面视图)

输入选项 [当前 UCS(C)/UCS(U)/世界(W)]＜当前 UCS＞：

正在重生成模型。

命令：CIRCLE(绘制圆形截面)

指定圆的圆心或 [三点(3P)/两点(2P)/相切、相切、半径(T)]：

指定圆的半径或 [直径(D)]：2(输入半径)

(4) 恢复为 WCS，如图 4.64 所示。

命令：ucs

当前 UCS 名称：*没有名称*

指定 UCS 的原点或 [面(F)/命名(NA)/对象(OB)/上一个(P)/视图(V)/世界(W)/X/Y/Z/Z 轴(ZA)]＜世界＞：W(使图形返回到世界坐标系下)

(5) 放样生成一条三维茶几腿，路径曲线是所绘制的四分之一弧线。如图 4.65 所示。

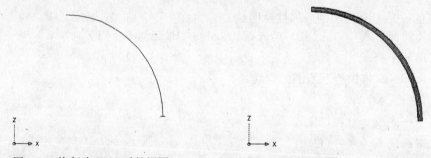

图4.64 恢复为 WCS 后的视图　　图4.65 放样生成一条三维茶几腿

命令：EXTRUDE

当前线框密度：ISOLINES＝4

选择要拉伸的对象：找到 1 个

选择要拉伸的对象：

指定拉伸的高度或 [方向(D)/路径(P)/倾斜角(T)]：p(键入 P 沿着指定路径进行放样)

选择拉伸路径或 [倾斜角(T)]：(选择支杆形状曲线作为放样路径)

(6) 阵列生成其余茶几腿，注意可以使用 MIRROR3D、ROTATE3D 命令生成其余茶几腿。如图 4.66 所示。

命令：3DARRAY(输入三维圆周阵列命令)

选择对象：找到 1 个(选择目标对象)
选择对象：(回车)
输入阵列类型 [矩形(R)/环形(P)] <矩形>：P(选择 P 按圆周方式产生阵列)
输入阵列中的项目数目：8
指定要填充的角度(＋＝逆时针，－＝顺时针)<360>：(输入按圆周阵列的圆心角)
旋转阵列对象？[是(Y)/否(N)] <Y>：Y(确定阵列时是否旋转图形对象，若输入 N 则不旋转图形对象，只作平移)
指定阵列的中心点：
指定旋转轴上的第二点：

(7) 移动 UCS，使其位于茶几腿上部，如图 4.67 所示。

图 4.66 阵列生成茶几腿

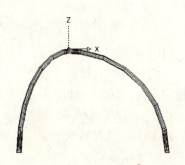
图 4.67 移动 UCS

命令：ucs(改变 UCS 使其位于基座圆柱体的上端面)
当前 UCS 名称：*世界*
指定 UCS 的原点或 [面(F)/命名(NA)/对象(OB)/上一个(P)/视图(V)/世界(W)/X/Y/Z/Z 轴(ZA)] <世界>：m(输入 M 移动坐标系)
指定新原点或 [Z 向深度(Z)] <0，0，0>：(指定距离位置点即茶几腿上部)
命令：CIRCLE(绘制圆形截面)
指定圆的圆心或 [三点(3P)/两点(2P)/相切、相切、半径(T)]：
指定圆的半径或 [直径(D)]：(输入半径)

(8) 设置平面视图，绘制椭圆形台板截面，设置平面视图，使用 PLAN 命令，操作同前面论述。如图 4.68 所示。

命令：ellipse(绘制椭圆形台板截面)
指定椭圆的轴端点或 [圆弧(A)/中心点(C)]：_c(以椭圆形中心方式绘制)
指定椭圆的中心点：
指定轴的端点：
指定另一条半轴长度或 [旋转(R)]：

(9) 拉伸生成三维台板，如图 4.69 所示。

命令：EXTRUDE(键入放样拉伸命令 EXTRUDE)
当前线框密度：ISOLINES=4
选择要拉伸的对象：找到 1 个
选择要拉伸的对象：

指定拉伸的高度或[方向(D)/路径(P)/倾斜角(T)]:(输入拉伸的高度)

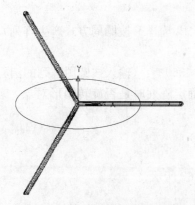 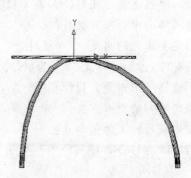

图 4.68 绘制椭圆形台板截面　　　　图 4.69 拉伸生成椭圆形台板

(10) 动态观察一下视图,当在图形区域中单击鼠标左键并朝任何方向拖动光标时,图形中的对象将沿着光标拖动的方向开始转动。松开鼠标左键后,对象将继续自动地沿着所指定的方向转动。如图 4.70 所示。

命令:3DFOrbit(观察图形)

按 ESC 或 ENTER 键退出,或者单击鼠标右键显示快捷菜单。

正在重生成模型。

(11) 复制生成第二块台板,如图 4.71 所示。

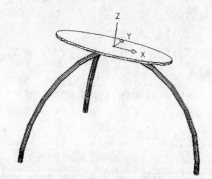 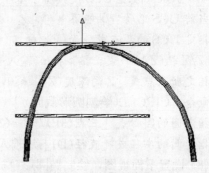

图 4.70 动态观察视图　　　　图 4.71 复制台板

命令:COPY(复制生成第二块台板)

选择对象:找到 1 个

选择对象:

当前设置:复制模式=多个

指定基点或[位移(D)/模式(O)]<位移>:

指定第二个点或<使用第一个点作为位移>:

指定第二个点或[退出(E)/放弃(U)]<退出>:(回车结束复制)

(12) 绘制一个圆形,如图 4.72 所示。

命令:CIRCLE(绘制一个圆形)

指定圆的圆心或[三点(3P)/两点(2P)/相切、相切、半径(T)]:

指定圆的半径或 [直径(D)]：(输入半径与第二块台板的长度一致)

注意：绘制的圆形大小与第二块台板的长度一致，顶部恰好与上台板平齐。

(13) 绘制一条直线，把圆形剪切为半圆形曲线，注意可以使用 ARC 或 CIRCLE 和 TRIM 绘制半圆形曲线。如图 4.73 所示。

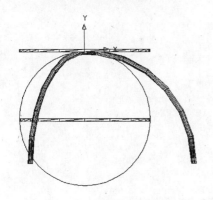

图 4.72 绘制半圆形曲线

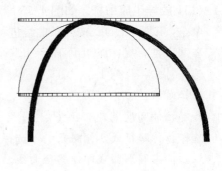

图 4.73 绘制半圆形曲线

命令：LINE(依次绘制所需的直线)
指定第一点：
指定下一点或 [放弃(U)]：
指定下一点或 [放弃(U)]：
指定下一点或 [闭合(C)/放弃(U)]：(回车)
命令：TRIM(对图形对象进行剪切)
当前设置：投影＝UCS，边＝无
选择剪切边...
选择对象或＜全部选择＞：找到 1 个
选择对象：(回车)
选择要修剪的对象，或按住 Shift 键选择要延伸的对象，或
[栏选(F)/窗交(C)/投影(P)/边(E)/删除(R)/放弃(U)]：
选择要修剪的对象，或按住 Shift 键选择要延伸的对象，或
[栏选(F)/窗交(C)/投影(P)/边(E)/删除(R)/放弃(U)]：(回车)

(14) 设置新的 UCS 平面视图，并绘制一个小圆形。如图 4.74 所示。

命令：ucs
当前 UCS 名称：＊没有名称＊
指定 UCS 的原点或 [面(F)/命名(NA)/对象(OB)/上一个(P)/视图(V)/世界(W)/X/Y/Z/Z 轴(ZA)] ＜世界＞：f(输入 F 选择平面建立新的 UCS)
选择实体对象的面：(选择下部台板的上平面)
输入选项 [下一个(N)/X 轴反向(X)/Y 轴反向(Y)] ＜接受＞：(回车确认)
命令：plan(执行设置平面视图)

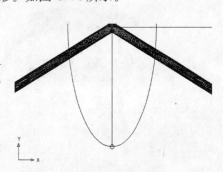

图 4.74 绘制一个小圆形

输入选项[当前UCS(C)/UCS(U)/世界(W)]＜当前UCS＞：

正在重生成模型。

命令：CIRCLE(绘制圆形截面)

指定圆的圆心或[三点(3P)/两点(2P)/相切、相切、半径(T)]：

指定圆的半径或[直径(D)]：(输入半径)

(15) 放样生成吊杆。如图4.75所示。

命令：EXTRUDE(按样条曲线进行放样拉伸)

当前线框密度：ISOLINES=4

选择对象：找到1个

选择对象：

指定拉伸高度或[路径(P)]：P

选择拉伸路径或[倾斜角]：(选择样条曲线)

注意：半圆形曲线即是路径曲线。

(16) 可以使用3DORBIT命令动态观察视图。如图4.76所示。

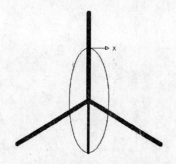 

图4.75　放样生成三维吊杆　　　　图4.76　完成茶几三维图形

命令：3dorbit

按ESC或ENTER键退出，或者单击鼠标右键显示快捷菜单。

正在重生成模型。

(17) 简单美化。输出三维图形，使用3DS MAX、Photoshop等进行美化处理。在此从略。经AutoCAD简单美化后可得，如图4.77所示。注意也可以使用RENDER命令简单美化三维图形视图。

图4.77　茶几三维效果图

4.2 灯具三维图形绘制

4.2.1 吊灯三维图形绘制

(1) 本小节所要介绍的实例是图 4.78 所示的吊灯造型。

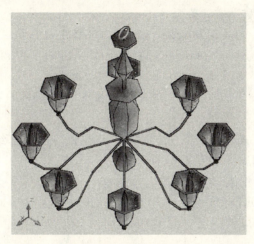

图 4.78 吊灯

(2) 单体灯具的制作。绘制一段弧线与一条旋转轴线。如图 4.79 所示。

命令：ARC(绘制弧线)
指定圆弧的起点或［圆心(C)］：(指定起始点)
指定圆弧的第二个点或［圆心(C)/端点(E)］：(指定第二点)
指定圆弧的端点：(指定起终点)
命令：LINE(输入绘制直线命令)
指定第一点：(指定直线起点)
指定下一点或［放弃(U)］：(指定直线终点)
指定下一点或［放弃(U)］：(回车结束绘制)
命令：pedit(进行连接编辑)
选择多段线或［多条(M)］：m
选择对象：找到 1 个
选择对象：找到 1 个，总计 2 个
选择对象：找到 1 个，总计 3 个
选择对象：找到 1 个，总计 4 个
选择对象：找到 1 个，总计 5 个
选择对象：
是否将直线和圆弧转换为多段线？［是(Y)/否(N)］? <Y>y
输入选项［闭合(C)/打开(O)/合并(J)/宽度(W)/拟合(F)/样条曲线(S)/非曲线化(D)/线型生成(L)/放弃(U)］：j(键入 J 进行连接操作)

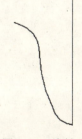

图 4.79 绘制一段弧线与旋转轴

合并类型＝延伸

输入模糊距离或［合并类型(J)］＜0.0000＞：

多段线已增加 4 条线段

输入选项［闭合(C)/打开(O)/合并(J)/宽度(W)/拟合(F)/样条曲线(S)/非曲线化(D)/线型生成(L)/放弃(U)］：(回车)

(3) 通过偏移并连接，生成一个闭合的图形。如图 4.80 所示。

命令：OFFSET(偏移生成一条弧线)

当前设置：删除源＝否　图层＝源　OFFSETGAPTYPE=0

指定偏移距离或［通过(T)/删除(E)/图层(L)］＜通过＞：50

选择要偏移的对象，或［退出(E)/放弃(U)］＜退出＞：

指定要偏移的那一侧上的点，或［退出(E)/多个(M)/放弃(U)］＜退出＞：(选择偏移的方向)

选择要偏移的对象，或［退出(E)/放弃(U)］＜退出＞：(回车结束)

图 4.80　偏移生成一个闭合图形

(4) 旋转生成三维灯瓣。如图 4.81 所示。

命令：revolve(旋转生成三维灯瓣)

当前线框密度：ISOLINES=4

选择要旋转的对象：找到 1 个

选择要旋转的对象：

指定轴起点或根据以下选项之一定义轴［对象(O)/X/Y/Z］＜对象＞：z

指定旋转角度或［起点角度(ST)］＜360＞：360(旋转 360°角)

(5) 按上述相同绘制灯芯。如图 4.82 所示。

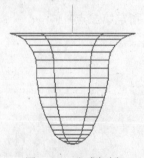
图 4.81　生成灯瓣

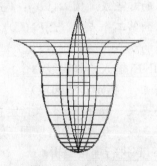
图 4.82　生成灯芯

(6) 绘制灯座的截面轮廓线。可以利用 ARC、PLINE、PEDIT 命令绘制灯座曲线，灯座形状曲线形式可以是任意的。如图 4.83 所示。

命令：PLINE(绘制灯座截面轮廓图形)

指定起点：(确定好起点位置与灯瓣的关系)

当前线宽为 0.0000

指定下一个点或［圆弧(A)/半宽(H)/长度(L)/放弃(U)/宽度(W)］：

指定下一点或［圆弧(A)/闭合(C)/半宽(H)/长度(L)/放弃(U)/宽度(W)］：

指定下一点或［圆弧(A)/闭合(C)/半宽(H)/长度(L)/放弃(U)/宽度(W)］：

……

指定下一点或 [圆弧(A)/闭合(C)/半宽(H)/长度(L)/放弃(U)/宽度(W)]:
指定下一点或 [圆弧(A)/闭合(C)/半宽(H)/长度(L)/放弃(U)/宽度(W)]:(回车)

(7) 把灯座轮廓线绕灯瓣中心轴旋转,可得到三维灯座。如图 4.84 所示。

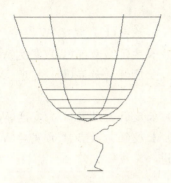 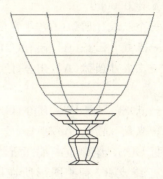

图 4.83 绘制灯座轮廓线　　　　　图 4.84 旋转生成灯座

命令:REVSURF(旋转生成三维灯座)
当前线框密度:SURFTAB1＝6　SURFTAB2＝6
选择要旋转的对象:(选择轨迹曲线对象,即选择灯座轮廓)
选择定义旋转轴的对象:(选择旋转轴)
指定起点角度<0>:
指定包含角(＋＝逆时针,－＝顺时针)<360>:360(输入旋转角度大小)

(8) 设置新的坐标系,绘制灯具支杆形状曲线。可以利用 ARC、PLINE、PEDIT 命令绘制支杆曲线,支杆形状曲线形式可以是任意的。如图 4.85 所示。

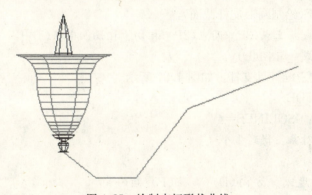

图 4.85 绘制支杆形状曲线

命令:ucs(使用 UCS 命令改变坐标系)
当前 UCS 名称: *世界*
指定 UCS 的原点或 [面(F)/命名(NA)/对象(OB)/上一个(P)/视图(V)/世界(W)/X/Y/Z/Z 轴(ZA)]<世界>:y(绕 Y 轴旋转 90°建立新的用户坐标系)
指定绕 Y 轴的旋转角度<90>:－90

命令:vp
打开【视图】下拉菜单选择【三维视图】选项,在弹出的子菜单中选择【视点预置】

选项。然后在弹出的对话框中选择视点(315,45),单击OK按钮确定。

命令:PLINE(绘制支杆形状曲线)

指定起点:

当前线宽为0.0000

指定下一个点或 [圆弧(A)/半宽(H)/长度(L)/放弃(U)/宽度(W)]:

指定下一点或 [圆弧(A)/闭合(C)/半宽(H)/长度(L)/放弃(U)/宽度(W)]:

指定下一点或 [圆弧(A)/闭合(C)/半宽(H)/长度(L)/放弃(U)/宽度(W)]:

……

指定下一点或 [圆弧(A)/闭合(C)/半宽(H)/长度(L)/放弃(U)/宽度(W)]:

指定下一点或 [圆弧(A)/闭合(C)/半宽(H)/长度(L)/放弃(U)/宽度(W)]:(回车)

(9) 改变UCS,绘制支杆截面形状,以便进行放样生成三维支杆(有些图形所在层已关闭)。如图4.86所示。

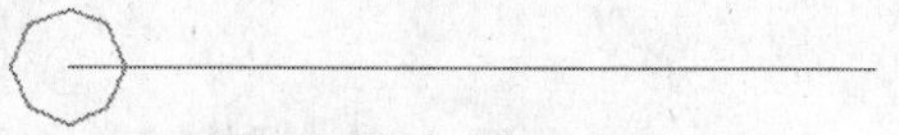

图4.86 绘制支杆截面形状

命令:ucs(使用UCS命令改变坐标系)

当前UCS名称:*世界*

指定UCS的原点或 [面(F)/命名(NA)/对象(OB)/上一个(P)/视图(V)/世界(W)/X/Y/Z/Z轴(ZA)] <世界>:X(绕X轴旋转90°建立新的用户坐标系)

指定绕X轴的旋转角度<90>:-90

命令:vp

打开【视图】下拉菜单,选择【三维视图】选项,在弹出的子菜单中选择【视点预置】选项。然后,在弹出的对话框中选择视点设置平面视图,单击OK按钮确定。

命令:CIRCLE(绘制圆形支杆截面)

指定圆的圆心或 [三点(3P)/两点(2P)/相切、相切、半径(T)]:

指定圆的半径或 [直径(D)]:

(10) 放样生成三维灯具支杆。如图4.87所示。

命令:EXTRUDE

当前线框密度:ISOLINES=4

选择要拉伸的对象:找到1个

选择要拉伸的对象:

指定拉伸的高度或 [方向(D)/路径(P)/倾斜角(T)]:p(键入P沿着指定路径进行放样)

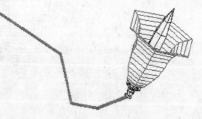

图4.87 生成三维灯具支杆

选择拉伸路径或 [倾斜角(T)]:(选择支杆形状曲线作为放样路径)

命令:vp

打开【视图】下拉菜单,选择【三维视图】选项,在弹出的子菜单中选择【视点预置】选项。然后,在弹出的对话框中选择视点(225,45),单击OK按钮确定。

(11) 使用PLINE命令绘制中间吊杆的截面。如图4.88所示。

命令:ucs(使用UCS命令改变坐标系)

当前UCS名称:*世界*

指定UCS的原点或 [面(F)/命名(NA)/对象(OB)/上一个(P)/视图(V)/世界(W)/

X/Y/Z/Z 轴(ZA)]＜世界＞：X(绕 X 轴旋转 90°建立新的用户坐标系)

指定绕 X 轴的旋转角度＜90＞：90

命令：vp

打开【视图】下拉菜单，选择【三维视图】选项，在弹出的子菜单中选择【视点预置】选项。然后，在弹出的对话框中选择视点设置平面视图，单击 OK 按钮确定。

命令：PLINE(绘制吊杆形状曲线，弧线部分可以使用 ARC 和 PEDIT 命令绘制)

当前线宽为 0.0000

指定下一个点或 ［圆弧(A)/半宽(H)/长度(L)/放弃(U)/宽度(W)］：

指定下一点或 ［圆弧(A)/闭合(C)/半宽(H)/长度(L)/放弃(U)/宽度(W)］：

指定下一点或 ［圆弧(A)/闭合(C)/半宽(H)/长度(L)/放弃(U)/宽度(W)］：

……(吊杆截面形状可以自由发挥，在此从略)

指定下一点或 ［圆弧(A)/闭合(C)/半宽(H)/长度(L)/放弃(U)/宽度(W)］：

指定下一点或 ［圆弧(A)/闭合(C)/半宽(H)/长度(L)/放弃(U)/宽度(W)］：(回车)

(12) 生成三维吊杆。可以使用 UCS、CYLINDER、CONE 等命令绘制其他形状的吊杆，注意吊杆的中心轴位置与支杆的关系。如图 4.89 所示。

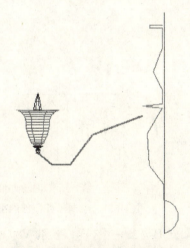
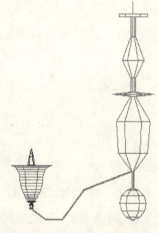

图 4.88　绘制吊杆形状曲线　　　　　图 4.89　生成三维吊杆

命令：revolve(旋转生成三维图形)

当前线框密度：ISOLINES=4

选择要旋转的对象：找到 1 个

选择要旋转的对象：

指定轴起点或根据以下选项之一定义轴 ［对象(O)/X/Y/Z］＜对象＞：(确定旋转轴)

指定旋转角度或 ［起点角度(ST)］＜360＞：360(旋转 360°角)

(13) 阵列生成其他的灯具以及支杆。可以通过复制(COPY)和旋转(ROTATE3D)、镜像(MIRROR3D)逐个生成。阵列或许是最佳的方法。如图 4.90 所示。

命令：3DARRAY(输入三维圆周阵列命令)

选择对象：找到 1 个(选择目标对象)

选择对象：(回车)

输入阵列类型［矩形(R)/环形(P)］＜矩形＞：P(选择P按圆周方式产生阵列)
输入阵列中的项目数目：8
指定要填充的角度(＋＝逆时针，－＝顺时针)＜360＞：(输入按圆周阵列的圆心角)
旋转阵列对象？［是(Y)/否(N)］＜Y＞：Y(确定阵列时是否旋转图形对象，若输入N则不旋转图形对象，只作平移)
指定阵列的中心点：
指定旋转轴上的第二点：
命令：vp
打开【视图】下拉菜单，选择【三维视图】选项，在弹出的子菜单中选择【视点预置】选项。然后，在弹出的对话框中选择视点(315，45)，单击OK按钮确定。

(14) 绘制吊杆顶部的吊环。可以使用 UCS、CIRCLE 与 REVOLVE、TORUS 命令绘制吊环。注意吊环与吊杆的空间位置关系。如图4.91所示。

命令：ucs(使用UCS命令改变坐标系)
当前UCS名称：＊世界＊

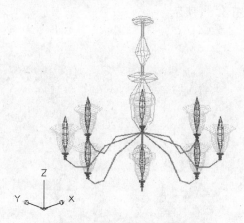
图 4.90　阵列生成其他灯具和支杆

图 4.91　绘制吊杆顶部的吊环

指定 UCS 的原点或 ［面(F)/命名(NA)/对象(OB)/上一个(P)/视图(V)/世界(W)/X/Y/Z/Z轴(ZA)］＜世界＞：X(绕X轴旋转90°建立新的用户坐标系)
指定绕X轴的旋转角度＜90＞：90
命令：vp
打开【视图】下拉菜单，选择【三维视图】选项，在弹出的子菜单中选择【视点预置】选项。然后，在弹出的对话框中选择视点设置平面视图，单击OK按钮确定。
命令：AI_TORUS(绘制吊环)
正在初始化...已加载三维对象。
指定圆环面的中心点：
指定圆环面的半径或 ［直径(D)］：
指定圆管的半径或 ［直径(D)］：
输入环绕圆管圆周的线段数目＜16＞：22
输入环绕圆环面圆周的线段数目＜16＞：22

(15) 选择视点观察模型视图。如图 4.92 所示。

命令：3DFOrbit

按 ESC 或 ENTER 键退出，或者单击鼠标右键显示快捷菜单。

正在重生成模型。

(16) 选择视点以便于观察模型为准则。其坐标系最好是在 WCS 下进行观察。可以使用 VP、3DCORBIT 等命令进行视点的选择。完成吊灯三维图形绘制，保存图形。如图 4.93 所示。

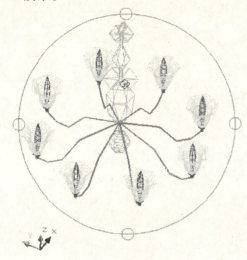

图 4.92 观察吊灯图形

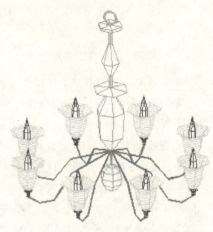

图 4.93 三维吊灯

4.2.2 落地灯三维图形绘制

(1) 本小节所要介绍的实例是图 4.94 所示的落地灯造型。

(2) 使用 PLINE 命令绘制基座轮廓截面直线部分，可以使用 LINE 命令进行绘制。如图 4.95 所示。

命令：PLINE(绘制灯座截面轮廓图形)

指定起点：（确定好起点位置与灯瓣的关系）

当前线宽为 0.0000

指定下一个点或 [圆弧(A)/半宽(H)/长度(L)/放弃(U)/宽度(W)]：

指定下一点或 [圆弧(A)/闭合(C)/半宽(H)/长度(L)/放弃(U)/宽度(W)]：

指定下一点或 [圆弧(A)/闭合(C)/半宽(H)/长度(L)/放弃(U)/宽度(W)]：

……

指定下一点或 [圆弧(A)/闭合(C)/半宽(H)/长度(L)/放弃(U)/宽度(W)]：

指定下一点或 [圆弧(A)/闭合(C)/半宽(H)/长

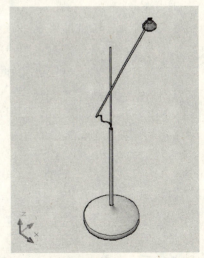

图 4.94 落地灯

度(L)/放弃(U)/宽度(W)]：(回车)

(3) 使用 ARC 命令绘制多段首尾连接的基座轮廓截面弧线部分，然后使用 PEDIT 命令进行编辑，使首尾连接为一体，如图 4.96 所示。

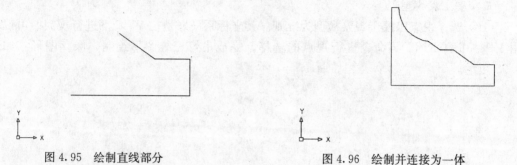

图 4.95　绘制直线部分　　　　　图 4.96　绘制并连接为一体

命令：ARC(绘制弧线)
指定圆弧的起点或 [圆心(C)]：(指定起始点)
指定圆弧的第二个点或 [圆心(C)/端点(E)]：(指定第二点)
指定圆弧的端点：(指定起终点)
命令：LINE(输入绘制直线命令)
指定第一点：(指定直线起点)
指定下一点或 [放弃(U)]：(指定直线终点)
指定下一点或 [放弃(U)]：(回车结束绘制)
命令：pedit(进行连接编辑)
选择多段线或 [多条(M)]：m
选择对象：找到1个
选择对象：找到1个，总计2个
选择对象：找到1个，总计3个
选择对象：
是否将直线和圆弧转换为多段线？[是(Y)/否(N)]？<Y>y
输入选项 [闭合(C)/打开(O)/合并(J)/宽度(W)/拟合(F)/样条曲线(S)/非曲线化(D)/线型生成(L)/放弃(U)]：j(键入 J 进行连接操作)
合并类型＝延伸
输入模糊距离或 [合并类型(J)] <0.0000>：
多段线已增加4条线段
输入选项 [闭合(C)/打开(O)/合并(J)/宽度(W)/拟合(F)/样条曲线(S)/非曲线化(D)/线型生成(L)/放弃(U)]：(回车)

(4) 绘制旋转轴线。如图 4.97 所示。
命令：LINE(输入绘制直线命令)
指定第一点：(指定直线起点)
指定下一点或 [放弃(U)]：(指定直线终点)
指定下一点或 [放弃(U)]：(回车结束绘制)

注意：可以使用 PLINE 命令进行绘制。

（5）使用 REVSURF 命令绕旋转轴生成三维基座，由二维图形生成三维的方式之一即是使用 REVSURF 命令，此外有 REVOLVE、EXTRUDE 命令。在旋转前，可先设置系统变量 SURFTAB1 和 SURFTAB2 控制线框轮廓。如图 4.98 所示。

命令：REVSURF（旋转生成三维灯座）

当前线框密度：SURFTAB1=6　SURFTAB2=6

选择要旋转的对象：（选择轨迹曲线对象，即选择灯座轮廓）

选择定义旋转轴的对象：（选择旋转轴）

指定起点角度<0>：

指定包含角（+=逆时针，-=顺时针）<360>：360（输入旋转角度大小）

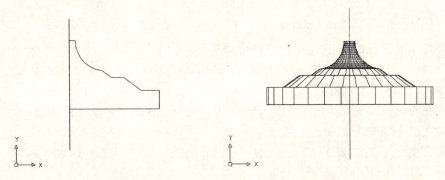

图 4.97　绘制旋转轴线　　　图 4.98　旋转生成三维基座

（6）设置新的 UCS，使用 CYLINDER 绘制下部灯杆，注意捕捉基座上表面圆心，使圆柱体的中心与基座的轴心保持一致。如图 4.99 所示。

命令：ucs（改变 UCS 使其位于上端面）

当前 UCS 名称：*世界*

指定 UCS 的原点或 ［面(F)/命名(NA)/对象(OB)/上一个(P)/视图(V)/世界(W)/X/Y/Z/Z 轴(ZA)］＜世界＞：m（输入 M 移动坐标系，选择移动距离位置点即基座上表面圆心）

指定新原点或 ［Z 向深度(Z)］＜0，0，0＞：（指定距离位置点即茶几腿上部）

命令：cylinder（绘制圆柱体）

指定底面的中心点或 ［三点(3P)/两点(2P)/相切、相切、半径(T)/椭圆(E)］：

指定底面半径或 ［直径(D)］：

指定高度或 ［两点(2P)/轴端点(A)］＜214.9332＞：（输入圆柱体高度）

（7）移动 UCS，使其位于下部灯杆顶端，利用 CYLINDER 绘制上部灯杆，注意：捕捉下部圆柱形灯杆的上表面圆心，使圆柱体的中心与基座的轴心保持一致。如图 4.100 所示。

命令：ucs（设置新的 UCS）

当前 UCS 名称：*世界*

指定 UCS 的原点或 ［面(F)/命名(NA)/对象(OB)/上一个(P)/视图(V)/世界(W)/X/Y/Z/Z 轴(ZA)］＜世界＞：f（输入 F 选择平面建立新的 UCS）

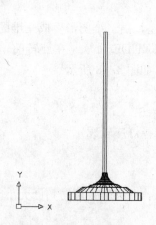
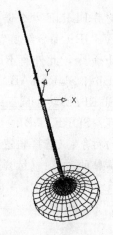

图4.99 绘制下部灯杆　　　　图4.100 绘制上部灯杆

选择实体对象的面：（选择下部灯杆顶端平面）
输入选项 [下一个(N)/X轴反向(X)/Y轴反向(Y)] ＜接受＞：（回车确认）
命令：cylinder(绘制圆柱体)
指定底面的中心点或 [三点(3P)/两点(2P)/相切、相切、半径(T)/椭圆(E)]：
指定底面半径或 [直径(D)]：
指定高度或 [两点(2P)/轴端点(A)] ＜214.9332＞：（输入圆柱体高度）
命令：3DFOrbit
按ESC或ENTER键退出，或者单击鼠标右键显示快捷菜单。
正在重生成模型。
（8）按前一步的方法绘制倾斜支架灯杆。如图4.101所示。
（9）旋转支架灯杆，使其倾斜一定角度（注意：要区分旋转方向）。输入"＋45"表示按右手规则旋转。如图4.102所示。

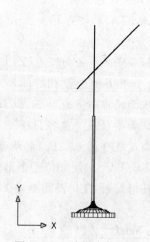

图4.101 绘制上部倾斜支架灯杆　　　　图4.102 旋转支架灯杆

命令：ROTATE3D(支架灯杆旋转一个角度)
当前正向角度：ANGDIR＝逆时针 ANGBASE＝0

选择对象：找到 1 个

选择对象：找到 1 个，总计 2 个

选择对象：

指定轴上的第一个点或定义轴依据

[对象(O)/最近的(L)/视图(V)/X 轴(X)/Y 轴(Y)/Z 轴(Z)/两点(2)]：y

指定 y 轴上的点<0，0，0>：(指定旋转基点)

指定旋转角度或[参照(R)]：45

(10) 恢复 UCS 为 WCS。使用 AI_TORUS 绘制支架灯杆与上部灯杆的固结件。移动圆环体，使其位于支架灯杆与上部灯杆交界处，(注意：移动时输入的距离是相对坐标(@0，0，50))。如图 4.103 所示。

命令：ucs(设置新的 UCS)

当前 UCS 名称：*世界*

指定 UCS 的原点或[面(F)/命名(NA)/对象(OB)/上一个(P)/视图(V)/世界(W)/X/Y/Z/Z 轴(ZA)]<世界>：W(输入 W 恢复为 WCS)

命令：AI_TORUS(绘制环)

正在初始化...已加载三维对象。

指定圆环面的中心点：

指定圆环面的半径或[直径(D)]：

指定圆管的半径或[直径(D)]：

输入环绕圆管圆周的线段数目<16>：18

输入环绕圆环面圆周的线段数目<16>：18

命令：MOVE(移动图形对象)

选择对象：找到 1 个(选择要移动的图形)

选择对象：(回车)

指定基点或[位移(D)]<位移>：

指定第二个点或<使用第一个点作为位移>：

(11) 使用 PLINE、ARC 和 PEDIT 命令绘制灯帽截面轮廓图形，(注意：可以使用 PLINE 命令替代 LINE 命令进行绘制)。如图 4.104 所示。

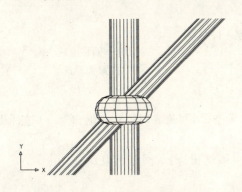

图 4.103 移动圆环

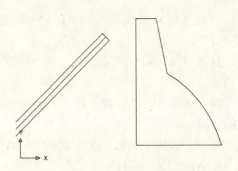

图 4.104 绘制灯帽截面轮廓图形

命令：ARC(绘制弧线)
指定圆弧的起点或 [圆心(C)]：(指定起始点)
指定圆弧的第二个点或 [圆心(C)/端点(E)]：(指定第二点)
指定圆弧的端点：(指定起终点)
命令：LINE(输入绘制直线命令)
指定第一点：(指定直线起点)
指定下一点或 [放弃(U)]：(指定直线终点)
指定下一点或 [放弃(U)]：(回车结束绘制)
命令：pedit(进行连接编辑)
选择多段线或 [多条(M)]：m
选择对象：找到 1 个
选择对象：找到 1 个，总计 2 个
选择对象：找到 1 个，总计 3 个
选择对象：
是否将直线和圆弧转换为多段线？[是(Y)/否(N)]? <Y>y
输入选项 [闭合(C)/打开(O)/合并(J)/宽度(W)/拟合(F)/样条曲线(S)/非曲线化(D)/线型生成(L)/放弃(U)]：j(键入 J 进行连接操作)
合并类型＝延伸
输入模糊距离或 [合并类型(J)] <0.0000>：
多段线已增加 4 条线段
输入选项 [闭合(C)/打开(O)/合并(J)/宽度(W)/拟合(F)/样条曲线(S)/非曲线化(D)/线型生成(L)/放弃(U)]：(回车)

(12) 利用 OFFSET 偏移生成内侧灯帽截面轮廓线。然后，拉伸左侧和底部使其重合。如图 4.105 所示。

命令：OFFSET(偏移生成一条线，生成内侧灯帽截面轮廓线)
当前设置：删除源＝否　图层＝源　OFFSETGAPTYPE＝0
指定偏移距离或 [通过(T)/删除(E)/图层(L)] <通过>：50
选择要偏移的对象，或 [退出(E)/放弃(U)] <退出>：
指定要偏移的那一侧上的点，或 [退出(E)/多个(M)/放弃(U)] <退出>：(选择偏移的方向)
选择要偏移的对象，或 [退出(E)/放弃(U)] <退出>：(回车结束)
命令：STRETCH
以交叉窗口或交叉多边形选择要拉伸的对象...
选择对象：指定对角点：找到 2 个

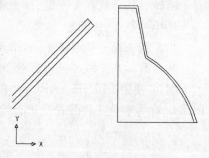

图 4.105　偏移生成内侧灯帽截面轮廓

选择对象：

指定基点或［位移(D)］＜位移＞：

指定第二个点或＜使用第一个点作为位移＞：

(13) 旋转生成三维实体，注意要求旋转对象是闭合的。如图4.106所示。

命令：revolve

当前线框密度：ISOLINES=4

选择要旋转的对象：找到1个

选择要旋转的对象：

指定轴起点或根据以下选项之一定义轴［对象(O)/X/Y/Z］＜对象＞：(确定旋转轴，以热水瓶的中心轴作为旋转轴)

指定旋转角度或［起点角度(ST)］＜360＞：360(旋转360°角)

(14) 布尔差集运算，生成弧状灯帽，如图4.107所示。

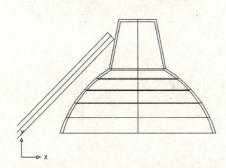

图4.106 旋转生成三维实体

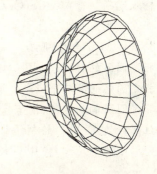

图4.107 生成弧状灯帽

命令：subtract(通过布尔差集运算生成三维分格条，分格条与抽屉外轮廓的布尔运算)

选择要从中减去的实体或面域...

选择对象：找到1个

选择对象：

选择要减去的实体或面域...

选择对象：找到1个

选择对象：(回车进行运算)

(15) 设置平面视图，可以使用VP命令设置平面视图。如图4.108所示。

命令：plan(执行设置平面视图)

输入选项［当前UCS(C)/UCS(U)/世界(W)］＜当前UCS＞：

正在重生成模型。

(16) 调整灯帽的位置，移动的距离根据各自图形的位置确定。如图4.109所示。

命令：MOVE(移动图形对象)

选择对象：找到1个(选择要移动的图形)

选择对象：(回车)

指定基点或［位移(D)］＜位移＞：

指定第二个点或＜使用第一个点作为位移＞：

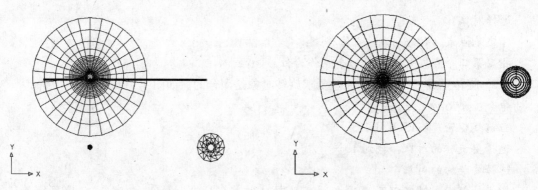

图 4.108　设置平面视图　　　　　图 4.109　调整灯帽的位置

(17) 改变 UCS 并设置为侧面的平面视图。如图 4.110 所示。

命令：plan(执行设置平面视图)

输入选项 [当前 UCS(C)/UCS(U)/世界(W)] ＜当前 UCS＞：

正在重生成模型。

命令：ARC(绘制弧线)

指定圆弧的起点或 [圆心(C)]：(指定起始点)

指定圆弧的第二个点或 [圆心(C)/端点(E)]：(指定第二点)

指定圆弧的端点：(指定起终点)

注意：使用 ARC 绘制的曲线是连线的放样曲线。

(18) 改变 UCS，使用 CIRCLE 绘制连线的圆形截面。如图 4.111 所示。

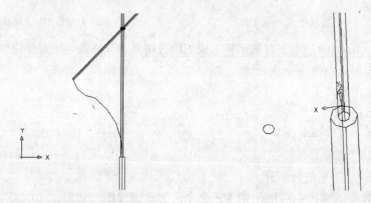

图 4.110　绘制连线的放样曲线　　　　　图 4.111　绘制圆形

命令：ucs

当前 UCS 名称：＊世界＊

指定 UCS 的原点或 [面(F)/命名(NA)/对象(OB)/上一个(P)/视图(V)/世界(W)/X/Y/Z/Z 轴(ZA)] ＜世界＞：x(绕当前 UCS 的 X 轴旋转生成新的 UCS，与当前坐标系相垂直)

指定绕 X 轴的旋转角度＜90＞：90(绕当前 UCS 的 X 轴旋转 90°)

命令：CIRCLE(绘制圆形截面)

指定圆的圆心或 [三点(3P)/两点(2P)/相切、相切、半径(T)]：

指定圆的半径或［直径(D)］：（输入半径）

(19) 放样生成三维连接线，前面使用 ARC 绘制的曲线即是所选择的路径曲线。如图 4.112 所示。

命令：EXTRUDE

当前线框密度：ISOLINES＝4

选择要拉伸的对象：找到 1 个

选择要拉伸的对象：

指定拉伸的高度或［方向(D)/路径(P)/倾斜角(T)］：p(键入 P 沿着指定路径进行放样)

选择拉伸路径或［倾斜角(T)］：（选择支杆形状曲线作为放样路径）

(20) 调整三维连接线的位置，移动的距离根据各自图形的位置确定。如图 4.113 所示。

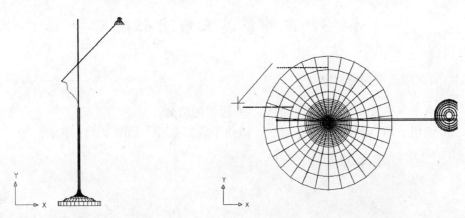

图 4.112　放样生成三维连接线　　　图 4.113　调整三维连接线

命令：plan(执行设置平面视图)

输入选项［当前 UCS(C)/UCS(U)/世界(W)］＜当前 UCS＞：

正在重生成模型。

命令：MOVE(移动图形对象)

选择对象：找到 1 个(选择要移动的图形)

选择对象：（回车）

指定基点或［位移(D)］＜位移＞：

指定第二个点或＜使用第一个点作为位移＞：

(21) 选择视点观察视图，如图 4.114 所示。

命令：3DFOrbit

按 ESC 或 ENTER 键退出，或者单击鼠标右键显示快捷菜单。

正在重生成模型。

注意：可以使用 VP、DVIEW 选择视点观察视图。

(22) 简单美化视图。可以使用 RENDER 命令简单美化视图。如图 4.115 所示。

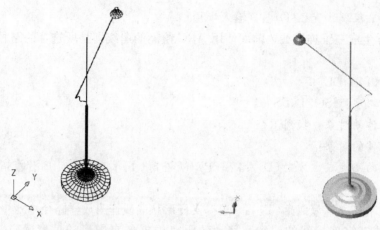

图 4.114　观察视图　　　　　图 4.115　简单美化三维饰灯

4.3　配餐家具三维图形绘制

4.3.1　餐具架三维图形绘制

(1) 本小节所要介绍的实例是图 4.116 所示的造型。

(2) 使用 ARC 命令绘制两条弧线，以便生成斜支架。如图 4.117 所示。

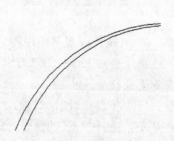

图 4.116　　　　　　　　图 4.117　绘制两条弧线

命令：ARC(绘制弧线)

指定圆弧的起点或 [圆心(C)]：(指定起始点)

指定圆弧的第二个点或 [圆心(C)/端点(E)]：(指定第二点)

指定圆弧的端点：(指定起终点)

(3) 绕当前坐标系的 X 轴旋转 90°建立新的 UCS，然后在长弧线的一端绘制一条弧线。注意设置正确的 UCS，以便顺利生成茶几的斜支架。如图 4.118 所示。

图 4.118　创建其中一个端部的弧线

命令：ucs(使用 UCS 命令改变坐标系)

当前 UCS 名称：＊世界＊

指定 UCS 的原点或 [面(F)/命名(NA)/对象(OB)/上一个(P)/视图(V)/世界(W)/X/Y/Z/Z 轴(ZA)]＜世界＞：X(绕 X 轴旋转 90°建立新的用户坐标系)

指定绕 x 轴的旋转角度＜90＞：90

命令：vp

打开【视图】下拉菜单，选择【三维视图】选项，在弹出的子菜单中选择【视点预置】选项。然后，在弹出的对话框中选择设置平面视图，单击 OK 按钮确定。

命令：ARC(绘制弧线)

指定圆弧的起点或 [圆心(C)]：(指定起始点)

指定圆弧的第二个点或 [圆心(C)/端点(E)]：(指定第二点)

指定圆弧的端点：(指定起终点)

(4) 绕当前坐标系的 Y 轴旋转 90°建立新的 UCS，然后在长弧线的另外一端绘制一条弧线。两个端部的弧线所在的空间平面是不相同的。如图 4.119 所示。

图 4.119　创建另外一个端部的弧线

命令：ucs(使用 UCS 命令改变坐标系)

当前 UCS 名称：＊世界＊

指定 UCS 的原点或 [面(F)/命名(NA)/对象(OB)/上一个(P)/视图(V)/世界(W)/X/Y/Z/Z 轴(ZA)]＜世界＞：y(绕 y 轴旋转 90°建立新的用户坐标系)

指定绕 y 轴的旋转角度＜90＞：90

命令：vp

打开【视图】下拉菜单，选择【三维视图】选项，在弹出的子菜单中选择【视点预置】选项。然后，在弹出的对话框中选择设置平面视图，单击 OK 按钮确定。

命令：ARC(绘制弧线)

指定圆弧的起点或 [圆心(C)]：(指定起始点)

指定圆弧的第二个点或 [圆心(C)/端点(E)]：(指定第二点)

指定圆弧的端点：(指定起终点)

(5) 通过四条弧线创建一个曲面。可以适当调整系统变量 SURFTAB1 和 SURFTAB2 的数值。如图 4.120 所示。

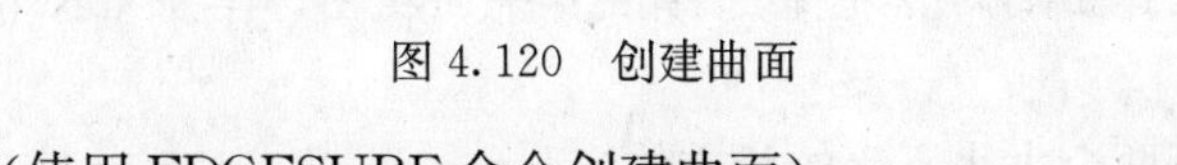

图 4.120　创建曲面

命令：edgesurf(使用 EDGESURF 命令创建曲面)

当前线框密度：SURFTAB1＝6　SURFTAB2＝6

选择用作曲面边界的对象 1：(依次选择所绘的弧线)

选择用作曲面边界的对象 2：

选择用作曲面边界的对象3：

选择用作曲面边界的对象4：

命令：vp

打开【视图】下拉菜单，选择【三维视图】选项，在弹出的子菜单中选择【视点预置】选项。然后，在弹出的对话框中选择设置观察视点(315，45)，单击OK按钮确定。

(6)通过三维镜像生成一个对称的曲面，由此构造生成斜支架。空间镜像平面位置要选择正确，否则镜像后得不到所需的图形。如图4.121所示。

图4.121 镜像生成一个对称曲面

命令：MIRROR3D(镜像生成对称部分曲面结构)

选择对象：找到1个(选择曲面图形对象)

选择对象：(回车)

指定镜像平面(三点)的第一个点或

［对象(O)/最近的(L)/Z轴(Z)/视图(V)/XY平面(XY)/YZ平面(YZ)/ZX平面(ZX)/三点(3)]＜三点＞：xy(以当前UCS的XOY平面作为空间镜像平面)

指定XY平面上的点＜0，0，0＞：

是否删除源对象？[是(Y)/否(N)]＜否＞：N(回车)

命令：vp

打开【视图】下拉菜单，选择【三维视图】选项，在弹出的子菜单中选择【视点预置】选项。然后，在弹出的对话框中选择设置观察视点(45，0)，单击OK按钮确定。

(7)设置新的平面视图，绘制两个长方体作为搁板。可以采用PLINE、EXTRUDE等命令创建长方体结构。也可以绘制其他形式的托盘。如图4.122所示。

命令：ucs(使用UCS命令改变坐标系)

当前UCS名称：*世界*

指定UCS的原点或 [面(F)/命名(NA)/对象(OB)/上一个(P)/视图(V)/世界(W)/X/Y/Z/Z轴(ZA)]＜世界＞：(回车建立新的用户坐标系为WCS)

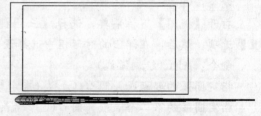

图4.122 绘制两个长方体

命令：vp

打开【视图】下拉菜单，选择【三维视图】选项，在弹出的子菜单中选择【视点预置】选项。然后，在弹出的对话框中选择设置平面视图，单击OK按钮确定，得到当前UCS的平面视图。

命令：box(绘制两个大小不等的长方体)

指定第一个角点或 [中心(C)]：(长方体的位置应与斜支架相协调)

指定其他角点或 [立方体(C)/长度(L)]：l

指定长度：350(依次输入长方体的长度、宽度与高度)

指定宽度：175

指定高度或[两点(2P)]：15

(8) 改变坐标系，调整长方体的位置。如图4.123所示。

命令：ucs(使用UCS命令改变坐标系)

当前UCS名称：*世界*

指定UCS的原点或[面(F)/命名(NA)/对象(OB)/上一个(P)/视图(V)/世界(W)/X/Y/Z/Z轴(ZA)]<世界>：x(绕x轴旋转90°建立新的用户坐标系)

指定绕x轴的旋转角度<90>：-90

命令：vp

打开【视图】下拉菜单，选择【三维视图】选项，在弹出的子菜单中选择【视点预置】选项。然后，在弹出的对话框中选择设置平面视图，单击OK按钮确定，得到当前UCS的平面视图。

命令：MOVE(移动图形对象)

选择对象：找到1个(选择要移动的图形)

选择对象：(回车)

指定基点或[位移(D)]<位移>：

指定第二个点或<使用第一个点作为位移>：

(9) 通过布尔求差运算，生成托盘。如图4.124所示。

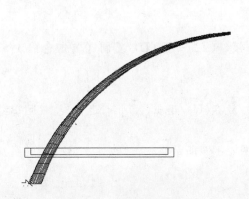

图4.123 绘制两个长方体

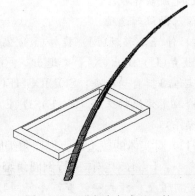

图4.124 进行布尔求差运算

命令：subtract(差集运算)

选择要从中减去的实体或面域…

选择对象：找到1个(选择外长方体)

选择对象：

选择要减去的实体或面域…

选择对象：找到1个(选择内长方体)

选择对象：(回车进行运算)

命令：vp

打开【视图】下拉菜单，选择【三维视图】选项，在弹出的子菜单中选择【视点预置】选项。然后，在弹出的对话框中选择设置观察视点(225,45)，单击OK按钮确定。

(10) 使用 SOLIDPEDIT 命令对托盘内侧两端平面进行编辑，使其倾斜一定角度。可以采用 UCS、SLICE、UNION 等命令修改实体上的平面位置，但其操作比较复杂一些。选择平面时可以采用排除方法。如图4.125所示。

命令：solidedit(对实体面进行编辑)

实体编辑自动检查：SOLIDCHECK＝1

输入实体编辑选项［面(F)/边(E)/体(B)/放弃(U)/退出(X)］＜退出＞：_face

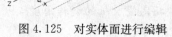

图4.125　对实体面进行编辑

输入面编辑选项

［拉伸(E)/移动(M)/旋转(R)/偏移(O)/倾斜(T)/删除(D)/复制(C)/颜色(L)/材质(A)/放弃(U)/退出(X)］＜退出＞：_rotate

选择面或［放弃(U)/删除(R)］：找到一个面。

选择面或［放弃(U)/删除(R)/全部(ALL)］：

指定轴点或［经过对象的轴(A)/视图(V)/X轴(X)/Y轴(Y)/Z轴(Z)］＜两点＞：

在旋转轴上指定第二个点：

指定旋转角度或［参照(R)］：30

已开始实体校验。

已完成实体校验。

输入面编辑选项

［拉伸(E)/移动(M)/旋转(R)/偏移(O)/倾斜(T)/删除(D)/复制(C)/颜色(L)/材质(A)/放弃(U)/退出(X)］＜退出＞：(回车)

实体编辑自动检查：SOLIDCHECK＝1

输入实体编辑选项［面(F)/边(E)/体(B)/放弃(U)/退出(X)］＜退出＞：(回车结束编辑操作)

(11) 对实体的棱边进行倒圆角编辑。如图4.126所示。

命令：fillet(对实体进行倒圆角编辑操作)

当前设置：模式＝修剪，半径＝4.0000

选择第一个对象或［放弃(U)/多段线(P)/半径(R)/修剪(T)/多个(M)］：

输入圆角半径＜4.0000＞：5

选择边或［链(C)/半径(R)］：(选择要倒圆角的棱边)

已选定1个边用于圆角。

(12) 进行三维镜像，生成另外一侧的斜支架。两个支架是对称的。可以采用 COPY、UCS 等命令生成另外一侧的支架。如图4.127所示。

命令：MIRROR3D(镜像生成对称部分曲面结构)

选择对象：找到1个(选择曲面图形对象)

选择对象：(回车)

指定镜像平面(三点)的第一个点或

［对象(O)/最近的(L)/Z轴(Z)/视图(V)/XY平面(XY)/YZ平面(YZ)/ZX平面

(ZX)/三点(3)]<三点>：xy(以当前 UCS 的 XOY 平面作为空间镜像平面)

指定 XY 平面上的点<0，0，0>：

是否删除源对象？[是(Y)/否(N)]<否>：N(回车保留原镜像对象)

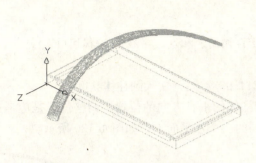

图 4.126　对实体棱边进行编辑

图 4.127　镜像生成斜支架

(13) 复制生成上层托盘结构。上层托盘与下层的相互平行。可以采用 UCS、MIRROR3D 等命令生成上层的托盘结构。如图 4.128 所示。

命令：ucs(使用 UCS 命令改变坐标系)

当前 UCS 名称：＊世界＊

指定 UCS 的原点或 [面(F)/命名(NA)/对象(OB)/上一个（P)/视图（V）/世界（W）/X/Y/Z/Z 轴（ZA）]<世界>：x(绕 x 轴旋转 90°建立新的用户坐标系)

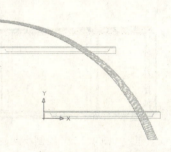

图 4.128　复制生成上层托盘

指定绕 x 轴的旋转角度<90>：－90

命令：vp

打开【视图】下拉菜单，选择【三维视图】选项，在弹出的子菜单中选择【视点预置】选项。然后，在弹出的对话框中选择设置平面视图，单击 OK 按钮确定，得到当前 UCS 的平面视图。

命令：COPY(选择托盘进行复制)

选择对象：找到 1 个

选择对象：

当前设置：复制模式＝多个

指定基点或 [位移(D)/模式(O)] <位移>：

指定第二个点或<使用第一个点作为位移>：

指定第二个点或 [退出(E)/放弃(U)] <退出>：(回车结束复制)

(14) 利用 CYLINDER 命令绘制小圆柱体。支柱可以是其他形状。可以采用 CIRCLE 和 EXTRUDE 等命令创建圆柱体支柱结构。如图 4.129 所示。

命令：ucs(使用 UCS 命令改变坐标系)

当前 UCS 名称：＊世界＊

指定 UCS 的原点或 [面(F)/命名(NA)/对象(OB)/上一个(P)/视图(V)/世界(W)/X/Y/Z/Z 轴(ZA)]<世界>：(回车)

命令：vp

打开【视图】下拉菜单，选择【三维视图】选项，在弹出的子菜单中选择【视点预置】选项。然后，在弹出的对话框中选择设置平面视图，单击 OK 按钮确定，得到当前 UCS 的平面视图。

命令：cylinder(绘制小圆柱体)

指定底面的中心点或 [三点(3P)/两点(2P)/相切、相切、半径(T)/椭圆(E)]：

指定底面半径或 [直径(D)]：

指定高度或 [两点(2P)/轴端点(A)]＜214.9332＞：(输入圆柱体高度)

(15) 设置新的 UCS 平面视图，调整小圆柱体的垂直方向的位置。调整位置是应考虑 UCS 的位置与方向，确保支架与支架位于相同的一个水平面上。如图 4.130 所示。

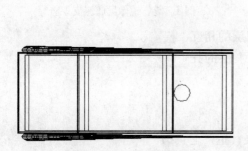

图 4.129　绘制小圆柱体

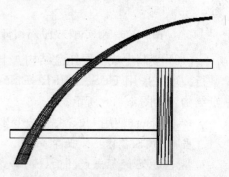

图 4.130　调整小圆柱体的垂直位置

命令：ucs(使用 UCS 命令改变坐标系)

当前 UCS 名称：＊世界＊

指定 UCS 的原点或 [面(F)/命名(NA)/对象(OB)/上一个(P)/视图(V)/世界(W)/X/Y/Z/Z 轴(ZA)]＜世界＞：x(绕 x 轴旋转 90°建立新的用户坐标系)

指定绕 x 轴的旋转角度＜90＞：－90

命令：vp

打开【视图】下拉菜单，选择【三维视图】选项，在弹出的子菜单中选择【视点预置】选项。然后，在弹出的对话框中选择设置平面视图，单击 OK 按钮确定，得到当前 UCS 的平面视图。

命令：MOVE(移动图形对象)

选择对象：找到 1 个(选择要移动的图形)

选择对象：(回车)

指定基点或 [位移(D)] ＜位移＞：

指定第二个点或＜使用第一个点作为位移＞：(把图形移动到新的位置)

(16) 利用 TORUS 命令绘制一个圆环体，以便创建扶手。可以采用 CIRCLE、REVOLVE 等命令创建扶手结构。注意扶手与支架的位置关系，两者应连接良好。如图 4.131 所示。

命令：ucs(使用 UCS 命令改变坐标系)

当前 UCS 名称：＊世界＊

指定 UCS 的原点或 [面(F)/命名(NA)/对象(OB)/上一个(P)/视图(V)/世界(W)/

X/Y/Z/Z 轴(ZA)]<世界>：W(回车)

命令：torus(绘制一个圆环体)

指定中心点或［三点(3P)/两点(2P)/相切、相切、半径(T)］：

指定半径或［直径(D)］<51.1255>：(输入圆环体半径)

指定圆管半径或［两点(2P)/直径(D)］：

命令：vp

打开【视图】下拉菜单，选择【三维视图】选项，在弹出的子菜单中选择【视点预置】选项。然后，在弹出的对话框中选择设置视点(225，45)，单击 OK 按钮确定。

(17) 对圆环体进行切割，生成半圆环体扶手。如图 4.132 所示。

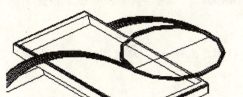
图 4.131　绘制一个圆环体

图 4.132　对圆环体进行切割

命令：slice(进行实体切割)

选择要剖切的对象：找到 1 个(选择圆环体)

选择要剖切的对象：

指定切面的起点或［平面对象(O)/曲面(S)/Z 轴(Z)/视图(V)/XY(XY)/YZ(YZ)/ZX(ZX)/三点(3)]<三点>：yz(以当前 UCS 的 YOZ 平面进行切割)

指定 YZ 平面上的点<0，0，0>：

在所需的侧面上指定点或［保留两个侧面(B)]<保留两个侧面>：(选择外侧半圆环体保留)

(18) 改变坐标系，调整半圆环体垂直方向的位置并使用 AI_SPHERE 绘制三个(其中两个位置重合)球体万向轮。可以采用 SPHERE 等命令创建万向轮。万向轮应分别比支架和支柱稍小一些，相互协调一致。如图 4.133 所示。

命令：ucs(设置新的 UCS)

当前 UCS 名称：*世界*

指定 UCS 的原点或［面(F)/命名(NA)/对象(OB)/上一个(P)/视图(V)/世界(W)/X/Y/Z/Z 轴(ZA)]<世界>：f

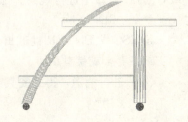
图 4.133　绘制万向轮

选择实体对象的面：(选择托盘外轮廓的侧面)

输入选项［下一个(N)/X 轴反向(X)/Y 轴反向(Y)]<接受>：(回车确认)

命令：vp

打开【视图】下拉菜单，选择【三维视图】选项，在弹出的子菜单中选择【视点预置】选项。然后，在弹出的对话框中选择设置视点(225，45)，单击 OK 按钮确定。

命令：AI_SPHERE(绘制球体万向轮)

正在初始化...已加载三维对象。

指定中心点给球面：

指定球面的半径或[直径(D)]：

输入曲面的经线数目给球面<16>：32

输入曲面的纬线数目给球面<16>：32

(19) 调整万向轮水平方向的位置。调整万向轮的位置时，可以先关闭一些图层，同时注意坐标系的位置和方向，避免调整后万向轮在另外一个位置发生偏移。如图4.134所示。

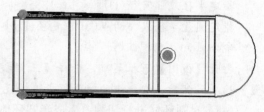

图4.134 调整万向轮水平方向的位置

命令：ucs(设置新的 UCS)

当前 UCS 名称：*世界*

指定 UCS 的原点或[面(F)/命名(NA)/对象(OB)/上一个(P)/视图(V)/世界(W)/X/Y/Z/Z 轴(ZA)]<世界>：w(回车确认)

命令：vp

打开【视图】下拉菜单，选择【三维视图】选项，在弹出的子菜单中选择【视点预置】选项。然后，在弹出的对话框中选择设置平面视图，单击 OK 按钮确定，得到当前 UCS 的平面视图。

命令：MOVE(移动图形对象)

选择对象：找到1个(选择要移动的图形)

选择对象：(回车)

指定基点或[位移(D)]<位移>：

指定第二个点或<使用第一个点作为位移>：

(20) 使用 3DCORBIT 等命令进行观察，选择视点以便于观察模型为准则。其坐标系最好是在 WCS 下进行观察。如图4.135所示。

命令：3DFOrbit

按 ESC 或 ENTER 键退出，或者单击鼠标右键显示快捷菜单。

正在重生成模型。

(21) 进行消隐，得到餐具架三维图形。如图4.136所示。

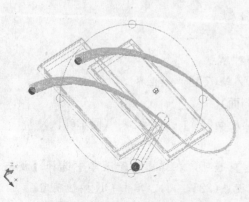

图4.135 餐具三维模型

图4.136 餐具架 CAD 三维图形

命令：HIDE
正在重生成模型。

4.3.2 餐具车三维图形绘制

(1) 本小节所要介绍的实例是图 4.137 所示的餐具车造型。

(2) 先创建餐车轮子。绘制两个同心圆和一段弧线，以便生成三维轮子。如图 4.138 所示。

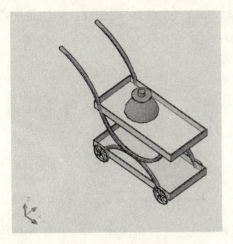

图 4.137 三维餐具车

图 4.138 绘制轮子轮廓

命令：CIRCLE(绘制一个圆形)
指定圆的圆心或 [三点(3P)/两点(2P)/相切、相切、半径(T)]：
指定圆的半径或 [直径(D)]：22
命令：OFFSET(偏移生成一条弧线)
当前设置：删除源＝否　图层＝源　OFFSETGAPTYPE＝0
指定偏移距离或 [通过(T)/删除(E)/图层(L)] <通过>：5
选择要偏移的对象，或 [退出(E)/放弃(U)] <退出>：
指定要偏移的那一侧上的点，或 [退出(E)/多个(M)/放弃(U)] <退出>：(选择偏移的方向)
选择要偏移的对象，或 [退出(E)/放弃(U)] <退出>：(回车结束)
命令：ARC(绘制弧线)
指定圆弧的起点或 [圆心(C)]：(指定起始点)
指定圆弧的第二个点或 [圆心(C)/端点(E)]：(指定第二点)
指定圆弧的端点：(指定起终点)

(3) 拉伸生成三维轮子轮廓。同时，绘制一条沿着轮子中心轴的直线作为轮子支杆的放样路径曲线。如图 4.139 所示。

命令：EXTRUDE(将图形拉伸)
当前线框密度：ISOLINES＝4
选择要拉伸的对象：找到 1 个

选择要拉伸的对象：
指定拉伸的高度或 [方向(D)/路径(P)/倾斜角(T)]：
命令：vp

打开【视图】下拉菜单，选择【三维视图】选项，在弹出的子菜单中选择【视点预置】选项。然后，在弹出的对话框中选择设置视点(315，45)，单击OK按钮确定。

(4) 通过布尔运算生成轮子外圈，再利用TABSURF命令生成三维支杆。轮子的绘制可以使用CYLINDER和SUBTRACT等命令创建。轮子的支杆可以使用PLINE和EXTRUDE等命令进行操作。使用CYLINDER命令进行创建时，两个圆柱体应是同心圆柱体。如图4.140所示。

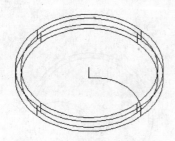 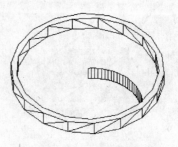

图4.139 拉伸生成轮子轮廓　　　　图4.140 生成轮子外圈与支杆

命令：subtract(通过布尔差集运算生成三维分格条，分格条与抽屉外轮廓的布尔运算)

选择要从中减去的实体或面域...
选择对象：找到1个
选择对象：
选择要减去的实体或面域...
选择对象：找到1个
选择对象：(回车进行运算)
命令：TABSURF
当前线框密度：SURFTAB1=12
选择用作轮廓曲线的对象：
选择用作方向矢量的对象：

(5) 阵列生成轮子所有的支杆结构。其他支杆可以使用COPY、ROTATE3D等命令逐一生成。注意阵列轴或复制基点的选择。如图4.141所示。

命令：3DARRAY(输入三维圆周阵列命令)
选择对象：找到1个(选择目标对象)
选择对象：(回车)
输入阵列类型[矩形(R)/环形(P)]＜矩形＞：p(选择P按圆周方式产生阵列)
输入阵列中的项目数目：8
指定要填充的角度(＋＝逆时针，－＝顺时针)＜360＞：(输入按圆周阵列的圆心角)

旋转阵列对象？[是(Y)/否(N)]<Y>：Y(确定阵列时是否旋转图形对象，若输入N则不旋转图形对象，只作平移)

指定阵列的中心点：

指定旋转轴上的第二点：

(6) 利用 CYLINDER 命令创建轮子的中心轴。并把所有图形旋转一个角度以便观察。也可以不旋转图形，而选择视点确定较好的观察视图，但视点不易于选择。如图 4.142 所示。

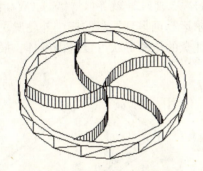 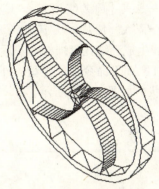

图 4.141　陈列生成所有支杆　　　图 4.142　创建中心轴并旋转

命令：cylinder(绘制小圆柱体)

指定底面的中心点或 [三点(3P)/两点(2P)/相切、相切、半径(T)/椭圆(E)]：

指定底面半径或 [直径(D)]：2.5

指定高度或 [两点(2P)/轴端点(A)]<214.9332>：5(输入圆柱体高度)

命令：ROTATE3D(将图形旋转一个角度)

UCS 当前的正角方向：ANGDIR=逆时针　ANGBASE=0

选择对象：找到 1 个

选择对象：

指定基点：

拾取旋转轴：

指定角的起点或键入角度：

指定角的端点：90(旋转 90°角)

正在重生成模型。

(7) 改变 UCS，绘制托盘外轮廓线。如图 4.143 所示。

命令：ucs(使用 UCS 命令改变坐标系)

当前 UCS 名称：*世界*

指定 UCS 的原点或 [面(F)/命名(NA)/对象(OB)/上一个(P)/视图(V)/世界(W)/X/Y/Z/Z 轴(ZA)]<世界>：x(绕 x 旋转 90°建立新的用户坐标系)

指定绕 x 轴的旋转角度<90>：90

命令：vp

打开【视图】下拉菜单，选择【三维视图】选项，在弹出的子菜单中选择【视点预

置】选项。然后，在弹出的对话框中选择设置平面视图，单击 OK 按钮确定。

命令：PLINE(绘制 2 个长方形图形)
当前线宽为 0.0000
指定下一个点或 [圆弧(A)/半宽(H)/长度(L)/放弃(U)/宽度(W)]：
指定下一点或 [圆弧(A)/闭合(C)/半宽(H)/长度(L)/放弃(U)/宽度(W)]：
指定下一点或 [圆弧(A)/闭合(C)/半宽(H)/长度(L)/放弃(U)/宽度(W)]：
……
指定下一点或 [圆弧(A)/闭合(C)/半宽(H)/长度(L)/放弃(U)/宽度(W)]：
指定下一点或 [圆弧(A)/闭合(C)/半宽(H)/长度(L)/放弃(U)/宽度(W)]：(回车)

(8) 拉伸生成三维托盘结构，然后通过布尔运算可得到托盘的三维外轮廓。可以使用 BOX、SUBTRACT 命令生成托盘的外轮廓。托盘的轮廓形状可以自由发挥，根据需要确定具体的形状。如图 4.144 所示。

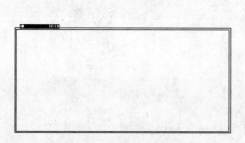
图 4.143　绘制托盘外轮廓

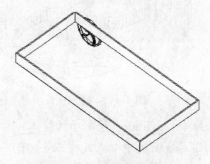
图 4.144　进行布尔求差运算

命令：EXTRUDE(将图形拉伸)
当前线框密度：ISOLINES=4
选择要拉伸的对象：找到 1 个
选择要拉伸的对象：
指定拉伸的高度或 [方向(D)/路径(P)/倾斜角(T)]：
命令：subtract(通过布尔差集运算生成三维分格条，分格条与抽屉外轮廓的布尔运算)
选择要从中减去的实体或面域...
选择对象：找到 1 个
选择对象：
选择要减去的实体或面域...
选择对象：找到 1 个
选择对象：(回车进行运算)

(9) 使用 BOX 命令直接绘制底部托板。可以使用 LINE、RULESURF 等命令生成底部托板结构。注意托板与托盘外轮廓的位置关系，即控制好用户坐标系的方向。如图 4.145 所示。

命令：ucs
当前 UCS 名称：*没有名称*

图 4.145　绘制底部托板

指定 UCS 的原点或 [面(F)/命名(NA)/对象(OB)/上一个(P)/视图(V)/世界(W)/X/Y/Z/Z 轴(ZA)] <世界>：f(输入 F 选择平面建立新的 UCS)
选择实体对象的面：(选择下部台板的上平面)
输入选项 [下一个(N)/X 轴反向(X)/Y 轴反向(Y)] <接受>：(回车确认)
命令：vp
打开【视图】下拉菜单，选择【三维视图】选项，在弹出的子菜单中选择【视点预置】选项。然后，在弹出的对话框中选择设置平面视图，单击 OK 按钮确定，得到当前 UCS 的平面视图。
命令：box
指定第一个角点或 [中心(C)]：
指定其他角点或 [立方体(C)/长度(L)]：L(依次输入长度、宽度与高度)
指定长度：(依次输入托板的长度、宽度与高度)
指定宽度：
指定高度或 [两点(2P)] <7.7486>：

(10) 复制生成另一端的一个轮子。可以通过 UCS 与 MIRROR 或 MIRROR3D 命令生成另外一个轮子。注意复制的位置和镜像平面的位置。如图 4.146 所示。

图 4.146　复制生成另一端的一个轮子

命令：COPY(复制)
选择对象：找到 1 个(选择模型)
选择对象：(回车)
当前设置：复制模式＝多个
指定基点或 [位移(D)/模式(O)] <位移>：(确定复制基点位置)
指定第二个点或<使用第一个点作为位移>：
指定第二个点或 [退出(E)/放弃(U)] <退出>：(回车退出)

(11) 绘制侧面下部支架的形状曲线，同时也作为放样路径曲线。如图 4.147 所示。
命令：ARC(绘制弧线)
指定圆弧的起点或 [圆心(C)]：(指定起始点)
指定圆弧的第二个点或 [圆心(C)/端点(E)]：(指定第二点)
指定圆弧的端点：(指定起终点)

(12) 使用 ARC、PEDIT 命令绘制上部一个扶手与支架。如图 4.148 所示。

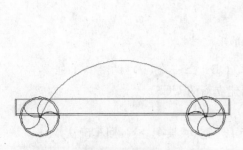
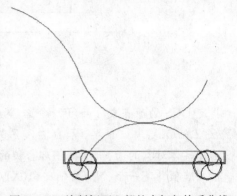

图 4.147　绘制侧面底部的支架曲线　　　图 4.148　绘制侧面上部的支架与扶手曲线

命令：ARC(绘制弧线)

指定圆弧的起点或 [圆心(C)]：(指定起始点)

指定圆弧的第二个点或 [圆心(C)/端点(E)]：(指定第二点)

指定圆弧的端点：(指定起终点)

命令：pedit(进行连接编辑)

选择多段线或 [多条(M)]：m

选择对象：找到 1 个

选择对象：找到 1 个，总计 2 个

选择对象：找到 1 个，总计 3 个

选择对象：找到 1 个，总计 4 个

选择对象：找到 1 个，总计 5 个

选择对象：

是否将直线和圆弧转换为多段线？[是(Y)/否(N)]？<Y>y

输入选项 [闭合(C)/打开(O)/合并(J)/宽度(W)/拟合(F)/样条曲线(S)/非曲线化(D)/线型生成(L)/放弃(U)]：j(键入 J 进行连接操作)

合并类型＝延伸

输入模糊距离或 [合并类型(J)] <0.0000>：

多段线已增加 4 条线段

输入选项 [闭合(C)/打开(O)/合并(J)/宽度(W)/拟合(F)/样条曲线(S)/非曲线化(D)/线型生成(L)/放弃(U)]：(回车)

(13) 绘制支架与扶手的截面，以便生成三维的支架与扶手。截面的形状可以是其他形式，例如椭圆形、多边形等。如图 4.149 所示。

命令：ucs(使用 UCS 命令改变坐标系)

当前 UCS 名称：＊世界＊

指定 UCS 的原点或 [面(F)/命名(NA)/对象(OB)/上一个(P)/视图(V)/世界(W)/X/Y/Z/Z 轴(ZA)] <世界>：w(输入 W 回车)

命令：vp

打开【视图】下拉菜单，选择【三维视图】选项，在弹出的子菜单中选择【视点预

置】选项。然后,在弹出的对话框中选择视点(225,45),单击OK按钮确定。

命令:CIRCLE(绘制圆形支杆截面)

指定圆的圆心或 [三点(3P)/两点(2P)/相切、相切、半径(T)]:

指定圆的半径或 [直径(D)]:

(14) 进行放样生成三维支架与扶手。如图 4.150 所示。

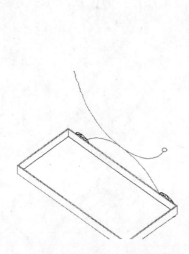

图 4.149 绘制支架与扶手的截面

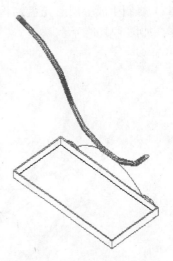

图 4.150 放样生成支架与扶手

命令:EXTRUDE

当前线框密度:ISOLINES=4

选择要拉伸的对象:找到 1 个

选择要拉伸的对象:

指定拉伸的高度或 [方向(D)/路径(P)/倾斜角(T)]:p(键入 P 沿着指定路径进行放样)

选择拉伸路径或 [倾斜角(T)]:(选择支杆形状曲线作为放样路径)

(15) 同理绘制底部三维支架。如图 4.151 所示。

命令:EXTRUDE

当前线框密度:ISOLINES=4

选择要拉伸的对象:找到 1 个

选择要拉伸的对象:

图 4.151 底部支架的生成

指定拉伸的高度或 [方向(D)/路径(P)/倾斜角(T)]:p(键入 P 沿着指定路径进行放样)

选择拉伸路径或 [倾斜角(T)]:(选择支杆形状曲线作为放样路径)

(16) 进行三维镜像,创建另外一侧的轮子、支架和扶手。可以通过 COPY 命令生成另外一侧的轮子、支架和扶手。如图 4.152 所示。

命令:MIRROR3D(镜像生成对称部分曲面结构)

选择对象:找到 1 个(选择曲面图形对象)

选择对象:(回车)

指定镜像平面(三点)的第一个点或

[对象(O)/最近的(L)/Z 轴(Z)/视图(V)/XY 平面(XY)/YZ 平面(YZ)/ZX 平面(ZX)/三点(3)]<三点>：zx(以当前 UCS 的 zox 平面作为空间镜像平面)

指定 zX 平面上的点<0,0,0>：

是否删除源对象？[是(Y)/否(N)]<否>：N(回车)

(17) 复制生成上层的托盘结构。进行复制时注意上层托盘的位置，可以改变视图进行操作。如图 4.153 所示。

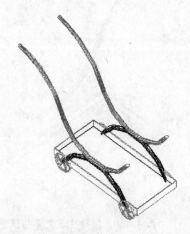

图 4.152 镜像生成另外一侧的结构

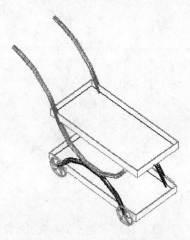

图 4.153 复制生成上层托盘

命令：COPY(复制)

选择对象：找到 1 个(选择模型)

选择对象：(回车)

当前设置：复制模式＝多个

指定基点或[位移(D)/模式(O)]<位移>：(确定复制基点位置)

指定第二个点或<使用第一个点作为位移>：

指定第二个点或[退出(E)/放弃(U)]<退出>：(回车退出)

(18) 改变坐标系，使其平行于小推车的侧面，再使用 PLINE、ARC 和 PEDIT 命令绘制酒瓶的外轮廓。托盘上的装饰物可以是其他合适的物体。酒瓶的形状也可以是其他形式，不受任何限制。如图 4.154 所示。

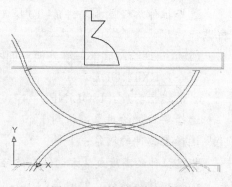

图 4.154 绘制酒瓶轮廓

命令：ucs

当前 UCS 名称：＊没有名称＊

指定 UCS 的原点或[面(F)/命名(NA)/对象(OB)/上一个(P)/视图(V)/世界(W)/X/Y/Z/Z 轴(ZA)]<世界>：f(输入 F 选择平面建立新的 UCS)

选择实体对象的面：(选择下部台板的上平面)

输入选项 [下一个(N)/X轴反向(X)/Y轴反向(Y)]<接受>：(回车确认)

命令：vp

打开【视图】下拉菜单，选择【三维视图】选项，在弹出的子菜单中选择【视点预置】选项。然后，在弹出的对话框中选择设置平面视图，单击OK按钮确定，得到当前UCS的平面视图。

命令：PLINE(绘制图形)

当前线宽为0.0000

指定下一个点或 [圆弧(A)/半宽(H)/长度(L)/放弃(U)/宽度(W)]：

指定下一点或 [圆弧(A)/闭合(C)/半宽(H)/长度(L)/放弃(U)/宽度(W)]：

指定下一点或 [圆弧(A)/闭合(C)/半宽(H)/长度(L)/放弃(U)/宽度(W)]：

……

指定下一点或 [圆弧(A)/闭合(C)/半宽(H)/长度(L)/放弃(U)/宽度(W)]：

指定下一点或 [圆弧(A)/闭合(C)/半宽(H)/长度(L)/放弃(U)/宽度(W)]：(回车)

命令：ARC(绘制弧线)

指定圆弧的起点或 [圆心(C)]：(指定起始点)

指定圆弧的第二个点或 [圆心(C)/端点(E)]：(指定第二点)

指定圆弧的端点：(指定起终点)

命令：pedit(进行连接编辑)

选择多段线或 [多条(M)]：m

选择对象：找到1个

选择对象：找到1个，总计2个

选择对象：找到1个，总计3个

选择对象：找到1个，总计4个

选择对象：找到1个，总计5个

选择对象：

是否将直线和圆弧转换为多段线？[是(Y)/否(N)]？<Y>y

输入选项 [闭合(C)/打开(O)/合并(J)/宽度(W)/拟合(F)/样条曲线(S)/非曲线化(D)/线型生成(L)/放弃(U)]：j(键入J进行连接操作)

合并类型=延伸

输入模糊距离或 [合并类型(J)] <0.0000>：

多段线已增加4条线段

输入选项 [闭合(C)/打开(O)/合并(J)/宽度(W)/拟合(F)/样条曲线(S)/非曲线化(D)/线型生成(L)/放弃(U)]：(回车)

(19) 旋转生成三维酒瓶。如图4.155所示。

命令：revolve(对外轮廓进行旋转)

当前线框密度：ISOLINES=4

选择要旋转的对象：找到1个

选择要旋转的对象：

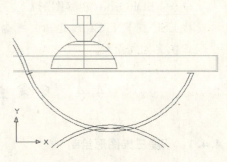

图4.155 旋转生成酒瓶

指定轴起点或根据以下选项之一定义轴［对象(O)/X/Y/Z］＜对象＞：(确定旋转轴，以热水瓶的中心轴作为旋转轴)

指定旋转角度或［起点角度(ST)］＜360＞：360(旋转360°角)

(20) 调整酒瓶的位置。如图4.156所示。

命令：ucs(使用UCS命令改变坐标系)

当前UCS名称：＊世界＊

指定UCS的原点或［面(F)/命名(NA)/对象(OB)/上一个(P)/视图(V)/世界(W)/X/Y/Z/Z轴(ZA)］＜世界＞：w(输入w回车)

命令：vp

打开【视图】下拉菜单，选择【三维视图】选项，在弹出的子菜单中选择【视点预置】选项。然后，在弹出的对话框中选择视点设置平面视图，单击OK按钮确定。

命令：MOVE(调整位置)

选择对象：找到1个

选择对象：(回车)

指定基点或位移：

指定位移的第二点或＜用第一点作位移＞：

(21) 选择视点观察视图。可以使用VP或3DCORBIT命令进行视点的选择。选择视点以便于观察模型为准则。其坐标系最好是在WCS下进行观察。如图4.157所示。

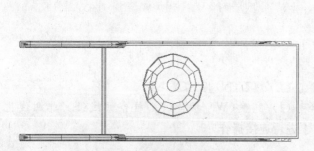
图4.156 调整酒瓶位置

图4.157 小推车三维模型

命令：3DFOrbit(观察图形)

按ESC或ENTER键退出，或者单击鼠标右键显示快捷菜单。

正在重生成模型。

4.4 日常生活用品三维图形绘制

4.4.1 茶壶三维图形绘制

(1) 本小节所要介绍的实例是图4.158所示的茶壶造型。

(2) 使用 ARC、LINE、PEDIT 命令绘制一条轮廓曲线与旋转轴，以便生成壶身。注意旋转轴与轮廓线的位置关系，轮廓线底部与旋转轴相接。如图 4.159 所示。

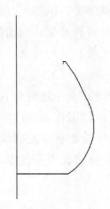

图 4.158　茶壶　　　　　　　图 4.159　绘制一条弧线和一条旋转轴

命令：ARC(绘制弧线)
指定圆弧的起点或 [圆心(C)]：(指定起始点)
指定圆弧的第二个点或 [圆心(C)/端点(E)]：(指定第二点)
指定圆弧的端点：(指定起终点)
命令：LINE(依次绘制所需的直线)
指定第一点：
指定下一点或 [放弃(U)]：
指定下一点或 [放弃(U)]：
指定下一点或 [闭合(C)/放弃(U)]：(回车)
命令：pedit(进行连接编辑)
选择多段线或 [多条(M)]：m
选择对象：找到 1 个
选择对象：找到 1 个，总计 2 个
选择对象：找到 1 个，总计 3 个
选择对象：
是否将直线和圆弧转换为多段线？[是(Y)/否(N)]？<Y>y
输入选项 [闭合(C)/打开(O)/合并(J)/宽度(W)/拟合(F)/样条曲线(S)/非曲线化(D)/线型生成(L)/放弃(U)]：j(键入 J 进行连接操作)
合并类型＝延伸
输入模糊距离或 [合并类型(J)] <0.0000>：
多段线已增加 4 条线段
输入选项 [闭合(C)/打开(O)/合并(J)/宽度(W)/拟合(F)/样条曲线(S)/非曲线化(D)/线型生成(L)/放弃(U)]：(回车)

(3) 绕当前旋转轴旋转轮廓线，生成三维壶身。可以采用 REVOLVE 等命令创建壶身，但轮廓线应是封闭的图形。注意修改系统变量 SURFTAB1 与 SURFTAB2 的值，以确保生成的图形平整、光滑。如图 4.160 所示。

命令：REVSURF(旋转生成锅盖结构组件)

当前线框密度：SURFTAB1＝6　SURFTAB2＝6

选择要旋转的对象：(选择轨迹曲线对象，即选择灯座轮廓)

选择定义旋转轴的对象：(选择旋转轴)

指定起点角度＜0＞：

指定包含角(＋＝逆时针，－＝顺时针)＜360＞：360(输入旋转角度大小)

(4) 使用 PLINE 命令绘制壶盖截面轮廓线制作壶盖。可以采用 LINE、ARC 和 PEDIT 等命令绘制壶盖轮廓线。注意壶盖轮廓线与旋转轴、壶身的关系，其顶部与轮廓线是相接的，底部比壶身轮廓略小。如图 4.161 所示。

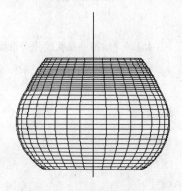

图 4.160　旋转生成壶身

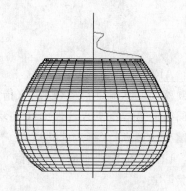

图 4.161　绘制壶盖轮廓线

命令：PLINE(绘制壶盖截面轮廓线)

指定起点：

当前线宽为 0.0000

指定下一个点或 ［圆弧(A)/半宽(H)/长度(L)/放弃(U)/宽度(W)］：

指定下一点或 ［圆弧(A)/闭合(C)/半宽(H)/长度(L)/放弃(U)/宽度(W)］：

指定下一点或 ［圆弧(A)/闭合(C)/半宽(H)/长度(L)/放弃(U)/宽度(W)］：

……

指定下一点或 ［圆弧(A)/闭合(C)/半宽(H)/长度(L)/放弃(U)/宽度(W)］：

指定下一点或 ［圆弧(A)/闭合(C)/半宽(H)/长度(L)/放弃(U)/宽度(W)］：(回车)

(5) 绕当前旋转轴旋转轮廓线，生成三维壶身。然后，将所有图形旋转 90°以便观察。可以采用 REVOLVE 等命令创建壶身，但轮廓线应是封闭的图形。注意修改系统变量 SURFTAB1 与 SURFTAB2 的值，以确保生成的图形平整、光滑。在生成壶身和壶盖时的系统变量最好保持一致，这样所绘制的图形会更具协调性。如图 4.162 所示。

命令：REVSURF(旋转生成锅盖组件)

当前线框密度：SURFTAB1＝6　SURFTAB2＝6

选择要旋转的对象：(选择轨迹曲线对象，即选择灯座轮廓)

选择定义旋转轴的对象：(选择旋转轴)
指定起点角度＜0＞：
指定包含角(＋＝逆时针，－＝顺时针)＜360＞：360(输入旋转角度大小)
命令：3drotate(旋转图形对象以便观察)
UCS当前的正角方向：ANGDIR＝逆时针　ANGBASE＝0
选择对象：找到1个
选择对象：指定对角点：找到1个，总计2个
选择对象：
指定基点：
拾取旋转轴：
指定角的起点或键入角度：
指定角的端点：正在重生成模型。
命令：vp

打开【视图】下拉菜单，选择【三维视图】选项，在弹出的子菜单中选择【视点预置】选项。然后，在弹出的对话框中选择设置观察视点(315，30)，单击OK按钮确定。

(6) 绕当前坐标系的X轴旋转90°建立新的UCS，绘制两条弧线制作壶嘴。两个弧线构成壶嘴截面轮廓，弧线应进入壶身一小部分，以确保壶嘴与壶身之间的良好连接。如图4.163所示。

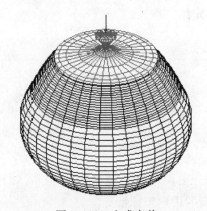

图4.162　生成壶盖

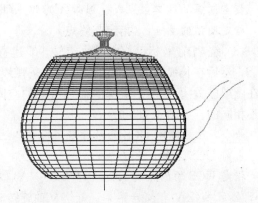

图4.163　创建两条弧线

命令：ucs(使用UCS命令改变坐标系)
当前UCS名称：＊世界＊
指定UCS的原点或［面(F)/命名(NA)/对象(OB)/上一个(P)/视图(V)/世界(W)/X/Y/Z/Z轴(ZA)］＜世界＞：x(绕x轴旋转90°建立新的用户坐标系)
指定绕x轴的旋转角度＜90＞：90
命令：vp

打开【视图】下拉菜单，选择【三维视图】选项，在弹出的子菜单中选择【视点预置】选项。然后，在弹出的对话框中选择设置平面视图，单击OK按钮确定。

命令：ARC(绘制弧线)
指定圆弧的起点或［圆心(C)］：(指定起始点)

指定圆弧的第二个点或［圆心(C)/端点(E)］：(指定第二点)

指定圆弧的端点：(指定起终点)

(7) 绕当前坐标系的 X 轴旋转 90°建立新的 UCS，然后在长弧线的一端绘制一条弧线。注意设置正确的 UCS，以便顺利生成茶壶嘴曲面。如图 4.164 所示。

命令：ucs(使用 UCS 命令改变坐标系)

当前 UCS 名称：＊世界＊

指定 UCS 的原点或［面(F)/命名(NA)/对象(OB)/上一个(P)/视图(V)/世界(W)/X/Y/Z/Z 轴(ZA)］＜世界＞：x(绕 x 轴旋转 90°建立新的用户坐标系)

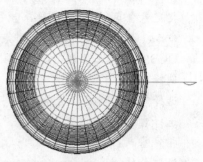

图 4.164　创建其中一个端部的弧线

指定绕 x 轴的旋转角度＜90＞：－90

命令：vp

打开【视图】下拉菜单，选择【三维视图】选项，在弹出的子菜单中选择【视点预置】选项。然后，在弹出的对话框中选择设置平面视图，单击 OK 按钮确定。

命令：ARC(绘制弧线)

指定圆弧的起点或［圆心(C)］：(指定起始点)

指定圆弧的第二个点或［圆心(C)/端点(E)］：(指定第二点)

指定圆弧的端点：(指定起终点)

(8) 绕当前坐标系的 Y 轴旋转 90°建立新的 UCS，然后在长弧线的另外一端绘制一条弧线(壶身所在图层已关闭)。两个端部的弧线所在的空间平面是不相同的。如图 4.165 所示。

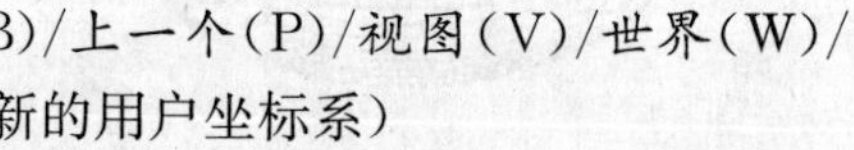

图 4.165　创建另外一个端部的弧线

命令：ucs(使用 UCS 命令改变坐标系)

当前 UCS 名称：＊世界＊

指定 UCS 的原点或［面(F)/命名(NA)/对象(OB)/上一个(P)/视图(V)/世界(W)/X/Y/Z/Z 轴(ZA)］＜世界＞：y(绕 y 轴旋转 90°建立新的用户坐标系)

指定绕 y 轴的旋转角度＜90＞：90

命令：vp

打开【视图】下拉菜单，选择【三维视图】选项，在弹出的子菜单中选择【视点预置】选项。然后，在弹出的对话框中选择设置平面视图，单击 OK 按钮确定。

命令：ARC(绘制弧线)

指定圆弧的起点或［圆心(C)］：(指定起始点)

指定圆弧的第二个点或［圆心(C)/端点(E)］：(指定第二点)

指定圆弧的端点：(指定起终点)

(9) 通过四条弧线创建一个曲面(其他图形所在图层已关闭)。可以适当调整系统变量 SURFTAB1 和 SURFTAB2 的数值。如图 4.166 所示。

命令：ucs(使用 UCS 命令改变坐标系)

当前UCS名称：*世界*

指定UCS的原点或[面(F)/命名(NA)/对象(OB)/上一个(P)/视图(V)/世界(W)/X/Y/Z/Z轴(ZA)]<世界>：W(建立新的用户坐标系为WCS)

命令：edgesurf(使用EDGESURF命令创建曲面)

当前线框密度：SURFTAB1=6 SURFTAB2=6

选择用作曲面边界的对象1：(依次选择所绘的弧线)

选择用作曲面边界的对象2：

选择用作曲面边界的对象3：

选择用作曲面边界的对象4：

命令：vp

打开【视图】下拉菜单，选择【三维视图】选项，在弹出的子菜单中选择【视点预置】选项。然后，在弹出的对话框中选择设置视点(315，45)，单击OK按钮确定。

(10) 通过三维镜像生成一个对称的曲面，由此构造生成壶嘴(其他图形所在图层已关闭)。如图4.167所示。

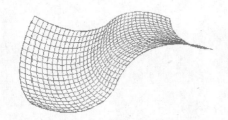
图4.166 创建壶嘴曲面

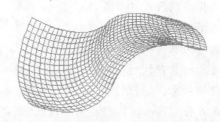
图4.167 镜像生成壶嘴

命令：ucs(使用UCS命令改变坐标系)

当前UCS名称：*世界*

指定UCS的原点或[面(F)/命名(NA)/对象(OB)/上一个(P)/视图(V)/世界(W)/X/Y/Z/Z轴(ZA)]<世界>：x(绕x旋转90°建立新的用户坐标系)

指定绕x轴的旋转角度<90>：90

命令：mirror3d

选择对象：找到1个

选择对象：

指定镜像平面(三点)的第一个点或

[对象(O)/最近的(L)/Z轴(Z)/视图(V)/XY平面(XY)/YZ平面(YZ)/ZX平面(ZX)/三点(3)]<三点>：3

在镜像平面上指定第一点：在镜像平面上指定第二点：在镜像平面上指定第三点：

是否删除源对象？[是(Y)/否(N)]<否>：N(回车)

命令：vp

打开【视图】下拉菜单，选择【三维视图】选项，在弹出的子菜单中选择【视点预置】选项。然后，在弹出的对话框中选择设置视点(45，45)，单击OK按钮确定。

(11) 使用ARC、PEDIT命令绘制一条轮廓曲线作为路径，以便生成提手。可以采用

CIRCLE、TRIM、PEDIT 等命令创建路径曲线。路径曲线就是提手的形状轮廓线。如图 4.168 所示。

命令：vp

打开【视图】下拉菜单，选择【三维视图】选项，在弹出的子菜单中选择【视点预置】选项。然后，在弹出的对话框中选择设置平面视图，单击 OK 按钮确定。

命令：ARC(绘制弧线)

指定圆弧的起点或 ［圆心(C)］：(指定起始点)

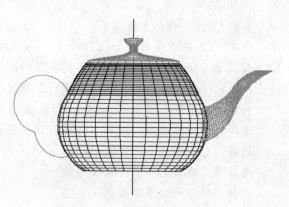

图 4.168 绘制提手形状曲线

指定圆弧的第二个点或 ［圆心(C)/端点(E)］：(指定第二点)

指定圆弧的端点：(指定起终点)

命令：pedit(进行连接编辑)

选择多段线或 ［多条(M)］：m

选择对象：找到 1 个

选择对象：找到 1 个，总计 2 个

选择对象：找到 1 个，总计 3 个

选择对象：(回车)

是否将直线和圆弧转换为多段线？［是(Y)/否(N)］？＜Y＞y

输入选项 ［闭合(C)/打开(O)/合并(J)/宽度(W)/拟合(F)/样条曲线(S)/非曲线化(D)/线型生成(L)/放弃(U)］：j(键入 J 进行连接操作)

合并类型＝延伸

输入模糊距离或 ［合并类型(J)］＜0.0000＞：

多段线已增加 4 条线段

输入选项 ［闭合(C)/打开(O)/合并(J)/宽度(W)/拟合(F)/样条曲线(S)/非曲线化(D)/线型生成(L)/放弃(U)］：(回车)

(12) 设置新的 UCS，绘制提手截面图形(其他图形所在图层已关闭)。可以采用 PLINE、ARC 和 PEDIT 等命令绘制截面形状。提手的截面形状可以是其他形式。如图 4.169 所示。

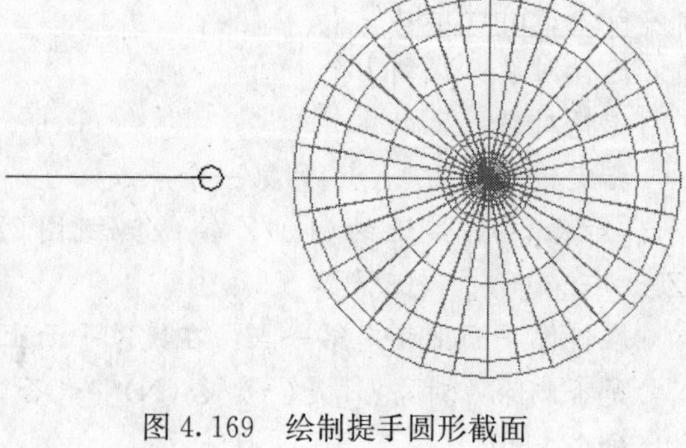

命令：ucs(使用 UCS 命令改变坐标系)

当前 UCS 名称：＊世界＊

图 4.169 绘制提手圆形截面

指定 UCS 的原点或 ［面(F)/命名(NA)/对象(OB)/上一个(P)/视图(V)/世界(W)/X/Y/Z/Z 轴(ZA)］＜世界＞：x(绕 x 旋转 90°建立新的用户坐标系)

指定绕 x 轴的旋转角度<90>：-90

命令：CIRCLE(绘制圆形)

指定圆的圆心或 [三点(3P)/两点(2P)/相切、相切、半径(T)]：(指定圆心点位置)

指定圆的半径或 [直径(D)] <12>：5(输入圆形半径)

(13) 使用 EXTRUDE 命令放样生成三维提手。如图 4.170 所示。

命令：vp

打开【视图】下拉菜单，选择【三维视图】选项，在弹出的子菜单中选择【视点预置】选项。然后，在弹出的对话框中选择设置视点(315, 30)，单击 OK 按钮确定。

命令：EXTRUDE

当前线框密度：ISOLINES=4

选择要拉伸的对象：找到 1 个

选择要拉伸的对象：

指定拉伸的高度或 [方向(D)/路径(P)/倾斜角(T)]：p(键入 P 沿着指定路径进行放样)

选择拉伸路径或 [倾斜角(T)]：(选择形状曲线作为放样路径)

图 4.170　放样生成提手

(14) 动态观察模型视图。如图 4.171 所示。

命令：3DFOrbit

按 ESC 或 ENTER 键退出，或者单击鼠标右键显示快捷菜单。

正在重生成模型。

(15) 选择视点观察模型视图。如图 4.172 所示。

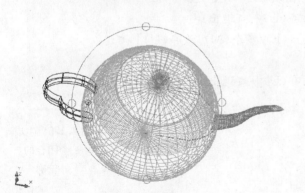

图 4.171　动态观察茶壶

图 4.172　茶壶三维模型

4.4.2　热水瓶三维图形绘制

(1) 本小节所要介绍的实例是图 4.173 所示的热水瓶造型。

(2) 绘制热水瓶的轮廓截面。如图 4.174 所示。

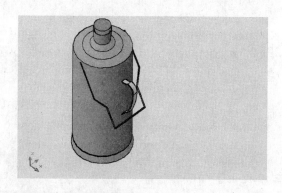

图 4.173 热水瓶 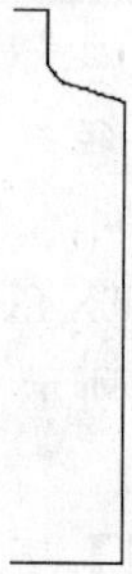　　　　　　图 4.174 绘制外轮廓线

命令：PLINE(使用 PLINE 命令绘制一条轮廓线)
指定起点：
当前线宽为 0.0000
指定下一个点或 [圆弧(A)/半宽(H)/长度(L)/放弃(U)/宽度(W)]：
指定下一点或 [圆弧(A)/闭合(C)/半宽(H)/长度(L)/放弃(U)/宽度(W)]：
……
指定下一点或 [圆弧(A)/闭合(C)/半宽(H)/长度(L)/放弃(U)/宽度(W)]：
指定下一点或 [圆弧(A)/闭合(C)/半宽(H)/长度(L)/放弃(U)/宽度(W)]：(回车结束)

(3) 使用 OFFSET、PEDIT 命令生成一个闭合的图形对象。如图 4.175 所示。

命令：OFFSET(偏移生成一条弧线)
当前设置：删除源＝否　图层＝源　OFFSETGAPTYPE＝0
指定偏移距离或 [通过(T)/删除(E)/图层(L)] <通过>：50
选择要偏移的对象，或 [退出(E)/放弃(U)] <退出>：
指定要偏移的那一侧上的点，或 [退出(E)/多个(M)/放弃(U)] <退出>：(选择偏移的方向)
选择要偏移的对象，或 [退出(E)/放弃(U)] <退出>：(回车结束)
命令：pedit(进行连接编辑)
选择多段线或 [多条(M)]：m
选择对象：找到 1 个
选择对象：找到 1 个，总计 2 个
选择对象：(回车)
是否将直线和圆弧转换为多段线？[是(Y)/否(N)]? <Y>y
输入选项 [闭合(C)/打开(O)/合并(J)/宽度(W)/拟合(F)/样条曲线(S)/非曲线化(D)/线型生成(L)/放弃(U)]：j(键入 J 进行连接操作)
合并类型＝延伸
输入模糊距离或 [合并类型(J)] <0.0000>：

图 4.175 生成一个闭合的外轮廓

多段线已增加 4 条线段

输入选项 [闭合(C)/打开(O)/合并(J)/宽度(W)/拟合(F)/样条曲线(S)/非曲线化(D)/线型生成(L)/放弃(U)]：(回车)

(4) 旋转生成三维主体结构。为便于观察图形，应使用 ROTATE3D 命令将生成的图形绕当前 UCS 坐标系的 X 轴旋转 90°。图形也可以不进行旋转，而选择合适的视点。如图 4.176 所示。

命令：revolve(对外轮廓进行旋转)

当前线框密度：ISOLINES=4

选择要旋转的对象：找到 1 个

选择要旋转的对象：

指定轴起点或根据以下选项之一定义轴 [对象(O)/X/Y/Z]＜对象＞：(确定旋转轴，以热水瓶的中心轴作为旋转轴)

指定旋转角度或 [起点角度(ST)]＜360＞：360(旋转 360°角)

命令：vp

打开【视图】下拉菜单，选择【三维视图】选项，在弹出的子菜单中选择【视点预置】选项。然后，在弹出的对话框中选择视点(315，45)，单击 OK 按钮确定。

(5) 绘制底座旋转截面。底座应与主体结构具有相同的中心轴。如图 4.177 所示。

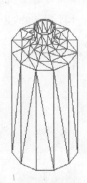
图 4.176　旋转生成三维主体结构

图 4.177　绘制底座轮廓线

命令：ucs(使用 UCS 命令改变坐标系)

当前 UCS 名称：*世界*

指定 UCS 的原点或 [面(F)/命名(NA)/对象(OB)/上一个(P)/视图(V)/世界(W)/X/Y/Z/Z 轴(ZA)]＜世界＞：X(绕 X 轴旋转 90°建立新的用户坐标系)

指定绕 X 轴的旋转角度＜90＞：90

命令：vp

打开【视图】下拉菜单，选择【三维视图】选项，在弹出的子菜单中选择【视点预置】选项。然后，在弹出的对话框中选择视点设置平面视图，单击 OK 按钮确定。

命令：PLINE(绘制底座造型图形)

当前线宽为 0.0000

指定下一个点或 [圆弧(A)/半宽(H)/长度(L)/放弃(U)/宽度(W)]：

指定下一点或 [圆弧(A)/闭合(C)/半宽(H)/长度(L)/放弃(U)/宽度(W)]：
指定下一点或 [圆弧(A)/闭合(C)/半宽(H)/长度(L)/放弃(U)/宽度(W)]：
……(截面形状可以自由发挥，在此从略)
指定下一点或 [圆弧(A)/闭合(C)/半宽(H)/长度(L)/放弃(U)/宽度(W)]：
指定下一点或 [圆弧(A)/闭合(C)/半宽(H)/长度(L)/放弃(U)/宽度(W)]：(回车)

(6) 旋转生成三维底座。如图 4.178 所示。

命令：revolve(对底座的外轮廓进行旋转)

当前线框密度：ISOLINES=4

选择要旋转的对象：找到 1 个

选择要旋转的对象：

指定轴起点或根据以下选项之一定义轴 [对象(O)/X/Y/Z] <对象>：(确定旋转轴，以热水瓶的中心轴作为旋转轴)

指定旋转角度或 [起点角度(ST)] <360>：360(旋转 360°角)

命令：vp

打开【视图】下拉菜单，选择【三维视图】选项，在弹出的子菜单中选择【视点预置】选项。然后，在弹出的对话框中选择视点(315，45)，单击 OK 按钮确定。

(7) 绘制瓶塞轮廓线。可以使用 CONE 或 AI_CONE 命令绘制瓶塞。瓶塞应与主体结构具有相同的中心轴，而且其大小应比瓶口稍小。如图 4.179 所示。

图 4.178 生成三维底座

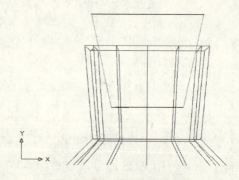
图 4.179 绘制瓶塞轮廓线

命令：ucs(使用 UCS 命令改变坐标系)

当前 UCS 名称：*世界*

指定 UCS 的原点或 [面(F)/命名(NA)/对象(OB)/上一个(P)/视图(V)/世界(W)/X/Y/Z/Z 轴(ZA)] <世界>：X(绕 X 轴旋转 90°建立新的用户坐标系)

指定绕 X 轴的旋转角度<90>：90

命令：vp

打开【视图】下拉菜单，选择【三维视图】选项，在弹出的子菜单中选择【视点预置】选项。然后，在弹出的对话框中选择视点设置平面视图，单击 OK 按钮确定。

命令：PLINE(绘制底座造型图形)

当前线宽为 0.0000
指定下一个点或 [圆弧(A)/半宽(H)/长度(L)/放弃(U)/宽度(W)]：
指定下一点或 [圆弧(A)/闭合(C)/半宽(H)/长度(L)/放弃(U)/宽度(W)]：
指定下一点或 [圆弧(A)/闭合(C)/半宽(H)/长度(L)/放弃(U)/宽度(W)]：
……
指定下一点或 [圆弧(A)/闭合(C)/半宽(H)/长度(L)/放弃(U)/宽度(W)]：
指定下一点或 [圆弧(A)/闭合(C)/半宽(H)/长度(L)/放弃(U)/宽度(W)]：（回车）
(8) 旋转生成瓶塞。如图 4.180 所示。
命令：revolve(对瓶塞的外轮廓进行旋转)
当前线框密度：ISOLINES=4
选择要旋转的对象：找到 1 个
选择要旋转的对象：
指定轴起点或根据以下选项之一定义轴 [对象(O)/X/Y/Z] <对象>：（确定旋转轴，以热水瓶的中心轴作为旋转轴）
指定旋转角度或 [起点角度(ST)] <360>：360(旋转 360°角)
命令：vp
打开【视图】下拉菜单，选择【三维视图】选项，在弹出的子菜单中选择【视点预置】选项。然后，在弹出的对话框中选择视点(315，45)，单击 OK 按钮确定。
(9) 绘制手柄的放样路径曲线。如图 4.181 所示。

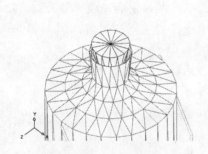
图 4.180　生成瓶塞

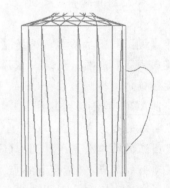
图 4.181　绘制手柄造型曲线

命令：vp
打开【视图】下拉菜单，选择【三维视图】选项，在弹出的子菜单中选择【视点预置】选项。然后，在弹出的对话框中选择视点设置平面视图，单击 OK 按钮确定。
命令：ARC(绘制弧线)
指定圆弧的起点或 [圆心(C)]：（指定起始点）
指定圆弧的第二个点或 [圆心(C)/端点(E)]：（指定第二点）
指定圆弧的端点：（指定起终点）
命令：pedit(进行连接编辑)
选择多段线或 [多条(M)]：m

选择对象：找到1个

选择对象：找到1个，总计2个

选择对象：(回车)

是否将直线和圆弧转换为多段线？[是(Y)/否(N)]? <Y>y

输入选项 [闭合(C)/打开(O)/合并(J)/宽度(W)/拟合(F)/样条曲线(S)/非曲线化(D)/线型生成(L)/放弃(U)]：j(键入J进行连接操作)

合并类型＝延伸

输入模糊距离或 [合并类型(J)] <0.0000>：

多段线已增加4条线段

输入选项 [闭合(C)/打开(O)/合并(J)/宽度(W)/拟合(F)/样条曲线(S)/非曲线化(D)/线型生成(L)/放弃(U)]：(回车)

(10) 改变坐标系，绘制手柄截面，以便进行放样。可以使用 PLINE 等命令绘制手柄的截面。手柄截面图形不能与手柄的形状曲线在同一 UCS 内。如图 4.182 所示。

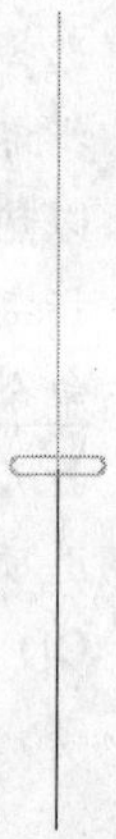

命令：ucs(使用 UCS 命令改变坐标系)

当前 UCS 名称：＊世界＊

指定 UCS 的原点或 [面(F)/命名(NA)/对象(OB)/上一个(P)/视图(V)/世界(W)/X/Y/Z/Z 轴(ZA)] <世界>：x(绕 X 轴旋转90°建立新的用户坐标系)

指定绕 X 轴的旋转角度<90>：－90

命令：vp

打开【视图】下拉菜单，选择【三维视图】选项，在弹出的子菜单中选择【视点预置】选项。然后，在弹出的对话框中选择设置平面视图，单击 OK 按钮确定，得到当前 UCS 的平面视图。

图 4.182 绘制手柄截面

命令：ARC(绘制弧线)

指定圆弧的起点或 [圆心(C)]：(指定起始点)

指定圆弧的第二个点或 [圆心(C)/端点(E)]：(指定第二点)

指定圆弧的端点：(指定起终点)

命令：LINE(依次绘制所需的直线)

指定第一点：

指定下一点或 [放弃(U)]：

指定下一点或 [放弃(U)]：

指定下一点或 [闭合(C)/放弃(U)]：(回车)

(11) 放样生成三维手柄。若位置不合适，可以改变 UCS 进行调整。如图 4.183 所示。

命令：EXTRUDE(放样拉伸)

当前线框密度：ISOLINES=4

选择要拉伸的对象：找到1个

选择要拉伸的对象：

图 4.183 生成手柄

指定拉伸的高度或［方向(D)/路径(P)/倾斜角(T)］：p(键入 P 沿着指定路径进行放样)

选择拉伸路径或［倾斜角(T)］：(选择支杆形状曲线作为放样路径)

命令：vp

打开【视图】下拉菜单，选择【三维视图】选项，在弹出的子菜单中选择【视点预置】选项。然后，在弹出的对话框中选择设置视点(315，45)，单击 OK 按钮确定。

(12) 设置新的 UCS，使其与手柄相垂直，以便绘制提手形状曲线。如图 4.184 所示。

命令：vp

打开【视图】下拉菜单，选择【三维视图】选项，在弹出的子菜单中选择【视点预置】选项。然后，在弹出的对话框中选择设置平面视图，单击 OK 按钮确定，得到当前 UCS 的平面视图。

命令：PLINE(绘制提手轮廓线)

指定起点：

当前线宽为 0.0000

指定下一个点或 ［圆弧(A)/半宽(H)/长度(L)/放弃(U)/宽度(W)］：

指定下一点或 ［圆弧(A)/闭合(C)/半宽(H)/长度(L)/放弃(U)/宽度(W)］：

指定下一点或 ［圆弧(A)/闭合(C)/半宽(H)/长度(L)/放弃(U)/宽度(W)］：

……

指定下一点或 ［圆弧(A)/闭合(C)/半宽(H)/长度(L)/放弃(U)/宽度(W)］：

指定下一点或 ［圆弧(A)/闭合(C)/半宽(H)/长度(L)/放弃(U)/宽度(W)］：(回车)

(13) 设置新的 UCS 使其与提手形状曲线相垂直，以便绘制提手截面。可以使用 ARC、PEDIT 等命令绘制提手的截面。提手截面图形不能与提手的形状曲线在同一 UCS 内。如图 4.185 所示。

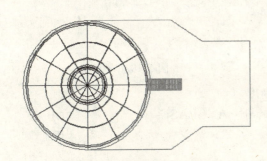

图 4.184　绘制提手形状曲线

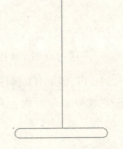

图 4.185　绘制提手截面

命令：ucs(使用 UCS 命令改变坐标系)

当前 UCS 名称：*世界*

指定 UCS 的原点或 ［面(F)/命名(NA)/对象(OB)/上一个(P)/视图(V)/世界(W)/X/Y/Z/Z 轴(ZA)］＜世界＞：y(绕 Y 轴旋转 90°建立新的用户坐标系)

指定绕 Y 轴的旋转角度＜90＞：90

命令：vp

打开【视图】下拉菜单，选择【三维视图】选项，在弹出的子菜单中选择【视点预

置】选项。然后，在弹出的对话框中选择设置平面视图，单击 OK 按钮确定。

使用 LINE、ARC 和 PLINE 命令绘制提手的截面，具体操作方法可以参考手柄的绘制。

(14) 放样生成三维提手。如图 4.186 所示。

命令：EXTRUDE

当前线框密度：ISOLINES=4

选择要拉伸的对象：找到 1 个

选择要拉伸的对象：

指定拉伸的高度或 [方向(D)/路径(P)/倾斜角(T)]：p(键入 P 沿着指定路径进行放样)

选择拉伸路径或 [倾斜角(T)]：(选择形状曲线作为放样路径)

命令：vp

打开【视图】下拉菜单，选择【三维视图】选项，在弹出的子菜单中选择【视点预置】选项。然后，在弹出的对话框中选择设置视点(315，30)，单击 OK 按钮确定。

(15) 把提手旋转一个角度，以便设置其合适的位置。调整提手的空间位置与方向，目的是使其处于自然状态，与生活中的实际情况比较吻合。如图 4.187 所示。

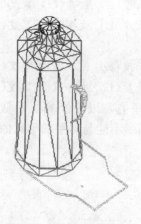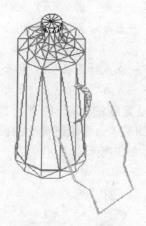

图 4.186　放样生成提手　　　　图 4.187　旋转提手

命令：ROTATE3D(将图形旋转一个角度)

UCS 当前的正角方向：ANGDIR=逆时针　ANGBASE=0

选择对象：找到 1 个

选择对象：

指定基点：

拾取旋转轴：

指定角的起点或键入角度：

指定角的端点：60(旋转 60°角)

正在重生成模型。

(16) 改变 UCS 调整提手的位置。如图 4.188 所示。

命令：MOVE(调整位置)

选择对象：找到 1 个

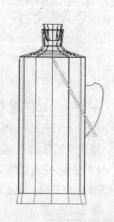

图 4.188　调整提手的位置

选择对象:(回车)

指定基点或位移:

指定位移的第二点或<用第一点作位移>:

(17) 动态观察视图。选择视点以便于观察模型为准则。其坐标系最好是在 WCS 下进行观察。如图 4.189 所示。

命令:3DFOrbit(观察图形)

按 ESC 或 ENTER 键退出,或者单击鼠标右键显示快捷菜单。

正在重生成模型。

(18) 完成三维图形绘制。如图 4.190 所示。

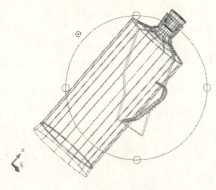
图 4.189 动态观察热水瓶

图 4.190 热水瓶三维模型

4.5 室内其他装饰物三维图形绘制

4.5.1 室内装饰小品三维图形绘制

(1) 本小节所要介绍的实例是图 4.191 所示的三维笔筒造型。

(2) 按笔筒底板的长度绘制一条水平直线。如图 4.192 所示。

图 4.191 笔筒

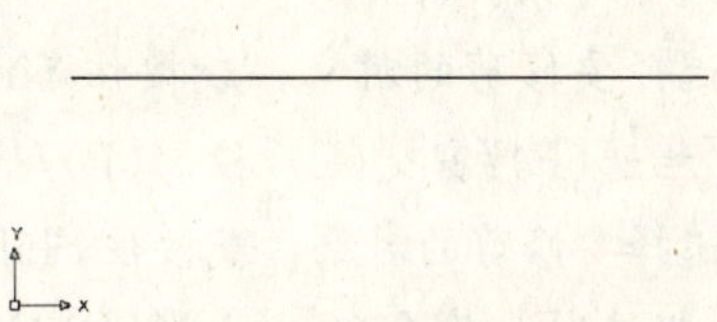

图 4.192 绘制直线

命令:LINE(绘制一条水平直线)

指定第一点:(指定直线起点位置)

指定下一点或 [放弃(U)]：(指定直线终点位置)

指定下一点或 [放弃(U)]：(回车)

(3) 在直线两侧绘制两个相同大小的圆弧。如图 4.193 所示。

命令：ARC(绘制弧线)

指定圆弧的起点或 [圆心(C)]：(指定起始点位置)

指定圆弧的第二个点或 [圆心(C)/端点(E)]：(指定中间点位置)

指定圆弧的端点：(指定起终点位置)

命令：MIRROR(镜像生成对称弧线)

选择对象：找到 1 个

选择对象：(回车)

指定镜像线的第一点：

指定镜像线的第二点：

是否删除源对象？[是(Y)/否(N)] <N>：(回车)

命令：MOVE(可以调整弧线位置)

选择对象：找到 1 个

选择对象：(回车)

指定基点或位移：

指定位移的第二点或<用第一点作位移>：

(4) 对直线进行剪切。如图 4.194 所示。

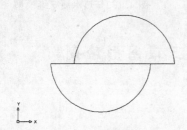

图 4.193　绘制 2 个圆弧

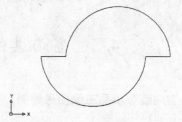

图 4.194　剪切直线

命令：TRIM(对图形对象进行剪切)

当前设置：投影＝UCS，边＝无

选择剪切边...

选择对象或<全部选择>：找到 1 个

选择对象：(回车)

选择要修剪的对象，或按住 Shift 键选择要延伸的对象，或

[栏选(F)/窗交(C)/投影(P)/边(E)/删除(R)/放弃(U)]：

选择要修剪的对象，或按住 Shift 键选择要延伸的对象，或

[栏选(F)/窗交(C)/投影(P)/边(E)/删除(R)/放弃(U)]：

(回车)

(5) 对弧线和直线进行编辑，使其连接为一体。如图 4.195 所示。

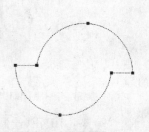

图 4.195　编辑线条

命令：pedit(进行连接编辑)

选择多段线或 [多条(M)]：m

选择对象：找到 1 个

选择对象：找到 1 个，总计 2 个

选择对象：找到 1 个，总计 3 个

选择对象：(回车)

是否将直线和圆弧转换为多段线？[是(Y)/否(N)]？＜Y＞y

输入选项 [闭合(C)/打开(O)/合并(J)/宽度(W)/拟合(F)/样条曲线(S)/非曲线化(D)/线型生成(L)/放弃(U)]：j(键入 J 进行连接操作)

合并类型＝延伸

输入模糊距离或 [合并类型(J)]＜0.0000＞：

多段线已增加 4 条线段

输入选项 [闭合(C)/打开(O)/合并(J)/宽度(W)/拟合(F)/样条曲线(S)/非曲线化(D)/线型生成(L)/放弃(U)]：(回车)

(6) 偏移生成多个相似图形。如图 4.196 所示。

命令：OFFSET(偏移生成相似图形)

当前设置：删除源＝否　图层＝源　OFFSETGAPTYPE＝0

指定偏移距离或 [通过(T)/删除(E)/图层(L)]＜通过＞：

选择要偏移的对象，或 [退出(E)/放弃(U)]＜退出＞：

指定通过点或 [退出(E)/多个(M)/放弃(U)]＜退出＞：

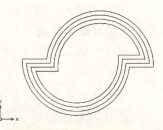

图 4.196　生成相似图形

选择要偏移的对象，或 [退出(E)/放弃(U)]＜退出＞：(回车结束)

(7) 在图形中部绘制两条相互垂直的辅助线。如图 4.197 所示。

命令：LINE(绘制两条直线)

指定第一点：(指定直线起点位置)

指定下一点或 [放弃(U)]：(指定直线终点位置)

指定下一点或 [放弃(U)]：(回车)

(8) 在垂直方向的直线上绘制一个窄矩形。如图 4.198 所示。

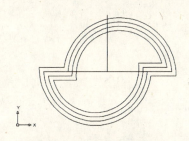

图 4.197　绘制辅助线

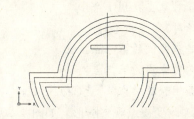

图 4.198　绘制一个窄矩形

命令：RECTANG(绘制矩形轮廓)

指定第一个角点或 [倒角(C)/标高(E)/圆角(F)/厚度(T)/宽度(W)]：

指定另一个角点或 [面积(A)/尺寸(D)/旋转(R)]：d(输入 d 指定尺寸)

指定矩形的长度<10.0000>：

指定矩形的宽度<10.0000>：

指定另一个角点或 [面积(A)/尺寸(D)/旋转(R)]：

(9) 在原位置复制一个矩形，然后将其旋转 60°。如图 4.199 所示。

命令：COPY(复制得到相同的图形)

选择对象：找到 1 个

选择对象：

当前设置：复制模式＝多个

指定基点或 [位移(D)/模式(O)] <位移>：指定第二个点或<使用第一个点作为位移>：

指定第二个点或 [退出(E)/放弃(U)] <退出>：

指定第二个点或 [退出(E)/放弃(U)] <退出>：(回车)

命令：ROTATE(将图形对象进行旋转)

UCS 当前的正角方向：ANGDIR＝逆时针　ANGBASE＝0

选择对象：找到 1 个

选择对象：(回车)

指定基点：

指定旋转角度或 [参照(R)]：60(输入旋转角度或使用鼠标在屏幕上指定旋转角度)

(10) 将倾斜的矩形镜像得到对称一侧的矩形，三个矩形构成一个等边三角形。如图 4.200 所示。

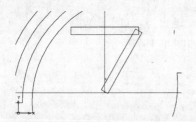 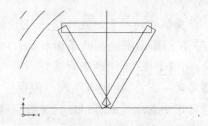

图 4.199　创建另外方向矩形　　　　图 4.200　镜像矩形

命令：MIRROR(镜像生成对称图形)

选择对象：找到 1 个

选择对象：(回车)

指定镜像线的第一点：

指定镜像线的第二点：

是否删除源对象？[是(Y)/否(N)] <N>：(回车)

(11) 改变视点观察图形。如图 4.201 所示。

命令：DDVPOINT(使用视点预置功能，在弹出的视点预置对话框中设置视点的参数为：与 XOY 平面的夹角 315°，与 X 轴正方向的夹角 30°，然后单击确认按钮即可)

(12) 将矩形进行拉伸，使其成为三维形体。如图 4.202 所示。

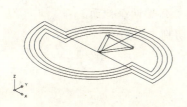
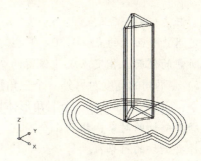

图4.201 改变视点观察　　　　图4.202 将矩形进行拉伸

命令：EXTRUDE(将矩形拉伸)

当前线框密度：ISOLINES=4

选择要拉伸的对象：找到1个

选择要拉伸的对象：

指定拉伸的高度或[方向(D)/路径(P)/倾斜角(T)]：

(13) 进行三维环形阵列，得到3个相同图形。如图4.203所示。

命令：3DARRAY(进行三维环形阵列)

正在初始化…已加载3DARRAY。

选择对象：找到1个

选择对象：

输入阵列类型[矩形(R)/环形(P)]<矩形>：p

输入阵列中的项目数目：3

指定要填充的角度(＋＝逆时针，－＝顺时针)<360>：

旋转阵列对象？[是(Y)/否(N)]<Y>：

指定阵列的中心点：

指定旋转轴上的第二点：

(14) 将其中一个三角形体切割。如图4.204所示。

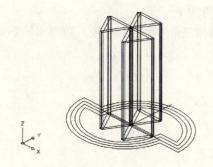
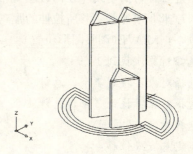

图4.203 三维阵列　　　　图4.204 切割形体

命令：SLICE(将其中1个三角形体切割)

选择要剖切的对象：找到1个

选择要剖切的对象：

指定切面的起点或[平面对象(O)/曲面(S)/Z轴(Z)/视图(V)/XY(XY)/YZ(YZ)/

ZX(ZX)/三点(3)] <三点>: xy

指定 XY 平面上的点<0, 0, 0>:

在所需的侧面上指定点或[保留两个侧面(B)] <保留两个侧面>:

(15) 在不同的高度对另外一个三角形形体进行切割。如图 4.205 所示。

命令: SLICE(将另外1个三角形体切割)

选择要剖切的对象: 找到 1 个

选择要剖切的对象:

指定切面的起点或[平面对象(O)/曲面(S)/Z 轴(Z)/视图(V)/XY(XY)/YZ(YZ)/ZX(ZX)/三点(3)] <三点>: xy

指定 XY 平面上的点<0, 0, 0>:

在所需的侧面上指定点或[保留两个侧面(B)] <保留两个侧面>:

(16) 将底部的基板拉伸为三维形体。如图 4.206 所示。

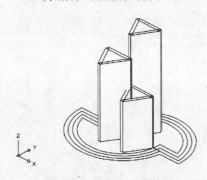
图 4.205　切割另外图形

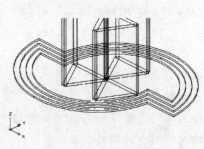
图 4.206　拉伸基板

命令: EXTRUDE(将基板拉伸)

当前线框密度: ISOLINES=4

选择要拉伸的对象: 找到 1 个

选择要拉伸的对象:

指定拉伸的高度或 [方向(D)/路径(P)/倾斜角(T)]: 50

(17) 将所有基板下移所拉伸的距离,使其顶部与三角体的底部一致。如图 4.207 所示。

命令: MOVE(调整图形位置)

选择对象: 找到 1 个

选择对象: 找到 1 个,总计 2 个

选择对象: 找到 2 个,总计 4 个

选择对象: (回车)

指定基点或位移:

指定位移的第二点或<用第一点作位移>:

(18) 下移靠底侧面的三块基板,使其顶部与上面一块基板的底部一致。如图 4.208 所示。

命令: MOVE(调整图形位置)

选择对象: 找到 1 个

选择对象：找到 1 个，总计 2 个
选择对象：找到 1 个，总计 3 个
选择对象：(回车)
指定基点或位移：
指定位移的第二点或＜用第一点作位移＞：

图 4.207　下移基板

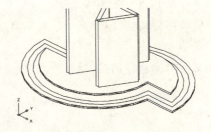

图 4.208　调整底侧面基板

(19) 按上述方法将所有基板的位置调整，使其构成台阶式。如图 4.209 所示。

(20) 缩放视图观察其整体效果。如图 4.210 所示。

图 4.209　台阶式基板

图 4.210　观察整体图形

命令：ZOOM(缩放视图观察)

指定窗口的角点，输入比例因子(nX 或 nXP)，或者

[全部(A)/中心(C)/动态(D)/范围(E)/上一个(P)/比例(S)/窗口(W)/对象(O)]＜实时＞：

指定对角点：

(21) 将三角形体进行并集运算，使其成为一体，然后消隐观察图形。如图 4.211 所示。

命令：UNION(进行并集运算)

选择对象：找到 1 个

选择对象：找到 3 个，总计 4 个

选择对象：找到 5 个，总计 9 个

选择对象：(回车)

命令 HIDE(消隐)

正在重生成模型

图 4.211　三维笔筒

4.5.2　文字装饰三维图形绘制

(1) 本小节所要介绍的实例是图4.212所示的三维文字造型。

(2) 使用MTEXT功能命令，输入要创建三维文字的原型"文字"（在这里建议使用隶书字体）。如图4.213所示。

命令：MTEXT(标注文字)

当前文字样式："Standard"　文字高度：2.5　注释性：否

指定第一角点：

指定对角点或［高度(H)/对正(J)/行距(L)/旋转(R)/样式(S)/宽度(W)/栏(C)］：

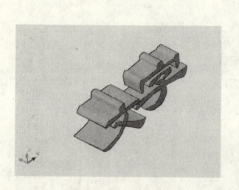

图4.212　三维文字

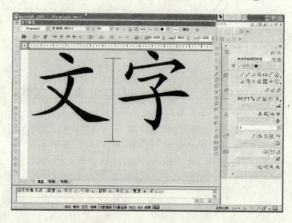

图4.213　输入"文字"

（在弹出的文字格式对话框中选择合适的字型、字高等相关参数后，输入文字"文字"）

(3) 在对话框中单击确认得到要输入的文字"文字"。如图4.214所示。

(4) 局部缩放视图，按照文字"文"的外轮廓，逐步描绘其轮廓。比较适宜使用SPLINE、ARC等功能命令进行操作。注意每一笔画的轮廓线应是封闭的（对有多段线条的可以使用PEDIT命令将其连接为一体）。如图4.215所示。

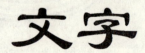

图4.214　文字效果

命令：SPLINE(输入绘制样条曲线命令描绘文字轮廓)

指定第一个点或［对象(O)］：

指定下一点：

指定下一点或［闭合(C)/拟合公差(F)］＜起点切向＞：

指定下一点或［闭合(C)/拟合公差(F)］＜起点切向＞：

……

指定下一点或［闭合(C)/拟合公差(F)］＜起点切向＞：

指定起点切向：（回车）

指定端点切向：（回车）

(5) 按上述方法描绘整个"文"字的外轮廓描绘。如图4.216所示。

图 4.215　描绘文字轮廓　　　　图 4.216　"文"字外轮廓

命令：SPLINE(输入绘制样条曲线命令描绘文字轮廓)

指定第一个点或 [对象(O)]：

指定下一点：

指定下一点或 [闭合(C)/拟合公差(F)] <起点切向>：

指定下一点或 [闭合(C)/拟合公差(F)] <起点切向>：

……

指定下一点或 [闭合(C)/拟合公差(F)] <起点切向>：

指定起点切向：(回车)

指定端点切向：(回车)

(6) 把使用 MTEXT 输入的字体删除，即可清晰地看出所描绘的外轮廓线效果。如图 4.217 所示。

命令：ERASE(执行删除编辑功能)

选择对象：找到 1 个(选择要删除的对象)

选择对象：(回车，图形的一部分被删除)

(7) 另外一个文字"字"的轮廓线采用与上述相同的方法得到。如图 4.218 所示。

图 4.217　外轮廓线效果　　　　图 4.218　描绘其他文字

命令：SPLINE(输入绘制样条曲线命令描绘文字轮廓)

指定第一个点或 [对象(O)]：

指定下一点：

指定下一点或 [闭合(C)/拟合公差(F)] <起点切向>：

指定下一点或 [闭合(C)/拟合公差(F)] <起点切向>：

……

指定下一点或 [闭合(C)/拟合公差(F)] <起点切向>：

指定起点切向：(回车)

指定端点切向：(回车)

(8) 改变视点，观察图形。如图 4.219 所示。

命令：DDVPOINT(使用视点预置功能，在弹出的视点预置对话框中设置视点的参数为：与 XOY 平面的夹角 315°，与 X 轴正方向的夹角 30°。然后单击确认按钮即可)

(9) 将文字拉伸，形成三维文字造型。如图 4.220 所示。

图 4.219 改变视点观察

图 4.220 拉伸文字

命令：EXTRUDE(将文字拉伸)

当前线框密度：ISOLINES=4

选择要拉伸的对象：找到 1 个

选择要拉伸的对象：

指定拉伸的高度或 [方向(D)/路径(P)/倾斜角(T)]：

(10) 为便于观察，将文字旋转一个角度。如图 4.221 所示。

命令：ROTATE3D(将图形旋转一个角度)

UCS 当前的正角方向：ANGDIR=逆时针　ANGBASE=0

选择对象：找到 1 个

选择对象：

指定基点：

拾取旋转轴：

指定角的起点或键入角度：

指定角的端点：正在重生成模型。

(11) 动态观察视图。如图 4.222 所示。

图 4.221 旋转文字

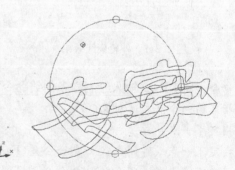
图 4.222 观察三维文字造型

命令：3DFOrbit(观察图形)

按 ESC 或 ENTER 键退出，或者单击鼠标右键显示快捷菜单。

正在重生成模型。

(12) 进行消隐，得到清晰的三维文字造型。如图 4.223 所示。
命令 HIDE(将文字消隐)
正在重生成模型。

图 4.223　三维文字造型

第5章 室内家具设施三维图形绘制(2)

本章理论知识论述要点提示

本章将继续详细论述部分常见室内家具设施的三维图形绘制方法与技巧,所介绍的三维家具主要包括日常办公家具、日常生活家具、生活电器、洁具等各种室内常用设施。学习的主要内容同样在于理解不同三维家具形式的绘制切入点、对不同构造造型所采用的绘制方法和步骤以及相关绘图功能命令使用方法等知识,进一步掌握各种结构构造类型三维家具的绘制方法。

本章案例绘图思路与技巧提示

本章介绍的案例包括三维沙发、三维大会议桌等办公家具;三维双人床、三维衣柜和三维书柜等日常生活家具;三维洗衣机和三维洗菜盆架等日常生活橱具电器;三维坐便器和三维洗脸盆等洁具设施。对形体不同的家具,其三维图形绘制最为关键的步骤是正确设置相应的UCS。在合适的UCS中,使用相应的功能命令,才能绘制出正确的三维家具组成构件。

5.1 日常办公家具三维图形绘制

5.1.1 沙发三维图形绘制

(1) 在本小节后面的论述中,将详细介绍图5.1所示的三维沙发的绘制方法与技巧。

(2) 绘制两条相互垂直的直线,作为端部沙发的外轮廓线,如图5.2所示。

命令:LINE
指定第一点:
指定下一点或 [放弃(U)]:
指定下一点或 [放弃(U)]:
指定下一点或 [闭合(C)/放弃(U)]:

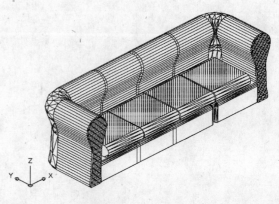

图5.1 沙发

……
指定下一点或 [闭合(C)/放弃(U)]：(回车)

图 5.2　绘制两条直线　　　　　　图 5.3　直线倒圆角

(3) 对上述两条直线倒圆角，得到两条直线和一条弧线。如图 5.3 所示。
命令：FILLET
当前设置：模式＝修剪，半径＝150.0000
选择第一个对象或 [放弃(U)/多段线(P)/半径(R)/修剪(T)/多个(M)]：R
指定圆角半径＜150.0000＞：150
选择第一个对象或 [放弃(U)/多段线(P)/半径(R)/修剪(T)/多个(M)]：
选择第二个对象，或按住 Shift 键选择要应用角点的对象：
(4) 使用 VP 功能命令改变视点。如图 5.4 所示。
命令：VP

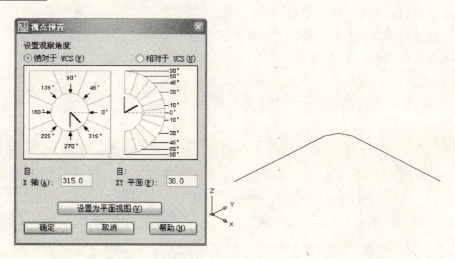

图 5.4　改变视点

(5) 改变坐标系 UCS。如图 5.5 所示。
命令：UCS
当前 UCS 名称：＊世界＊
指定 UCS 的原点或 [面(F)/命名(NA)/对象(OB)/上一个(P)/视图(V)/世界(W)/X/Y/Z/Z 轴(ZA)]＜世界＞：X(输入 X 绕 X 轴旋转坐标轴)

• 197 •

指定绕X轴的旋转角度<90>：90

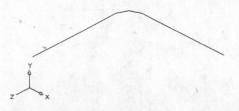

图 5.5　改变坐标系 UCS　　　　　　　图 5.6　设置平面视图

(6) 设置为当前 UCS 的平面视图。如图 5.6 所示。

命令：plan

输入选项 [当前 UCS(C)/UCS(U)/世界(W)] <当前 UCS>：(回车)

正在重生成模型。

(7) 绘制沙发扶手和靠背截面轮廓。如图 5.7 所示。

命令：LINE

指定第一点：

指定下一点或 [放弃(U)]：

指定下一点或 [放弃(U)]：

指定下一点或 [闭合(C)/放弃(U)]：(回车)

命令：ARC

指定圆弧的起点或 [圆心(C)]：

指定圆弧的第二个点或 [圆心(C)/端点(E)]：

指定圆弧的端点：

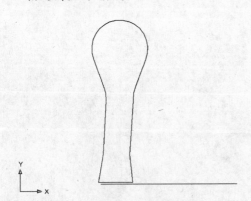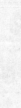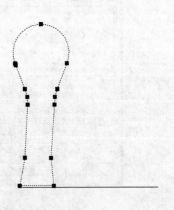

图 5.7　绘制扶手和靠背截面轮廓　　　　图 5.8　编辑线条

(8) 使用 PEDIT 命令编辑线条，使其成为一体。如图 5.8 所示。

命令：pedit

选择多段线或 [多条(M)]：m

选择对象：指定对角点：找到 10 个

选择对象：找到 1 个，总计 11 个

选择对象：

是否将直线和圆弧转换为多段线？[是(Y)/否(N)]？<Y>y

输入选项[闭合(C)/打开(O)/合并(J)/宽度(W)/拟合(F)/样条曲线(S)/非曲线化(D)/线型生成(L)/放弃(U)]：j

合并类型＝延伸

输入模糊距离或[合并类型(J)]<0.0000>：

多段线已增加10条线段

输入选项[闭合(C)/打开(O)/合并(J)/宽度(W)/拟合(F)/样条曲线(S)/非曲线化(D)/线型生成(L)/放弃(U)]：

(9) 改变视图观察图形。如图5.9所示。

命令：vp

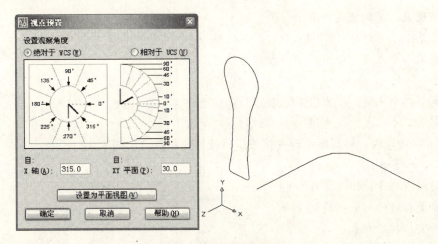

图5.9 改变视图观察图形

(10) 将UCS设置为WCS(世界坐标系)，并将图形移动，使其底部中点到直线的端部。如图5.10所示。

命令：ucs

当前UCS名称：*没有名称*

指定UCS的原点或[面(F)/命名(NA)/对象(OB)/上一个(P)/视图(V)/世界(W)/X/Y/Z/Z轴(ZA)]<世界>：(回车)

命令：MOVE

选择对象：找到1个

选择对象：

指定基点或[位移(D)]<位移>：

指定第二个点或<使用第一个点作为位移>：

(11) 复制轮廓造型为若干个截面造型，为下一步重复使用作准备，如图5.11所示。

命令：COPY

找到1个

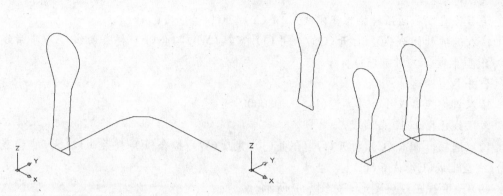

图 5.10　将图形移动　　　　图 5.11　复制轮廓造型

当前设置：复制模式＝多个

指定基点或［位移(D)/模式(O)］＜位移＞：

指定第二个点或＜使用第一个点作为位移＞：

……

指定第二个点或［退出(E)/放弃(U)］＜退出＞：

指定第二个点或［退出(E)/放弃(U)］＜退出＞：（回车）

(12) 在转弯段，将截面图形按弧线进行拉伸或扫掠。如图 5.12 所示。

命令：sweep

当前线框密度：ISOLINES＝4

选择要扫掠的对象：找到 1 个

选择要扫掠的对象：

选择扫掠路径或［对齐(A)/基点(B)/比例(S)/扭曲(T)］：

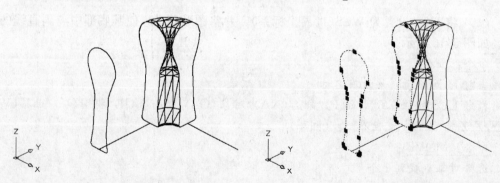

图 5.12　拉伸转弯段　　　　图 5.13　复制截面图形

(13) 在直线段，复制一个相同图形至转弯段端部位置。如图 5.13 所示。

命令：COPY

找到 1 个

当前设置：复制模式＝多个

指定基点或［位移(D)/模式(O)］＜位移＞：

指定第二个点或＜使用第一个点作为位移＞：
……
指定第二个点或［退出(E)/放弃(U)］＜退出＞：
指定第二个点或［退出(E)/放弃(U)］＜退出＞：（回车）

(14) 先使用 surftab1 功能命令修改参数，然后通过 RULESURF 命令得到扶手的三维曲面图形。如图 5.14 所示。

命令：surftab1
输入 SURFTAB1 的新值＜6＞：60
命令：rulesurf
当前线框密度：SURFTAB1=60
选择第一条定义曲线：
选择第二条定义曲线：

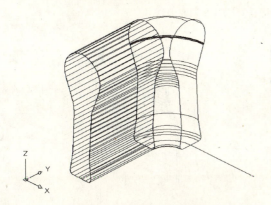
图 5.14　生成三维扶手曲面

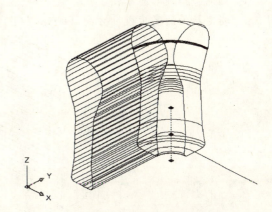
图 5.15　绘制定位直线

(15) 以中间段弧线的中心点绘制一条三维直线。如图 5.15 所示。

命令：LINE
指定第一点：
指定下一点或［放弃(U)］：＜正交开＞@0, 0, 50
指定下一点或［放弃(U)］：

(16) 三维镜像得到另外一侧的扶手造型，注意以刚才所绘直线 2 点和对角中点位置作为三维镜像的空间平面。如图 5.16 所示。

命令：mirror3d
指定镜像平面(三点)的第一个点或［对象(O)/最近的(L)/Z 轴(Z)/视图(V)/XY 平面(XY)/YZ 平面(YZ)/ZX 平面(ZX)/三点(3)］＜三点＞：
在镜像平面上指定第二点：
在镜像平面上指定第三点：
是否删除源对象？［是(Y)/否(N)］＜否＞：N

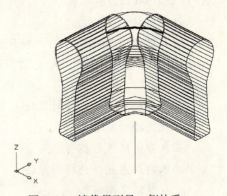
图 5.16　镜像得到另一侧扶手

(17) 复制一个截面图形到沙发靠手端部封口,然后拉伸为很薄的图形。如图5.17所示。

命令:COPY

选择对象:找到1个

选择对象:

当前设置:复制模式=多个

指定基点或 [位移(D)/模式(O)] <位移>:

指定第二个点或<使用第一个点作为位移>:

指定第二个点或 [退出(E)/放弃(U)] <退出>:

命令:EXTRUDE

当前线框密度:ISOLINES=4

选择要拉伸的对象:找到1个

选择要拉伸的对象:

指定拉伸的高度或 [方向(D)/路径(P)/倾斜角(T)] <18.0>:

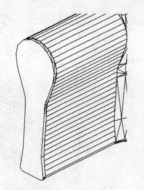
图5.17 创建端部封口

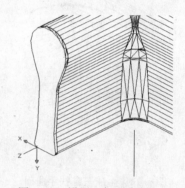
图5.18 设置坐标系在封口面

(18) 设置新的坐标系在扶手封口侧面。如图5.18所示。

命令:ucs

当前UCS名称:*世界*

指定UCS的原点或 [面(F)/命名(NA)/对象(OB)/上一个(P)/视图(V)/世界(W)/X/Y/Z/Z轴(ZA)] <世界>:f

选择实体对象的面:

输入选项 [下一个(N)/X轴反向(X)/Y轴反向(Y)] <接受>:

(19) 通过图案填充功能,对侧面封口填充合适的图案。如图5.19所示。

命令:bhatch

拾取内部点或 [选择对象(S)/删除边界(B)]:正在选择所有对象...

正在选择所有可见对象...

正在分析所选数据...

拾取内部点或 [选择对象(S)/删除边界(B)]:

<预览填充图案>

拾取或按Esc键返回到对话框或<单击右键接受图案填充>:

 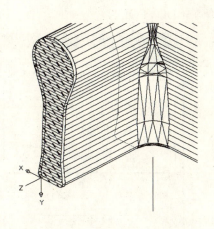

图 5.19 填充封口图案

(20) 恢复坐标系为 WCS。如图 5.20 所示。

命令：ucs

当前 UCS 名称：*没有名称*

指定 UCS 的原点或 [面(F)/命名(NA)/对象(OB)/上一个(P)/视图(V)/世界(W)/X/Y/Z/Z 轴(ZA)] <世界>：(回车)

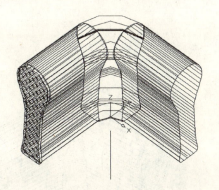 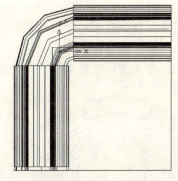

图 5.20 恢复为 WCS　　　　图 5.21 绘制坐垫轮廓

(21) 设置为当前 WCS 坐标系平面视图，绘制坐垫底座轮廓线。如图 5.21 所示。

命令：plan

输入选项 [当前 UCS(C)/UCS(U)/世界(W)] <当前 UCS>：(回车)

正在重生成模型。

命令：rectang

指定第一个角点或 [倒角(C)/标高(E)/圆角(F)/厚度(T)/宽度(W)]：

指定另一个角点或 [面积(A)/尺寸(D)/旋转(R)]：d(输入 d 通过尺寸绘制图形)

指定矩形的长度<10.0000>：

指定矩形的宽度<10.0000>：

指定另一个角点或 [面积(A)/尺寸(D)/旋转(R)]：

(22) 改变视点观察图形。如图 5.22 所示。

命令：DDVPOINT

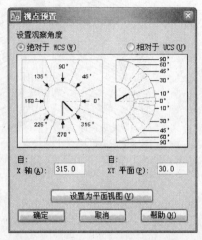 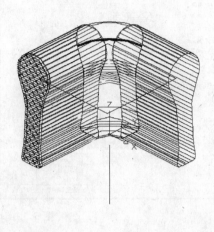

图 5.22　改变视点观察图形

(23) 移动轮廓图形到合适的位置。如图 5.23 所示。

命令：MOVE

选择对象：找到 1 个

选择对象：找到 1 个，总计 2 个

……

选择对象：(回车)

指定基点或 [位移(D)] <位移>：

指定第二个点或<使用第一个点作为位移>：

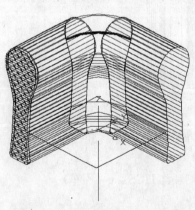 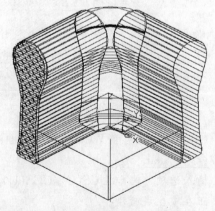

图 5.23　移动坐垫底座轮廓线　　　　　图 5.24　拉伸坐垫底座图形

(24) 将坐垫底座图形进行拉伸，注意拉伸高度。如图 5.24 所示。

命令：EXTRUDE

当前线框密度：ISOLINES=4

选择要拉伸的对象：找到 1 个

选择要拉伸的对象：

指定拉伸的高度或 [方向(D)/路径(P)/倾斜角(T)] <293.8157>:
(25) 对坐垫底座图形进行倒圆角。如图 5.25 所示。
命令：FILLET
当前设置：模式＝修剪，半径＝150.0000
选择第一个对象或 [放弃(U)/多段线(P)/半径(R)/修剪(T)/多个(M)]: r
指定圆角半径<150.0000>: 25
选择第一个对象或 [放弃(U)/多段线(P)/半径(R)/修剪(T)/多个(M)]:
选择第一个对象或 [放弃(U)/多段线(P)/半径(R)/修剪(T)/多个(M)]:
输入圆角半径<25.0000>:
选择边或 [链(C)/半径(R)]:
选择边或 [链(C)/半径(R)]:
选择边或 [链(C)/半径(R)]:
已选定 3 个边用于圆角。

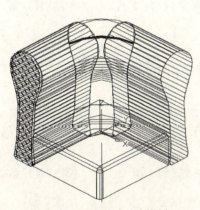

图 5.25 对坐垫底座倒圆角

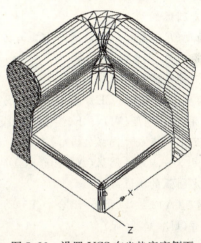

图 5.26 设置 UCS 在坐垫底座侧面

(26) 设置新的 UCS 在坐垫侧面。如图 5.26 所示。
命令：ucs
当前 UCS 名称：*世界*
指定 UCS 的原点或 [面(F)/命名(NA)/对象(OB)/上一个(P)/视图(V)/世界(W)/X/Y/Z/Z 轴(ZA)] <世界>: f(输入 F 通过选择实体面设置 UCS)
选择实体对象的面：
输入选项 [下一个(N)/X 轴反向(X)/Y 轴反向(Y)] <接受>:
(27) 设置视图为当前 UCS 的平面视图。如图 5.27 所示。
命令：plan
输入选项 [当前 UCS(C)/UCS(U)/世界(W)] <当前 UCS>:（回车）
正在重生成模型。
(28) 绘制坐垫造型轮廓。如图 5.28 所示。
命令：PLINE
指定起点：

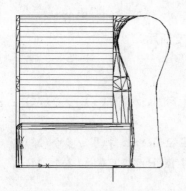 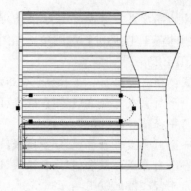

图 5.27 改为平面视图显示　　图 5.28 绘制坐垫轮廓

当前线宽为 0.0000

指定下一个点或 [圆弧(A)/半宽(H)/长度(L)/放弃(U)/宽度(W)]：<正交开>

指定下一点或 [圆弧(A)/闭合(C)/半宽(H)/长度(L)/放弃(U)/宽度(W)]：A(绘制弧线段)

指定圆弧的端点或

[角度(A)/圆心(CE)/闭合(CL)/方向(D)/半宽(H)/直线(L)/半径(R)/第二个点(S)/放弃(U)/宽度(W)]：

指定圆弧的端点或

[角度(A)/圆心(CE)/闭合(CL)/方向(D)/半宽(H)/直线(L)/半径(R)/第二个点(S)/放弃(U)/宽度(W)]：L(绘制直线段)

指定下一点或 [圆弧(A)/闭合(C)/半宽(H)/长度(L)/放弃(U)/宽度(W)]：

指定下一点或 [圆弧(A)/闭合(C)/半宽(H)/长度(L)/放弃(U)/宽度(W)]：A

指定圆弧的端点或

[角度(A)/圆心(CE)/闭合(CL)/方向(D)/半宽(H)/直线(L)/半径(R)/第二个点(S)/放弃(U)/宽度(W)]：

指定圆弧的端点或

[角度(A)/圆心(CE)/闭合(CL)/方向(D)/半宽(H)/直线(L)/半径(R)/第二个点(S)/放弃(U)/宽度(W)]：(回车)

(29) 对坐垫造型进行拉伸，得到三维坐垫造型。注意拉伸高度与底座一致。如图 5.29 所示。

命令：EXTRUDE

当前线框密度：ISOLINES＝4

选择要拉伸的对象：找到 1 个

选择要拉伸的对象：

指定拉伸的高度或 [方向(D)/路径(P)/倾斜角(T)] <293.8157>：

(30) 消隐后观察坐垫等图形，设置 UCS 坐标系在坐垫上侧面。如图 5.30 所示。

命令：HIDE

正在重生成模型。

命令：ucs

当前 UCS 名称：*世界*

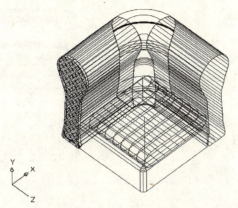
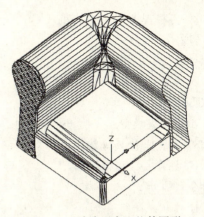

图 5.29　拉伸得到三维坐垫　　　　图 5.30　消隐观察坐垫等图形

指定 UCS 的原点或 [面(F)/命名(NA)/对象(OB)/上一个(P)/视图(V)/世界(W)/X/Y/Z/Z 轴(ZA)] <世界>：f(输入 F 通过选择实体面设置 UCS)

选择实体对象的面：

输入选项 [下一个(N)/X 轴反向(X)/Y 轴反向(Y)] <接受>：

(31) 对坐垫上侧面进行图案填充，得到坐垫效果。如图 5.31 所示。

命令：bhatch

拾取内部点或 [选择对象(S)/删除边界(B)]：正在选择所有对象…

正在选择所有可见对象…

正在分析所选数据…

拾取内部点或 [选择对象(S)/删除边界(B)]：

<预览填充图案>

拾取或按 Esc 键返回到对话框或 <单击右键接受图案填充>：

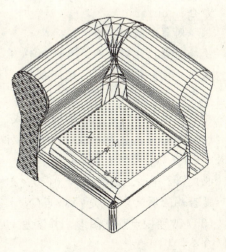

图 5.31　填充坐垫上侧面

(32) 再将视图设置为当前 UCS 平面视图。如图 5.32 所示。

命令：plan

输入选项 ［当前 UCS(C)/UCS(U)/世界(W)］＜当前 UCS＞：（回车）

正在重生成模型。

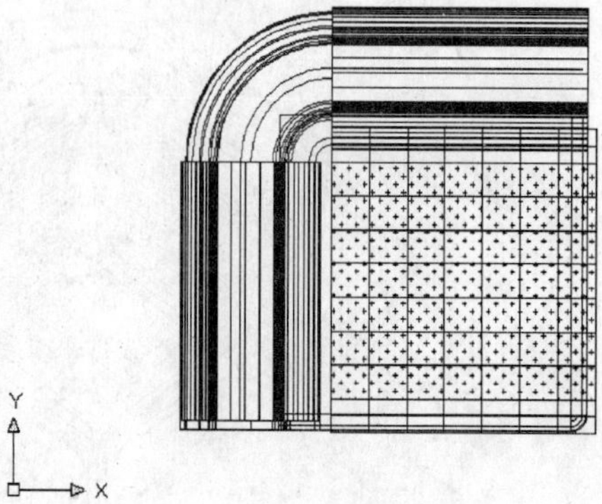

(33) 对底座及其坐垫、后靠背造型进行复制。如图 5.33 所示。

命令：COPY

选择对象：找到 1 个

选择对象：

当前设置：复制模式=多个

指定基点或 ［位移(D)/模式(O)］＜位移＞：

指定第二个点或＜使用第一个点作为位移＞：

指定第二个点或 ［退出(E)/放弃(U)］＜退出＞：

指定第二个点或 ［退出(E)/放弃(U)］＜退出＞：（回车）

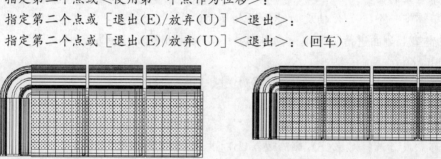

图 5.32　改变视图显示

图 5.33　复制三维坐垫等 　　　　图 5.34　镜像端部沙发造型

(34) 对端部沙发造型进行三维镜像。如图 5.34 所示。

命令：mirror3d

选择对象：找到 1 个

选择对象：找到 1 个，总计 2 个

选择对象：找到 1 个，总计 3 个

选择对象：

指定镜像平面(三点)的第一个点或

［对象(O)/最近的(L)/Z 轴(Z)/视图(V)/XY 平面(XY)/YZ 平面(YZ)/ZX 平面(ZX)/三点(3)］＜三点＞：yz

指定 YZ 平面上的点＜0，0，0＞：

是否删除源对象？［是(Y)/否(N)］＜否＞：n

(35) 改变视点观察图形，并恢复 UCS 为 WCS。如图 5.35 所示。

命令：VP

命令：UCS

当前 UCS 名称：＊没有名称＊

指定 UCS 的原点或 [面(F)/命名(NA)/对象(OB)/上一个(P)/视图(V)/世界(W)/X/Y/Z/Z 轴(ZA)] ＜世界＞：

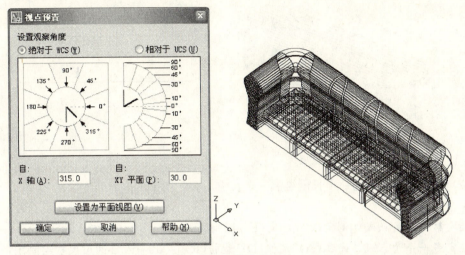

图 5.35 观察沙发情况

(36) 动态观察视图，选择合适的视点和效果。如图 5.36 所示。

命令：3DFOrbit

按 ESC 或 ENTER 键退出，或者单击鼠标右键显示快捷菜单。

正在重生成模型。

(37) 三维沙发绘制完成，消隐观察效果，并保存图形。如图 5.37 所示。

命令：qsave

命令：hide

正在重生成模型。

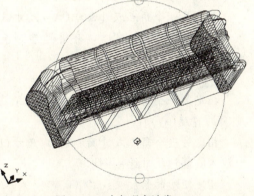

图 5.36 动态观察沙发

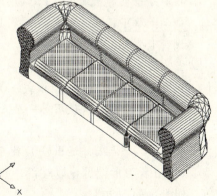

图 5.37 沙发三维 CAD

5.1.2 大会议桌三维图形绘制

(1) 在本小节后面的论述中，将详细介绍图 5.38 所示的三维会议桌绘制方法与技巧。

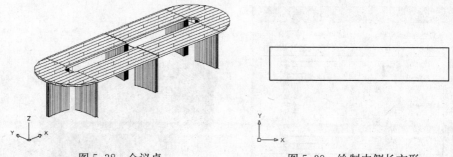

图 5.38 会议桌　　　　图 5.39 绘制内侧长方形

(2) 按会议桌内侧的一半长度绘制一个长方形。如图 5.39 所示。

命令：rectang

指定第一个角点或 [倒角(C)/标高(E)/圆角(F)/厚度(T)/宽度(W)]：

指定另一个角点或 [面积(A)/尺寸(D)/旋转(R)]：d(输入 d 通过尺寸绘制图形)

指定矩形的长度<10.0000>：

指定矩形的宽度<10.0000>：

指定另一个角点或 [面积(A)/尺寸(D)/旋转(R)]：

(3) 按会议桌的宽度，在外侧绘制长方形作为会议桌桌面造型。如图 5.40 所示。

命令：rectang

指定第一个角点或 [倒角(C)/标高(E)/圆角(F)/厚度(T)/宽度(W)]：

指定另一个角点或 [面积(A)/尺寸(D)/旋转(R)]：d(输入 d 通过尺寸绘制图形)

指定矩形的长度<10.0000>：

指定矩形的宽度<10.0000>：

指定另一个角点或 [面积(A)/尺寸(D)/旋转(R)]：

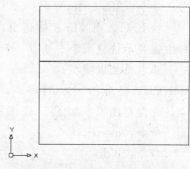

图 5.40 绘制外侧长方形

命令：COPY

找到 1 个

当前设置：复制模式＝多个

指定基点或 [位移(D)/模式(O)] <位移>：

指定第二个点或<使用第一个点作为位移>：

……

指定第二个点或 [退出(E)/放弃(U)] <退出>：(回车)

(4) 在长方形端部，以端部中点为圆心绘制两个同心圆。注意其大小与桌面宽度一致。如图 5.41 所示。

命令：CIRCLE

指定圆的圆心或 ［三点(3P)/两点(2P)/相切、相切、半径(T)］：
指定圆的半径或 ［直径(D)］：
命令：OFFSET
当前设置：删除源＝否 图层＝源 OFFSETGAPTYPE＝0
指定偏移距离或 ［通过(T)/删除(E)/图层(L)］＜通过＞：
选择要偏移的对象，或 ［退出(E)/放弃(U)］＜退出＞：
指定要偏移的那一侧上的点，或 ［退出(E)/多个(M)/放弃(U)］＜退出＞：
选择要偏移的对象，或 ［退出(E)/放弃(U)］＜退出＞：（回车）

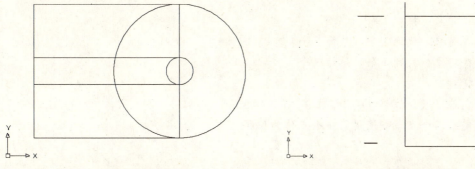

图 5.41　绘制两个同心圆　　　　图 5.42　绘制两根短直线

(5) 按一侧桌面宽度绘制两根长度不同的短直线，准备绘制桌腿造型。如图 5.42 所示。
命令：LINE
指定第一点：
指定下一点或 ［放弃(U)］：
指定下一点或 ［放弃(U)］：
指定下一点或 ［闭合(C)/放弃(U)］：
……
指定下一点或 ［闭合(C)/放弃(U)］：（回车）

(6) 以两根长度不同的短直线为端点绘制弧线。如图 5.43 所示。
命令：ARC
指定圆弧的起点或 ［圆心(C)］：
指定圆弧的第二个点或 ［圆心(C)/端点(E)］：
指定圆弧的端点：

(7) 进行镜像得到对称一侧弧线。如图 5.44 所示。
命令：MIRROR
选择对象：找到 1 个
选择对象：
指定镜像线的第一点：指定镜像线的第二点：
要删除源对象吗？［是(Y)/否(N)］＜N＞：（回车）

(8) 将上述绘制的图形移动至会议桌边线中部位置。如图 5.45 所示。
命令：MOVE

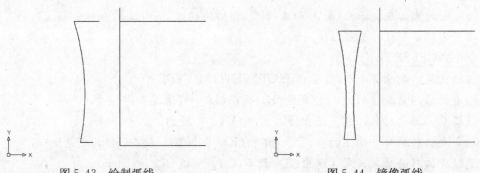

图 5.43　绘制弧线　　　　　　　　图 5.44　镜像弧线

选择对象：找到 1 个
选择对象：找到 1 个，总计 2 个
选择对象：找到 1 个，总计 3 个
选择对象：
指定基点或 [位移(D)] <位移>：
指定第二个点或<使用第一个点作为位移>：

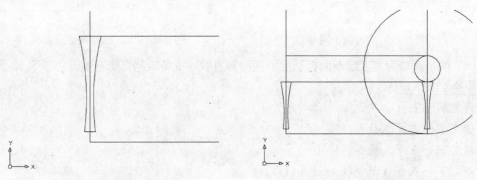

图 5.45　移动弧线等图形　　　　　　图 5.46　复制桌腿图形

(9) 将桌腿截面图形复制到其他需要设置桌腿的位置。如图 5.46 所示。
命令：COPY
选择对象：找到 1 个
选择对象：找到 1 个，总计 2 个
……
选择对象：(回车)
当前设置：复制模式＝多个
指定基点或 [位移(D)/模式(O)] <位移>：
指定第二个点或<使用第一个点作为位移>：
……
指定第二个点或 [退出(E)/放弃(U)] <退出>：(回车)
(10) 在会议桌圆形端部位置，对桌腿截面进行阵列。如图 5.47 所示。
命令：ARRAY
选择对象：找到 1 个

选择对象：找到1个，总计2个
选择对象：找到1个，总计3个
选择对象：找到1个，总计4个
选择对象：
指定阵列中心点：

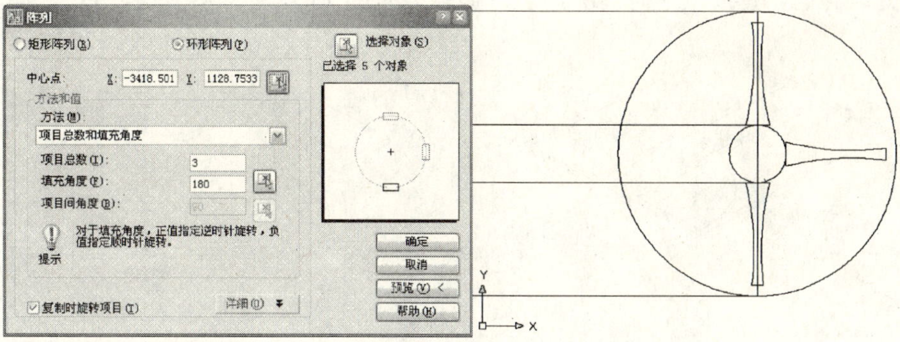

图 5.47　阵列桌腿图形

（11）会议桌中间部分另外一侧的桌腿截面通过镜像得到。如图 5.48 所示。
命令：MIRROR
选择对象：找到1个
选择对象：找到1个，总计2个
选择对象：找到1个，总计3个
选择对象：找到1个，总计4个
选择对象：
指定镜像线的第一点：指定镜像线的第二点：
要删除源对象吗？[是(Y)/否(N)] <N>：(回车)

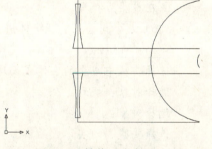

图 5.48　镜像对称桌腿

（12）改变视点观察图形。如图 5.49 所示。
命令：VP

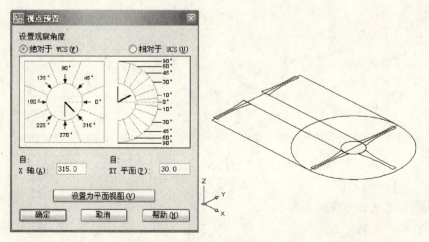

图 5.49　三维观察图形

(13) 将会议桌平面轮廓进行拉伸,注意拉伸高度同桌面厚度。如图 5.50 所示。

命令:EXTRUDE

当前线框密度:ISOLINES=4

选择要拉伸的对象:找到 1 个

选择要拉伸的对象:

指定拉伸的高度或 [方向(D)/路径(P)/倾斜角(T)] <293.8157>:50

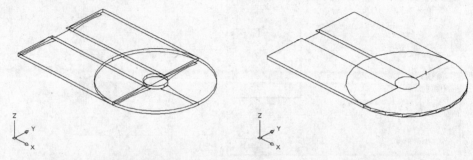

图 5.50 拉伸会议桌轮廓　　　　图 5.51 消隐图形观察

(14) 消隐图形观察绘制效果。如图 5.51 所示。

命令:HIDE

正在重生成模型。

(15) 大小同心圆的三维体进行差集运算,注意次序选择。如图 5.52 所示。

命令:subtract

选择要从中减去的实体或面域...

选择对象:找到 1 个

选择对象:

选择要减去的实体或面域..

选择对象:找到 1 个

选择对象:

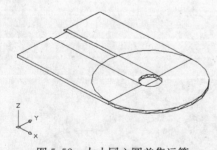 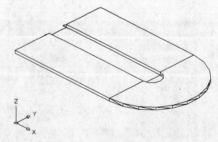

图 5.52 大小同心圆差集运算　　　　图 5.53 切割同心圆立体

(16) 对进行差集运算后的同心圆进行切割,保留外侧部分。如图 5.53 所示。

命令:subtract

选择要从中减去的实体或面域...

选择对象:找到 1 个

选择对象:

选择要减去的实体或面域..

选择对象：找到1个

选择对象：

命令：SLICE

选择要剖切的对象：找到1个

选择要剖切的对象：

指定切面的起点或 [平面对象(O)/曲面(S)/Z轴(Z)/视图(V)/XY(XY)/YZ(YZ)/ZX(ZX)/三点(3)] ＜三点＞：yz

指定YZ平面上的点＜0,0,0＞：

在所需的侧面上指定点或 [保留两个侧面(B)] ＜保留两个侧面＞：（选择外侧面）

(17) 局部缩放视图，在垂直方向三维复制桌腿截面图形。如图5.54所示。

命令：COPY

选择对象：找到1个

选择对象：找到1个，总计2个

选择对象：找到1个，总计3个

选择对象：

当前设置：复制模式=多个

指定基点或 [位移(D)/模式(O)] ＜位移＞：

指定第二个点或＜使用第一个点作为位移＞：@0,0,－750

指定第二个点或 [退出(E)/放弃(U)] ＜退出＞：

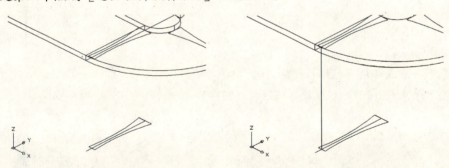

图5.54 复制桌腿截面　　　图5.55 绘制三维直线

(18) 通过捕捉连接端点进行定位，在垂直方向绘制一条三维直线。如图5.55所示。

命令：LINE

指定第一点：

指定下一点或 [放弃(U)]：

指定下一点或 [闭合(C)/放弃(U)]：（回车）

(19) 通过上下直线及垂直方向的直线，生成平移网格面，创建桌腿轮廓立面。如图5.56所示。

命令：surftab1

输入SURFTAB1的新值＜6＞：36（设置当前线框密度）

命令：tabsurf

当前线框密度：SURFTAB1=36
选择用作轮廓曲线的对象：
选择用作方向矢量的对象：

（20）按上述方法，依次得到桌腿4个三维轮廓立面图形。如图5.57所示。

命令：tabsurf
当前线框密度：SURFTAB1=36
选择用作轮廓曲线的对象：
选择用作方向矢量的对象：

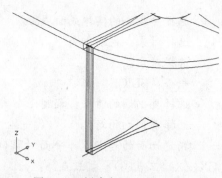

图5.56 创建桌腿三维立面

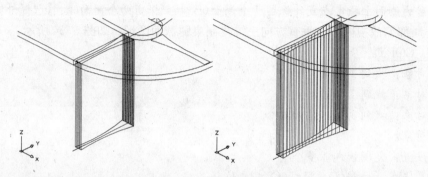

图5.57 创建三维桌腿

（21）在会议桌端部中心位置绘制一根三维直线，作为三维阵列旋转轴。如图5.58所示。

命令：LINE
指定第一点：
指定下一点或 [放弃(U)]：◎0，0，350
指定下一点或 [闭合(C)/放弃(U)]：（回车）

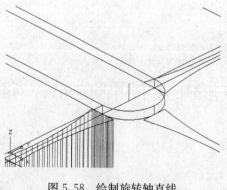

图5.58 绘制旋转轴直线

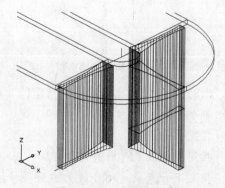

图5.59 三维旋转桌腿

（22）以上述直线轴为旋转中心轴，对桌腿造型进行三维旋转，得到会议桌的端部桌腿造型。如图5.59所示。

命令：3DROTATE

UCS 当前的正角方向：ANGDIR=逆时针 ANGBASE=0
选择对象：找到 1 个
选择对象：找到 1 个，总计 2 个
选择对象：找到 1 个，总计 3 个
……
选择对象：
指定基点：
拾取旋转轴：
指定角的起点或键入角度：360
正在重生成模型。

(23) 消隐观察会议桌桌腿效果。如图 5.60 所示。

命令：HIDE
正在重生成模型。

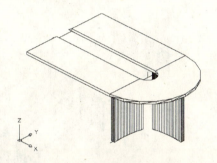
图 5.60　消隐观察桌腿

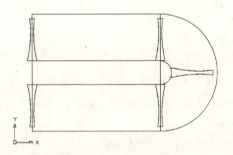
图 5.61　复制中间桌腿

(24) 设置视图为当前 WCS 的平面视图，并通过镜像得到中间那个桌腿造型。如图 5.61 所示。

命令：plan
输入选项［当前 UCS(C)/UCS(U)/世界(W)］＜当前 UCS＞：（回车）
正在重生成模型。
命令：MIRROR
选择对象：找到 1 个
选择对象：找到 1 个，总计 2 个
选择对象：找到 1 个，总计 3 个
……
选择对象：
指定镜像线的第一点：
指定镜像线的第二点：
要删除源对象吗？［是(Y)/否(N)］＜N＞：（回车）

(25) 改变视点观察会议桌图形。如图 5.62 所示。

命令：vp

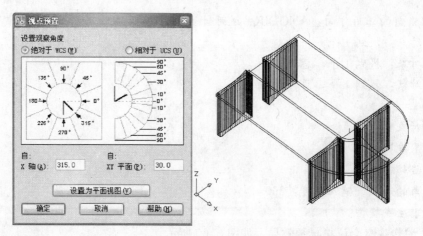

图 5.62 改变视点观察

(26) 通过三维镜像得到整个会议桌造型。如图 5.63 所示。

命令：MIRROR3D
选择对象：找到 1 个
选择对象：找到 1 个，总计 2 个
选择对象：找到 1 个，总计 3 个
选择对象：找到 1 个，总计 4 个
选择对象：指定对角点：找到 4 个，总计 8 个
……
选择对象：(回车)
指定镜像平面(三点)的第一个点或
[对象(O)/最近的(L)/Z 轴(Z)/视图(V)/XY 平面(XY)/YZ 平面(YZ)/ZX 平面(ZX)/三点(3)] <三点>：yz

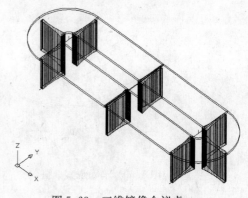

图 5.63 三维镜像会议桌

指定 YZ 平面上的点<0，0，0>：
是否删除源对象？[是(Y)/否(N)] <否>：(回车)

(27) 消隐观察整个会议桌造型效果。如图 5.64 所示。

命令：HIDE
正在重生成模型。

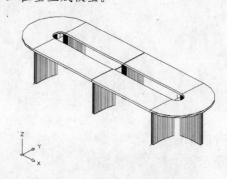

图 5.64 消隐观察整个会议桌

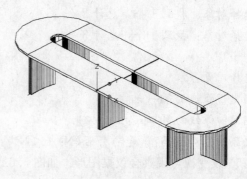

图 5.65 设置 UCS 在桌面

(28) 将 UCS 设置在桌面上表面。如图 5.65 所示。

命令：ucs

UCS 名称：*世界*

指定 UCS 的原点或 [面(F)/命名(NA)/对象(OB)/上一个(P)/视图(V)/世界(W)/X/Y/Z/Z 轴(ZA)] <世界>：f

选择实体对象的面：

输入选项 [下一个(N)/X 轴反向(X)/Y 轴反向(Y)] <接受>：(回车)

(29) 选择合适的图案填充桌面。如图 5.66 所示。

命令：bhatch

拾取内部点或 [选择对象(S)/删除边界(B)]：正在选择所有对象...

正在选择所有可见对象...

正在分析所选数据...

拾取内部点或 [选择对象(S)/删除边界(B)]：

<预览填充图案>

拾取或按 Esc 键返回到对话框或<单击右键接受图案填充>：

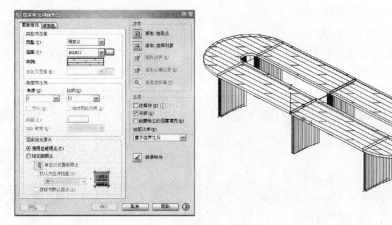

图 5.66 填充桌面

(30) 动态观察三维会议桌图形。如图 5.67 所示。

命令：3DFOrbit

按 ESC 或 ENTER 键退出，或者单击鼠标右键显示快捷菜单。

正在重生成模型。

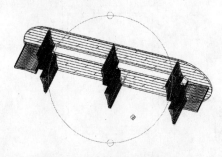 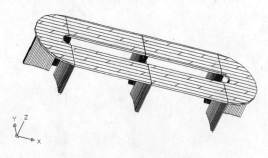

图 5.67 动态观察会议桌　　　　　图 5.68 三维会议桌 CAD

(31) 完成三维会议桌绘制，保存图形。如图 5.68 所示。

命令：save

5.2 日常生活家具三维图形绘制

5.2.1 双人床三维图形绘制

(1) 在本小节后面的论述中，将详细介绍如图 5.69 所示的三维双人床绘制方法与技巧。

(2) 绘制床板外围轮廓线，并对其中一端倒角。如图 5.70 所示。

命令：PLINE

指定起点：

当前线宽为 0.0000

指定下一个点或 [圆弧(A)/半宽(H)/长度(L)/放弃(U)/宽度(W)]：

指定下一点或 [圆弧(A)/闭合(C)/半宽(H)/长度(L)/放弃(U)/宽度(W)]：

……

指定下一点或 [圆弧(A)/闭合(C)/半宽(H)/长度(L)/放弃(U)/宽度(W)]：

指定下一点或 [圆弧(A)/闭合(C)/半宽(H)/长度(L)/放弃(U)/宽度(W)]：c(输入 c 闭合曲线)

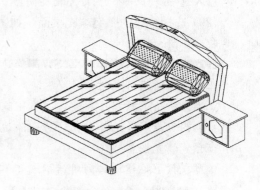

图 5.69 双人床

命令：chamfer

("修剪"模式)当前倒角距离 1=0.0000，距离 2=0.0000

选择第一条直线或 [放弃(U)/多段线(P)/距离(D)/角度(A)/修剪(T)/方式(E)/多个(M)]：d(输入 d 设置倒角距离)

指定第一个倒角距离<0.0000>：100

指定第二个倒角距离<150.0000>：100

选择第一条直线或 [放弃(U)/多段线(P)/距离(D)/角度(A)/修剪(T)/方式(E)/多个(M)]：

选择第二条直线，或按住 Shift 键选择要应用角点的直线：

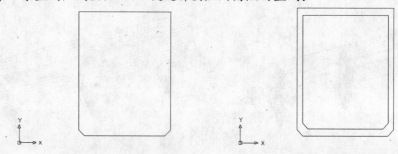

图 5.70 绘制床轮廓   图 5.71 偏移得到相似轮廓

(3) 偏移床板轮廓生成相似轮廓图形。如图 5.71 所示。
命令：OFFSET
当前设置：删除源＝否 图层＝源 OFFSETGAPTYPE＝0
指定偏移距离或 [通过(T)/删除(E)/图层(L)] <通过>：
选择要偏移的对象，或 [退出(E)/放弃(U)] <退出>：
指定要偏移的那一侧上的点，或 [退出(E)/多个(M)/放弃(U)] <退出>：
选择要偏移的对象，或 [退出(E)/放弃(U)] <退出>：（回车）

(4) 改变视点观察图形。如图 5.72 所示。
命令：VP

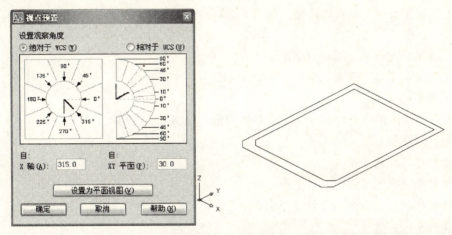

图 5.72 改变视点

(5) 绕 X 轴旋转设置新的 UCS，然后设置为当前 UCS 的平面视图。如图 5.73 所示。
命令：ucs
当前 UCS 名称：*世界*
指定 UCS 的原点或 [面(F)/命名(NA)/对象(OB)/上一个(P)/视图(V)/世界(W)/X/Y/Z/Z 轴(ZA)] <世界>：x
指定绕 X 轴的旋转角度<90>：
命令：plan

图 5.73 改变 UCS

输入选项 [当前 UCS(C)/UCS(U)/世界(W)] <当前 UCS>：（回车）
正在重生成模型。

(6) 绘制床头板轮廓造型。如图 5.74 所示。
命令：LINE
指定第一点：
指定下一点或 [放弃(U)]：
指定下一点或 [放弃(U)]：
指定下一点或 [闭合(C)/放弃(U)]：
……

指定下一点或［闭合(C)/放弃(U)］：(回车)

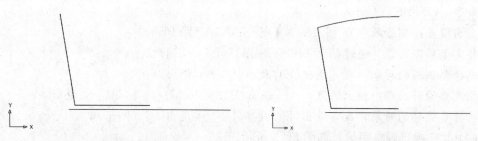

图 5.74　绘制床头板轮廓　　　　　图 5.75　创建弧线造型

(7) 创建床头板上部弧线造型。如图 5.75 所示。

命令：ARC

指定圆弧的起点或［圆心(C)］：

指定圆弧的第二个点或［圆心(C)/端点(E)］：

指定圆弧的端点：

(8) 通过镜像得到对称部分，形成整体图形。如图 5.76 所示。

命令：MIRROR

选择对象：找到 1 个

选择对象：找到 1 个，总计 2 个

选择对象：找到 1 个，总计 3 个

选择对象：

指定镜像线的第一点：

指定镜像线的第二点：

要删除源对象吗？［是(Y)/否(N)］<N>：(回车)

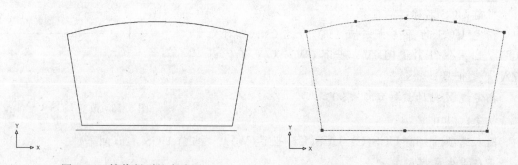

图 5.76　镜像得到整个造型　　　　　图 5.77　编辑床头板造型

(9) 利用线条编辑功能对床头板造型镜像编辑，使其成为一个封闭、连续的图形。如图 5.77 所示。

命令：pedit

选择多段线或［多条(M)］：m

选择对象：找到 1 个

选择对象：找到 1 个，总计 2 个

选择对象：找到 1 个，总计 3 个

选择对象：(回车)

是否将直线和圆弧转换为多段线？[是(Y)/否(N)]? <Y>

输入选项 [闭合(C)/打开(O)/合并(J)/宽度(W)/拟合(F)/样条曲线(S)/非曲线化(D)/线型生成(L)/放弃(U)]：j(输入 j 连接线段)

合并类型＝延伸

输入模糊距离或 [合并类型(J)] <0.0000>：

多段线已增加 2 条线段

输入选项 [闭合(C)/打开(O)/合并(J)/宽度(W)/拟合(F)/样条曲线(S)/非曲线化(D)/线型生成(L)/放弃(U)]：(回车)

(10) 通过偏移床头板轮廓得到相似图形。如图 5.78 所示。

命令：OFFSET

当前设置：删除源＝否 图层＝源 OFFSETGAPTYPE＝0

指定偏移距离或 [通过(T)/删除(E)/图层(L)] <通过>：

选择要偏移的对象，或 [退出(E)/放弃(U)] <退出>：

指定要偏移的那一侧上的点，或 [退出(E)/多个(M)/放弃(U)] <退出>：

选择要偏移的对象，或 [退出(E)/放弃(U)] <退出>：(回车)

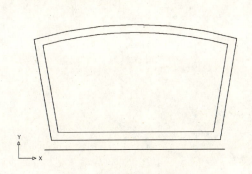

图 5.78　偏移床头板轮廓

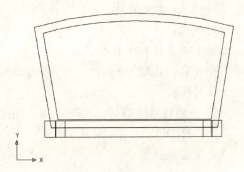

图 5.79　拉伸床板

(11) 将两个床板轮廓图形进行拉伸，得到三维床板。如图 5.79 所示。

命令：EXTRUDE

当前线框密度：ISOLINES＝4

选择要拉伸的对象：找到 1 个

选择要拉伸的对象：

指定拉伸的高度或 [方向(D)/路径(P)/倾斜角(T)] <18.0>：

(12) 改变视点观察床轮廓。如图 5.80 所示。

命令：vp

(13) 将两个床头板造型轮廓拉伸得到三维图形，注意小的床头板拉伸一个很小的厚度，与大的反向拉伸(负值即可)。如图 5.81 所示。

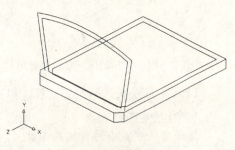

图 5.80　改变视点看图

命令：EXTRUDE
当前线框密度：ISOLINES=4
选择要拉伸的对象：找到 1 个
选择要拉伸的对象：
指定拉伸的高度或 [方向(D)/路径(P)/倾斜角(T)] <18.0>：

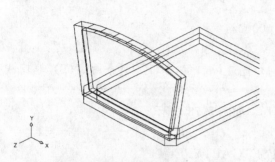

图 5.81　拉伸床头板

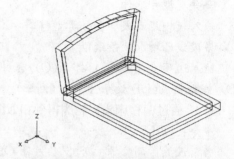

图 5.82　对床板差集运算

（14）改变观察视点，对两个床板进行差集运算。如图 5.82 所示。

命令：subtract
选择要从中减去的实体或面域..
选择对象：找到 1 个
选择对象：
选择要减去的实体或面域..
选择对象：找到 1 个
选择对象：

（15）消隐观察运算后的图形效果。如图 5.83 所示。

命令：HIDE
正在重生成模型。

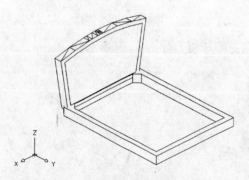

图 5.83　消隐观察运算效果

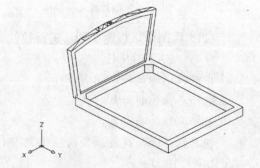

图 5.84　对床头板运算

（16）对床头板进行差集运算，得到床头板三维造型。如图 5.84 所示。

命令：subtract
选择要从中减去的实体或面域..
选择对象：找到 1 个

选择对象：
选择要减去的实体或面域..
选择对象：找到 1 个
选择对象：

(17) 旋转坐标轴，建立新的 UCS 并设置为平面视图，以调整床头板与床板的位置关系。如图 5.85 所示。

命令：UCS
当前 UCS 名称：＊世界＊
指定 UCS 的原点或 ［面(F)/命名(NA)/对象(OB)/上一个(P)/视图(V)/世界(W)/X/Y/Z/Z 轴(ZA)］＜世界＞：X(输入 X 绕 X 轴旋转坐标轴)
指定绕 X 轴的旋转角度＜90＞：90
命令：plan
输入选项 ［当前 UCS(C)/UCS(U)/世界(W)］ ＜当前 UCS＞：（回车）
正在重生成模型。

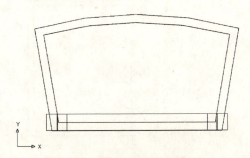

图 5.85　改变坐标系调整图形　　图 5.86　调整床板位置

(18) 将床板位置调整到合适位置，往上调整。如图 5.86 所示。
命令：MOVE
选择对象：找到 1 个
选择对象：
指定基点或 ［位移(D)］＜位移＞：
指定第二个点或＜使用第一个点作为位移＞：

(19) 按调整的距离绘制两条短直线。如图 5.87 所示。
命令：LINE
指定第一点：
指定下一点或 ［放弃(U)］：
指定下一点或 ［放弃(U)］：
指定下一点或 ［闭合(C)/放弃(U)］：
……
指定下一点或 ［闭合(C)/放弃(U)］：（回车）

(20) 改变视点观察所绘图形。如图 5.88 所示。
命令：vp

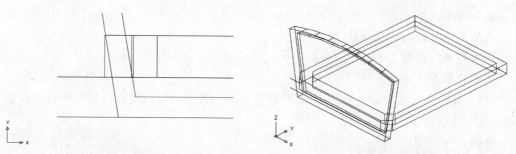

图5.87 绘制两条直线　　　　图5.88 调整视点观察图形

(21) 按两条直线的高度创建一个小三维圆柱体,作为床腿造型。如图5.89所示。

命令：cylinder

指定底面的中心点或［三点(3P)/两点(2P)/相切、相切、半径(T)/椭圆(E)］：

指定底面半径或［直径(D)］：

指定高度或［两点(2P)/轴端点(A)］：

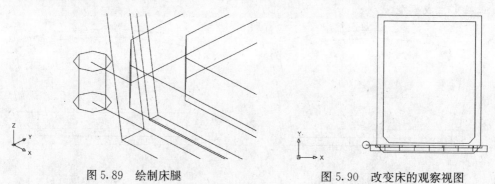

图5.89 绘制床腿　　　　图5.90 改变床的观察视图

(22) 恢复坐标系为WCS,并设置为当前UCS平面视图。如图5.90所示。

命令：UCS

当前UCS名称：＊世界＊

指定UCS的原点或［面(F)/命名(NA)/对象(OB)/上一个(P)/视图(V)/世界(W)/X/Y/Z/Z轴(ZA)］＜世界＞：

命令：plan

输入选项［当前UCS(C)/UCS(U)/世界(W)］＜当前UCS＞：(回车)

正在重生成模型。

(23) 复制床腿到床的其他4个位置。如图5.91所示。

命令：COPY

选择对象：找到1个

选择对象：找到1个,总计2个

……

选择对象：(回车)

当前设置：复制模式＝多个

指定基点或［位移(D)/模式(O)］＜位移＞：

指定第二个点或<使用第一个点作为位移>：
……
指定第二个点或 [退出(E)/放弃(U)] <退出>：(回车)

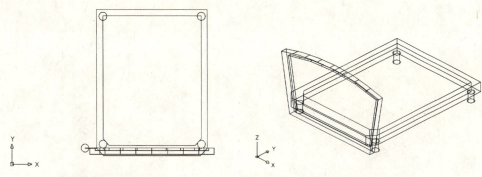

图 5.91 复制床腿　　　　图 5.92 观察床腿效果

(24) 删除多余的床腿，改变视点观察绘制床腿效果。如图 5.92 所示。

命令：ERASE

选择对象：找到 1 个

选择对象：找到 1 个，总计 2 个

选择对象：找到 1 个，总计 3 个

……

选择对象：(回车)

命令：vp

(25) 进行消隐观察床图形整体效果。如图 5.93 所示。

命令：HIDE

正在重生成模型。

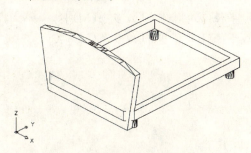 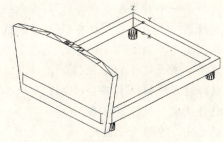

图 5.93 消隐观察床整体效果　　　　图 5.94 在床腿设置 UCS

(26) 在床腿上部位置设置 UCS。如图 5.94 所示。

命令：ucs

当前 UCS 名称：＊世界＊

指定 UCS 的原点或 [面(F)/命名(NA)/对象(OB)/上一个(P)/视图(V)/世界(W)/X/Y/Z/Z 轴(ZA)] <世界>：f(输入 F 通过选择实体面设置 UCS)

选择实体对象的面：

输入选项 [下一个(N)/X 轴反向(X)/Y 轴反向(Y)] <接受>：

(27) 绘制中间床体平面。如图5.95所示。

命令：Planesurf

指定第一个角点或 [对象(O)] <对象>：

指定其他角点：

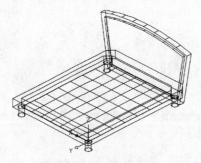
图5.95　绘制床体

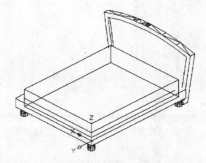
图5.96　拉伸床体

(28) 将平面进行拉伸得到中间三维床体造型。如图5.96所示。

命令：EXTRUDE

当前线框密度：ISOLINES=4

选择要拉伸的对象：找到1个

选择要拉伸的对象：

指定拉伸的高度或 [方向(D)/路径(P)/倾斜角(T)] <18.0>：

(29) 对中间床体上表面周边（床头除外）进行倒圆角。如图5.97所示。

命令：FILLET

当前设置：模式=修剪，半径=150.0000

选择第一个对象或 [放弃(U)/多段线(P)/半径(R)/修剪(T)/多个(M)]：r

指定圆角半径<150.0000>：55

选择第一个对象或 [放弃(U)/多段线(P)/半径(R)/修剪(T)/多个(M)]：

选择第一个对象或 [放弃(U)/多段线(P)/半径(R)/修剪(T)/多个(M)]：

输入圆角半径<55.0000>：

选择边或 [链(C)/半径(R)]：

选择边或 [链(C)/半径(R)]：

选择边或 [链(C)/半径(R)]：

已选定3个边用于圆角。

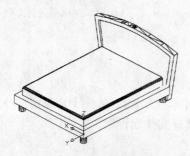
图5.97　对床体倒圆角

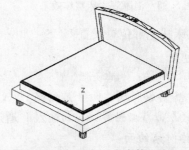
图5.98　设置UCS在床体上表面

(30) 将 UCS 设置在床体上表面位置。如图 5.98 所示。

命令：ucs

当前 UCS 名称：＊世界＊

指定 UCS 的原点或 [面(F)/命名(NA)/对象(OB)/上一个(P)/视图(V)/世界(W)/X/Y/Z/Z 轴(ZA)] <世界>：f(输入 F 设置 UCS 在上表面位置)

选择实体对象的面：

输入选项 [下一个(N)/X 轴反向(X)/Y 轴反向(Y)] <接受>：(回车)

(31) 对床体上表面进行图案填充。如图 5.99 所示。

命令：bhatch

拾取内部点或 [选择对象(S)/删除边界(B)]：正在选择所有对象…

正在选择所有可见对象…

正在分析所选数据…

拾取内部点或 [选择对象(S)/删除边界(B)]：

<预览填充图案>

拾取或按 Esc 键返回到对话框或<单击右键接受图案填充>：

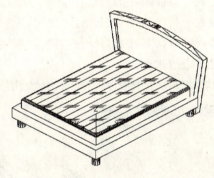

图 5.99 填充床体上表面

(32) 绘制枕头三维轮廓造型。如图 5.100 所示。

命令：box

指定第一个角点或 [中心(C)]：

指定其他角点或 [立方体(C)/长度(L)]：L

指定长度：

指定宽度：

指定高度或 [两点(2P)]：

(33) 局部放大观察枕头轮廓。如图 5.101 所示。

命令：ZOOM

指定窗口的角点，输入比例因子(nX 或 nXP)，或者

[全部(A)/中心(C)/动态(D)/范围(E)/上一个(P)/比例(S)/窗口(W)/对象(O)] <实时>：

指定对角点：

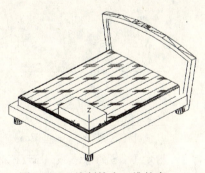

图 5.100 绘制枕头三维轮廓

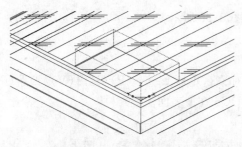
图5.101 局部放大视图

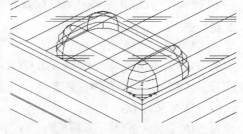
图5.102 对枕头倒圆角

(34) 对枕头上侧进行倒圆角，注意倒角半径大小。如图5.102所示。

命令：FILLET

当前设置：模式＝修剪，半径＝150.0000

选择第一个对象或 [放弃(U)/多段线(P)/半径(R)/修剪(T)/多个(M)]：r

指定圆角半径＜150.0000＞：250

选择第一个对象或 [放弃(U)/多段线(P)/半径(R)/修剪(T)/多个(M)]：

选择第一个对象或 [放弃(U)/多段线(P)/半径(R)/修剪(T)/多个(M)]：

输入圆角半径＜250.0000＞：

选择边或 [链(C)/半径(R)]：

选择边或 [链(C)/半径(R)]：

选择边或 [链(C)/半径(R)]：

已选定3个边用于圆角。

(35) 将UCS设置在枕头上表面，然后填充合适的图案。如图5.103所示。

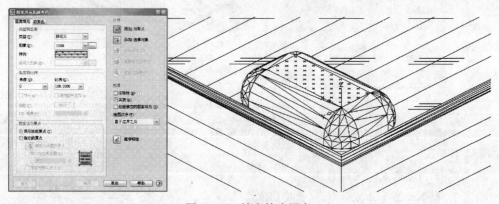
图5.103 填充枕头图案

命令：ucs

当前UCS名称：＊世界＊

指定UCS的原点或 [面(F)/命名(NA)/对象(OB)/上一个(P)/视图(V)/世界(W)/X/Y/Z/Z轴(ZA)]＜世界＞：f(输入F通过选择实体面设置UCS)

选择实体对象的面：

输入选项 [下一个(N)/X轴反向(X)/Y轴反向(Y)]＜接受＞：

命令：bhatch

拾取内部点或 [选择对象(S)/删除边界(B)]：正在选择所有对象...
正在选择所有可见对象...
正在分析所选数据...
拾取内部点或 [选择对象(S)/删除边界(B)]：
<预览填充图案>
拾取或按 Esc 键返回到对话框或<单击右键接受图案填充>：
(36) 重新将 UCS 坐标系设置床体上表面。如图 5.104 所示。
命令：ucs
当前 UCS 名称：*世界*
指定 UCS 的原点或 [面(F)/命名(NA)/对象(OB)/上一个(P)/视图(V)/世界(W)/X/Y/Z/Z 轴(ZA)]<世界>：f(输入 F 通过选择实体面设置 UCS)
选择实体对象的面：
输入选项 [下一个(N)/X 轴反向(X)/Y 轴反向(Y)]<接受>：

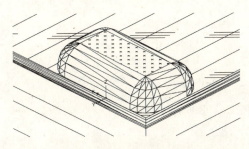

图 5.104　重新设置 UCS

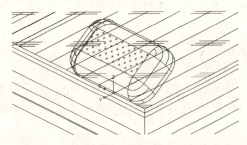

图 5.105　旋转枕头

(37) 以底面一侧为轴，三维旋转枕头一定角度。如图 5.105 所示。
命令：3DROTATE
UCS 当前的正角方向：ANGDIR=逆时针 ANGBASE=0
选择对象：找到 1 个
选择对象：找到 1 个，总计 2 个
……
选择对象：
指定基点：
拾取旋转轴：
指定角的起点或键入角度：360
正在重生成模型。
(38) 利用 UCS 功能命令旋转 X 轴，设置新的平面视图。如图 5.106 所示。
命令：ucs
当前 UCS 名称：*没有名称*
指定 UCS 的原点或 [面(F)/命名(NA)/对象(OB)/上一个(P)/视图(V)/世界(W)/X/Y/Z/Z 轴(ZA)]<世界>：x
指定绕 X 轴的旋转角度<90>：

命令：plan

输入选项 [当前 UCS(C)/UCS(U)/世界(W)] <当前 UCS>：(回车)

正在重生成模型。

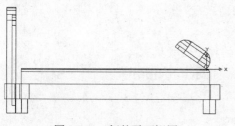
图 5.106　新的平面视图

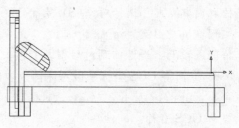
图 5.107　移动枕头

(39) 移动枕头到床头。如图 5.107 所示。

命令：MOVE

选择对象：找到 1 个

选择对象：找到 1 个，总计 2 个

……

选择对象：(回车)

指定基点或 [位移(D)] <位移>：

指定第二个点或<使用第一个点作为位移>：

(40) 反向旋转 X 轴，建立新的 UCS。如图 5.108 所示。

命令：ucs

当前 UCS 名称：*没有名称*

指定 UCS 的原点或 [面(F)/命名(NA)/对象(OB)/上一个(P)/视图(V)/世界(W)/X/Y/Z/Z 轴(ZA)] <世界>：x

指定绕 X 轴的旋转角度<90>：-90

图 5.108　建立新 UCS

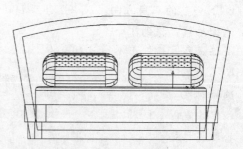
图 5.109　复制枕头

(41) 设置为当前 UCS 的平面视图，并复制一个枕头。如图 5.109 所示。

命令：plan

输入选项 [当前 UCS(C)/UCS(U)/世界(W)] <当前 UCS>：(回车)

正在重生成模型。

命令：COPY

选择对象：找到 1 个

选择对象：找到 1 个，总计 2 个

……

选择对象：(回车)

当前设置：复制模式＝多个

指定基点或 [位移(D)/模式(O)] <位移>：

指定第二个点或<使用第一个点作为位移>：

……

指定第二个点或 [退出(E)/放弃(U)] <退出>：(回车)

(42) 恢复 UCS 为 WCS，然后改变视点观察枕头等图形效果。如图 5.110 所示。

命令：ucs

当前 UCS 名称：＊世界＊

指定 UCS 的原点或 [面(F)/命名(NA)/对象(OB)/上一个(P)/视图(V)/世界(W)/X/Y/Z/Z 轴(ZA)] <世界>：(回车)

命令：vp

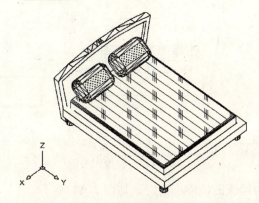

图 5.110 观察枕头图形

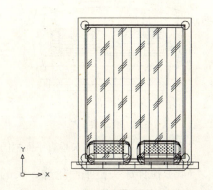

图 5.111 设置当前 UCS 平面视图

(43) 设置为当前坐标系的平面视图。如图 5.111 所示。

命令：plan

输入选项 [当前 UCS(C)/UCS(U)/世界(W)] <当前 UCS>：(回车)

正在重生成模型。

(44) 绘制床头柜轮廓。如图 5.112 所示。

命令：rectang

指定第一个角点或 [倒角(C)/标高(E)/圆角(F)/厚度(T)/宽度(W)]：

指定另一个角点或 [面积(A)/尺寸(D)/旋转(R)]：d(输入 d 通过尺寸绘制图形)

指定矩形的长度<10.0000>：

指定矩形的宽度<10.0000>：

指定另一个角点或 [面积(A)/尺寸(D)/旋转(R)]：

命令：OFFSET

当前设置：删除源＝否 图层＝源 OFFSETGAPTYPE＝0

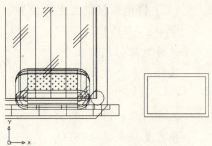

图 5.112 绘制床头柜轮廓

指定偏移距离或[通过(T)/删除(E)/图层(L)]<通过>:
选择要偏移的对象,或[退出(E)/放弃(U)]<退出>:
指定要偏移的那一侧上的点,或[退出(E)/多个(M)/放弃(U)]<退出>:
选择要偏移的对象,或[退出(E)/放弃(U)]<退出>:(回车)

(45) 旋转坐标轴,设置为与床头垂直的平面视图。如图5.113所示。

命令:plan
输入选项[当前UCS(C)/UCS(U)/世界(W)]<当前UCS>:(回车)
正在重生成模型。
命令:UCS
当前UCS名称: *世界*
指定UCS的原点或[面(F)/命名(NA)/对象(OB)/上一个(P)/视图(V)/世界(W)/X/Y/Z/Z轴(ZA)]<世界>:X(输入X绕X轴旋转坐标轴)
指定绕X轴的旋转角度<90>:90

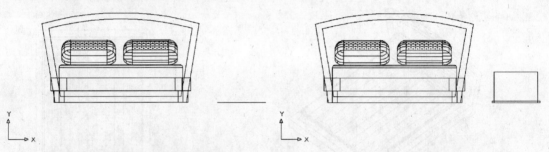

图5.113 设置与床头垂直平面视图　　图5.114 拉伸床头柜

(46) 拉伸床头柜平面轮廓,大的轮廓作为柜板面拉伸小高度。如图5.114所示。

命令:EXTRUDE
当前线框密度:ISOLINES=4
选择要拉伸的对象:找到1个
选择要拉伸的对象:
指定拉伸的高度或[方向(D)/路径(P)/倾斜角(T)]<18.0>:

(47) 将柜板移动至上部位置。如图5.115所示。

命令:MOVE
选择对象:找到1个
选择对象:找到1个,总计2个
……
选择对象:(回车)
指定基点或[位移(D)]<位移>:
指定第二个点或<使用第一个点作为位移>:

(48) 将UCS设置在床头柜侧面位置。如图5.116所示。

命令:ucs
当前UCS名称: *世界*

指定 UCS 的原点或 [面(F)/命名(NA)/对象(OB)/上一个(P)/视图(V)/世界(W)/X/Y/Z/Z 轴(ZA)]＜世界＞：f

选择实体对象的面：

输入选项 [下一个(N)/X 轴反向(X)/Y 轴反向(Y)]＜接受＞：(回车)

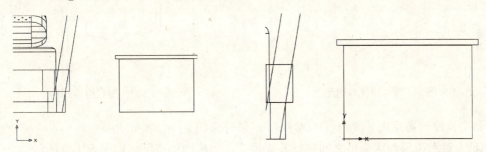

图 5.115　移动柜板　　　　　图 5.116　设置 UCS 床头柜表面

(49) 分别绘制正六边形和一个小圆形。如图 5.117 所示。

命令：CIRCLE

指定圆的圆心或 [三点(3P)/两点(2P)/相切、相切、半径(T)]：

指定圆的半径或 [直径(D)]：

命令：polygon

输入边的数目＜4＞：6

指定正多边形的中心点或 [边(E)]：

输入选项 [内接于圆(I)/外切于圆(C)]＜I＞：

指定圆的半径：

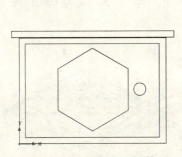 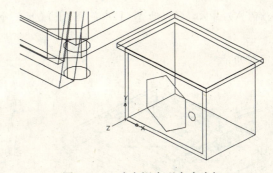

图 5.117　绘制六边形等　　　　图 5.118　改变视点观察床头柜

(50) 改变视点观察床头柜图形。如图 5.118 所示。

命令：vp

(51) 往柜体内侧方向拉伸六边形，往外侧方向拉伸圆形，注意拉伸高度不大。如图 5.119 所示。

命令：EXTRUDE

当前线框密度：ISOLINES=4

选择要拉伸的对象：找到 1 个

选择要拉伸的对象：

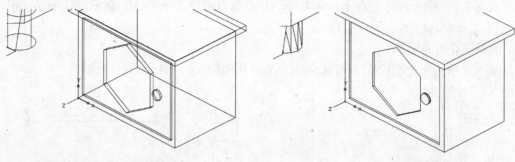

图 5.119 拉伸六边形　　　　　图 5.120 得到柜体凹槽

指定拉伸的高度或 ［方向(D)/路径(P)/倾斜角(T)］ <18.0>：

(52) 对六边形和床头柜之间进行差集运算，形成凹槽造型。如图 5.120 所示。

命令：subtract

选择要从中减去的实体或面域...

选择对象：找到 1 个

选择对象：

选择要减去的实体或面域..

选择对象：找到 1 个

选择对象：

(53) 缩放视图观察床头柜与床的关系。如图 5.121 所示。

命令：ZOOM

指定窗口的角点，输入比例因子(nX 或 nXP)，或者

［全部(A)/中心(C)/动态(D)/范围(E)/上一个(P)/比例(S)/窗口(W)/对象(O)］<实时>：

指定对角点：

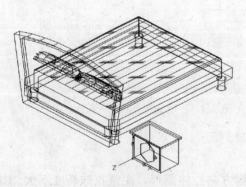
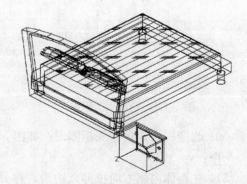

图 5.121 缩放观察床头柜和床　　　　　图 5.122 镜像床头柜

(54) 将床头柜进行镜像调整其方向，使得有凹槽图案一侧与床一致。如图 5.122 所示。

命令：mirror3d

选择对象：找到 1 个

选择对象：

指定镜像平面(三点)的第一个点或

[对象(O)/最近的(L)/Z 轴(Z)/视图(V)/XY 平面(XY)/YZ 平面(YZ)/ZX 平面(ZX)/三点(3)]＜三点＞：xy

指定 XY 平面上的点＜0,0,0＞：

是否删除源对象？[是(Y)/否(N)]＜否＞：y(回车)

(55) 设置为当前 UCS 的平面视图，观察床头柜与床的关系。如图 5.123 所示。

命令：plan

输入选项[当前 UCS(C)/UCS(U)/世界(W)]＜当前 UCS＞：(回车)

正在重生成模型。

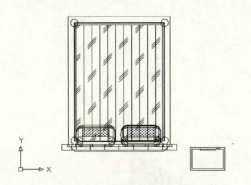

图 5.123 设置平面视图

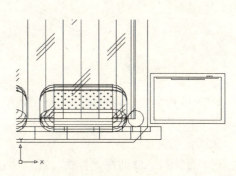

图 5.124 调整床头柜

(56) 调整床头柜位置，与床协调一致。如图 5.124 所示。

命令：MOVE

选择对象：找到 1 个

选择对象：找到 1 个，总计 2 个

……

选择对象：(回车)

指定基点或[位移(D)]＜位移＞：

指定第二个点或＜使用第一个点作为位移＞：

(57) 镜像得到另外一侧的床头柜造型。如图 5.125 所示。

命令：mirror3d

选择对象：找到 1 个

选择对象：找到 1 个，总计 2 个

选择对象：找到 1 个，总计 3 个

选择对象：

指定镜像平面(三点)的第一个点或

[对象(O)/最近的(L)/Z 轴(Z)/视图(V)/XY 平面(XY)/YZ 平面(YZ)/ZX 平面(ZX)/三点(3)]＜三点＞：yz

指定 YZ 平面上的点＜0,0,0＞：

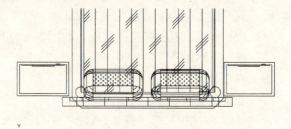

图 5.125 得到另外 1 个床头柜

是否删除源对象?[是(Y)/否(N)]＜否＞: N

(58) 改变视点观察床和床头柜的效果。如图 5.126 所示。

命令: vp

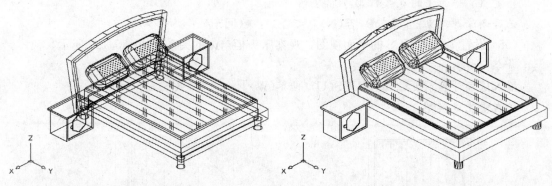

图 5.126　观察床头柜等图形　　　　图 5.127　完成床三维图形

(59) 进行消隐,得到床头的整个造型,保存图形。如图 5.127 所示。

命令: HIDE

正在重生成模型。

(60) 利用 CAD 的视觉样式,观察双人床的简单美化效果。如图 5.128 所示。

命令: VSCURRENT

输入选项[二维线框(2)/三维线框(3)/三维隐藏(H)/真实(R)/概念(C)/其他(O)]＜概念＞: c

正在重生成模型。

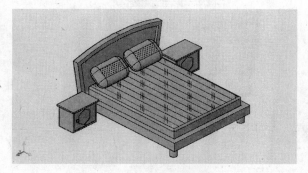

图 5.128　完成床三维图形

5.2.2　衣柜三维图形绘制

(1) 在本小节后面的论述中,将详细介绍图 5.129 所示的三维衣柜绘制方法与技巧。

(2) 绘制衣柜底部轮廓截面。如图 5.130 所示。

命令: PLINE

指定起点:

当前线宽为 0.0000

指定下一个点或[圆弧(A)/半宽(H)/长度(L)/放弃(U)/宽度(W)]:

指定下一点或[圆弧(A)/闭合(C)/半宽(H)/长度(L)/放弃(U)/宽度(W)]:

……

指定下一点或[圆弧(A)/闭合(C)/半宽(H)/长度(L)/放弃(U)/宽度(W)]:

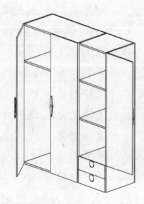

图 5.129　衣柜

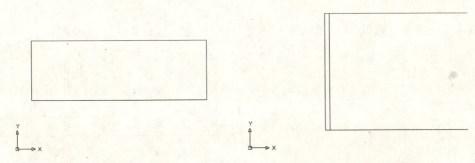

图 5.130　绘制衣柜轮廓　　　　图 5.131　绘制侧板轮廓

指定下一点或 [圆弧(A)/闭合(C)/半宽(H)/长度(L)/放弃(U)/宽度(W)]：c(输入c闭合曲线)

(3) 在一端绘制小矩形作为侧板轮廓造型。如图 5.131 所示。

命令：PLINE

指定起点：

当前线宽为 0.0000

指定下一个点或 [圆弧(A)/半宽(H)/长度(L)/放弃(U)/宽度(W)]：

指定下一点或 [圆弧(A)/闭合(C)/半宽(H)/长度(L)/放弃(U)/宽度(W)]：

……

指定下一点或 [圆弧(A)/闭合(C)/半宽(H)/长度(L)/放弃(U)/宽度(W)]：

指定下一点或 [圆弧(A)/闭合(C)/半宽(H)/长度(L)/放弃(U)/宽度(W)]：c(输入c闭合曲线)

(4) 按竖向侧板的位置复制侧板轮廓图形。如图 5.132 所示。

命令：COPY

选择对象：找到 1 个

选择对象：找到 1 个,总计 2 个

……

选择对象：(回车)

当前设置：复制模式=多个

指定基点或 [位移(D)/模式(O)] <位移>：

指定第二个点或<使用第一个点作为位移>：

……

指定第二个点或 [退出(E)/放弃(U)] <退出>：(回车)

(5) 绘制后侧板图形和两个大小不同的柜体截面轮廓图形。如图 5.133 所示。

命令：PLINE

指定起点：

当前线宽为 0.0000

指定下一个点或 [圆弧(A)/半宽(H)/长度(L)/放弃(U)/宽度(W)]：

指定下一点或 [圆弧(A)/闭合(C)/半宽(H)/长度(L)/放弃(U)/宽度(W)]：

……

指定下一点或 [圆弧(A)/闭合(C)/半宽(H)/长度(L)/放弃(U)/宽度(W)]:

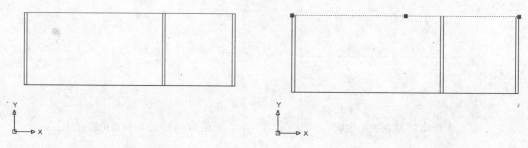

图 5.132　复制侧板　　　　　　　　　图 5.133　绘制后侧板

指定下一点或 [圆弧(A)/闭合(C)/半宽(H)/长度(L)/放弃(U)/宽度(W)]: c(输入c闭合曲线)

(6) 绘制稍大部分柜门的造型轮廓。如图 5.134 所示。

命令: rectang

指定第一个角点或 [倒角(C)/标高(E)/圆角(F)/厚度(T)/宽度(W)]:

指定另一个角点或 [面积(A)/尺寸(D)/旋转(R)]: d(输入 d 通过尺寸绘制图形)

指定矩形的长度<10.0000>:

指定矩形的宽度<10.0000>:

指定另一个角点或 [面积(A)/尺寸(D)/旋转(R)]:

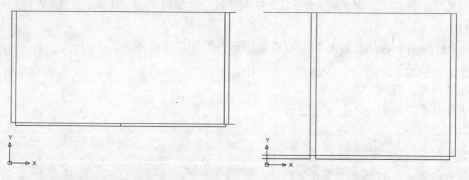

图 5.134　绘制大柜门轮廓　　　　　　图 5.135　绘制小柜门轮廓

(7) 绘制稍小部分柜门的造型轮廓。如图 5.135 所示。

命令: rectang

指定第一个角点或 [倒角(C)/标高(E)/圆角(F)/厚度(T)/宽度(W)]:

指定另一个角点或 [面积(A)/尺寸(D)/旋转(R)]: d(输入 d 通过尺寸绘制图形)

指定矩形的长度<10.0000>:

指定矩形的宽度<10.0000>:

指定另一个角点或 [面积(A)/尺寸(D)/旋转(R)]:

(8) 改变视点观察衣柜截面轮廓图形。如图 5.136 所示。

命令: vp

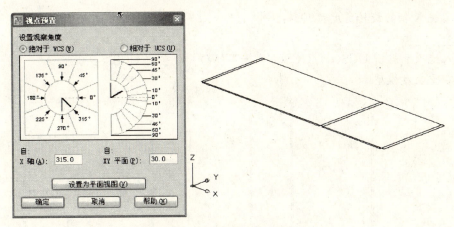

图 5.136 改变视点看图形

(9) 按柜体高度拉伸侧板造型。如图 5.137 所示。

命令：EXTRUDE

当前线框密度：ISOLINES＝4

选择要拉伸的对象：找到 1 个

选择要拉伸的对象：

指定拉伸的高度或 [方向(D)/路径(P)/倾斜角(T)] <18.0>：

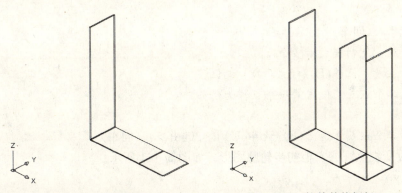

图 5.137 拉伸侧板　　图 5.138 拉伸其他侧板

(10) 其他两个侧板和中间板按同样方法拉伸相同高度。如图 5.138 所示。

命令：EXTRUDE

当前线框密度：ISOLINES＝4

选择要拉伸的对象：找到 1 个

选择要拉伸的对象：

指定拉伸的高度或 [方向(D)/路径(P)/倾斜角(T)] <18.0>：

(11) 改变 UCS，并设置为当前 UCS 的平面视图。如图 5.139 所示。

命令：ucs

当前 UCS 名称：＊世界＊

指定 UCS 的原点或 [面(F)/命名(NA)/对象(OB)/上一个(P)/视图(V)/世界(W)/X/Y/Z/Z 轴(ZA)] <世界>：x

指定绕 X 轴的旋转角度<90>：

命令：plan

输入选项 [当前 UCS(C)/UCS(U)/世界(W)] <当前 UCS>：（回车）

正在重生成模型。

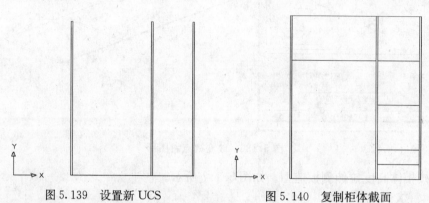

图 5.139　设置新 UCS　　　　图 5.140　复制柜体截面

(12) 复制柜体轮廓截面得到隔板图形。如图 5.140 所示。

命令：COPY

选择对象：找到 1 个

选择对象：找到 1 个，总计 2 个

……

选择对象：（回车）

当前设置：复制模式＝多个

指定基点或 [位移(D)/模式(O)] <位移>：

指定第二个点或<使用第一个点作为位移>：

……

指定第二个点或 [退出(E)/放弃(U)] <退出>：（回车）

(13) 改变视点观察衣柜初步轮廓图形。如图 5.141 所示。

命令：vp

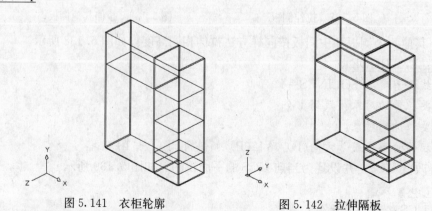

图 5.141　衣柜轮廓　　　　图 5.142　拉伸隔板

(14) 将各个隔板拉伸为高度很小的三维图形。如图 5.142 所示。

命令：EXTRUDE

当前线框密度：ISOLINES=4

选择要拉伸的对象：找到 1 个

选择要拉伸的对象：

指定拉伸的高度或 [方向(D)/路径(P)/倾斜角(T)] <18.0>：

(15) 消隐观察衣柜图形。如图 5.143 所示。

命令：HIDE

正在重生成模型。

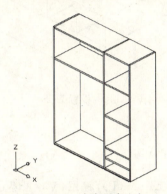

图 5.143 消隐观察衣柜

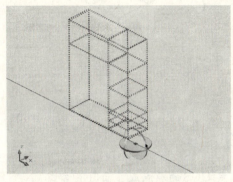

图 5.144 选择旋转轴

(16) 对衣柜进行旋转，先选择底部侧面作为旋转轴。如图 5.144 所示。

命令：3DROTATE

UCS 当前的正角方向：ANGDIR=逆时针 ANGBASE=0

选择对象：找到 1 个

选择对象：找到 1 个，总计 2 个

选择对象：找到 1 个，总计 3 个

……

选择对象：(回车)

指定基点：

拾取旋转轴：

指定角的起点或键入角度：90

正在重生成模型。

(17) 三维旋转衣柜。如图 5.145 所示。

命令：3DROTATE

UCS 当前的正角方向：ANGDIR=逆时针 ANGBASE=0

选择对象：找到 1 个

选择对象：找到 1 个，总计 2 个

选择对象：找到 1 个，总计 3 个

……

选择对象：(回车)

指定基点：

拾取旋转轴：

指定角的起点或键入角度：90

正在重生成模型。

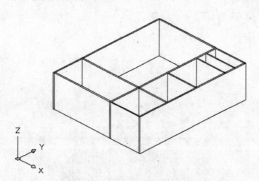

图5.145 三维旋转衣柜

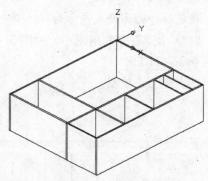

图5.146 设置UCS

(18) 设置UCS在衣柜上位置。如图5.146所示。

命令：ucs

当前UCS名称：*世界*

指定UCS的原点或［面(F)/命名(NA)/对象(OB)/上一个(P)/视图(V)/世界(W)/X/Y/Z/Z轴(ZA)］<世界>：f

选择实体对象的面：

输入选项［下一个(N)/X轴反向(X)/Y轴反向(Y)］<接受>：(回车)

(19) 将背板直线拉伸或绘制一个曲面作为背板。如图5.147所示。

命令：Planesurf

指定第一个角点或［对象(O)］<对象>：

指定其他角点：

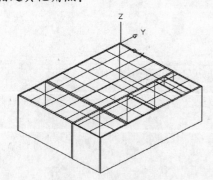

图5.147 绘制背板

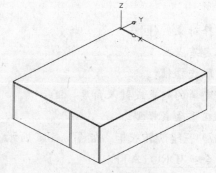

图5.148 拉伸背板曲面

(20) 将背板曲面拉伸为有一定厚度。如图5.148所示。

命令：EXTRUDE

当前线框密度：ISOLINES=4

选择要拉伸的对象：找到1个

选择要拉伸的对象：

指定拉伸的高度或［方向(D)/路径(P)/倾斜角(T)］<18.0>：

(21) 将衣柜再旋转立起来。如图 5.149 所示。

命令：3DROTATE

UCS 当前的正角方向：ANGDIR＝逆时针 ANGBASE＝0

选择对象：找到 1 个

选择对象：找到 1 个，总计 2 个

选择对象：找到 1 个，总计 3 个

……

选择对象：(回车)

指定基点：

拾取旋转轴：

指定角的起点或键入角度：－90

正在重生成模型。

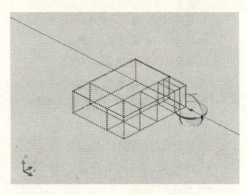

图 5.149　立起来衣柜

(22) 衣柜立起来后消隐图形，再观察整个衣柜图形。如图 5.150 所示。

命令：3DROTATE

UCS 当前的正角方向：ANGDIR＝逆时针 ANGBASE＝0

选择对象：找到 1 个

选择对象：找到 1 个，总计 2 个

选择对象：找到 1 个，总计 3 个

……

选择对象：(回车)

指定基点：

拾取旋转轴：

指定角的起点或键入角度：－90

正在重生成模型。

命令：HIDE

正在重生成模型。

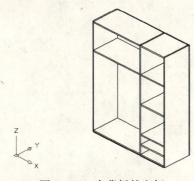
图 5.150　有背板的衣柜

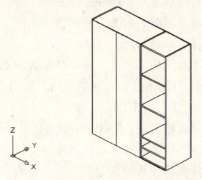
图 5.151　创建柜门

(23) 将柜门轮廓图形拉伸，创建衣柜柜门，如图 5.151 所示。

命令：EXTRUDE

当前线框密度：ISOLINES=4
选择要拉伸的对象：找到 1 个
选择要拉伸的对象：
指定拉伸的高度或 [方向(D)/路径(P)/倾斜角(T)] <18.0>：

(24) 在带格一侧，复制一个柜门截面轮廓造型到第 3 格处。如图 5.152 所示。

命令：COPY
选择对象：找到 1 个
选择对象：找到 1 个，总计 2 个
……
选择对象：(回车)
当前设置：复制模式＝多个
指定基点或 [位移(D)/模式(O)] <位移>：
指定第二个点或<使用第一个点作为位移>：
……
指定第二个点或 [退出(E)/放弃(U)] <退出>：(回车)

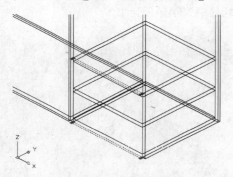
图 5.152　复制柜门轮廓

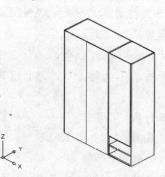
图 5.153　拉伸上部柜门

(25) 拉伸上部截面，得到其三维柜门造型。如图 5.153 所示。

命令：EXTRUDE
当前线框密度：ISOLINES=4
选择要拉伸的对象：找到 1 个
选择要拉伸的对象：
指定拉伸的高度或 [方向(D)/路径(P)/倾斜角(T)] <18.0>：

(26) 拉伸下部抽屉造型柜门。如图 5.154 所示。

命令：EXTRUDE
当前线框密度：ISOLINES=4
选择要拉伸的对象：找到 1 个
选择要拉伸的对象：
指定拉伸的高度或 [方向(D)/路径(P)/倾斜角(T)] <18.0>：

(27) 复制一个抽屉柜门造型。如图 5.155 所示。

命令：COPY

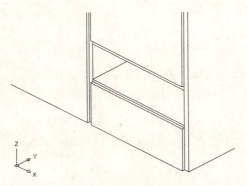 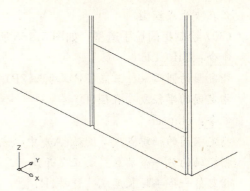

图 5.154 拉伸抽屉柜门　　　图 5.155 复制抽屉柜门

选择对象：找到 1 个

选择对象：找到 1 个，总计 2 个

……

选择对象：(回车)

当前设置：复制模式＝多个

指定基点或 [位移(D)/模式(O)] <位移>：

指定第二个点或<使用第一个点作为位移>：

……

指定第二个点或 [退出(E)/放弃(U)] <退出>：(回车)

(28) 将 UCS 设置在柜门表面。如图 5.156 所示。

命令：ucs

当前 UCS 名称：＊世界＊

指定 UCS 的原点或 [面(F)/命名(NA)/对象(OB)/上一个(P)/视图(V)/世界(W)/X/Y/Z/Z 轴(ZA)] <世界>：f

选择实体对象的面：

输入选项 [下一个(N)/X 轴反向(X)/Y 轴反向(Y)] <接受>：(回车)

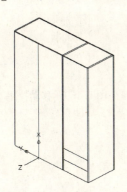 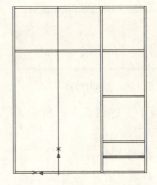

图 5.156 设置柜门 UCS　　　图 5.157 设置为平面视图

(29) 设置为当前 UCS 平面视图。如图 5.157 所示。

命令：plan

输入选项 [当前 UCS(C)/UCS(U)/世界(W)] <当前 UCS>：(回车)

正在重生成模型。

(30) 绘制柜门拉手造型。如图 5.158 所示。

命令：CIRCLE

指定圆的圆心或 [三点(3P)/两点(2P)/相切、相切、半径(T)]：

指定圆的半径或 [直径(D)]：

命令：ellipse

指定椭圆的轴端点或 [圆弧(A)/中心点(C)]：

指定轴的另一个端点：＜正交开＞

指定另一条半轴长度或 [旋转(R)]：

(31) 旋转坐标轴设置新的 UCS，再设置为平面视图。将拉手拉伸为三维图形，如图 5.159 所示。

命令：UCS

当前 UCS 名称：＊世界＊

指定 UCS 的原点或 [面(F)/命名(NA)/对象(OB)/上一个(P)/视图(V)/世界(W)/X/Y/Z/Z 轴(ZA)] ＜世界＞：X(输入 X 绕 X 轴旋转坐标轴)

指定绕 X 轴的旋转角度＜90＞：90

命令：plan

输入选项 [当前 UCS(C)/UCS(U)/世界(W)] ＜当前 UCS＞：(回车)

正在重生成模型。

命令：EXTRUDE

当前线框密度：ISOLINES=4

选择要拉伸的对象：找到 1 个

选择要拉伸的对象：

指定拉伸的高度或 [方向(D)/路径(P)/倾斜角(T)] ＜18.0＞：

图 5.158 绘制拉手

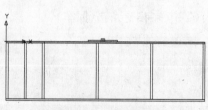

图 5.159 拉伸拉手

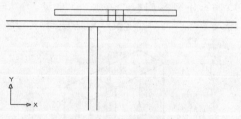

图 5.160 移动拉手

(32) 移动拉手。如图 5.160 所示。

命令：MOVE

选择对象：找到 1 个

选择对象：找到 1 个，总计 2 个

……

选择对象：(回车)

指定基点或 [位移(D)] ＜位移＞：

指定第二个点或＜使用第一个点作为位移＞：

(33) 与前面旋转坐标轴反向旋转坐标轴,恢复为正立面的平面视图,镜像拉手。如图 5.161 所示。

命令:UCS

当前 UCS 名称:＊世界＊

指定 UCS 的原点或 [面(F)/命名(NA)/对象(OB)/上一个(P)/视图(V)/世界(W)/X/Y/Z/Z 轴(ZA)] <世界>:X(输入 X 绕 X 轴旋转坐标轴)

指定绕 X 轴的旋转角度<90>:-90

命令:plan

输入选项 [当前 UCS(C)/UCS(U)/世界(W)] <当前 UCS>:(回车)

正在重生成模型。

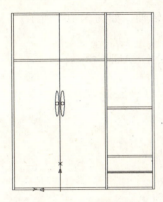 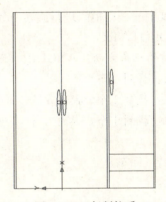

图 5.161　镜像拉手　　　　图 5.162　复制拉手

(34) 复制得到另外柜门的拉手。如图 5.162 所示。

命令:COPY

选择对象:找到 1 个

选择对象:找到 1 个,总计 2 个

……

选择对象:(回车)

当前设置:复制模式=多个

指定基点或 [位移(D)/模式(O)] <位移>:

指定第二个点或<使用第一个点作为位移>:

……

指定第二个点或 [退出(E)/放弃(U)] <退出>:(回车)

(35) 绘制抽屉拉手造型。如图 5.163 所示。

命令:cylinder

指定底面的中心点或 [三点(3P)/两点(2P)/相切、相切、半径(T)/椭圆(E)]:

指定底面半径或 [直径(D)]:

指定高度或 [两点(2P)/轴端点(A)] <23232.0000>:

(36) 改变视点观察衣柜此时的效果。如图 5.164 所示。

命令:vp

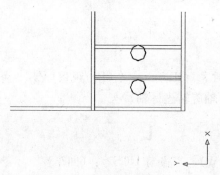

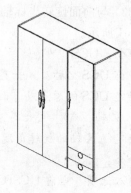

图 5.163　绘制抽屉拉手　　　　　　　　图 5.164　观察衣柜效果

(37) 对其中的一扇柜门进行旋转，先选择旋转轴。如图 5.165 所示。

命令：3DROTATE

UCS 当前的正角方向：ANGDIR＝逆时针 ANGBASE＝0

选择对象：找到 1 个

选择对象：找到 1 个，总计 2 个

选择对象：找到 1 个，总计 3 个

……

选择对象：(回车)

指定基点：

拾取旋转轴：

指定角的起点或键入角度：60

正在重生成模型。

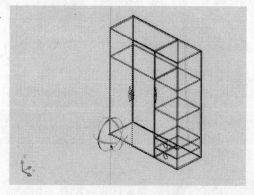
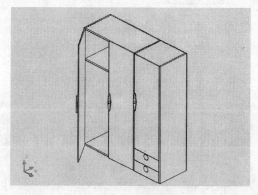

图 5.165　选择旋转轴　　　　　　　　图 5.166　旋转柜门

(38) 将柜门旋转一定角度。如图 5.166 所示。

命令：3DROTATE

UCS 当前的正角方向：ANGDIR＝逆时针 ANGBASE＝0

选择对象：找到 1 个

选择对象：找到 1 个，总计 2 个

选择对象：找到 1 个，总计 3 个

......

选择对象：(回车)

指定基点：

拾取旋转轴：

指定角的起点或键入角度：60

正在重生成模型。

(39) 对另外一侧的柜门也准备旋转一定角度，先选定旋转轴。如图 5.167 所示。

命令：3DROTATE

UCS 当前的正角方向：ANGDIR＝逆时针 ANGBASE＝0

选择对象：找到 1 个

选择对象：找到 1 个，总计 2 个

选择对象：找到 1 个，总计 3 个

......

选择对象：(回车)

指定基点：

拾取旋转轴：

指定角的起点或键入角度：90

正在重生成模型。

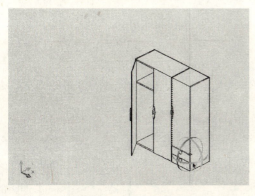

图 5.167 选定旋转轴

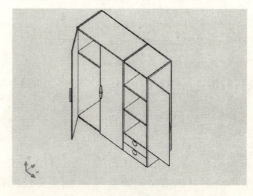

图 5.168 旋转短扇柜门

(40) 旋转短扇柜门一定角度。如图 5.168 所示。

命令：3DROTATE

UCS 当前的正角方向：ANGDIR＝逆时针 ANGBASE＝0

选择对象：找到 1 个

选择对象：找到 1 个，总计 2 个

选择对象：找到 1 个，总计 3 个

......

选择对象：(回车)

指定基点：

拾取旋转轴：

指定角的起点或键入角度：90

正在重生成模型。

(41) 动态观察衣柜效果。如图 5.169 所示。

命令：3DFOrbit

按 ESC 或 ENTER 键退出，或者单击鼠标右键显示快捷菜单。

正在重生成模型。

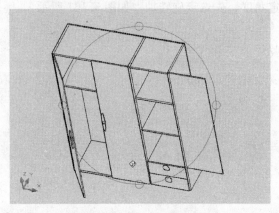

图 5.169　动态观察衣柜

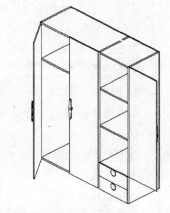

图 5.170　完成衣柜三维图形

(42) 选择合适的视点观察，消隐图形并保存图形，完成衣柜三维图形绘制。如图 5.170 所示。

命令：HIDE

正在重生成模型。

5.2.3　书柜三维图形绘制

(1) 在本小节后面的论述中，将详细介绍图 5.171 所示三维书柜的绘制方法与技巧。

(2) 根据书柜整体特点，先绘制其中一个书柜造型。绘制书柜横向截面造型，如图 5.172 所示。

命令：rectang

指定第一个角点或 [倒角(C)/标高(E)/圆角(F)/厚度(T)/宽度(W)]：

指定另一个角点或 [面积(A)/尺寸(D)/旋转(R)]：d(输入 d 通过尺寸绘制图形)

指定矩形的长度<10.0000>：

指定矩形的宽度<10.0000>：

指定另一个角点或 [面积(A)/尺寸(D)/旋转(R)]：

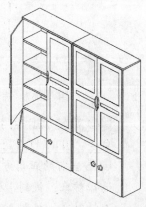

图 5.171　书柜

(3) 绘制两边的侧板横向截面造型。如图 5.173 所示。

命令：rectang

指定第一个角点或 [倒角(C)/标高(E)/圆角(F)/厚度(T)/宽度(W)]：

指定另一个角点或 [面积(A)/尺寸(D)/旋转(R)]：d(输入 d 通过尺寸绘制图形)

图 5.172　绘制横向截面　　　　　　　图 5.173　绘制侧板截面

指定矩形的长度<10.0000>：
指定矩形的宽度<10.0000>：
指定另一个角点或 [面积(A)/尺寸(D)/旋转(R)]：

(4) 绘制前面柜门截面。如图 5.174 所示。
命令：PLINE
指定起点：
当前线宽为 0.0000
指定下一个点或 [圆弧(A)/半宽(H)/长度(L)/放弃(U)/宽度(W)]：
指定下一点或 [圆弧(A)/闭合(C)/半宽(H)/长度(L)/放弃(U)/宽度(W)]：
……
指定下一点或 [圆弧(A)/闭合(C)/半宽(H)/长度(L)/放弃(U)/宽度(W)]：
指定下一点或 [圆弧(A)/闭合(C)/半宽(H)/长度(L)/放弃(U)/宽度(W)]：c(输入 c 闭合曲线)

图 5.174　绘制柜门截面 　　　　　　　图 5.175　绘制搁板截面

(5) 在侧板中间再绘制搁板截面。如图 5.175 所示。
命令：PLINE
指定起点：
当前线宽为 0.0000
指定下一个点或 [圆弧(A)/半宽(H)/长度(L)/放弃(U)/宽度(W)]：
指定下一点或 [圆弧(A)/闭合(C)/半宽(H)/长度(L)/放弃(U)/宽度(W)]：
……
指定下一点或 [圆弧(A)/闭合(C)/半宽(H)/长度(L)/放弃(U)/宽度(W)]：

指定下一点或 [圆弧(A)/闭合(C)/半宽(H)/长度(L)/放弃(U)/宽度(W)]：c(输入c闭合曲线)

(6) 改变视点三维观察图形。如图 5.176 所示。

命令：vp

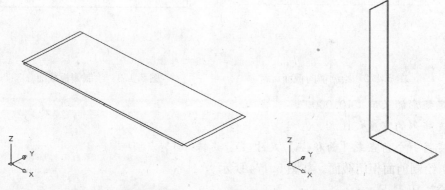

图 5.176　改变三维视点　　　　图 5.177　拉伸侧板

(7) 拉伸侧面板及底板为三维图形，一般书柜高 2000～2200mm。如图 5.177 所示。

命令：EXTRUDE

当前线框密度：ISOLINES=4

选择要拉伸的对象：找到 1 个

选择要拉伸的对象：

指定拉伸的高度或 [方向(D)/路径(P)/倾斜角(T)]<18.0>：

(8) 另外一侧侧板可以通过拉伸、复制和镜像得到。如图 5.178 所示。

命令：EXTRUDE

当前线框密度：ISOLINES=4

选择要拉伸的对象：找到 1 个

选择要拉伸的对象：

指定拉伸的高度或 [方向(D)/路径(P)/倾斜角(T)]<18.0>：

命令：COPY

选择对象：找到 1 个

选择对象：找到 1 个，总计 2 个

……

选择对象：(回车)

当前设置：复制模式=多个

指定基点或 [位移(D)/模式(O)] <位移>：

指定第二个点或<使用第一个点作为位移>：

……

指定第二个点或 [退出(E)/放弃(U)] <退出>：(回车)

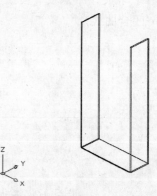

图 5.178　绘制另一侧板

(9) 将 UCS 设置在侧板顶部。如图 5.179 所示。

命令：ucs

当前 UCS 名称：＊世界＊

指定 UCS 的原点或 [面(F)/命名(NA)/对象(OB)/上一个(P)/视图(V)/世界(W)/X/Y/Z/Z 轴(ZA)] ＜世界＞：f

选择实体对象的面：

输入选项 [下一个(N)/X 轴反向(X)/Y 轴反向(Y)] ＜接受＞：(回车)

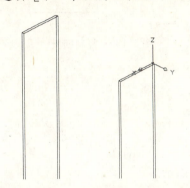 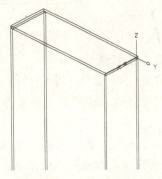

图 5.179　设置顶部 UCS　　　　图 5.180　绘制顶板

(10) 绘制顶板。如图 5.180 所示。

命令：box

指定第一个角点或 [中心(C)]：

指定其他角点或 [立方体(C)/长度(L)]：L

指定长度：

指定宽度：

指定高度或 [两点(2P)]：

(11) 旋转坐标轴设置 UCS，并设置为当前 UCS 平面视图。如图 5.181 所示。

命令：UCS

当前 UCS 名称：＊世界＊

指定 UCS 的原点或 [面(F)/命名(NA)/对象(OB)/上一个(P)/视图(V)/世界(W)/X/Y/Z/Z 轴(ZA)] ＜世界＞：X(输入 X 绕 X 轴旋转坐标轴)

指定绕 X 轴的旋转角度＜90＞：90

命令：plan

输入选项 [当前 UCS(C)/UCS(U)/世界(W)] ＜当前 UCS＞：(回车)

正在重生成模型。

(12) 复制书柜内部搁板。如图 5.182 所示。

命令：COPY

选择对象：找到 1 个

选择对象：找到 1 个，总计 2 个

……

选择对象：(回车)

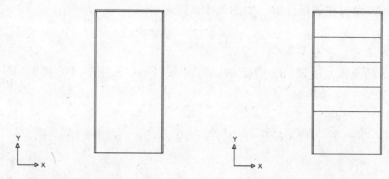

图5.181　改变视图形式　　　　图5.182　复制搁板

当前设置：复制模式＝多个

指定基点或 [位移(D)/模式(O)] <位移>：

指定第二个点或<使用第一个点作为位移>：

……

指定第二个点或 [退出(E)/放弃(U)] <退出>：(回车)

(13) 改变视点，观察三维效果。如图5.183所示。

命令：vp

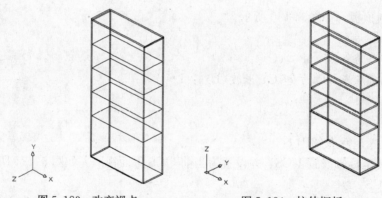

图5.183　改变视点　　　　图5.184　拉伸搁板

(14) 将搁板拉伸为三维板造型。如图5.184所示。

命令：EXTRUDE

当前线框密度：ISOLINES=4

选择要拉伸的对象：找到1个

选择要拉伸的对象：

指定拉伸的高度或 [方向(D)/路径(P)/倾斜角(T)] <18.0>：

(15) 消隐观察书柜此时的绘制情况。如图5.185所示。

命令：HIDE

正在重生成模型。

(16) 复制柜门截面到第2搁板位置。如图5.186所示。

命令：COPY

选择对象：找到1个

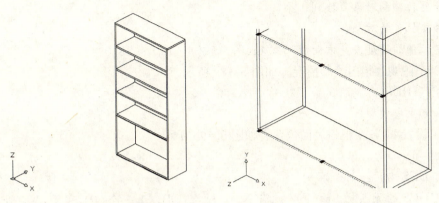

图 5.185 观察图形情况　　　　图 5.186 复制柜门截面

选择对象：找到 1 个，总计 2 个
……
选择对象：(回车)
当前设置：复制模式＝多个
指定基点或 [位移(D)/模式(O)] <位移>：
指定第二个点或<使用第一个点作为位移>：
……
指定第二个点或 [退出(E)/放弃(U)] <退出>：(回车)
(17) 将底部柜门截面拉伸成三维柜门造型。如图 5.187 所示。
命令：EXTRUDE
当前线框密度：ISOLINES＝4
选择要拉伸的对象：找到 1 个
选择要拉伸的对象：
指定拉伸的高度或 [方向(D)/路径(P)/倾斜角(T)] <18.0>：

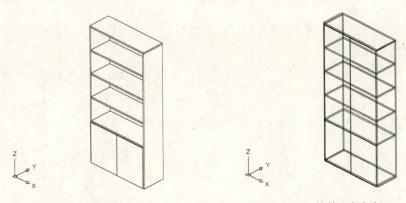

图 5.187 拉伸柜门　　　　图 5.188 拉伸上部柜门

(18) 同样将第 2 搁板处的柜门截面拉伸为三维图形。如图 5.188 所示。
命令：EXTRUDE
当前线框密度：ISOLINES＝4

选择要拉伸的对象：找到 1 个

选择要拉伸的对象：

指定拉伸的高度或 [方向(D)/路径(P)/倾斜角(T)] <18.0>：

(19) 消隐观察柜门绘制情况。如图 5.189 所示。

命令：HIDE

正在重生成模型。

(20) 设置 UCS 在柜门表面位置。如图 5.190 所示。

命令：ucs

当前 UCS 名称：*世界*

指定 UCS 的原点或 [面(F)/命名(NA)/对象(OB)/上一个(P)/视图(V)/世界(W)/X/Y/Z/Z 轴(ZA)] <世界>：f(输入 F 设置 UCS 在上表面位置)

选择实体对象的面：

输入选项 [下一个(N)/X 轴反向(X)/Y 轴反向(Y)] <接受>：(回车)

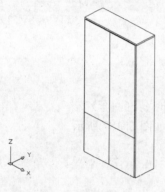
图 5.189 观察柜门情况

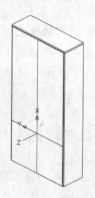
图 5.190 设置柜门 UCS

(21) 置为当前 UCS 的平面视图。如图 5.191 所示。

命令：plan

输入选项 [当前 UCS(C)/UCS(U)/世界(W)] <当前 UCS>：(回车)

正在重生成模型。

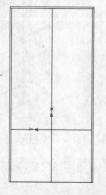
图 5.191 置为平面视图

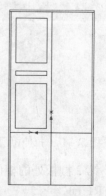
图 5.192 绘制柜门图案

(22) 在上部柜门表面绘制造型图案。如图 5.192 所示。

命令：PLINE

指定起点：

当前线宽为 0.0000

指定下一个点或 [圆弧(A)/半宽(H)/长度(L)/放弃(U)/宽度(W)]：

指定下一点或 [圆弧(A)/闭合(C)/半宽(H)/长度(L)/放弃(U)/宽度(W)]：

……

指定下一点或 [圆弧(A)/闭合(C)/半宽(H)/长度(L)/放弃(U)/宽度(W)]：

指定下一点或 [圆弧(A)/闭合(C)/半宽(H)/长度(L)/放弃(U)/宽度(W)]：c(输入 c 闭合曲线)

(23) 复制或镜像的对称扇柜门图形造型。如图 5.193 所示。

命令：COPY

选择对象：找到 1 个

选择对象：找到 1 个，总计 2 个

……

选择对象：(回车)

当前设置：复制模式=多个

指定基点或 [位移(D)/模式(O)] <位移>：

指定第二个点或<使用第一个点作为位移>：

……

指定第二个点或 [退出(E)/放弃(U)] <退出>：(回车)

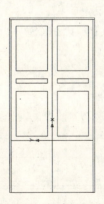
图 5.193 创建柜门造型

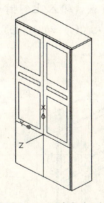
图 5.194 观察柜门造型

(24) 改变视点观察柜门图形造型绘制情况。如图 5.194 所示。

命令：vp

(25) 将柜门造型拉伸为高度很薄的三维体，向柜体方向拉伸。如图 5.195 所示。

命令：EXTRUDE

当前线框密度：ISOLINES=4

选择要拉伸的对象：找到 1 个

选择要拉伸的对象：

指定拉伸的高度或 [方向(D)/路径(P)/倾斜角(T)] <18.0>:

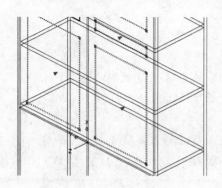
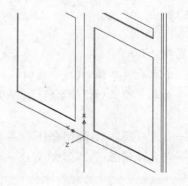

图 5.195 拉伸柜门造型　　　　　　　　图 5.196 形成凹槽

(26) 通过差集运算，在柜门表面得到凹槽效果。如图 5.196 所示。

命令：subtract

选择要从中减去的实体或面域...

选择对象：找到 1 个

选择对象：

选择要减去的实体或面域..

选择对象：找到 1 个

选择对象：

(27) 缩放视图观察整体凹槽情况。如图 5.197 所示。

命令：ZOOM

指定窗口的角点，输入比例因子(nX 或 nXP)，或者

[全部(A)/中心(C)/动态(D)/范围(E)/上一个(P)/比例(S)/窗口(W)/对象(O)] <实时>:

指定对角点：

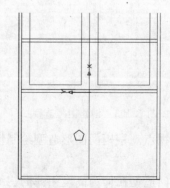

图 5.197 缩放视图　　　　　　　　图 5.198 绘制柜门拉手

(28) 置为当前 UCS 平面视图，在下部柜门上绘制拉手造型。如图 5.198 所示。

命令：plan

输入选项 [当前 UCS(C)/UCS(U)/世界(W)] <当前 UCS>：(回车)

正在重生成模型。
命令：polygon
输入边的数目<4>：5
指定正多边形的中心点或［边(E)］：
输入选项［内接于圆(I)/外切于圆(C)］<I>：
指定圆的半径：
(29) 复制得到两个拉手图形。如图 5.199 所示。
命令：COPY
选择对象：找到 1 个
选择对象：找到 1 个，总计 2 个
……
选择对象：(回车)
当前设置：复制模式＝多个
指定基点或［位移(D)/模式(O)］<位移>：
指定第二个点或<使用第一个点作为位移>：
……
指定第二个点或［退出(E)/放弃(U)］<退出>：(回车)

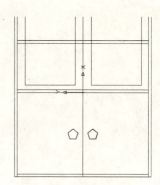

图 5.199　复制拉手

(30) 在上部柜门绘制弧线拉手造型。如图 5.200 所示。
命令：ARC
指定圆弧的起点或［圆心(C)］：
指定圆弧的第二个点或［圆心(C)/端点(E)］：
指定圆弧的端点：

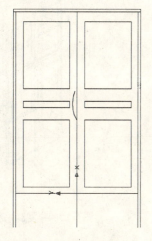 

图 5.200　绘制弧线拉手　　　　图 5.201　镜像拉手

(31) 镜像得到对称拉手造型。如图 5.201 所示。
命令：MIRROR
选择对象：找到 1 个
选择对象：

指定镜像线的第一点：指定镜像线的第二点：

要删除源对象吗？［是(Y)/否(N)］＜N＞：（回车）

(32) 改变视点观察拉手截面图形情况。如图5.202所示。

命令：vp

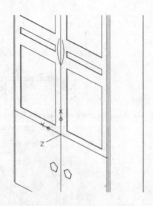 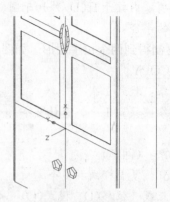

图5.202　改变图形视点　　　　　图5.203　拉伸柜门拉手

(33) 将柜门拉手拉伸为三维图形，注意拉伸高度。如图5.203所示。

命令：EXTRUDE

当前线框密度：ISOLINES=4

选择要拉伸的对象：找到1个

选择要拉伸的对象：

指定拉伸的高度或［方向(D)/路径(P)/倾斜角(T)］＜18.0＞：

(34) 复制一个相同的书柜造型，形成更丰富的三维书柜效果。如图5.204所示。

命令：COPY

选择对象：找到1个

选择对象：找到1个，总计2个

……

选择对象：（回车）

当前设置：复制模式=多个

指定基点或［位移(D)/模式(O)］＜位移＞：

指定第二个点或＜使用第一个点作为位移＞：

……

指定第二个点或［退出(E)/放弃(U)］＜退出＞：（回车）

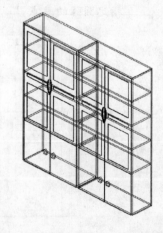

图5.204　复制书柜

(35) 选择其中一个底部柜门准备旋转。如图5.205所示。

命令：3DROTATE

UCS当前的正角方向：ANGDIR=逆时针 ANGBASE=0

选择对象：找到1个

选择对象：找到1个，总计2个

选择对象：找到 1 个，总计 3 个
……
选择对象：
指定基点：
拾取旋转轴：
指定角的起点或键入角度：60
正在重生成模型。

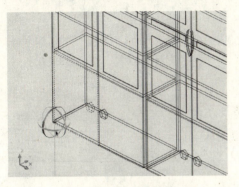

图 5.205 选定旋转轴

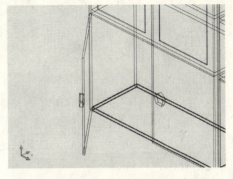

图 5.206 旋转柜门

（36）将柜门绕旋转轴旋转合适的角度。如图 5.206 所示。
命令：3DROTATE
UCS 当前的正角方向：ANGDIR＝逆时针 ANGBASE＝0
选择对象：找到 1 个
选择对象：找到 1 个，总计 2 个
选择对象：找到 1 个，总计 3 个
……
选择对象：
指定基点：
拾取旋转轴：
指定角的起点或键入角度：60
正在重生成模型。
（37）上部柜门也通过选定旋转轴旋转一定角度。如图 5.207 所示。
命令：3DROTATE
UCS 当前的正角方向：ANGDIR＝逆时针 ANGBASE＝0
选择对象：找到 1 个
选择对象：找到 1 个，总计 2 个
选择对象：找到 1 个，总计 3 个
……
选择对象：
指定基点：
拾取旋转轴：

指定角的起点或键入角度:70
正在重生成模型。

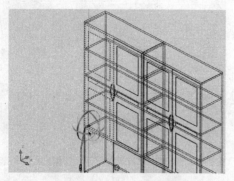

图 5.207 选定上部旋转轴

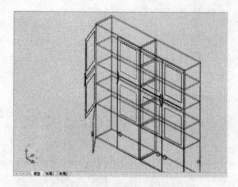

图 5.208 旋转柜门

(38) 将上部柜门旋转一定角度。如图 5.208 所示。

命令:3DROTATE

UCS 当前的正角方向:ANGDIR=逆时针 ANGBASE=0

选择对象:找到 1 个

选择对象:找到 1 个,总计 2 个

选择对象:找到 1 个,总计 3 个

……

选择对象:

指定基点:

拾取旋转轴:

指定角的起点或键入角度:70

正在重生成模型。

(39) 对书柜进行动态观察,从多角度感受三维图形的效果。如图 5.209 所示。

命令:3DFOrbit

按 ESC 或 ENTER 键退出,或者单击鼠标右键显示快捷菜单。

正在重生成模型。

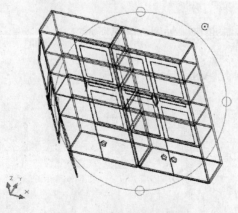

图 5.209 动态观察书柜

图 5.210 保存书柜图形

(40) 选定合适视点位置，消隐观察书柜绘制情况，保存图形。如图 5.210 所示。

命令：HIDE

正在重生成模型。

5.3 日常生活橱具电器三维图形绘制

5.3.1 洗衣机三维图形绘制

(1) 在本小节后面的论述中，将详细介绍图 5.211 所示三维洗衣机的绘制方法与技巧。

(2) 绘制洗衣机横向截面轮廓。如图 5.212 所示。

命令：PLINE

指定起点：

当前线宽为 0.0000

指定下一个点或 [圆弧(A)/半宽(H)/长度(L)/放弃(U)/宽度(W)]：

指定下一点或 [圆弧(A)/闭合(C)/半宽(H)/长度(L)/放弃(U)/宽度(W)]：

……

指定下一点或 [圆弧(A)/闭合(C)/半宽(H)/长度(L)/放弃(U)/宽度(W)]：

指定下一点或 [圆弧(A)/闭合(C)/半宽(H)/长度(L)/放弃(U)/宽度(W)]：c(输入 c 闭合曲线)

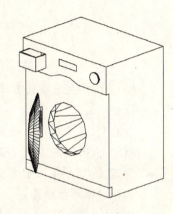

图 5.211 洗衣机

(3) 改变视点观察图形。如图 5.213 所示。

命令：vp

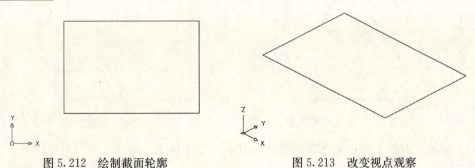

图 5.212 绘制截面轮廓　　　图 5.213 改变视点观察

(4) 按洗衣机高度拉伸。如图 5.214 所示。

命令：EXTRUDE

当前线框密度：ISOLINES=4

选择要拉伸的对象：找到 1 个

选择要拉伸的对象：

指定拉伸的高度或 [方向(D)/路径(P)/倾斜角(T)] <18.0>:

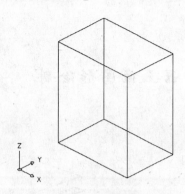
图 5.214 拉伸截面

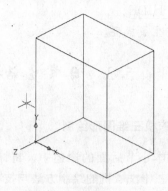
图 5.215 设置 UCS

（5）设置 UCS 在长方体的长侧面。如图 5.215 所示。

命令：ucs

当前 UCS 名称：＊世界＊

指定 UCS 的原点或 [面(F)/命名(NA)/对象(OB)/上一个(P)/视图(V)/世界(W)/X/Y/Z/Z 轴(ZA)] <世界>：f(输入 F 通过选择实体面设置 UCS)

选择实体对象的面：

输入选项 [下一个(N)/X 轴反向(X)/Y 轴反向(Y)] <接受>：

（6）置为当前 UCS 的平面视图。如图 5.216 所示。

命令：plan

输入选项 [当前 UCS(C)/UCS(U)/世界(W)] <当前 UCS>：(回车)

正在重生成模型。

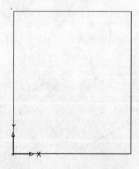
图 5.216 置为平面视图

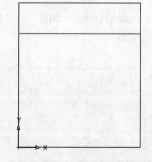
图 5.217 绘制功能区轮廓

（7）绘制洗衣机上部功能区范围造型。如图 5.217 所示。

命令：rectang

指定第一个角点或 [倒角(C)/标高(E)/圆角(F)/厚度(T)/宽度(W)]：

指定另一个角点或 [面积(A)/尺寸(D)/旋转(R)]：d(输入 d 通过尺寸绘制图形)

指定矩形的长度<10.0000>：

指定矩形的宽度<10.0000>：

指定另一个角点或 [面积(A)/尺寸(D)/旋转(R)]：

(8) 绘制一段弧线。如图 5.218 所示。

命令：arc

指定圆弧的起点或 [圆心(C)]：

指定圆弧的第二个点或 [圆心(C)/端点(E)]：

指定圆弧的端点：

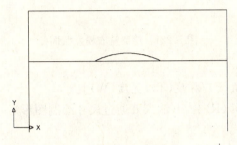

图 5.218　绘制弧线　　　　　图 5.219　剪切线条

(9) 对线条进行剪切。如图 5.219 所示。

命令：TRIM

当前设置：投影＝UCS，边＝无

选择剪切边...

选择对象或＜全部选择＞：找到 1 个

选择对象：

选择要修剪的对象，或按住 Shift 键选择要延伸的对象，或

[栏选(F)/窗交(C)/投影(P)/边(E)/删除(R)/放弃(U)]：

选择要修剪的对象，或按住 Shift 键选择要延伸的对象，或

[栏选(F)/窗交(C)/投影(P)/边(E)/删除(R)/放弃(U)]：（回车）

(10) 编辑线条连接为一体。如图 5.220 所示。

命令：pedit

选择多段线或 [多条(M)]：m

选择对象：指定对角点：找到 10 个

选择对象：找到 1 个，总计 11 个

选择对象：

是否将直线和圆弧转换为多段线？[是(Y)/否(N)]？＜Y＞y

输入选项 [闭合(C)/打开(O)/合并(J)/宽度(W)/拟合(F)/样条曲线(S)/非曲线化(D)/线型生成(L)/放弃(U)]：j

合并类型＝延伸

输入模糊距离或 [合并类型(J)] ＜0.0000＞：

多段线已增加 10 条线段

输入选项 [闭合(C)/打开(O)/合并(J)/宽度(W)/拟合(F)/样条曲线(S)/非曲线化(D)/线型生成(L)/放弃(U)]：

(11) 绘制装洗衣粉盒截面造型。如图 5.221 所示。

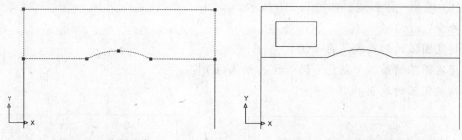

图 5.220　编辑线条　　　　　图 5.221　绘制洗衣粉盒截面

命令：rectang
指定第一个角点或 ［倒角(C)/标高(E)/圆角(F)/厚度(T)/宽度(W)］：
指定另一个角点或 ［面积(A)/尺寸(D)/旋转(R)］：d(输入d通过尺寸绘制图形)
指定矩形的长度＜10.0000＞：
指定矩形的宽度＜10.0000＞：
指定另一个角点或 ［面积(A)/尺寸(D)/旋转(R)］：

(12) 创建显示造型轮廓。如图 5.222 所示。

命令：rectang
指定第一个角点或 ［倒角(C)/标高(E)/圆角(F)/厚度(T)/宽度(W)］：
指定另一个角点或 ［面积(A)/尺寸(D)/旋转(R)］：d(输入d通过尺寸绘制图形)
指定矩形的长度＜10.0000＞：
指定矩形的宽度＜10.0000＞：
指定另一个角点或 ［面积(A)/尺寸(D)/旋转(R)］：

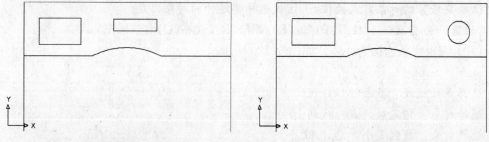

图 5.222　创建显示功能轮廓　　　　　图 5.223　绘制功能键按钮

(13) 绘制功能键旋转钮截面。如图 5.223 所示。

命令：CIRCLE
指定圆的圆心或 ［三点(3P)/两点(2P)/相切、相切、半径(T)］：
指定圆的半径或 ［直径(D)］＜73.9107＞：

(14) 在下部绘制洗衣机门造型截面。如图 5.224 所示。

命令：CIRCLE
指定圆的圆心或 ［三点(3P)/两点(2P)/相切、相切、半径(T)］：
指定圆的半径或 ［直径(D)］＜73.9107＞：

命令：OFFSET

当前设置：删除源＝否 图层＝源 OFFSETGAPTYPE＝0
指定偏移距离或 [通过(T)/删除(E)/图层(L)] <通过>：
选择要偏移的对象，或 [退出(E)/放弃(U)] <退出>：
指定要偏移的那一侧上的点，或 [退出(E)/多个(M)/放弃(U)] <退出>：
选择要偏移的对象，或 [退出(E)/放弃(U)] <退出>：（回车）

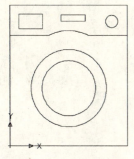
图 5.224 绘制门截面

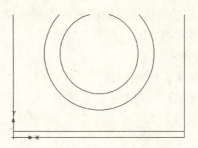
图 5.225 绘制下部轮廓截面

(15) 绘制下部造型轮廓截面。如图 5.225 所示。

命令：rectang
指定第一个角点或 [倒角(C)/标高(E)/圆角(F)/厚度(T)/宽度(W)]：
指定另一个角点或 [面积(A)/尺寸(D)/旋转(R)]：d（输入 d 通过尺寸绘制图形）
指定矩形的长度<10.0000>：
指定矩形的宽度<10.0000>：
指定另一个角点或 [面积(A)/尺寸(D)/旋转(R)]：

(16) 改变视点观察图形绘制情况。如图 5.226 所示。

命令：vp

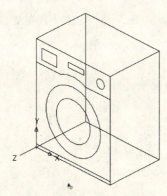
图 5.226 改变视点观察

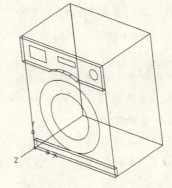
图 5.227 拉伸上部造型

(17) 拉伸上部造型，注意拉伸高度不宜太大。如图 5.227 所示。

命令：EXTRUDE
当前线框密度：ISOLINES＝4
选择要拉伸的对象：找到 1 个
选择要拉伸的对象：

指定拉伸的高度或[方向(D)/路径(P)/倾斜角(T)]<18.0>：

(18) 消隐观察，其他的轮廓造型埋在上部板轮廓内。如图5.228所示。

命令：HIDE

正在重生成模型。

(19) 将功能键造型轮廓截面图形移动至表面，使用端点捕捉功能移动很方便。如图5.229所示。

命令：MOVE

选择对象：找到1个

选择对象：找到1个，总计2个

……

选择对象：(回车)

指定基点或[位移(D)]<位移>：

指定第二个点或<使用第一个点作为位移>：

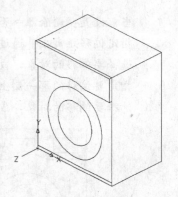

图5.228 消隐观察

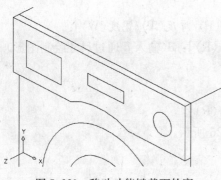

图5.229 移动功能键截面轮廓

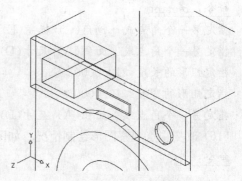

图5.230 拉伸不同高度

(20) 分别将功能键图形拉伸为不同的高度。如图5.230所示。

命令：EXTRUDE

当前线框密度：ISOLINES=4

选择要拉伸的对象：找到1个

选择要拉伸的对象：

指定拉伸的高度或[方向(D)/路径(P)/倾斜角(T)]<18.0>：

(21) 设置UCS在洗衣粉盒表面位置。如图5.231所示。

命令：ucs

当前UCS名称：*世界*

指定UCS的原点或[面(F)/命名(NA)/对象(OB)/上一个(P)/视图(V)/世界(W)/X/Y/Z/Z轴(ZA)]<世界>：f(输入F通过选择实体面设置UCS)

选择实体对象的面：

输入选项[下一个(N)/X轴反向(X)/Y轴反向(Y)]<接受>：

(22) 置为平面视图，绘制一个截面作为洗衣粉盒内侧轮廓。如图5.232所示。

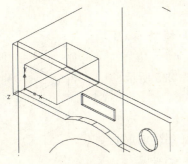
图 5.231 设置新 UCS

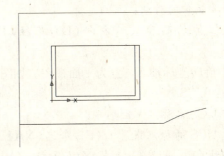
图 5.232 绘制内轮廓截面

命令：plan

输入选项［当前 UCS(C)/UCS(U)/世界(W)］＜当前 UCS＞：(回车)

正在重生成模型。

命令：PLINE

指定起点：

当前线宽为 0.0000

指定下一个点或 ［圆弧(A)/半宽(H)/长度(L)/放弃(U)/宽度(W)］：

指定下一点或 ［圆弧(A)/闭合(C)/半宽(H)/长度(L)/放弃(U)/宽度(W)］：

……

指定下一点或 ［圆弧(A)/闭合(C)/半宽(H)/长度(L)/放弃(U)/宽度(W)］：

指定下一点或 ［圆弧(A)/闭合(C)/半宽(H)/长度(L)/放弃(U)/宽度(W)］：c(输入 c 闭合曲线)

(23) 改变视点观察洗衣粉盒内轮廓绘制情况。如图 5.233 所示。

命令：vp

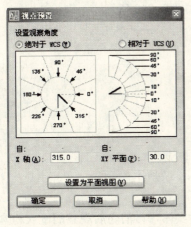
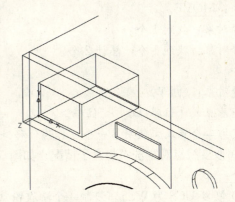

图 5.233 观察绘制情况

(24) 将内轮廓图拉伸，注意拉伸高度比前面绘制的洗衣粉盒短些。如图 5.234 所示。

命令：EXTRUDE

当前线框密度：ISOLINES=4

选择要拉伸的对象：找到 1 个

选择要拉伸的对象：

指定拉伸的高度或［方向(D)/路径(P)/倾斜角(T)］<18.0>：

(25) 旋转坐标轴 X，置为平面视图。如图 5.235 所示。

命令：UCS

当前 UCS 名称：*世界*

指定 UCS 的原点或［面(F)/命名(NA)/对象(OB)/上一个(P)/视图(V)/世界(W)/X/Y/Z/Z 轴(ZA)］<世界>：X

(输入 X 绕 X 轴旋转坐标轴)

指定绕 X 轴的旋转角度<90>：90

命令：plan

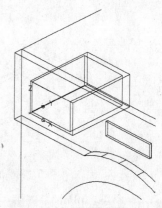

图 5.234　拉伸内轮廓

输入选项［当前 UCS(C)/UCS(U)/世界(W)］<当前 UCS>：(回车)

正在重生成模型。

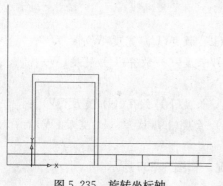

图 5.235　旋转坐标轴

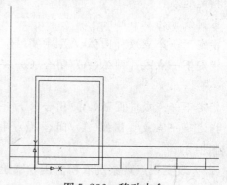

图 5.236　移动内盒

(26) 移动内侧三维轮廓造型至合适位置。如图 5.236 所示。

命令：MOVE

选择对象：找到 1 个

选择对象：找到 1 个，总计 2 个

……

选择对象：(回车)

指定基点或［位移(D)］<位移>：

指定第二个点或<使用第一个点作为位移>：

(27) 改变视点观察洗衣粉盒子情况。如图 5.237 所示。

命令：vp

(28) 恢复 UCS 为 WCS。复制一个洗衣粉盒实体，再消隐后观察的洗衣粉盒子图形效果。如图 5.238 所示。

命令：ucs

当前 UCS 名称：*世界*

指定 UCS 的原点或［面(F)/命名(NA)/对象(OB)/上一个(P)/视图(V)/世界(W)/X/Y/Z/Z 轴(ZA)］<世界>：

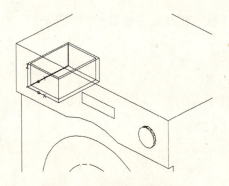
图 5.237 得到洗衣粉盒子

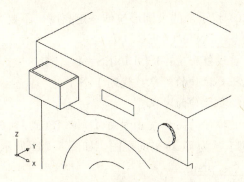
图 5.238 复制盒子造型

命令：COPY
选择对象：找到 1 个
选择对象：找到 1 个，总计 2 个
……
选择对象：（回车）
当前设置：复制模式＝多个
指定基点或 ［位移(D)/模式(O)］＜位移＞：
指定第二个点或＜使用第一个点作为位移＞：
……
指定第二个点或 ［退出(E)/放弃(U)］＜退出＞：（回车）

（29）分别对洗衣机和洗衣粉盒、洗衣粉盒和内盒进行差集运算，形成洗衣粉盒子造型。如图 5.239 所示。

命令：subtract
选择要从中减去的实体或面域…
选择对象：找到 1 个
选择对象：
选择要减去的实体或面域..
选择对象：找到 1 个
选择对象：

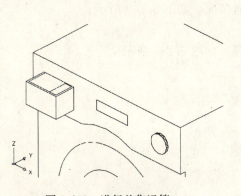
图 5.239 进行差集运算

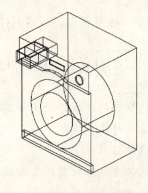
图 5.240 拉伸大圆形

(30) 将下部的大圆形拉伸一定高度,不要大于洗衣机厚度。如图 5.240 所示。

命令:EXTRUDE

当前线框密度:ISOLINES=4

选择要拉伸的对象:找到 1 个

选择要拉伸的对象:

指定拉伸的高度或 [方向(D)/路径(P)/倾斜角(T)] <18.0>:

(31) 置为 UCS 平面视图。如图 5.241 所示。

命令:plan

输入选项 [当前 UCS(C)/UCS(U)/世界(W)] <当前 UCS>:(回车)

正在重生成模型。

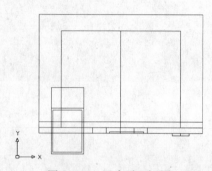

图 5.241　置为平面视图

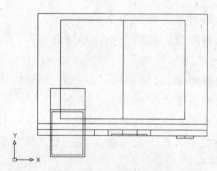

图 5.242　移动圆柱体

(32) 移动大圆形拉伸得到的圆柱体,使得其位于洗衣机中间位置。如图 5.242 所示。

命令:MOVE

选择对象:找到 1 个

选择对象:找到 1 个,总计 2 个

……

选择对象:(回车)

指定基点或 [位移(D)] <位移>:

指定第二个点或<使用第一个点作为位移>:

(33) 改变视点,观察圆柱体图形位置情况。如图 5.243 所示。

命令:vp

(34) 对洗衣机和圆柱体进行差集运算。如图 5.244 所示。

命令:subtract

选择要从中减去的实体或面域...

选择对象:找到 1 个

选择对象:

选择要减去的实体或面域..

选择对象:找到 1 个

选择对象:

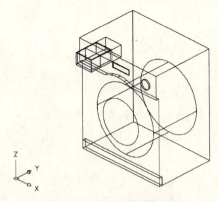
图 5.243 观察圆柱体位置

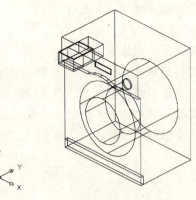
图 5.244 洗衣机和圆柱体运算

(35) 消隐观察运算效果。如图 5.245 所示。

命令：HIDE

正在重生成模型。

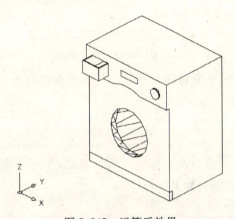
图 5.245 运算后效果

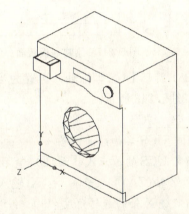
图 5.246 设置 UCS 洗衣机前表面

(36) 设置 UCS 位于洗衣机前表面。如图 5.246 所示。

命令：ucs

当前 UCS 名称：＊世界＊

指定 UCS 的原点或 [面(F)/命名(NA)/对象(OB)/上一个(P)/视图(V)/世界(W)/X/Y/Z/Z 轴(ZA)]＜世界＞：f

选择实体对象的面：

输入选项 [下一个(N)/X 轴反向(X)/Y 轴反向(Y)]＜接受＞：(回车)

(37) 置为当前 UCS 平面视图，绘制两个同心圆作为洗衣机滚筒盖板。如图 5.247 所示。

命令：plan

输入选项 [当前 UCS(C)/UCS(U)/世界(W)]＜当前 UCS＞：(回车)

正在重生成模型。

命令：CIRCLE

指定圆的圆心或 [三点(3P)/两点(2P)/相切、相切、半径(T)]：

指定圆的半径或 [直径(D)]:
命令：OFFSET
当前设置：删除源＝否 图层＝源 OFFSETGAPTYPE＝0
指定偏移距离或 [通过(T)/删除(E)/图层(L)] <通过>:
选择要偏移的对象，或 [退出(E)/放弃(U)] <退出>:
指定要偏移的那一侧上的点，或 [退出(E)/多个(M)/放弃(U)] <退出>:
选择要偏移的对象，或 [退出(E)/放弃(U)] <退出>:（回车）

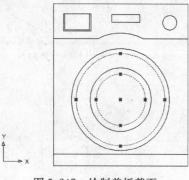

图 5.247　绘制盖板截面

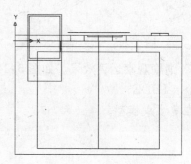

图 5.248　移动小圆

（38）旋转 UCS 坐标轴，再置为当前 UCS 平面视图。然后，将小圆向外移动一定距离。如图 5.248 所示。

命令：UCS
当前 UCS 名称：＊世界＊
指定 UCS 的原点或 [面(F)/命名(NA)/对象(OB)/上一个(P)/视图(V)/世界(W)/X/Y/Z/Z 轴(ZA)] <世界>：X(输入 X 绕 X 轴旋转坐标轴)
指定绕 X 轴的旋转角度<90>：90
命令：MOVE
选择对象：找到 1 个
选择对象：找到 1 个，总计 2 个
……
选择对象：（回车）
指定基点或 [位移(D)] <位移>:
指定第二个点或<使用第一个点作为位移>:

（39）改变视点观察图形变动情况，同时再复制一个小圆与原图位置重合。如图 5.249 所示。

命令：COPY
选择对象：找到 1 个
选择对象：找到 1 个，总计 2 个
……
选择对象：（回车）
当前设置：复制模式＝多个

指定基点或［位移(D)/模式(O)］＜位移＞：
指定第二个点或＜使用第一个点作为位移＞：
……
指定第二个点或［退出(E)/放弃(U)］＜退出＞：(回车)

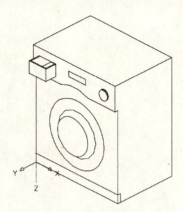 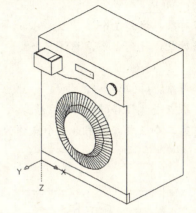

图 5.249　观察图形变动情况　　　　图 5.250　创建滚筒盖板

（40）通过网格功能命令，生成三维滚筒盖板图形。如图 5.250 所示。

命令：surftab1

输入 SURFTAB1 的新值＜6＞：60

命令：rulesurf

当前线框密度：SURFTAB1＝60

选择第一条定义曲线：

选择第二条定义曲线：

（41）绘制一个小圆柱体，作为盖板旋转轴造型。如图 5.251 所示。

命令：cylinder

指定底面的中心点或［三点(3P)/两点(2P)/相切、相切、半径(T)/椭圆(E)］：

指定底面半径或［直径(D)］＜32.0288＞：

指定高度或［两点(2P)/轴端点(A)］＜43.6863＞：

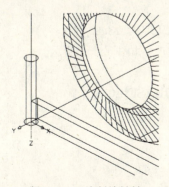 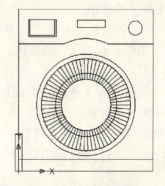

图 5.251　绘制旋转轴　　　　图 5.252　置为平面视图

（42）置为洗衣机表面的平面视图。如图 5.252 所示。

命令：plan

输入选项 [当前 UCS(C)/UCS(U)/世界(W)] <当前 UCS>：（回车）

正在重生成模型。

(43) 移动旋转轴到盖板一侧。如图 5.253 所示。

命令：MOVE

选择对象：找到 1 个

选择对象：找到 1 个，总计 2 个

……

选择对象：（回车）

指定基点或 [位移(D)] <位移>：

指定第二个点或<使用第一个点作为位移>：

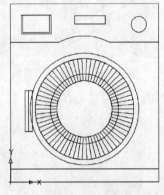 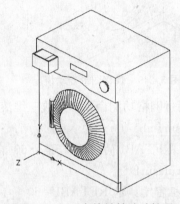

图 5.253　移动盖板旋转轴　　　图 5.254　观察旋转轴移动情况

(44) 改变视点观察图形移动情况。如图 5.254 所示。

命令：vp

(45) 将小圆形拉伸为很薄的图形，作为盖板封口。如图 5.255 所示。

命令：EXTRUDE

当前线框密度：ISOLINES=4

选择要拉伸的对象：找到 1 个

选择要拉伸的对象：

指定拉伸的高度或 [方向(D)/路径(P)/倾斜角(T)] <18.0>：

(46) 对滚筒盖板进行三维旋转，先指定旋转方向。如图 5.256 所示。

命令：3DROTATE

UCS 当前的正角方向：ANGDIR=逆时针 ANGBASE=0

选择对象：找到 1 个

选择对象：找到 1 个，总计 2 个

选择对象：找到 1 个，总计 3 个

……

选择对象：

指定基点：

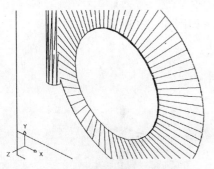 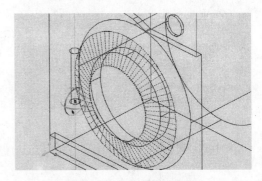

图 5.255 创建盖板封口　　　　　　图 5.256 指定旋转方向

拾取旋转轴：

指定角的起点或键入角度：60

正在重生成模型。

(47) 进行旋转，将滚筒盖板打开一定角度。如图 5.257 所示。

命令：3DROTATE

UCS 当前的正角方向：ANGDIR＝逆时针 ANGBASE＝0

选择对象：找到 1 个

选择对象：找到 1 个，总计 2 个

选择对象：找到 1 个，总计 3 个

……

选择对象：

指定基点：

拾取旋转轴：

指定角的起点或键入角度：60

正在重生成模型。

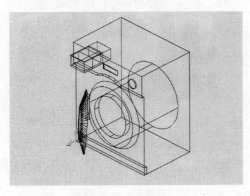 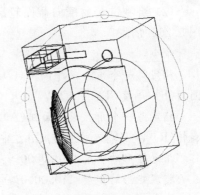

图 5.257 旋转盖板　　　　　　　图 5.258 动态观察洗衣机

(48) 动态观察洗衣机的绘制情况。如图 5.258 所示。

命令：3DFOrbit

按 ESC 或 ENTER 键退出，或者单击鼠标右键显示快捷菜单。

正在重生成模型。

（49）消隐图形观察洗衣机整体情况，保存图形。如图5.259所示。

命令：HIDE

正在重生成模型。

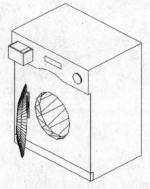
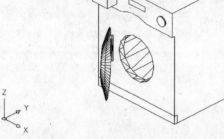

图5.259 消隐观察洗衣机　　　　图5.260 简单美化图

（50）利用CAD的视觉样式观察洗衣机的简单美化效果。如图5.260所示。

命令：VSCURRENT

输入选项［二维线框(2)/三维线框(3)/三维隐藏(H)/真实(R)/概念(C)/其他(O)］＜概念＞：c

正在重生成模型。

5.3.2 洗菜盆三维图形绘制

（1）在本小节后面的论述中，将详细介绍图5.261所示三维洗菜盆的绘制方法与技巧。

（2）绘制洗菜盆横向截面轮廓范围。如图5.262所示。

命令：rectang

指定第一个角点或［倒角(C)/标高(E)/圆角(F)/厚度(T)/宽度(W)］：

指定另一个角点或［面积(A)/尺寸(D)/旋转(R)］：d（输入d通过尺寸绘制图形）

指定矩形的长度＜10.0000＞：

指定矩形的宽度＜10.0000＞：

指定另一个角点或［面积(A)/尺寸(D)/旋转(R)］：

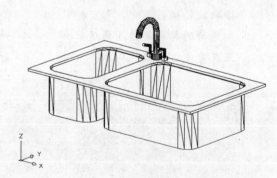

图5.261 洗菜盆

（3）绘制两个盆槽轮廓。如图5.263所示。

命令：PLINE

指定起点：

当前线宽为 0.0000
指定下一个点或 [圆弧(A)/半宽(H)/长度(L)/放弃(U)/宽度(W)]：

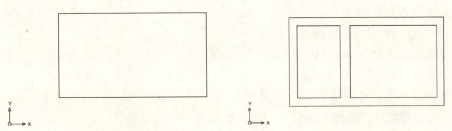

图 5.262　绘制洗菜盆横向轮廓　　　　图 5.263　绘制盆槽

指定下一点或 [圆弧(A)/闭合(C)/半宽(H)/长度(L)/放弃(U)/宽度(W)]：
……
指定下一点或 [圆弧(A)/闭合(C)/半宽(H)/长度(L)/放弃(U)/宽度(W)]：
指定下一点或 [圆弧(A)/闭合(C)/半宽(H)/长度(L)/放弃(U)/宽度(W)]：c(输入 c 闭合曲线)

(4) 对小盆槽轮廓进行倒圆角。如图 5.264 所示。
命令：FILLET
当前设置：模式＝修剪，半径＝150.0000
选择第一个对象或 [放弃(U)/多段线(P)/半径(R)/修剪(T)/多个(M)]：r
指定圆角半径＜150.0000＞：50
选择第一个对象或 [放弃(U)/多段线(P)/半径(R)/修剪(T)/多个(M)]：
选择第一个对象或 [放弃(U)/多段线(P)/半径(R)/修剪(T)/多个(M)]：
输入圆角半径＜50.0000＞：
选择边或 [链(C)/半径(R)]：
选择边或 [链(C)/半径(R)]：
选择边或 [链(C)/半径(R)]：
已选定 3 个边用于圆角。

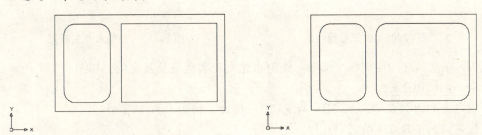

图 5.264　小盆槽倒圆角　　　　图 5.265　大盆槽倒圆角

(5) 按同样方法对大的盆槽进行倒圆角。如图 5.265 所示。
命令：FILLET
当前设置：模式＝修剪，半径＝150.0000
选择第一个对象或 [放弃(U)/多段线(P)/半径(R)/修剪(T)/多个(M)]：r
指定圆角半径＜150.0000＞：50

选择第一个对象或 [放弃(U)/多段线(P)/半径(R)/修剪(T)/多个(M)]：
选择第一个对象或 [放弃(U)/多段线(P)/半径(R)/修剪(T)/多个(M)]：
输入圆角半径<50.0000>：
选择边或 [链(C)/半径(R)]：
选择边或 [链(C)/半径(R)]：
选择边或 [链(C)/半径(R)]：
已选定3个边用于圆角。

(6) 将盆槽轮廓线条图形编辑为一体。如图5.266所示。

命令：pedit
选择多段线或 [多条(M)]：m
选择对象：指定对角点：找到10个
选择对象：找到1个，总计11个
选择对象：
是否将直线和圆弧转换为多段线？[是(Y)/否(N)]? <Y>y
输入选项 [闭合(C)/打开(O)/合并(J)/宽度(W)/拟合(F)/样条曲线(S)/非曲线化(D)/线型生成(L)/放弃(U)]：j
合并类型＝延伸
输入模糊距离或 [合并类型(J)] <0.0000>：
多段线已增加10条线段
输入选项 [闭合(C)/打开(O)/合并(J)/宽度(W)/拟合(F)/样条曲线(S)/非曲线化(D)/线型生成(L)/放弃(U)]：

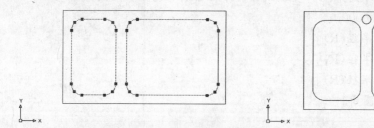

图5.266 编辑盆槽线条　　　　　图5.267 绘制水龙头截面

(7) 在盆槽之间绘制一个圆形，作为水龙头轮廓造型及其定位。如图5.267所示。

命令：CIRCLE
指定圆的圆心或 [三点(3P)/两点(2P)/相切、相切、半径(T)]：
指定圆的半径或 [直径(D)]：

(8) 改变视点，并复制一份图形备用。如图5.268所示。

命令：vp
命令：COPY
选择对象：找到1个
选择对象：找到1个，总计2个
……

选择对象：(回车)
当前设置：复制模式＝多个
指定基点或［位移(D)/模式(O)］＜位移＞：
指定第二个点或＜使用第一个点作为位移＞：
……
指定第二个点或［退出(E)/放弃(U)］＜退出＞：(回车)

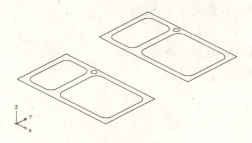

图 5.268　改变视点

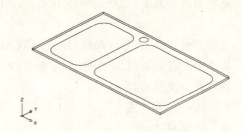

图 5.269　拉伸外轮廓

(9) 将外轮廓图形拉伸为很薄的三维盆面图形。如图 5.269 所示。
命令：EXTRUDE
当前线框密度：ISOLINES＝4
选择要拉伸的对象：找到 1 个
选择要拉伸的对象：
指定拉伸的高度或［方向(D)/路径(P)/倾斜角(T)］＜18.0＞：
(10) 将中间的盆槽轮廓拉伸。如图 5.270 所示。
命令：EXTRUDE
当前线框密度：ISOLINES＝4
选择要拉伸的对象：找到 1 个
选择要拉伸的对象：
指定拉伸的高度或［方向(D)/路径(P)/倾斜角(T)］＜18.0＞：

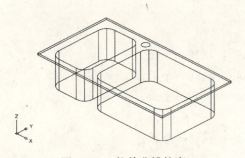

图 5.270　拉伸盆槽轮廓

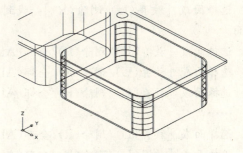

图 5.271　复制大盆槽面

(11) 通过实体编辑工具，复制大盆槽实体各个面。如图 5.271 所示。
命令：solidedit
实体编辑自动检查：SOLIDCHECK＝1
输入实体编辑选项［面(F)/边(E)/体(B)/放弃(U)/退出(X)］＜退出＞：f

输入面编辑选项

[拉伸(E)/移动(M)/旋转(R)/偏移(O)/倾斜(T)/删除(D)/复制(C)/颜色(L)/材质(A)/放弃(U)/退出(X)] <退出>：f

选择面或 [放弃(U)/删除(R)]：找到一个面。

选择面或 [放弃(U)/删除(R)/全部(ALL)]：找到一个面。

选择面或 [放弃(U)/删除(R)/全部(ALL)]：找到一个面。

选择面或 [放弃(U)/删除(R)/全部(ALL)]：找到一个面。

……

选择面或 [放弃(U)/删除(R)/全部(ALL)]：找到一个面。

选择面或 [放弃(U)/删除(R)/全部(ALL)]：

指定基点或位移：

指定位移的第二点：

输入面编辑选项

[拉伸(E)/移动(M)/旋转(R)/偏移(O)/倾斜(T)/删除(D)/复制(C)/颜色(L)/材质(A)/放弃(U)/退出(X)] <退出>：(回车)

实体编辑自动检查：SOLIDCHECK=1

输入实体编辑选项 [面(F)/边(E)/体(B)/放弃(U)/退出(X)] <退出>：(回车)

(12) 同样，把小盆槽各个表面复制。如图 5.272 所示。

命令：solidedit

实体编辑自动检查：SOLIDCHECK=1

输入实体编辑选项 [面(F)/边(E)/体(B)/放弃(U)/退出(X)] <退出>：f

输入面编辑选项

[拉伸(E)/移动(M)/旋转(R)/偏移(O)/倾斜(T)/删除(D)/复制(C)/颜色(L)/材质(A)/放弃(U)/退出(X)] <退出>：f

选择面或 [放弃(U)/删除(R)]：找到一个面。

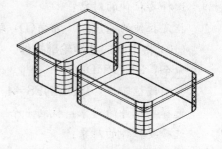

图 5.272　复制小盆槽面

选择面或 [放弃(U)/删除(R)/全部(ALL)]：找到一个面。

选择面或 [放弃(U)/删除(R)/全部(ALL)]：找到一个面。

……

选择面或 [放弃(U)/删除(R)/全部(ALL)]：找到一个面。

选择面或 [放弃(U)/删除(R)/全部(ALL)]：

指定基点或位移：

指定位移的第二点：

输入面编辑选项

[拉伸(E)/移动(M)/旋转(R)/偏移(O)/倾斜(T)/删除(D)/复制(C)/颜色(L)/材质(A)/放弃(U)/退出(X)] <退出>：(回车)

实体编辑自动检查：SOLIDCHECK＝1

输入实体编辑选项 ［面(F)/边(E)/体(B)/放弃(U)/退出(X)］＜退出＞：(回车)

（13）消隐观察洗菜盆绘制情况。如图 5.273 所示。

命令：HIDE

正在重生成模型。

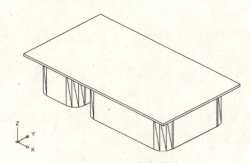

图 5.273　消隐图形

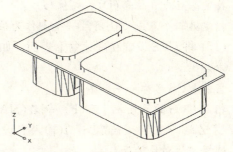

图 5.274　移动盆槽实体

（14）将盆槽实体往上移动一定距离。如图 5.274 所示。

命令：MOVE

选择对象：找到 1 个

选择对象：找到 1 个，总计 2 个

……

选择对象：(回车)

指定基点或 ［位移(D)］＜位移＞：

指定第二个点或＜使用第一个点作为位移＞：@0，0，50

（15）对盆槽和盆面进行差集运算。如图 5.275 所示。

命令：subtract

选择要从中减去的实体或面域...

选择对象：找到 1 个

选择对象：

选择要减去的实体或面域..

选择对象：找到 1 个

选择对象：

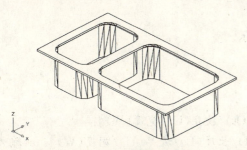

图 5.275　盆面运算后效果

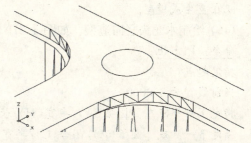

图 5.276　移动水龙头截面

（16）将中间水龙头造型轮廓往上移动到表面。如图 5.276 所示。

命令：MOVE

选择对象：找到1个

选择对象：找到1个，总计2个

……

选择对象：(回车)

指定基点或 [位移(D)] <位移>：

指定第二个点或<使用第一个点作为位移>：@0,0,25

(17) 将UCS设置在洗菜盆上表面。如图5.277所示。

命令：ucs

当前UCS名称：*世界*

指定UCS的原点或 [面(F)/命名(NA)/对象(OB)/上一个(P)/视图(V)/世界(W)/X/Y/Z/Z轴(ZA)] <世界>：f(输入F设置UCS在上表面位置)

选择实体对象的面：

输入选项 [下一个(N)/X轴反向(X)/Y轴反向(Y)] <接受>：(回车)

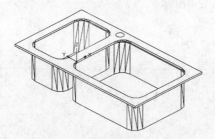

图5.277 设置USC在盆面

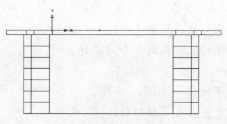

图5.278 旋转坐标轴

(18) 旋转坐标轴，置为平面视图。如图5.278所示。

命令：UCS

当前UCS名称：*世界*

指定UCS的原点或 [面(F)/命名(NA)/对象(OB)/上一个(P)/视图(V)/世界(W)/X/Y/Z/Z轴(ZA)] <世界>：X(输入X绕X轴旋转坐标轴)

指定绕X轴的旋转角度<90>：90

命令：plan

输入选项 [当前UCS(C)/UCS(U)/世界(W)] <当前UCS>：(回车)

正在重生成模型。

(19) 绘制水龙头竖向造型。如图5.279所示。

命令：PLINE

指定起点：

当前线宽为0.0000

指定下一个点或 [圆弧(A)/半宽(H)/长度(L)/放弃(U)/宽度(W)]：

指定下一点或 [圆弧(A)/闭合(C)/半宽(H)/长度(L)/放弃(U)/宽度(W)]：a(输入A绘制弧线段)

指定圆弧的端点或

[角度(A)/圆心(CE)/闭合(CL)/方向(D)/半宽(H)/直线(L)/半径(R)/第二个点(S)/放弃(U)/宽度(W)]：

指定圆弧的端点或

[角度(A)/圆心(CE)/闭合(CL)/方向(D)/半宽(H)/直线(L)/半径(R)/第二个点(S)/放弃(U)/宽度(W)]：l

指定下一点或 [圆弧(A)/闭合(C)/半宽(H)/长度(L)/放弃(U)/宽度(W)]：(回车)

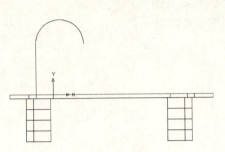
图 5.279　水龙头竖向造型

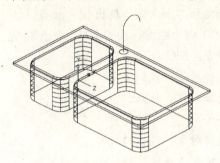
图 5.280　改变视点观察

(20) 改变视点观察水龙头竖向造型情况。如图 5.280 所示。

命令：vp

(21) 局部缩放视图，在水龙头造型根部绘制一个小圆形。如图 5.281 所示。

命令：ZOOM

指定窗口的角点，输入比例因子(nX 或 nXP)，或者

[全部(A)/中心(C)/动态(D)/范围(E)/上一个(P)/比例(S)/窗口(W)/对象(O)] <实时>：

指定对角点：

命令：CIRCLE

指定圆的圆心或 [三点(3P)/两点(2P)/相切、相切、半径(T)]：

指定圆的半径或 [直径(D)]：

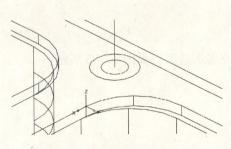
图 5.281　绘制小圆形

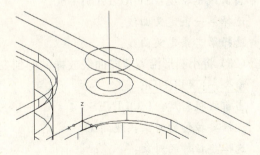
图 5.282　复制大圆形

(22) 将大的圆形复制到一定高度位置。如图 5.282 所示。

命令：COPY

选择对象：找到 1 个

选择对象：找到 1 个，总计 2 个

……

选择对象：（回车）

当前设置：复制模式=多个

指定基点或 [位移(D)/模式(O)] <位移>：

指定第二个点或<使用第一个点作为位移>：@0，0，50

……

指定第二个点或 [退出(E)/放弃(U)] <退出>：（回车）

（23）将小圆形移动到上部大圆形位置。如图 5.283 所示。

命令：MOVE

选择对象：找到 1 个

选择对象：找到 1 个，总计 2 个

……

选择对象：（回车）

指定基点或 [位移(D)] <位移>：

指定第二个点或<使用第一个点作为位移>：（以圆形圆心作为捕捉定位）

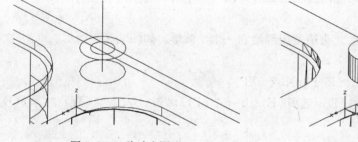

图 5.283　移动小圆形　　　　图 5.284　水龙头底部造型

（24）通过网格曲面功能，得到水龙头底部三维造型。如图 5.284 所示。

命令：rulesurf

当前线框密度：SURFTAB1=60

选择第一条定义曲线：

选择第二条定义曲线：

（25）将小圆形沿着竖向曲线放样，得到三维水龙头造型。如图 5.285 所示。

命令：EXTRUDE

当前线框密度：ISOLINES=4

选择要拉伸的对象：找到 1 个

选择要拉伸的对象：

指定拉伸的高度或 [方向(D)/路径(P)/倾斜角(T)] <30074.5081>：p

选择拉伸路径或 [倾斜角(T)]：

（26）将水龙头三维镜像到反方向位置。如图 5.286 所示。

命令：mirror3d

选择对象：找到 1 个

选择对象：找到1个，总计2个
选择对象：

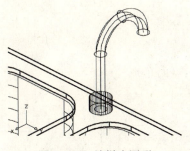

图 5.285 放样小圆形

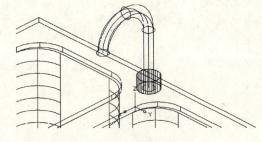

图 5.286 镜像水龙头

指定镜像平面(三点)的第一个点或
[对象(O)/最近的(L)/Z轴(Z)/视图(V)/XY平面(XY)/YZ平面(YZ)/ZX平面(ZX)/三点(3)]<三点>：yz
指定YZ平面上的点<0, 0, 0>：
是否删除源对象？[是(Y)/否(N)]<否>：n
(27) 置为平面视图，观察水龙头情况。如图 5.287 所示。
命令：plan
输入选项[当前UCS(C)/UCS(U)/世界(W)]<当前UCS>：(回车)
正在重生成模型。

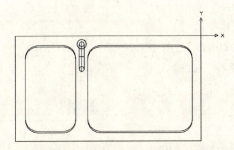

图 5.287 置为平面视图看水龙头

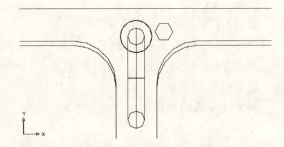

图 5.288 绘制六边形截面

(28) 在水龙头一侧绘制六边形截面。如图 5.288 所示。
命令：polygon
输入边的数目<6>：6
指定正多边形的中心点或[边(E)]：
输入选项[内接于圆(I)/外切于圆(C)]<I>：
指定圆的半径：
(29) 复制或镜像得到对称一侧六边形。如图 5.289 所示。
命令：COPY
选择对象：找到1个
选择对象：找到1个，总计2个
……

选择对象：(回车)
当前设置：复制模式＝多个
指定基点或 [位移(D)/模式(O)] <位移>：
指定第二个点或<使用第一个点作为位移>：
……
指定第二个点或 [退出(E)/放弃(U)] <退出>：(回车)

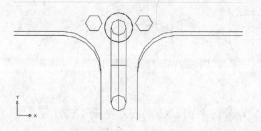

图 5.289 得到对称图形　　　　图 5.290 绘制小圆形

(30) 在六边形中心位置绘制小圆形。如图 5.290 所示。
命令：CIRCLE
指定圆的圆心或 [三点(3P)/两点(2P)/相切、相切、半径(T)]：
指定圆的半径或 [直径(D)]：

(31) 旋转坐标轴并置为平面视图，绘制水龙头开关阀竖向曲线造型。如图 5.291 所示。
命令：UCS
当前 UCS 名称：＊世界＊
指定 UCS 的原点或 [面(F)/命名(NA)/对象(OB)/上一个(P)/视图(V)/世界(W)/X/Y/Z/Z轴(ZA)]<世界>：y(输入 y 绕 y 轴旋转坐标轴)
指定绕 y 轴的旋转角度<90>：90
命令：plan
输入选项 [当前 UCS(C)/UCS(U)/世界(W)] <当前 UCS>：(回车)
正在重生成模型。
命令：PLINE

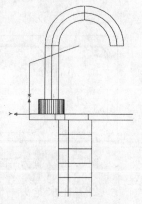

图 5.291 开关阀曲线

指定起点：
当前线宽为 0.0000
指定下一个点或 [圆弧(A)/半宽(H)/长度(L)/放弃(U)/宽度(W)]：
指定下一点或 [圆弧(A)/闭合(C)/半宽(H)/长度(L)/放弃(U)/宽度(W)]：
……
指定下一点或 [圆弧(A)/闭合(C)/半宽(H)/长度(L)/放弃(U)/宽度(W)]：(回车)

(32) 将六边形拉伸为不高的三维造型。如图 5.292 所示。
命令：EXTRUDE
当前线框密度：ISOLINES=4

选择要拉伸的对象：找到 1 个
选择要拉伸的对象：
指定拉伸的高度或 [方向(D)/路径(P)/倾斜角(T)] <18.0>：

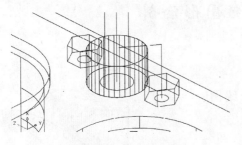
图 5.292　拉伸六边形

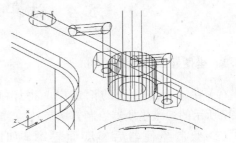
图 5.293　创建开关阀

(33) 再将小圆形沿开关阀曲线放样，得到水龙头开关三维造型。如图 5.293 所示。
命令：EXTRUDE
当前线框密度：ISOLINES=4
选择要拉伸的对象：找到 1 个
选择要拉伸的对象：
指定拉伸的高度或 [方向(D)/路径(P)/倾斜角(T)] <30074.5081>：p
选择拉伸路径或 [倾斜角(T)]：

(34) 动态观察洗菜盆绘制情况。如图 5.294 所示。
命令：3DFOrbit
按 ESC 或 ENTER 键退出，或者单击鼠标右键显示快捷菜单。
正在重生成模型。

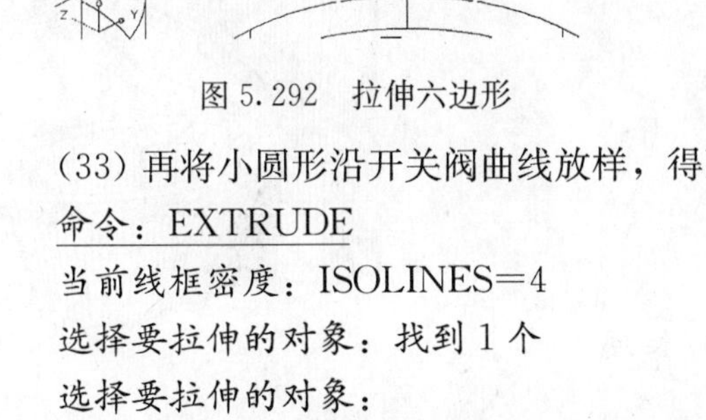

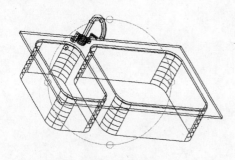
图 5.294　动态看洗菜盆

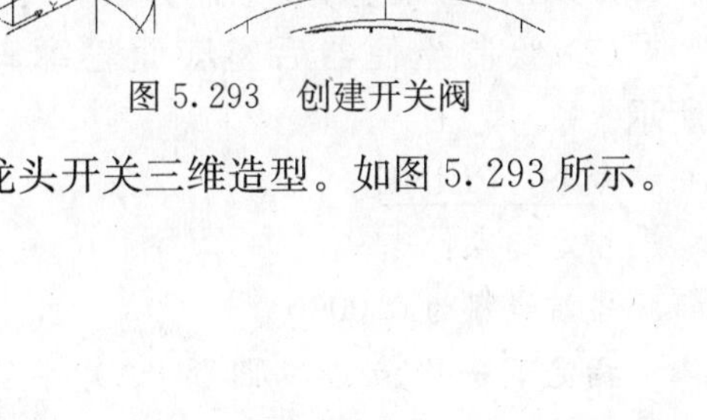

图 5.295　保存洗菜盆

(35) 完成洗菜盆绘制，消隐并保存图形。如图 5.295 所示。
命令：HIDE
正在重生成模型。

(36) 利用 CAD 的视觉样式观察洗菜盆的简单美化效果。如图 5.296 所示。
命令：VSCURRENT
输入选项 [二维线框(2)/三维线框(3)/

图 5.296　简单美化洗菜盆

三维隐藏(H)/真实(R)/概念(C)/其他(O)]＜概念＞：c

正在重生成模型。

5.4 洁具三维图形绘制

5.4.1 坐便器三维图形绘制

(1) 在本小节后面的论述中，将详细介绍图 5.297 所示的三维坐便器绘制方法与技巧。

(2) 绘制坐便器后座底面轮廓。如图 5.298 所示。

命令：PLINE

指定起点：

当前线宽为 0.0000

指定下一个点或 [圆弧(A)/半宽(H)/长度(L)/放弃(U)/宽度(W)]：

指定下一点或 [圆弧(A)/闭合(C)/半宽(H)/长度(L)/放弃(U)/宽度(W)]：

……

指定下一点或 [圆弧(A)/闭合(C)/半宽(H)/长度(L)/放弃(U)/宽度(W)]：

指定下一点或 [圆弧(A)/闭合(C)/半宽(H)/长度(L)/放弃(U)/宽度(W)]：c(输入c闭合曲线)

图 5.297 坐便器

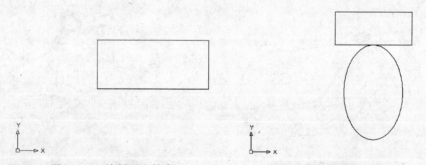

图 5.298 绘制后座轮廓　　图 5.299 绘制前座造型

(3) 绘制前座造型平面。如图 5.299 所示。

命令：ellipse

指定椭圆的轴端点或 [圆弧(A)/中心点(C)]：

指定轴的另一个端点：

指定另一条半轴长度或 [旋转(R)]：

命令：MOVE

选择对象：找到 1 个

选择对象：

指定基点或［位移(D)］＜位移＞：
指定第二个点或＜使用第一个点作为位移＞：

(4) 在两个造型之间绘制连接弧线。如图 5.300 所示。

命令：arc
指定圆弧的起点或［圆心(C)］：
指定圆弧的第二个点或［圆心(C)/端点(E)］：
指定圆弧的端点：

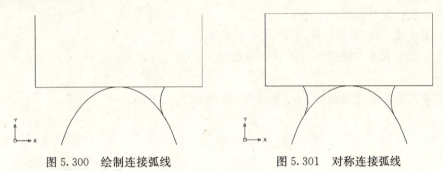

图 5.300　绘制连接弧线　　　　图 5.301　对称连接弧线

(5) 镜像得到对称一侧连接弧线。如图 5.301 所示。

命令：MIRROR
选择对象：找到 1 个
选择对象：
指定镜像线的第一点：指定镜像线的第二点：
要删除源对象吗？［是(Y)/否(N)］＜N＞：（回车）

(6) 偏移前座及连接弧线图形。如图 5.302 所示。

命令：OFFSET
当前设置：删除源＝否　图层＝源　OFFSETGAPTYPE＝0
指定偏移距离或［通过(T)/删除(E)/图层(L)］＜通过＞：
选择要偏移的对象，或［退出(E)/放弃(U)］＜退出＞：
指定要偏移的那一侧上的点，或［退出(E)/多个(M)/放弃(U)］＜退出＞：
选择要偏移的对象，或［退出(E)/放弃(U)］＜退出＞：（回车）

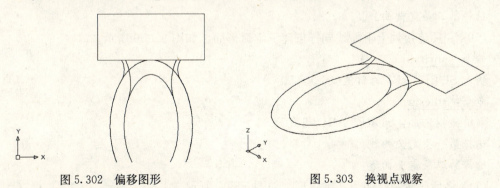

图 5.302　偏移图形　　　　　　图 5.303　换视点观察

(7) 改变视点观察图形绘制情况。如图 5.303 所示。

命令：vp

（8）竖向复制轮廓图形。如图 5.304 所示。

命令：COPY

选择对象：找到 1 个

选择对象：找到 1 个，总计 2 个

……

选择对象：(回车)

当前设置：复制模式＝多个

指定基点或 [位移(D)/模式(O)] <位移>：

指定第二个点或<使用第一个点作为位移>：@0，0，250

……

指定第二个点或 [退出(E)/放弃(U)] <退出>：(回车)

图 5.304 竖向复制图形

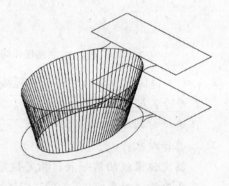

图 5.305 前座三维图形

（9）利用上下两个曲线创建平移网格曲面形成前座三维造型。如图 5.305 所示。

命令：surftab1

输入 SURFTAB1 的新值<6>：80

命令：rulesurf

当前线框密度：SURFTAB1＝80

选择第一条定义曲线：

选择第二条定义曲线：

（10）利用连接处上下弧线同样创建三维弧形面。如图 5.306 所示。

命令：surftab1

输入 SURFTAB1 的新值<6>：50

命令：rulesurf

当前线框密度：SURFTAB1＝50

选择第一条定义曲线：

选择第二条定义曲线：

（11）将后座轮廓拉伸为三维图形。如图 5.307 所示。

命令：EXTRUDE

第5章 室内家具设施三维图形绘制(2)

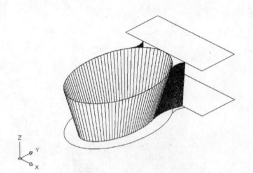

图5.306 创建弧形面

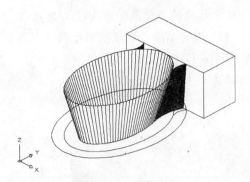

图5.307 拉伸后座

当前线框密度：ISOLINES=4
选择要拉伸的对象：找到1个
选择要拉伸的对象：
指定拉伸的高度或 [方向(D)/路径(P)/倾斜角(T)] <18.0>：

(12) 竖向复制内、外两个轮廓线至相应高度位置。如图5.308所示。
命令：COPY
选择对象：找到1个
选择对象：找到1个，总计2个
……
选择对象：(回车)
当前设置：复制模式＝多个
指定基点或 [位移(D)/模式(O)] <位移>：
指定第二个点或<使用第一个点作为位移>：(捕捉长方体的角点作为定位)
……
指定第二个点或 [退出(E)/放弃(U)] <退出>：(回车)

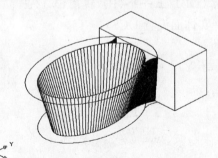

图5.308 竖向复制内外轮廓线

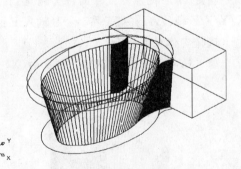

图5.309 拉伸上部轮廓

(13) 将上部的内外轮廓线拉伸为三维图形，注意拉伸高度。如图5.309所示。
命令：EXTRUDE
当前线框密度：ISOLINES=4
选择要拉伸的对象：找到1个
选择要拉伸的对象：

指定拉伸的高度或 [方向(D)/路径(P)/倾斜角(T)] <18.0>：

(14) 进行消隐，观察图形绘制情况。如图5.310所示。

命令：HIDE

正在重生成模型。

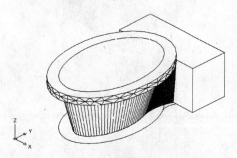 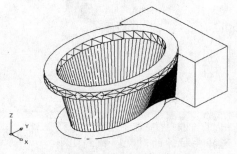

图5.310 消隐绘制情况　　　　　图5.311 差集运算上部造型

(15) 对上述三维图形进行差集运算，形成前座上边缘造型。如图5.311所示。

命令：subtract

选择要从中减去的实体或面域..

选择对象：找到1个

选择对象：

选择要减去的实体或面域..

选择对象：找到1个

选择对象：

(16) 设置UCS在后座上表面上。如图5.312所示。

命令：ucs

当前UCS名称：*世界*

指定UCS的原点或 [面(F)/命名(NA)/对象(OB)/上一个(P)/视图(V)/世界(W)/X/Y/Z/Z轴(ZA)] <世界>：f(输入F通过选择实体面设置UCS)

选择实体对象的面：

输入选项 [下一个(N)/X轴反向(X)/Y轴反向(Y)] <接受>：

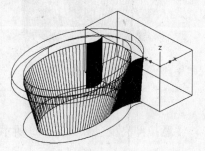 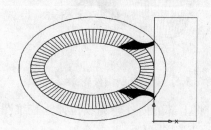

图5.312 设置UCS在后座表面　　　图5.313 置为平面视图

(17) 置为当前UCS平面视图。如图5.313所示。

命令：plan

输入选项 [当前 UCS(C)/UCS(U)/世界(W)] <当前 UCS>：（回车）
正在重生成模型。

(18) 绘制两个大小稍微区别的矩形作为水箱轮廓。如图 5.314 所示。
命令：rectang
指定第一个角点或 [倒角(C)/标高(E)/圆角(F)/厚度(T)/宽度(W)]：
指定另一个角点或 [面积(A)/尺寸(D)/旋转(R)]：d(输入 d 通过尺寸绘制图形)
指定矩形的长度<10.0000>：
指定矩形的宽度<10.0000>：
指定另一个角点或 [面积(A)/尺寸(D)/旋转(R)]：
命令：OFFSET
当前设置：删除源=否 图层=源 OFFSETGAPTYPE=0
指定偏移距离或 [通过(T)/删除(E)/图层(L)] <通过>：
选择要偏移的对象，或 [退出(E)/放弃(U)] <退出>：
指定要偏移的那一侧上的点，或 [退出(E)/多个(M)/放弃(U)] <退出>：
选择要偏移的对象，或 [退出(E)/放弃(U)] <退出>：（回车）

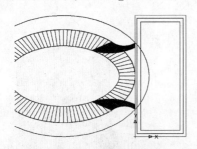

图 5.314　绘制水箱轮廓

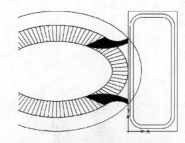

图 5.315　矩形倒圆角

(19) 分别对矩形倒圆角，形成四角圆弧。如图 5.315 所示。
命令：FILLET
当前设置：模式=修剪，半径=50.0000
选择第一个对象或 [放弃(U)/多段线(P)/半径(R)/修剪(T)/多个(M)]：r
指定圆角半径<150.0000>：30
选择第一个对象或 [放弃(U)/多段线(P)/半径(R)/修剪(T)/多个(M)]：
选择第一个对象或 [放弃(U)/多段线(P)/半径(R)/修剪(T)/多个(M)]：
输入圆角半径<30.0000>：
选择边或 [链(C)/半径(R)]：
选择边或 [链(C)/半径(R)]：
选择边或 [链(C)/半径(R)]：
已选定 3 个边用于圆角。

(20) 将上述所绘矩形进行竖向复制，分别朝上下两个方向复制，同时上部方向的图形复制两个相重合的图形。如图 5.316 所示。
命令：COPY

选择对象：找到1个
选择对象：找到1个，总计2个
……
选择对象：(回车)
当前设置：复制模式＝多个
指定基点或 [位移(D)/模式(O)] <位移>：
指定第二个点或<使用第一个点作为位移>：(捕捉长方体的角点作为定位)
……
指定第二个点或 [退出(E)/放弃(U)] <退出>：(回车)

(21) 分别通过平移网格面功能创建后座水箱三维造型。如图5.317所示。

命令：surftab1
输入SURFTAB1的新值<6>：90
命令：rulesurf
当前线框密度：SURFTAB1＝90
选择第一条定义曲线：
选择第二条定义曲线：

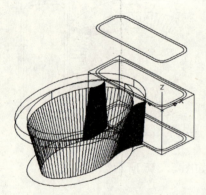
图5.316 竖向复制矩形

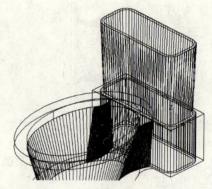
图5.317 创建后座三维水箱

(22) 再将上部另外一个矩形拉伸为厚度很薄的图形，作为水箱顶板。如图5.318所示。

命令：EXTRUDE
当前线框密度：ISOLINES＝4
选择要拉伸的对象：找到1个
选择要拉伸的对象：
指定拉伸的高度或 [方向(D)/路径(P)/倾斜角(T)] <18.0>：

(23) 设置UCS在水箱顶板上部，准备绘制按钮。如图5.319所示。

命令：ucs
当前UCS名称：*世界*
指定UCS的原点或 [面(F)/命名(NA)/对象(OB)/上一个(P)/视图(V)/世界(W)/X/Y/Z/Z轴(ZA)] <世界>：f(输入F通过选择实体面设置UCS)

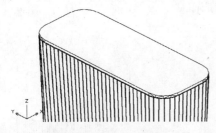
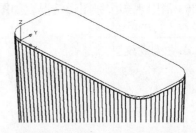

图 5.318　创建水箱顶板　　　　　　图 5.319　设置 UCS 在水箱顶板

选择实体对象的面：
输入选项 [下一个(N)/X 轴反向(X)/Y 轴反向(Y)] <接受>：
(24) 置为 UCS 平面视图，绘制两个大小不同的按钮截面图形。如图 5.320 所示。
命令：plan
输入选项 [当前 UCS(C)/UCS(U)/世界(W)] <当前 UCS>：(回车)
正在重生成模型。
命令：ellipse
指定椭圆的轴端点或 [圆弧(A)/中心点(C)]：
指定轴的另一个端点：
指定另一条半轴长度或 [旋转(R)]：
命令：MOVE
选择对象：找到 1 个
选择对象：找到 1 个，总计 2 个
……
选择对象：(回车)
指定基点或 [位移(D)] <位移>：
指定第二个点或 <使用第一个点作为位移>：

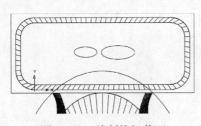

图 5.320　绘制按钮截面　　　　　　图 5.321　拉伸按钮

(25) 改变视点，将按钮图形拉伸为很薄的三维图形。如图 5.321 所示。
命令：vp
命令：EXTRUDE
当前线框密度：ISOLINES=4
选择要拉伸的对象：找到 1 个
选择要拉伸的对象：
指定拉伸的高度或 [方向(D)/路径(P)/倾斜角(T)] <18.0>：

(26) 消隐观察按钮图形情况。如图 5.322 所示。

命令：HIDE

正在重生成模型。

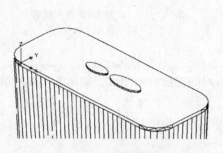 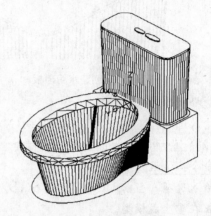

图 5.322　观察按钮图形　　　　图 5.323　设置 UCS 在前座上

(27) 缩放视图，将 UCS 设置在前座上表面位置。如图 5.323 所示。

命令：ucs

当前 UCS 名称：＊世界＊

指定 UCS 的原点或 [面(F)/命名(NA)/对象(OB)/上一个(P)/视图(V)/世界(W)/X/Y/Z/Z 轴(ZA)] <世界>：f(输入 F 设置 UCS 在上表面位置)

选择实体对象的面：

输入选项 [下一个(N)/X 轴反向(X)/Y 轴反向(Y)] <接受>：(回车)

(28) 置为当前 UCS 平面视图，绘制两个大小不同的翻盖造型截面轮廓。如图 5.324 所示。

命令：plan

输入选项 [当前 UCS(C)/UCS(U)/世界(W)] <当前 UCS>：(回车)

正在重生成模型。

命令：ellipse

指定椭圆的轴端点或 [圆弧(A)/中心点(C)]：

指定轴的另一个端点：

指定另一条半轴长度或 [旋转(R)]：

命令：MOVE

选择对象：找到 1 个

选择对象：找到 1 个，总计 2 个

……

选择对象：(回车)

指定基点或 [位移(D)] <位移>：

指定第二个点或 <使用第一个点作为位移>：

(29) 将小的翻盖轮廓图形沿 Z 轴方向移动一定高度。如图 5.325 所示。

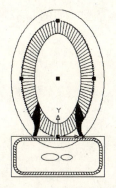 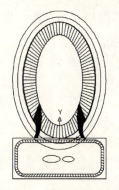

图 5.324　绘制翻盖截面　　　图 5.325　移动小翻盖轮廓

命令：MOVE
选择对象：找到 1 个
选择对象：找到 1 个，总计 2 个
……
选择对象：(回车)
指定基点或 [位移(D)] <位移>：
指定第二个点或<使用第一个点作为位移>：◎0，0，60

(30) 改变视点，同时复制一个小翻盖图形在重合位置。如图 5.326 所示。

命令：vp
命令：COPY
选择对象：找到 1 个
选择对象：找到 1 个，总计 2 个
……
选择对象：(回车)
当前设置：复制模式＝多个
指定基点或 [位移(D)/模式(O)] <位移>：
指定第二个点或<使用第一个点作为位移>：(@0，0，45)
……
指定第二个点或 [退出(E)/放弃(U)] <退出>：(回车)

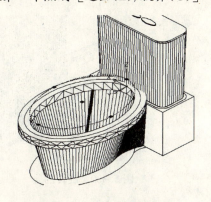 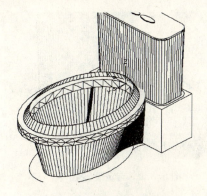

图 5.326　复制小翻盖图形　　　图 5.327　生成翻盖三维侧面

(31) 通过平移网格曲面功能,生成翻盖侧面三维造型。如图 5.327 所示。

命令:surftab1

输入 SURFTAB1 的新值<6>:100

命令:rulesurf

当前线框密度:SURFTAB1=100

选择第一条定义曲线:

选择第二条定义曲线:

(32) 拉伸上部小翻盖轮廓截面图形,形成翻盖封口。如图 5.328 所示。

命令:EXTRUDE

当前线框密度:ISOLINES=4

选择要拉伸的对象:找到 1 个

选择要拉伸的对象:

指定拉伸的高度或 [方向(D)/路径(P)/倾斜角(T)] <18.0>:

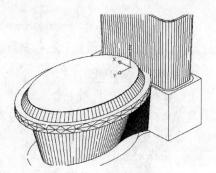

图 5.328　创建翻盖封口

(33) 选择翻盖及其旋转轴位置,准备旋转翻盖。如图 5.329 所示。

命令:3DROTATE

UCS 当前的正角方向:ANGDIR=逆时针 ANGBASE=0

选择对象:找到 1 个

选择对象:找到 1 个,总计 2 个

选择对象:找到 1 个,总计 3 个

……

选择对象:

指定基点:

拾取旋转轴:

指定角的起点或键入角度:50

正在重生成模型。

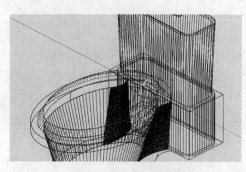

图 5.329　选定旋转轴

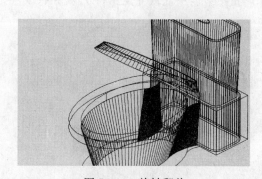

图 5.330　旋转翻盖

(34) 旋转翻盖一定角度。如图 5.330 所示。

命令：3DROTATE
UCS 当前的正角方向：ANGDIR＝逆时针 ANGBASE＝0
选择对象：找到 1 个
选择对象：找到 1 个，总计 2 个
选择对象：找到 1 个，总计 3 个
……
选择对象：
指定基点：
拾取旋转轴：
指定角的起点或键入角度：50
正在重生成模型。

(35) 消隐观察翻盖旋转情况。如图 5.331 所示。
命令：HIDE
正在重生成模型。

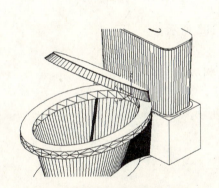

图 5.331 观察翻盖旋转效果

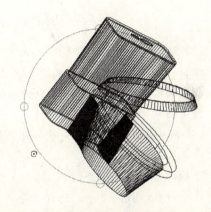

图 5.332 动态观察坐便器

(36) 动态观察坐便器三维图形。如图 5.332 所示。
命令：3DFOrbit
按 ESC 或 ENTER 键退出，或者单击鼠标右键显示快捷菜单。
正在重生成模型。

(37) 完成坐便器三维图形绘制。如图 5.333 所示。
命令：ZOOM
指定窗口的角点，输入比例因子（nX 或 nXP），或者
[全部(A)/中心(C)/动态(D)/范围(E)/上一个(P)/比例(S)/窗口(W)/对象(O)] ＜实时＞：e
正在重生成模型。

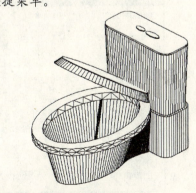

图 5.333 坐便器三维图形

5.4.2 洗脸盆三维图形绘制

(1) 在本小节后面的论述中，将详细介绍图 5.334 所示三维洗脸盆的绘制方法与技巧。

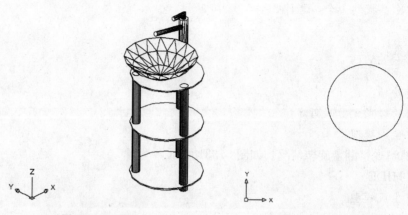

图 5.334　洗脸盆　　　　图 5.335　绘制圆形

(2) 绘制一个圆形，半径 50mm 左右。如图 5.335 所示。

命令：CIRCLE

指定圆的圆心或 [三点(3P)/两点(2P)/相切、相切、半径(T)]：

指定圆的半径或 [直径(D)]：

(3) 阵列圆形形成等三角状分布。如图 5.336 所示。

命令：ARRAY

选择对象：找到 1 个

选择对象：找到 1 个，总计 2 个

……

选择对象：

指定阵列中心点：

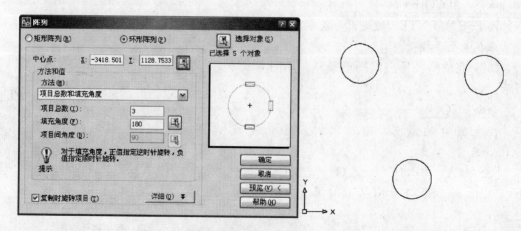

图 5.336　阵列圆形

(4) 改变视点观察所绘图形情况。如图 5.337 所示。

命令：vp

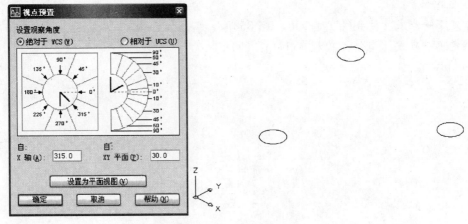

图 5.337 三维观察图形

(5) 在其中一个圆形中心绘制三维短直线。如图 5.338 所示。

命令：LINE

指定第一点：

指定下一点或 [放弃(U)]：@0, 0, 150

指定下一点或 [闭合(C)/放弃(U)]：(回车)

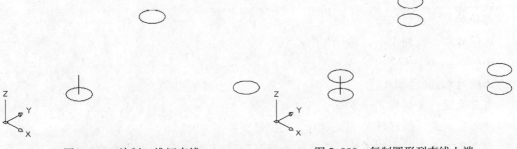

图 5.338 绘制三维短直线　　　　　　图 5.339 复制圆形到直线上端

(6) 复制圆形到短直线上端位置。如图 5.339 所示。

命令：COPY

选择对象：找到 1 个

选择对象：找到 1 个，总计 2 个

……

选择对象：(回车)

当前设置：复制模式＝多个

指定基点或 [位移(D)/模式(O)] ＜位移＞：

指定第二个点或＜使用第一个点作为位移＞：(捕捉直线端点作为定位)

……

指定第二个点或 [退出(E)/放弃(U)] ＜退出＞：(回车)

(7) 以短直线上端为端点，绘制一根稍长尺寸直线。如图 5.340 所示。

命令：LINE

指定第一点：

指定下一点或 [放弃(U)]：@0，0，350

指定下一点或 [闭合(C)/放弃(U)]：(回车)

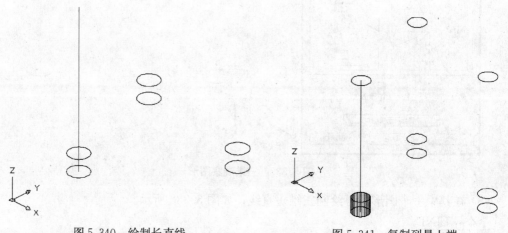

图 5.340　绘制长直线　　　　　　图 5.341　复制到最上端

(8) 再复制圆形到长直线上端位置平面。然后，通过网格曲面功能命令得到底部支撑柱三维图形。如图 5.341 所示。

命令：COPY

选择对象：找到 1 个

选择对象：找到 1 个，总计 2 个

……

选择对象：(回车)

当前设置：复制模式＝多个

指定基点或 [位移(D)/模式(O)] <位移>：

指定第二个点或 <使用第一个点作为位移>：(捕捉直线端点作为定位)

……

指定第二个点或 [退出(E)/放弃(U)] <退出>：(回车)

命令：surftab1

输入 SURFTAB1 的新值 <6>：60

命令：rulesurf

当前线框密度：SURFTAB1＝60

选择第一条定义曲线：

选择第二条定义曲线：

(9) 其他两个底部支撑柱子同样方法得到。如图 5.342 所示。

命令：surftab1

输入 SURFTAB1 的新值 <6>：60

命令：rulesurf
当前线框密度：SURFTAB1=60
选择第一条定义曲线：
选择第二条定义曲线：

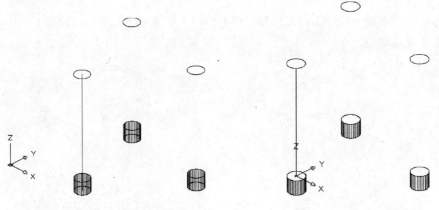

图 5.342　创建其他底支撑　　　　图 5.343　消隐观察柱子

(10) 消隐观察支撑柱子等图形绘制情况。同时，将 UCS 设置在柱子上表面。如图 5.343 所示。

命令：HIDE
正在重生成模型。

(11) 一短支撑柱子圆心为端点绘制直线作为绘图复制线，其中以边线为端点的，其端点位于直线的中点位置。如图 5.344 所示。

命令：LINE
指定第一点：
指定下一点或 [放弃(U)]：
指定下一点或 [放弃(U)]：
指定下一点或 [闭合(C)/放弃(U)]：
……
指定下一点或 [闭合(C)/放弃(U)]：(回车)

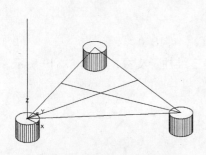 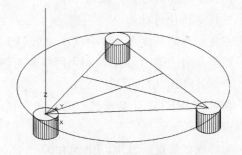

图 5.344　绘制绘图复制线　　　　图 5.345　绘制大圆形

(12) 以三角中心为圆心绘制大圆形。如图 5.345 所示。

命令：CIRCLE

指定圆的圆心或 [三点(3P)/两点(2P)/相切、相切、半径(T)]：

指定圆的半径或 [直径(D)]：

(13) 置为当前 UCS 平面视图，观察大圆形情况。如图 5.346 所示。

命令：plan

输入选项 [当前 UCS(C)/UCS(U)/世界(W)] <当前 UCS>：(回车)

正在重生成模型。

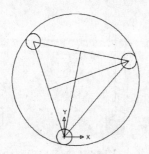 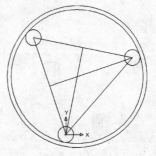

图 5.346　置为平面视图看圆形　　　图 5.347　偏移大圆形

(14) 往外偏移大圆形。如图 5.347 所示。

命令：OFFSET

当前设置：删除源＝否 图层＝源 OFFSETGAPTYPE＝0

指定偏移距离或 [通过(T)/删除(E)/图层(L)] <通过>：

选择要偏移的对象，或 [退出(E)/放弃(U)] <退出>：

指定要偏移的那一侧上的点，或 [退出(E)/多个(M)/放弃(U)] <退出>：

选择要偏移的对象，或 [退出(E)/放弃(U)] <退出>：(回车)

(15) 改变视点，将偏移得到的圆形拉伸为薄厚度的三维图形，作为隔板造型。如图 5.348 所示。

命令：vp

命令：EXTRUDE

当前线框密度：ISOLINES＝4

选择要拉伸的对象：找到 1 个

选择要拉伸的对象：

指定拉伸的高度或 [方向(D)/路径(P)/倾斜角(T)] <18.0>：

(16) 对上下两个圆形，利用网格曲面创建中间格三维柱子支撑。如图 5.349 所示。

命令：surftab1

输入 SURFTAB1 的新值<6>：60

命令：rulesurf

当前线框密度：SURFTAB1＝60

选择第一条定义曲线：

选择第二条定义曲线：

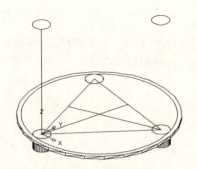
图 5.348 拉伸底部隔板

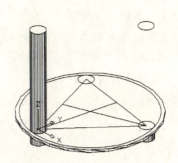
图 5.349 创建中间柱子

(17) 按同样方法得到中间其他两个柱子支撑造型。如图 5.350 所示。
命令：surftab1
输入 SURFTAB1 的新值<6>：60
命令：rulesurf
当前线框密度：SURFTAB1=60
选择第一条定义曲线：

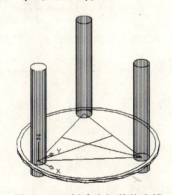
图 5.350 创建中间其他支撑

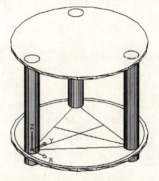
图 5.351 复制隔板

(18) 利用捕捉圆形的圆心定位，竖向复制隔板。如图 5.351 所示。
命令：COPY
选择对象：找到 1 个
选择对象：找到 1 个，总计 2 个
……
选择对象：(回车)
当前设置：复制模式＝多个
指定基点或 [位移(D)/模式(O)] <位移>：
指定第二个点或<使用第一个点作为位移>：(捕捉圆形圆心作为定位)
……
指定第二个点或 [退出(E)/放弃(U)] <退出>：(回车)

(19) 旋转坐标轴,并置为平面视图。如图 5.352 所示。

命令：UCS

当前 UCS 名称：*世界*

指定 UCS 的原点或 [面(F)/命名(NA)/对象(OB)/上一个(P)/视图(V)/世界(W)/X/Y/Z/Z 轴(ZA)]＜世界＞：X(输入 X 绕 X 轴旋转坐标轴)

指定绕 X 轴的旋转角度＜90＞：90

命令：plan

输入选项 [当前 UCS(C)/UCS(U)/世界(W)]＜当前 UCS＞：(回车)

正在重生成模型。

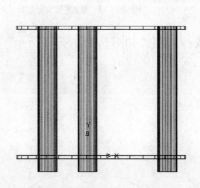 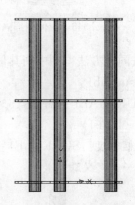

图 5.352　旋转坐标轴　　　　图 5.353　复制隔板和支撑

(20) 复制隔板和柱子支撑造型。如图 5.353 所示。

命令：COPY

选择对象：找到 1 个

选择对象：找到 1 个,总计 2 个

……

选择对象：(回车)

当前设置：复制模式＝多个

指定基点或 [位移(D)/模式(O)]＜位移＞：

指定第二个点或＜使用第一个点作为位移＞：@0,0,50

……

指定第二个点或 [退出(E)/放弃(U)]＜退出＞：(回车)

(21) 改变视点,观察隔板等图形复制效果和位置。如图 5.354 所示。

命令：vp

命令：COPY

选择对象：找到 1 个

选择对象：找到 1 个,总计 2 个

……

选择对象：(回车)

当前设置：复制模式＝多个

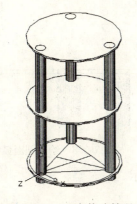
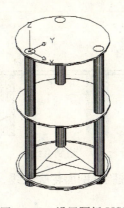

图 5.354 观察修改情况　　　图 5.355 设置隔板 UCS

指定基点或 [位移(D)/模式(O)] <位移>：
指定第二个点或<使用第一个点作为位移>：@0,0,50
……
指定第二个点或 [退出(E)/放弃(U)] <退出>：(回车)

(22) 将 UCS 设置在顶部隔板上表面位置。如图 5.355 所示。

命令：ucs
当前 UCS 名称：＊世界＊
指定 UCS 的原点或 [面(F)/命名(NA)/对象(OB)/上一个(P)/视图(V)/世界(W)/X/Y/Z/Z 轴(ZA)] <世界>：f
选择实体对象的面：
输入选项 [下一个(N)/X 轴反向(X)/Y 轴反向(Y)] <接受>：(回车)

(23) 旋转坐标轴并置为当前 UCS 平面视图。如图 5.356 所示。

命令：UCS
当前 UCS 名称：＊世界＊
指定 UCS 的原点或 [面(F)/命名(NA)/对象(OB)/上一个(P)/视图(V)/世界(W)/X/Y/Z/Z 轴(ZA)] <世界>：X(输入 X 绕 X 轴旋转坐标轴)
指定绕 X 轴的旋转角度<90>：90
命令：plan
输入选项 [当前 UCS(C)/UCS(U)/世界(W)] <当前 UCS>：(回车)
正在重生成模型。

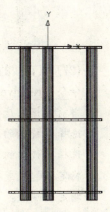

图 5.356 置为平面视图

(24) 绘制一条直线，作为洗脸盆剖面轮廓宽度。如图 5.357 所示。

命令：LINE
指定第一点：
指定下一点或 [放弃(U)]：
指定下一点或 [闭合(C)/放弃(U)]：(回车)

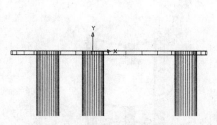
图 5.357 绘制直线

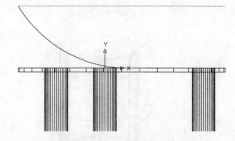
图 5.358 绘制剖面弧线

(25) 绘制洗脸盆剖面轮廓弧线。如图 5.358 所示。

命令：ARC

指定圆弧的起点或 [圆心(C)]：

指定圆弧的第二个点或 [圆心(C)/端点(E)]：

指定圆弧的端点：

(26) 改变为三维视点，观察弧线和直线的情况。如图 5.359 所示。

命令：vp

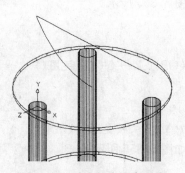
图 5.359 改变视点观察弧线

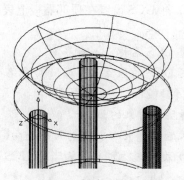
图 5.360 创建洗脸盆造型

(27) 以直线的中点为中心轴，旋转弧线得到洗脸盆造型。如图 5.360 所示。

命令：revolve

当前线框密度：ISOLINES=4

选择要旋转的对象：找到 1 个

选择要旋转的对象：

指定轴起点或根据以下选项之一定义轴 [对象(O)/X/Y/Z] <对象>：

指定轴端点：

指定旋转角度或 [起点角度(ST)] <360>：360

(28) 再设置为当前 UCS 的平面视图。如图 5.361 所示。

命令：plan

输入选项 [当前 UCS(C)/UCS(U)/世界(W)] <当前 UCS>：(回车)

正在重生成模型。

(29) 移动洗脸盆造型。如图 5.362 所示。

命令：MOVE

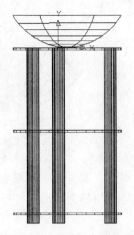
图 5.361 置为平面视图

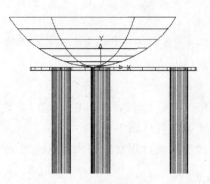
图 5.362 移动洗脸盆造型

选择对象：找到 1 个
选择对象：找到 1 个，总计 2 个
……
选择对象：(回车)
指定基点或 [位移(D)] <位移>：
指定第二个点或 <使用第一个点作为位移>：
(30) 绘制水龙头造型曲线。如图 5.363 所示。
命令：PLINE
指定起点：
当前线宽为 0.0000
指定下一个点或 [圆弧(A)/半宽(H)/长度(L)/放弃(U)/宽度(W)]：
指定下一点或 [圆弧(A)/闭合(C)/半宽(H)/长度(L)/放弃(U)/宽度(W)]：
……
指定下一点或 [圆弧(A)/闭合(C)/半宽(H)/长度(L)/放弃(U)/宽度(W)]：(回车)

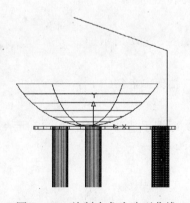
图 5.363 绘制水龙头造型曲线

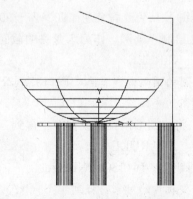
图 5.364 绘制把手曲线

(31) 绘制开关把手造型曲线。如图 5.364 所示。
命令：PLINE

指定起点：

当前线宽为 0.0000

指定下一个点或 ［圆弧(A)/半宽(H)/长度(L)/放弃(U)/宽度(W)］：

指定下一点或 ［圆弧(A)/闭合(C)/半宽(H)/长度(L)/放弃(U)/宽度(W)］：

……

指定下一点或 ［圆弧(A)/闭合(C)/半宽(H)/长度(L)/放弃(U)/宽度(W)］：(回车)

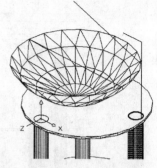

图 5.365　观察水龙头曲线

(32) 改变视点，观察了解水龙头曲线的绘制情况。如图 5.365 所示。

命令：vp

(33) 旋转坐标轴，与前面坐标轴旋转操作方向反向。如图 5.366 所示。

命令：UCS

当前 UCS 名称：＊世界＊

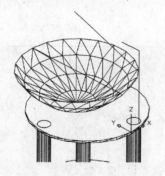

图 5.366　反向旋转坐标轴

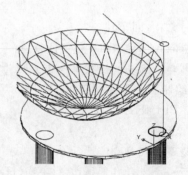

图 5.367　绘制水龙头截面造型

指定 UCS 的原点或 ［面(F)/命名(NA)/对象(OB)/上一个(P)/视图(V)/世界(W)/X/Y/Z/Z 轴(ZA)］<世界>：X(输入 X 绕 X 轴旋转坐标轴)

指定绕 X 轴的旋转角度<90>：－90

(34) 绘制小圆形，作为水龙头的截面造型。如图 5.367 所示。

命令：CIRCLE

指定圆的圆心或 ［三点(3P)/两点(2P)/相切、相切、半径(T)］：

指定圆的半径或 ［直径(D)］：

(35) 将小圆形按拉伸或扫掠，得到三维水龙头即把手造型。如图 5.368 所示。

命令：EXTRUDE

当前线框密度：ISOLINES=4

选择要拉伸的对象：找到 1 个

选择要拉伸的对象：

指定拉伸的高度或 ［方向(D)/路径(P)/倾斜角(T)］<30074.5081>：p

选择拉伸路径或 ［倾斜角(T)］：

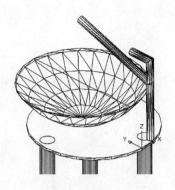
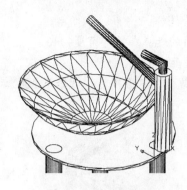

图 5.368 创建三维把手等　　　　图 5.369 创建水龙头根部

(36) 将大圆形拉伸,作为水龙头的根部造型。如图 5.369 所示。
命令:EXTRUDE
当前线框密度:ISOLINES=4
选择要拉伸的对象:找到 1 个
选择要拉伸的对象:
指定拉伸的高度或 [方向(D)/路径(P)/倾斜角(T)] <18.0>:

(37) 置为平面视图,了解水龙头和开关把手与洗脸盆的位置关系。如图 5.370 所示。
命令:plan
输入选项 [当前 UCS(C)/UCS(U)/世界(W)] <当前 UCS>:(回车)
正在重生成模型。

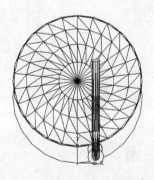

图 5.370 观察水龙头与脸盆关系　　　　图 5.371 将水龙头旋转

(38) 将水龙头旋转一定角度。如图 5.371 所示。
命令:3DROTATE
UCS 当前的正角方向:ANGDIR=逆时针 ANGBASE=0
选择对象:找到 1 个
选择对象:找到 1 个,总计 2 个
选择对象:找到 1 个,总计 3 个
……
选择对象:
指定基点:

拾取旋转轴：

指定角的起点或键入角度：15

正在重生成模型。

（39）改变为三维视点，观察水龙头旋转后情况。如图 5.372 所示。

命令：vp

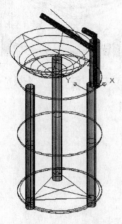
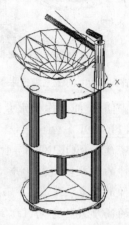

图 5.372　观察水龙头旋转效果　　　　图 5.373　消隐后洗脸盆及龙头

（40）消隐后观察水龙头及洗脸盆情况。如图 5.373 所示。

命令：HIDE

正在重生成模型。

（41）删除多余的辅助线等线条图形。如图 5.374 所示。

命令：ERASE

选择对象：找到 1 个

选择对象：找到 1 个，总计 2 个

选择对象：找到 1 个，总计 3 个

……

选择对象：（回车）

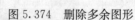

图 5.374　删除多余图形

（42）通过不同视点观察洗脸盆三维图形效果。如图 5.375 所示。

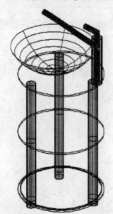
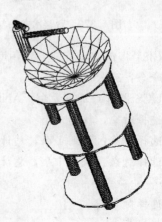

图 5.375　不同视点的洗脸盆

命令：vp

(43) 动态观察洗脸盆。如图 5.376 所示。

命令：3DFOrbit

按 ESC 或 ENTER 键退出，或者单击鼠标右键显示快捷菜单。

正在重生成模型。

(44) 利用 CAD 的视觉样式观察洗脸盆的简单美化效果。如图 5.377 所示。

命令：VSCURRENT

输入选项 [二维线框(2)/三维线框(3)/三维隐藏(H)/真实(R)/概念(C)/其他(O)]
<概念>：c

正在重生成模型。

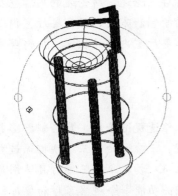
图 5.376　动态观察洗脸盆

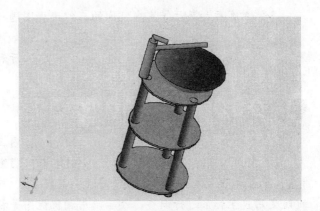
图 5.377　美化洗脸盆

第6章 客厅、餐厅及门厅室内三维图形绘制

📖 本章理论知识论述要点提示

本章对客厅和餐厅等室内空间的三维透视图进行详细论述，所论述的内容包括：如何建立客厅和餐厅等的三维墙体与三维门窗造型、如何绘制和布置客厅和餐厅室内三维家具及三维人物花草等设施、如何调整各个家具在客厅和餐厅室内中的位置、如何观察和输出客厅和餐厅的三维室内透视图等相关方法与技巧。

本章案例绘图思路与技巧提示

本章所介绍的案例是客厅、餐厅和门厅的室内三维透视图绘制。其绘制思路首先是建立客厅和餐厅的三维建筑模型，同时创建其三维门窗、三维地面和三维顶棚等造型。然后根据其平面布局方案，布置相应的三维家具设施、三维人物花草、三维灯具等图形，并通过改变用户坐标系进行调整，最后使用相机视图等相关功能命令观察客厅和餐厅的室内三维透视图效果。

6.1 客厅、餐厅及门厅三维模型绘制

在日常中，客厅、餐厅和门厅一般是紧密连在一起的，有的客厅和餐厅以及门厅甚至是同一空间，中间没有分割。因此，在本案例中把三者放在一起，统一建立其三维模型。要建立客厅等的三维，需首先绘制其平面建筑布局，然后通过其平面控制轮廓创建其三维图形，最后布置其内部三维设施。

6.1.1 客厅、餐厅及门厅平面绘制

（1）按客厅等大小范围先绘制水平或垂直方向直线。如图6.1所示。

命令：LINE

指定第一点：

指定下一点或 [放弃(U)]：

指定下一点或 [放弃(U)]：

（2）按墙体距离通过偏移功能得到其他直线。如图6.2所示。

命令：OFFSET

图6.1 绘制水平直线

当前设置：删除源＝否图层＝源 OFFSETGAPTYPE＝0
指定偏移距离或 ［通过(T)/删除(E)/图层(L)］＜通过＞：3860
指定要偏移的那一侧上的点，或 ［退出(E)/多个(M)/放弃(U)］＜退出＞：
选择要偏移的对象，或 ［退出(E)/放弃(U)］＜退出＞：(回车)

(3) 按相同方法得到另外一个方向的线条。如图 6.3 所示。

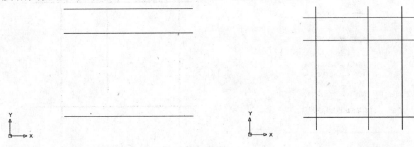

图 6.2　偏移直线　　　　　图 6.3　另外 1 个方向的线条

命令：LINE
指定第一点：
指定下一点或 ［放弃(U)］：
指定下一点或 ［放弃(U)］：
命令：OFFSET
当前设置：删除源＝否图层＝源 OFFSETGAPTYPE＝0
指定偏移距离或 ［通过(T)/删除(E)/图层(L)］＜通过＞：3860
指定要偏移的那一侧上的点，或 ［退出(E)/多个(M)/放弃(U)］＜退出＞：
选择要偏移的对象，或 ［退出(E)/放弃(U)］＜退出＞：(回车)

(4) 先选中其中一条线条，然后在【特性】工具栏中点击线条类型加载点画线，最后单击【确定】按钮。如图 6.4 所示。

图 6.4　加载线条类型

(5) 如线条类型还没有显示改变效果，选中该线条，单击【标准】工具栏上的【对象特性】功能，在弹出的【特性】对话框中调整线型比例，直至屏幕显示线条线型改变显示效果。如图 6.5 所示。

命令：properties

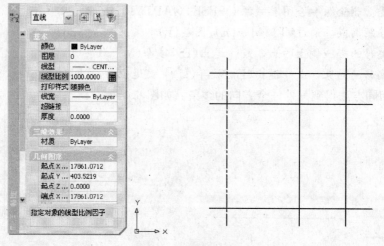

图 6.5 改变线条线型

(6) 使用格式刷将其他线条改变为线条类型的线型。如图 6.6 所示。

命令：matchprop

选择源对象：

当前活动设置：颜色　图层　线型　线型比例　线宽　厚度　打印样式　标注　文字　填充图案　多段线　视口　表格材质　阴影显示　多重引线

选择目标对象或 [设置(S)]：

……

选择目标对象或 [设置(S)]：

选择目标对象或 [设置(S)]：(回车)

(7) 使用多线功能并设置多线比例与墙体厚度一致，绘制墙体平面轮廓。如图 6.7 所示。

命令：MLINE

当前设置：对正＝上，比例＝1.00，样式＝STANDARD

指定起点或 [对正(J)/比例(S)/样式(ST)]：s

输入多线比例＜1.00＞：240

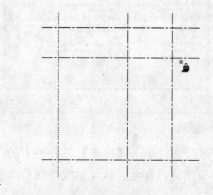

图 6.6 改变其他线条线型

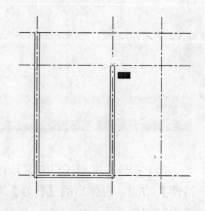

图 6.7 绘制墙体平面

当前设置：对正＝上，比例＝240.00，样式＝STANDARD
指定起点或［对正(J)/比例(S)/样式(ST)］：j
输入对正类型［上(T)/无(Z)/下(B)］＜上＞：z
当前设置：对正＝无，比例＝240.00，样式＝STANDARD
指定起点或［对正(J)/比例(S)/样式(ST)］：
指定下一点：
指定下一点或［放弃(U)］：
指定下一点或［闭合(C)/放弃(U)］：
指定下一点或［闭合(C)/放弃(U)］：（回车）

（8）在绘制中，交接处可能出现不同的轮廓，形成不封闭，可以采用下一步的方法处理。如图6.8所示。

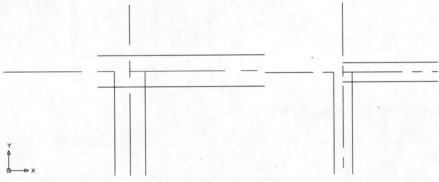

图 6.8　多线交接处

（9）使用多线编辑功能，把多线交界处编辑修改为连续的线条类型。注意先把多线拉伸为相互交叉。如图6.9所示。

命令：mledit
选择第一条多线：
选择第二条多线：
选择第二条多线：
选择第一条多线或［放弃(U)］：（回车）

图 6.9　编辑修改多线

（10）完成多线绘制后，标注轴线尺寸。如图6.10所示。
命令：DIMLINEAR

指定第一条尺寸界线原点或<选择对象>：

指定第二条尺寸界线原点：

指定尺寸线位置或

[多行文字(M)/文字(T)/角度(A)/水平(H)/垂直(V)/旋转(R)]：

标注文字=4180.0000

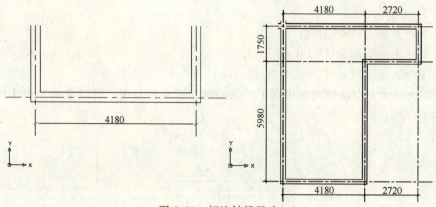

图6.10 标注轴线尺寸

(11) 创建门窗洞口轮廓。如图6.11所示。

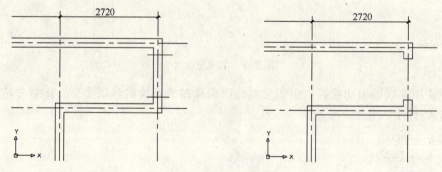

图6.11 创建门窗洞口

命令：LINE

指定第一点：

指定下一点或 [放弃(U)]：

指定下一点或 [放弃(U)]：

命令：TRIM

当前设置：投影=UCS，边=无

选择剪切边...

选择对象或<全部选择>：指定对角点：找到2个

选择对象：找到1个，总计3个

选择对象：

选择要修剪的对象，或按住Shift键选择要延伸的对象，或

[栏选(F)/窗交(C)/投影(P)/边(E)/删除(R)/放弃(U)]：

选择要修剪的对象,或按住 Shift 键选择要延伸的对象,或
[栏选(F)/窗交(C)/投影(P)/边(E)/删除(R)/放弃(U)]:
……
选择要修剪的对象,或按住 Shift 键选择要延伸的对象,或
[栏选(F)/窗交(C)/投影(P)/边(E)/删除(R)/放弃(U)]:

(12) 其他位置的门窗洞口按相似的方法得到。如图 6.12 所示。

命令:LINE
指定第一点:
指定下一点或 [放弃(U)]:
指定下一点或 [放弃(U)]:
命令:TRIM
当前设置:投影=UCS,边=无
选择剪切边…
选择对象或<全部选择>:指定对角点:找到 2 个
选择对象:找到 1 个,总计 3 个
选择对象:
选择要修剪的对象,或按住 Shift 键选择要延伸的对象,或
[栏选(F)/窗交(C)/投影(P)/边(E)/删除(R)/放弃(U)]:
选择要修剪的对象,或按住 Shift 键选择要延伸的对象,或
[栏选(F)/窗交(C)/投影(P)/边(E)/删除(R)/放弃(U)]:
……
选择要修剪的对象,或按住 Shift 键选择要延伸的对象,或
[栏选(F)/窗交(C)/投影(P)/边(E)/删除(R)/放弃(U)]:

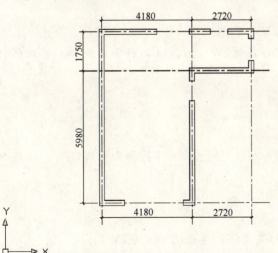

图 6.12 创建墙体门窗洞口

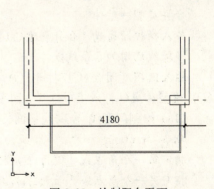

图 6.13 绘制阳台平面

(13) 绘制客厅阳台轮廓平面。如图 6.13 所示。
命令:PLINE

指定起点：
当前线宽为0.0000
指定下一个点或 [圆弧(A)/半宽(H)/长度(L)/放弃(U)/宽度(W)]：
指定下一点或 [圆弧(A)/闭合(C)/半宽(H)/长度(L)/放弃(U)/宽度(W)]：
指定下一点或 [圆弧(A)/闭合(C)/半宽(H)/长度(L)/放弃(U)/宽度(W)]：
……
指定下一点或 [圆弧(A)/闭合(C)/半宽(H)/长度(L)/放弃(U)/宽度(W)]：
指定下一点或 [圆弧(A)/闭合(C)/半宽(H)/长度(L)/放弃(U)/宽度(W)]：c(回车)

(14) 由于多线不能进行三维拉伸，在此先将所有多线分解，然后通过编辑将其连接为一体。如图6.14所示。

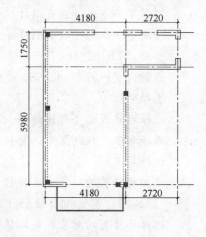

图6.14 分解编辑多线

命令：EXPLODE
选择对象：找到1个
选择对象：找到1个，总计2个
……
选择对象：(回车)
命令：pedit
选择多段线或 [多条(M)]：m
选择对象：找到1个
选择对象：找到1个，总计2个
选择对象：指定对角点：找到2个，总计4个
选择对象：找到1个，总计6个
选择对象：指定对角点：找到2个，总计7个
选择对象：
是否将直线和圆弧转换为多段线？[是(Y)/否(N)]？<Y>Y(回车)
输入选项 [闭合(C)/打开(O)/合并(J)/宽度(W)/拟合(F)/样条曲线(S)/非曲线化(D)/线型生成(L)/放弃(U)]：j
合并类型＝延伸
输入模糊距离或 [合并类型(J)] <0.0000>：
多段线已增加5条线段
输入选项 [闭合(C)/打开(O)/合并(J)/宽度(W)/拟合(F)/样条曲线(S)/非曲线化(D)/线型生成(L)/放弃(U)]：(回车)

(15) 绘制门套线/窗套线平面。如图6.15所示。
命令：rectang
指定第一个角点或 [倒角(C)/标高(E)/圆角(F)/厚度(T)/宽度(W)]：
指定另一个角点或 [面积(A)/尺寸(D)/旋转(R)]：
命令：MIRROR
选择对象：找到1个
选择对象：

指定镜像线的第一点：指定镜像线的第二点：
要删除源对象吗？[是(Y)/否(N)] <N>：(回车)

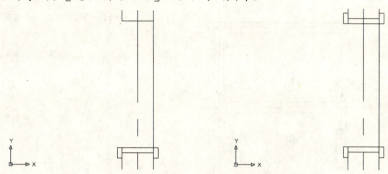

图 6.15　绘制门套线/窗套线条

(16) 其他位置门窗的门套线/窗套线条按相同方法绘制。如图 6.16 所示。

命令：rectang
指定第一个角点或 [倒角(C)/标高(E)/圆角(F)/厚度(T)/宽度(W)]：
指定另一个角点或 [面积(A)/尺寸(D)/旋转(R)]：
命令：MIRROR
选择对象：找到 1 个
选择对象：
指定镜像线的第一点：指定镜像线的第二点：
要删除源对象吗？[是(Y)/否(N)] <N>：(回车)

(17) 绘制门扇轮廓截面。如图 6.17 所示。

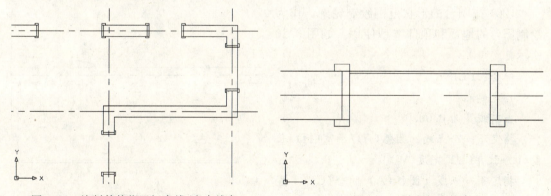

图 6.16　绘制其他位置门套线/窗套线条　　　图 6.17　绘制门扇轮廓

命令：rectang
指定第一个角点或 [倒角(C)/标高(E)/圆角(F)/厚度(T)/宽度(W)]：
指定另一个角点或 [面积(A)/尺寸(D)/旋转(R)]：

(18) 其他位置的门扇造型平面按相似方法绘制。如图 6.18 所示。

命令：rectang
指定第一个角点或 [倒角(C)/标高(E)/圆角(F)/厚度(T)/宽度(W)]：
指定另一个角点或 [面积(A)/尺寸(D)/旋转(R)]：

（19）按内部范围绘制一个闭合的平面轮廓，作为绘制地面和顶棚楼板的造型使用。如图 6.19 所示。

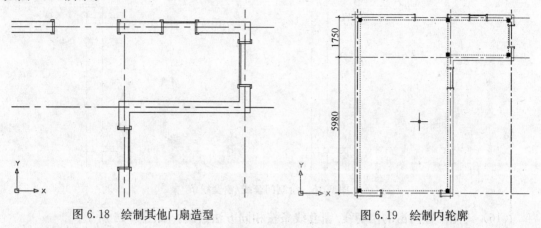

图 6.18　绘制其他门扇造型　　　　图 6.19　绘制内轮廓

命令：PLINE
指定起点：
当前线宽为 0.0000
指定下一个点或 [圆弧(A)/半宽(H)/长度(L)/放弃(U)/宽度(W)]：
指定下一点或 [圆弧(A)/闭合(C)/半宽(H)/长度(L)/放弃(U)/宽度(W)]：
指定下一点或 [圆弧(A)/闭合(C)/半宽(H)/长度(L)/放弃(U)/宽度(W)]：
……
指定下一点或 [圆弧(A)/闭合(C)/半宽(H)/长度(L)/放弃(U)/宽度(W)]：
指定下一点或 [圆弧(A)/闭合(C)/半宽(H)/长度(L)/放弃(U)/宽度(W)]：c(回车)

（20）按阳台的形状范围绘制轮廓，作为绘制阳台的地面和顶部造型使用。如图 6.20 所示。

命令：PLINE
指定起点：
当前线宽为 0.0000
指定下一个点或 [圆弧(A)/半宽(H)/长度(L)/放弃(U)/宽度(W)]：
指定下一点或 [圆弧(A)/闭合(C)/半宽(H)/长度(L)/放弃(U)/宽度(W)]：

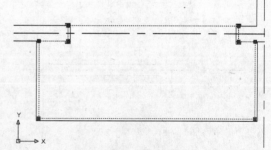

图 6.20　绘制阳台轮廓

指定下一点或 [圆弧(A)/闭合(C)/半宽(H)/长度(L)/放弃(U)/宽度(W)]：
……
指定下一点或 [圆弧(A)/闭合(C)/半宽(H)/长度(L)/放弃(U)/宽度(W)]：
指定下一点或 [圆弧(A)/闭合(C)/半宽(H)/长度(L)/放弃(U)/宽度(W)]：c(回车)

6.1.2　客厅、餐厅及门厅三维墙体造型绘制

（1）改变视点，准备进行三维造型绘制。如图 6.21 所示。

命令：vp

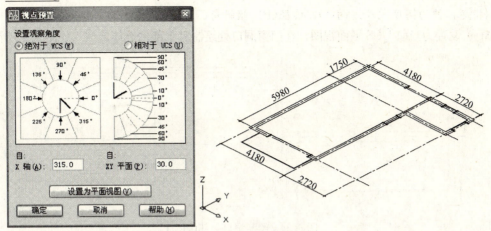

图6.21 改变视点观察

(2) 将其中一段墙体平面轮廓，按房间层高（一般2700mm）拉伸为三维墙体。如图6.22所示。

命令：EXTRUDE

当前线框密度：ISOLINES=4

选择要拉伸的对象：找到1个

选择要拉伸的对象：（回车）

指定拉伸的高度或 [方向(D)/路径(P)/倾斜角(T)]：2700

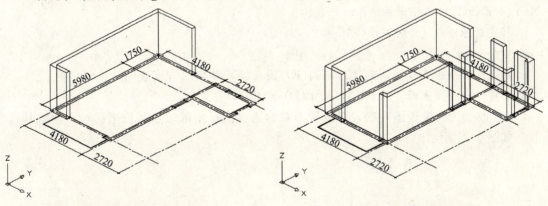

图6.22 拉伸为三维墙体　　　　　图6.23 拉伸其他位置墙体

(3) 其他位置的墙体平面可以同时选中，一起拉伸为三维墙体造型。如图6.23所示。

命令：EXTRUDE

当前线框密度：ISOLINES=4

选择要拉伸的对象：找到1个

选择对象：找到1个，总计2个

……

选择对象：找到1个，总计6个

选择要拉伸的对象:(回车)

指定拉伸的高度或 [方向(D)/路径(P)/倾斜角(T)]: 2700

(4) 设置为当前 UCS 平面视图,在门窗洞口处绘制其上部的墙体造型。如图 6.24 所示。

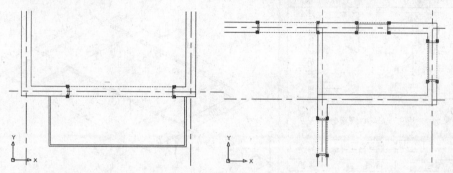

图 6.24　绘制洞口上部墙体

命令:ZOOM

指定窗口的角点,输入比例因子(nX 或 nXP),或者

[全部(A)/中心(C)/动态(D)/范围(E)/上一个(P)/比例(S)/窗口(W)/对象(O)] <实时>:

指定对角点:

正在重生成模型。

命令:ucs

当前 UCS 名称: *世界*

指定 UCS 的原点或 [面(F)/命名(NA)/对象(OB)/上一个(P)/视图(V)/世界(W)/X/Y/Z/Z 轴(ZA)] <世界>: m

指定新原点或 [Z 向深度(Z)] <0, 0, 0>:

命令:rectang

指定第一个角点或 [倒角(C)/标高(E)/圆角(F)/厚度(T)/宽度(W)]:

指定另一个角点或 [面积(A)/尺寸(D)/旋转(R)]:

(5) 改变为三维视图观察,对位置不对的通过捕捉角部端点定位来移动,调整其位置。如图 6.25 所示。

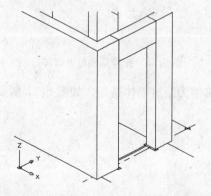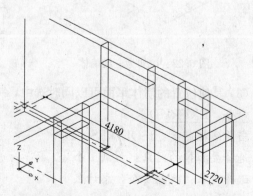

图 6.25　从三维视图观察

命令:vp

命令：EXTRUDE

当前线框密度：ISOLINES＝4

选择要拉伸的对象：找到1个

选择要拉伸的对象：找到1个，总计2个

……

选择要拉伸的对象：找到1个，总计4个

选择要拉伸的对象：

指定拉伸的高度或［方向(D)/路径(P)/倾斜角(T)］＜－450.0000＞：－450

命令：MOVE

选择对象：找到1个

选择对象：找到1个，总计2个

……

选择对象：找到1个，总计4个

选择对象：

指定基点或［位移(D)］＜位移＞：

指定第二个点或＜使用第一个点作为位移＞：

(6) 注意绘制时的实体高度，在阳台和内部过道处，其洞口高度可以高些。如图6.26所示。

命令：ZOOM

指定窗口的角点，输入比例因子(nX或nXP)，或者

［全部(A)/中心(C)/动态(D)/范围(E)/上一个(P)/比例(S)/窗口(W)/对象(O)］＜实时＞：

指定对角点：

命令：EXTRUDE

当前线框密度：ISOLINES＝4

选择要拉伸的对象：找到1个

选择要拉伸的对象：(回车)

指定拉伸的高度或［方向(D)/路径(P)/倾斜角(T)］＜－450.0000＞：－300

(7) 完成所有的门洞上部墙体绘制，缩放视图，消隐观察此时图形绘制情况。如图6.27所示。

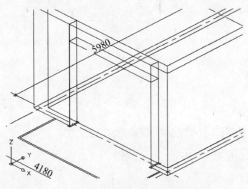

图6.26 注意不同的拉伸高度

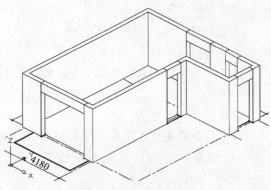

图6.27 缩放观察图形

命令：ZOOM

指定窗口的角点，输入比例因子(nX 或 nXP)，或者

[全部(A)/中心(C)/动态(D)/范围(E)/上一个(P)/比例(S)/窗口(W)/对象(O)]＜实时＞：A

正在重生成模型。

命令：HIDE

正在重生成模型。

6.1.3 客厅、餐厅及门厅三维门窗造型绘制

(1) 接着前面的图形绘制。对图形中的门套线/窗套线轮廓进行拉伸，其拉伸高度与门窗洞口高度相适应。如图 6.28 所示。

命令：EXTRUDE

当前线框密度：ISOLINES=4

选择要拉伸的对象：找到 1 个

选择要拉伸的对象：(回车)

指定拉伸的高度或 [方向(D)/路径(P)/倾斜角(T)] ＜2300.0000＞：2300

(2) 其他位置的门窗洞口门套线/窗套线轮廓按上述相似方法进行拉伸。如图 6.29 所示。

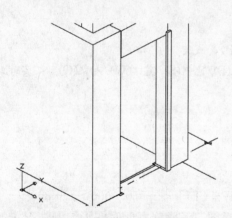 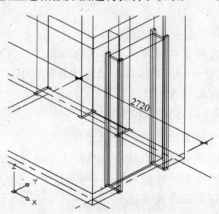

图 6.28　拉伸门套线/窗套线　　　图 6.29　拉伸其他位置门套线/窗套线

命令：EXTRUDE

当前线框密度：ISOLINES=4

选择要拉伸的对象：找到 1 个

选择要拉伸的对象：找到 1 个，总计 2 个

……

选择要拉伸的对象：(回车)

指定拉伸的高度或 [方向(D)/路径(P)/倾斜角(T)] ＜2300.0000＞：2300

(3) 设置 UCS 在门套线/窗套线条顶部。如图 6.30 所示。

命令：ucs

当前 UCS 名称：＊世界＊

指定UCS的原点或[面(F)/命名(NA)/对象(OB)/上一个(P)/视图(V)/世界(W)/X/Y/Z/Z轴(ZA)]<世界>：m

指定新原点或[Z向深度(Z)]<0,0,0>：

(4) 绘制门洞上部门套线/窗套线条。如图6.31所示。

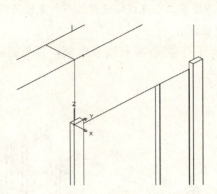
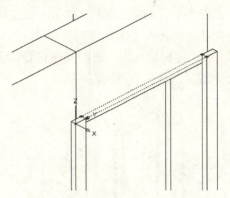

图6.30 设置新UCS　　　　图6.31 绘制上部门套线/窗套线条

命令：rectang

指定第一个角点或[倒角(C)/标高(E)/圆角(F)/厚度(T)/宽度(W)]：

指定另一个角点或[面积(A)/尺寸(D)/旋转(R)]：

(5) 拉伸为三维形体，注意拉伸高度为负值(与Z轴反向)。如图6.32所示。

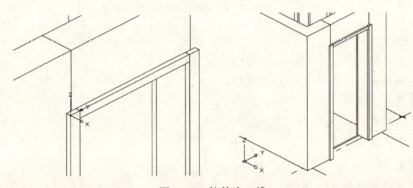

图6.32 拉伸为三维

命令：EXTRUDE

当前线框密度：ISOLINES=4

选择要拉伸的对象：找到1个

选择要拉伸的对象：(回车)

指定拉伸的高度或[方向(D)/路径(P)/倾斜角(T)]<450.0000>：-50

命令：HIDE

正在重生成模型。

(6) 复制得到面门洞上部另外一侧相同的门套线/窗套线形体造型。如图6.33所示。

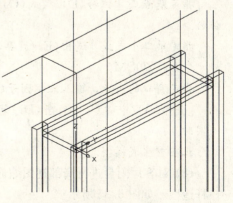

图6.33 复制门洞上部门套线/窗套线

命令：COPY
选择对象：找到1个
选择对象：
当前设置：复制模式＝多个
指定基点或［位移(D)/模式(O)］＜位移＞：指定第二个点或＜使用第一个点作为位移＞：
指定第二个点或［退出(E)/放弃(U)］＜退出＞：

（7）按上述相似方法，绘制其他位置门洞上部门套线/窗套线条造型，直至完成所有的图形绘制。如图6.34所示。

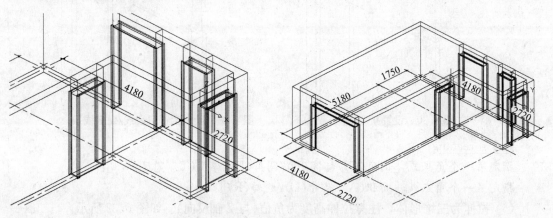

图6.34 绘制完成上部门套线/窗套线造型

命令：box
指定第一个角点或［中心(C)］：
指定其他角点或［立方体(C)/长度(L)］：
指定高度或［两点(2P)］：－50
命令：COPY
选择对象：找到1个
选择对象：
当前设置：复制模式＝多个
指定基点或［位移(D)/模式(O)］＜位移＞：指定第二个点或＜使用第一个点作为位移＞：
指定第二个点或［退出(E)/放弃(U)］＜退出＞：
命令：ZOOM
指定窗口的角点，输入比例因子(nX或nXP)，或者
［全部(A)/中心(C)/动态(D)/范围(E)/上一个(P)/比例(S)/窗口(W)/对象(O)］＜实时＞：e
正在重生成模型。

（8）对客厅阳台进行局部视图缩放，并拉伸其外侧轮廓为高度不高的三维形体，形成栏杆造型。如图6.35所示。

命令：ZOOM

指定窗口的角点,输入比例因子(nX 或 nXP),或者
[全部(A)/中心(C)/动态(D)/范围(E)/上一个(P)/比例(S)/窗口(W)/对象(O)]
<实时>:
　　指定对角点:
　　命令:EXTRUDE
　　当前线框密度:ISOLINES=4
　　选择要拉伸的对象:找到 1 个
　　选择要拉伸的对象:(回车)
　　指定拉伸的高度或[方向(D)/路径(P)/倾斜角(T)]<-50.0000>:200

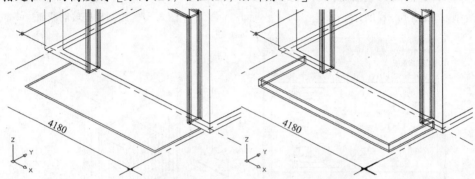

图 6.35　拉伸阳台底部形体

(9)设置 UCS 在阳台栏杆造型顶部,然后置为当前 UCS 的平面视图。如图 6.36 所示。

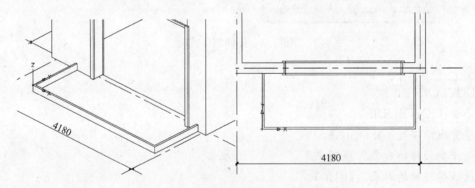

图 6.36　设置阳台栏杆 UCS 平面视图

　　命令:ucs
　　当前 UCS 名称:*世界*
　　指定 UCS 的原点或[面(F)/命名(NA)/对象(OB)/上一个(P)/视图(V)/世界(W)/X/Y/Z/Z 轴(ZA)]<世界>:m
　　指定新原点或[Z 向深度(Z)]<0,0,0>:
　　命令:plan
　　输入选项[当前 UCS(C)/UCS(U)/世界(W)]<当前 UCS>:
　　正在重生成模型。

(10)在阳台栏杆处,绘制多段直线作为阳台玻璃造型截面。如图 6.37 所示。

命令：LINE
指定第一点：
指定下一点或［放弃(U)］：
指定下一点或［放弃(U)］：
指定下一点或［闭合(C)/放弃(U)］：
……
指定下一点或［闭合(C)/放弃(U)］：(回车)

(11) 改变视图，将截面拉伸得到三维玻璃造型。如图6.38所示。

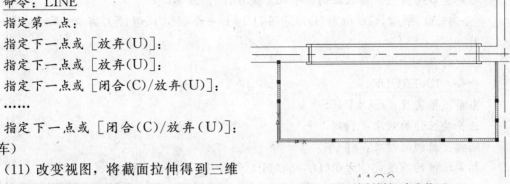

图6.37 绘制栏杆玻璃截面

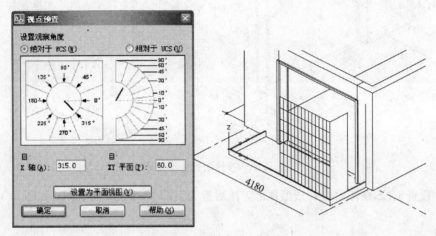

图6.38 拉伸阳台玻璃

命令：vp
DDVPOINT
命令：EXTRUDE
当前线框密度：ISOLINES=4
选择要拉伸的对象：找到1个
选择要拉伸的对象：(回车)
指定拉伸的高度或［方向(D)/路径(P)/倾斜角(T)］＜－50.0000＞：2400

(12) 完成所有阳台玻璃截面拉伸，然后复制一个底部形体到其顶部位置，作为上部盖板轮廓。如图6.39所示。

命令：EXTRUDE
当前线框密度：ISOLINES=4
选择要拉伸的对象：找到1个
选择要拉伸的对象：(回车)
指定拉伸的高度或［方向(D)/路径(P)/倾斜角(T)］＜－50.0000＞：2400
命令：COPY
选择对象：找到1个

选择对象：
当前设置：复制模式＝多个
指定基点或［位移(D)/模式(O)］＜位移＞：指定第二个点或＜使用第一个点作为位移＞：
指定第二个点或［退出(E)/放弃(U)］＜退出＞：

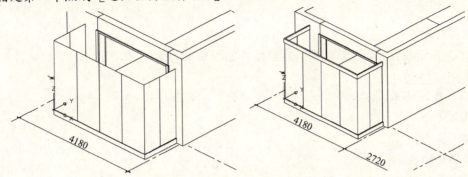

图 6.39　创建阳台三维造型

（13）恢复 UCS 为 WCS，使其位于室内地面位置。然后，置为平面视图绘制门扇三维造型。如图 6.40 所示。

命令：UCS
当前 UCS 名称：＊世界＊
指定 UCS 的原点或［面(F)/命名(NA)/对象(OB)/上一个(P)/视图(V)/世界(W)/X/Y/Z/Z 轴(ZA)］＜世界＞：（回车）
命令：plan
输入选项［当前 UCS(C)/UCS(U)/世界(W)］＜当前 UCS＞：
正在重生成模型。
命令：box
指定第一个角点或［中心(C)］：
指定其他角点或［立方体(C)/长度(L)］：
指定高度或［两点(2P)］：2250

（14）改变视图，观察门扇。如图 6.41 所示。

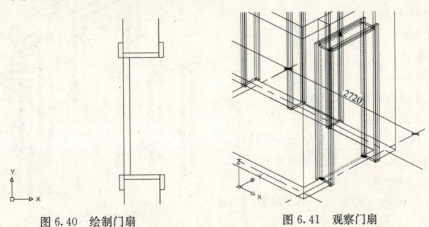

图 6.40　绘制门扇　　　　　图 6.41　观察门扇

命令：vp
命令：ZOOM
指定窗口的角点，输入比例因子(nX 或 nXP)，或者
[全部(A)/中心(C)/动态(D)/范围(E)/上一个(P)/比例(S)/窗口(W)/对象(O)]
＜实时＞：
指定对角点：

(15) 选定旋转轴，旋转门扇一定角度。如图 6.42 所示。

命令：3drotate
UCS 当前的正角方向：ANGDIR＝逆时针　ANGBASE＝0
找到 1 个
指定基点：
拾取旋转轴：
指定角的起点或键入角度：－60
正在重生成模型。

(16) 三维旋转门扇，形成开门的效果。如图 6.43 所示。

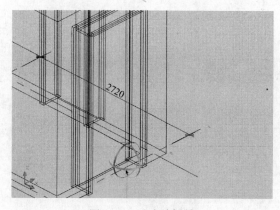

图 6.42　选定旋转轴

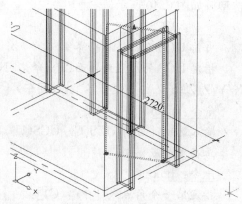

图 6.43　三维旋转门扇

命令：3drotate
UCS 当前的正角方向：ANGDIR＝逆时针　ANGBASE＝0
找到 1 个
指定基点：
拾取旋转轴：
指定角的起点或键入角度：－60
正在重生成模型。

(17) 其他位置的门扇按相似方法旋转一定的角度，形成开门的效果。如图 6.44 所示。

命令：3drotate
UCS 当前的正角方向：ANGDIR＝逆时针　ANGBASE＝0

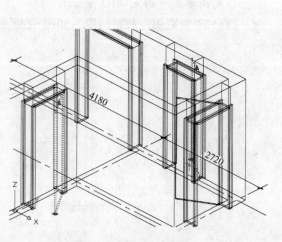

图 6.44　旋转门扇造型

找到 1 个
指定基点：
拾取旋转轴：
指定角的起点或键入角度：—45
正在重生成模型。

(18) 缩放视图或设置为平面视图，消隐后观察整个门扇图形绘制和旋转情况。如图 6.45 所示。

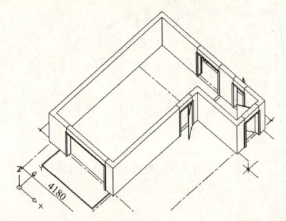

图 6.45 观察整个门扇

命令：ZOOM
指定窗口的角点，输入比例因子(nX 或 nXP)，或者
[全部(A)/中心(C)/动态(D)/范围(E)/上一个(P)/比例(S)/窗口(W)/对象(O)]
<实时>：
指定对角点：
命令：plan
输入选项 [当前 UCS(C)/UCS(U)/世界(W)] <当前 UCS>：
正在重生成模型。

(19) 复制地面平面内侧轮廓线至墙体顶部。然后，分别将顶部和地面轮廓拉伸为很薄的三维形体，作为室内地面和顶棚结构形体。如图 6.46 所示。

命令：COPY
选择对象：找到 1 个
选择对象：找到 1 个，总计 2 个
……
选择对象：
当前设置：复制模式＝多个
指定基点或 [位移(D)/模式(O)]
<位移>：
指定第二个点或＜使用第一个点作为位移＞：

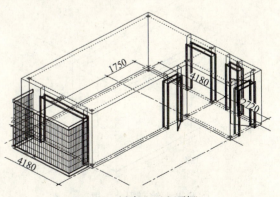

图 6.46 创建地面和顶棚

指定第二个点或 [退出(E)/放弃(U)] <退出>：(回车)

(20) 消隐观察，可以看出，图形生成顶棚结构形体后观察不到内部情况。如图 6.47 所示。

命令：HIDE

正在重生成模型。

(21) 将 UCS 设置在阳台顶部位置。如图 6.48 所示。

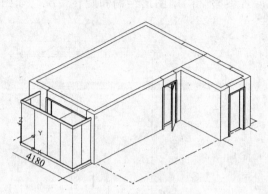

图 6.47 消隐观察顶棚

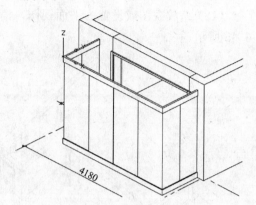

图 6.48 设置 UCS 在阳台顶

命令：ucs

当前 UCS 名称：*世界*

指定 UCS 的原点或 [面(F)/命名(NA)/对象(OB)/上一个(P)/视图(V)/世界(W)/X/Y/Z/Z 轴(ZA)] <世界>：m

指定新原点或 [Z 向深度(Z)] <0, 0, 0>：

(22) 绘制很薄的长方体，作为其上部盖板。如图 6.49 所示。

命令：box

指定第一个角点或 [中心(C)]：

指定其他角点或 [立方体(C)/长度(L)]：

指定高度或 [两点(2P)] <60.6303>：20

(23) 完成三维墙体等绘制工作。缩放整个图形，消隐后观察各个形体情况。如图 6.50 所示。

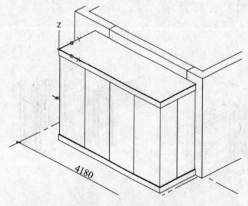

图 6.49 绘制阳台盖板

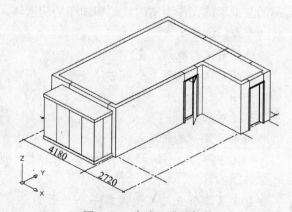

图 6.50 完成三维墙体等

命令：ZOOM

指定窗口的角点，输入比例因子(nX 或 nXP)，或者

[全部(A)/中心(C)/动态(D)/范围(E)/上一个(P)/比例(S)/窗口(W)/对象(O)]＜实时＞：e

正在重生成模型。

命令：HIDE

正在重生成模型。

6.2 客厅、餐厅及门厅三维家具设施绘制

室内各种家具的三维图形在本小节不做具体绘制论述，只是直接作为已有图库插入到图形中。家具设施三维图形绘制的具体方法，可以参看前面有关章节的详细论述内容，在此从略。

6.2.1 客厅和餐厅等室内家具电器绘制

(1) 将坐标系设置在室内地面上部，准备插入家具设施，使家具位于地面上。如图6.51 所示。

命令：UCS

当前 UCS 名称：＊世界＊

指定 UCS 的原点或 [面(F)/命名(NA)/对象(OB)/上一个(P)/视图(V)/世界(W)/X/Y/Z/Z 轴(ZA)]＜世界＞：f

选择实体对象的面：

输入选项 [下一个(N)/X 轴反向(X)/Y 轴反向(Y)]＜接受＞：(回车)

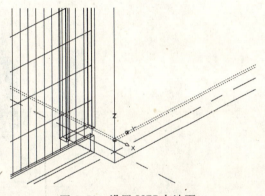

图 6.51 设置 UCS 在地面

(2) 先布置客厅等的平面布置方案，再根据平面布局要求插入相应的三维图形。如图6.52 所示。

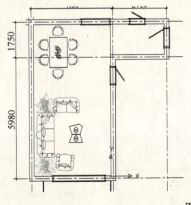
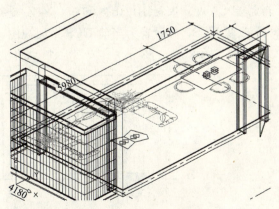

图 6.52 平面布局方案

(3) 先插入三维长沙发造型。打开【插入】下拉菜单选中【块】命令选项,在弹出的对话框中选择所要的沙发三维图形,然后单击【确定】按钮。如图 6.53 所示。

图 6.53　选择沙发图形

命令：insert

指定插入点或 [基点(B)/比例(S)/X/Y/Z/旋转(R)]：

(4) 在平面上点击长沙发定位位置,确认插入到相应位置。如图 6.54 所示。

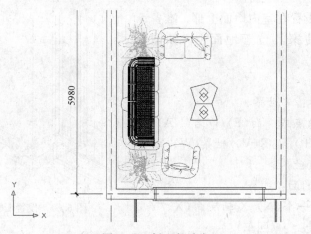

图 6.54　插入长沙发

命令：insert

指定插入点或 [基点(B)/比例(S)/X/Y/Z/旋转(R)]：

(5) 改变 UCS,并设置为当前 UCS 平面视图,观察沙发位置是否正确,否则进行调整。如图 6.55 所示。

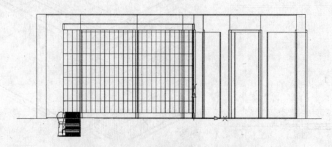

图 6.55　从侧面观察沙发位置

命令：ucs

当前 UCS 名称：＊没有名称＊

指定 UCS 的原点或 [面(F)/命名(NA)/对象(OB)/上一个(P)/视图(V)/世界(W)/X/Y/Z/Z 轴(ZA)]＜世界＞：x

指定绕 X 轴的旋转角度＜90＞：90(回车)

命令：plan

输入选项 [当前 UCS(C)/UCS(U)/世界(W)]＜当前 UCS＞：

正在重生成模型。

(6) 调整沙发到正确位置。如图 6.56 所示。

命令：MOVE

选择对象：找到 1 个

选择对象：

指定基点或 [位移(D)]＜位移＞：

指定第二个点或＜使用第一个点作为位移＞：

(7) 改变视点，再观察长沙发的位置情况及效果。如图 6.57 所示。

命令：vp

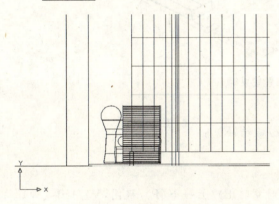

图 6.56 调整沙发位置

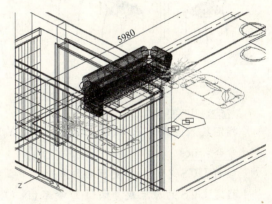

图 6.57 观察三维沙发

(8) 接着插入双人位和单人位沙发造型及茶几三维造型。为了便于观察，部分墙体和顶棚图形所在图层隐藏，后面的图形绘制操作及观察中有类似情况的，不再说明。如图 6.58 所示。

命令：insert

指定插入点或 [基点(B)/比例(S)/X/Y/Z/旋转(R)]：

命令：ucs

当前 UCS 名称：＊没有名称＊

指定 UCS 的原点或 [面(F)/命名(NA)/对象(OB)/上一个(P)/视图(V)/世界(W)/X/Y/Z/Z 轴(ZA)]＜世界＞：x

指定绕 X 轴的旋转角度＜90＞：90(回车)

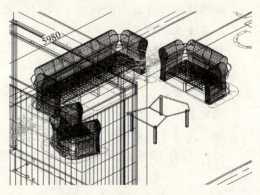

图 6.58 插入茶几等

命令：plan

输入选项 [当前 UCS(C)/UCS(U)/世界(W)] <当前 UCS>：

正在重生成模型。

命令：MOVE

选择对象：找到 1 个

选择对象：

指定基点或 [位移(D)] <位移>：

指定第二个点或<使用第一个点作为位移>：

(9) 继续进行客厅和餐厅的家具布置，包括餐桌、椅子、电视柜等三维图形。如图 6.59 所示。

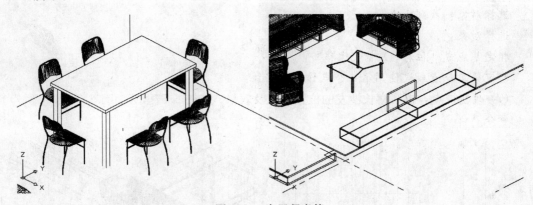

图 6.59 布置餐桌等

命令：insert

指定插入点或 [基点(B)/比例(S)/X/Y/Z/旋转(R)]：

命令：ucs

当前 UCS 名称：*没有名称*

指定 UCS 的原点或 [面(F)/命名(NA)/对象(OB)/上一个(P)/视图(V)/世界(W)/X/Y/Z/Z 轴(ZA)] <世界>：x

指定绕 X 轴的旋转角度<90>：90(回车)

命令：plan

输入选项 [当前 UCS(C)/UCS(U)/世界(W)] <当前 UCS>：

正在重生成模型。

命令：MOVE

选择对象：找到 1 个

选择对象：

指定基点或 [位移(D)] <位移>：

指定第二个点或<使用第一个点作为位移>：

(10) 设置 UCS 在顶棚位置，将视图置为当前 UCS。然后，插入吊灯造型。如图 6.60 所示。

命令：ucs

当前 UCS 名称：＊没有名称＊

指定 UCS 的原点或 [面(F)/命名(NA)/对象(OB)/上一个(P)/视图(V)/世界(W)/X/Y/Z/Z 轴(ZA)]＜世界＞：m

指定新原点或 [Z 向深度(Z)]＜0，0，0＞：

命令：insert

指定插入点或 [基点(B)/比例(S)/X/Y/Z/旋转(R)]：

(11) 复制一个吊灯到餐厅餐桌或沙发处空间。如图 6.61 所示。

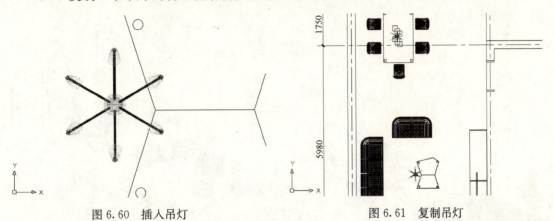

图 6.60　插入吊灯　　　　　　图 6.61　复制吊灯

命令：COPY

选择对象：找到 1 个

选择对象：

当前设置：复制模式＝多个

指定基点或 [位移(D)/模式(O)]＜位移＞：

指定第二个点或＜使用第一个点作为位移＞：

指定第二个点或 [退出(E)/放弃(U)]＜退出＞：(回车)

(12) 改变 UCS 方向并置为当前 UCS 平面视图，调整吊灯与顶棚的位置关系，使其位于顶棚上。如图 6.62 所示。

命令：ucs

当前 UCS 名称：＊没有名称＊

指定 UCS 的原点或 [面(F)/命名(NA)/对象(OB)/上一个(P)/视图(V)/世界(W)/X/Y/Z/Z 轴(ZA)]＜世界＞：x

指定绕 X 轴的旋转角度＜90＞：90(回车)

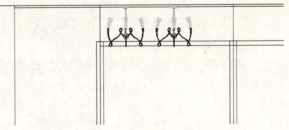

图 6.62　调整吊灯

命令：plan

输入选项 [当前 UCS(C)/UCS(U)/世界(W)]＜当前 UCS＞：

正在重生成模型。

命令：MOVE

选择对象：找到 1 个
选择对象：找到 1 个，总计 2 个
指定基点或［位移(D)］＜位移＞：
指定第二个点或＜使用第一个点作为位移＞：
(13) 从三维视图观察吊灯在客厅和餐厅的关系。如图 6.63 所示。

命令：vp

(14) 观察家具及灯具的布置情况。为了便于观察，部分墙体和顶棚图形所在图层隐藏。如图 6.64 所示。

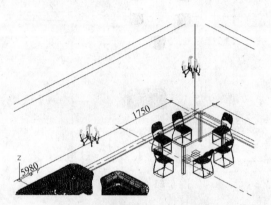 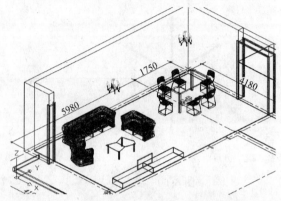

图 6.63　从三维视图观察吊灯　　　　　　图 6.64　缩放整个图形观察吊灯等

命令：ZOOM
指定窗口的角点，输入比例因子(nX 或 nXP)，或者
［全部(A)/中心(C)/动态(D)/范围(E)/上一个(P)/比例(S)/窗口(W)/对象(O)］＜实时＞：
指定对角点：
命令：HIDE
正在重生成模型。

6.2.2　客厅和餐厅等室内人物花草绘制

(1) 接着前面所绘图形。打开【插入】下拉菜单选中【块】命令选项，在弹出的对话框中选择人物三维图形。如图 6.65 所示。

图 6.65　选择人物

命令：insert

指定插入点或［基点(B)/比例(S)/X/Y/Z/旋转(R)］：

(2) 在沙发位置定为人物插入点。如图 6.66 所示。

命令：insert

指定插入点或［基点(B)/比例(S)/X/Y/Z/旋转(R)］：

(3) 旋转坐标轴改变 UCS，并置为当前 UCS 的平面视图，调整人物在客厅中的位置。如图 6.67 所示。

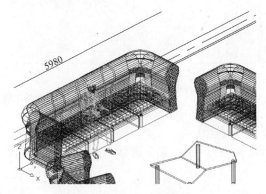

图 6.66 选择人物位置

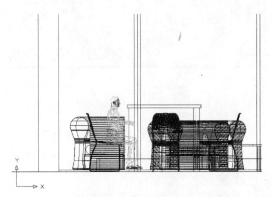

图 6.67 调整人物位置

命令：ucs

当前 UCS 名称：＊没有名称＊

指定 UCS 的原点或［面(F)/命名(NA)/对象(OB)/上一个(P)/视图(V)/世界(W)/X/Y/Z/Z 轴(ZA)]＜世界＞：x

指定绕 X 轴的旋转角度＜90＞：90(回车)

命令：plan

输入选项［当前 UCS(C)/UCS(U)/世界(W)]＜当前 UCS＞：

正在重生成模型。

命令：MOVE

选择对象：找到 1 个

选择对象：

指定基点或［位移(D)]＜位移＞：

指定第二个点或＜使用第一个点作为位移＞：

(4) 恢复三维视图角度。按相似的方法，继续插入多个人物造型，并调整好其位置。如图 6.68 所示。

命令：vp

命令：insert

指定插入点或［基点(B)/比例(S)/X/Y/Z/旋转(R)］：

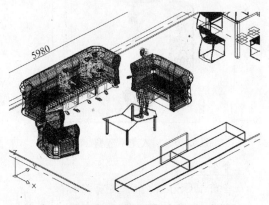

图 6.68 插入多个人物

(5) 打开【插入】下拉菜单选中【块】命令选项,在弹出的对话框中选择花草三维图形。如图 6.69 所示。

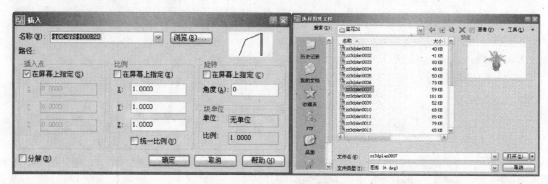

图 6.69 选择三维花草

命令：insert

指定插入点或 [基点(B)/比例(S)/X/Y/Z/旋转(R)]：

(6) 将 UCS 设置在地面位置,并置为平面视图,然后插入花草造型。如图 6.70 所示。

命令：ucs

当前 UCS 名称：*没有名称*

指定 UCS 的原点或 [面(F)/命名(NA)/对象(OB)/上一个(P)/视图(V)/世界(W)/X/Y/Z/Z 轴(ZA)] <世界>：m

指定新原点或 [Z 向深度(Z)] <0,0,0>：

命令：plan

输入选项 [当前 UCS(C)/UCS(U)/世界(W)] <当前 UCS>：

正在重生成模型。

命令：insert

指定插入点或 [基点(B)/比例(S)/X/Y/Z/旋转(R)]：

(7) 旋转坐标轴改变 UCS,观察花草的空间位置是否合适。如图 6.71 所示。

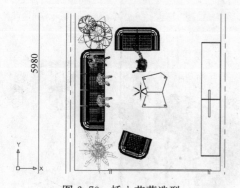

图 6.70 插入花草造型

图 6.71 观察花草位置

命令：ucs

当前 UCS 名称：*没有名称*

指定 UCS 的原点或 [面(F)/命名(NA)/对象(OB)/上一个(P)/视图(V)/世界(W)/

X/Y/Z/Z 轴(ZA)]＜世界＞：x

指定绕 X 轴的旋转角度＜90＞：90(回车)

命令：plan

输入选项 [当前 UCS(C)/UCS(U)/世界(W)]＜当前 UCS＞：

正在重生成模型。

(8) 调整花草的位置，使其位于正确的位置。如图 6.72 所示。

命令：MOVE

选择对象：找到 1 个

选择对象：

指定基点或 [位移(D)]＜位移＞：

指定第二个点或＜使用第一个点作为位移＞：

(9) 改变为三维视图观察花草的空间效果。另外，门厅的家具布置根据各自的需要进行适当布置，在此从略。如图 6.73 所示。

命令：vp

图 6.72 调整花草位置

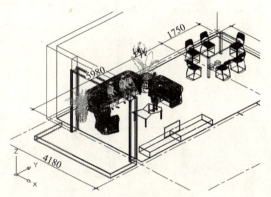

图 6.73 观察花草效果

6.3 客厅、餐厅及门厅三维图形观察

AutoCAD 三维图形观察常用的方法有三维视点观察视图(VP)、动态观察视图、相机视图等相关观察方式。

6.3.1 预置视点和动态观察客厅等三维图形

(1) 打开【视图】下拉菜单，选择【三维视图】命令选项，再选中视点预置，或在命令行直接键入 VP，在弹出的对话框中设置视点的观察角度。如图 6.74 所示。

命令：vp

DDVPOINT

(2) 设置视点角度为 "X 轴 45.0，XY 平面 30.0" 的观察效果。如图 6.75 所示。

命令：vp

DDVPOINT

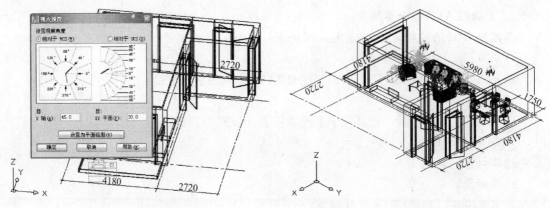

图 6.74 设置视点角度　　　　　　　　图 6.75 所设置视点观察效果

(3) 改变视点位置，再进行观察。如图 6.76 所示。

命令：vp

DDVPOINT

(4) 新视点的观察效果，如图 6.77 所示。

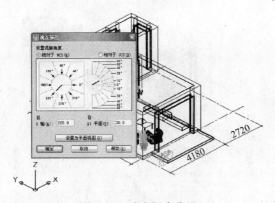 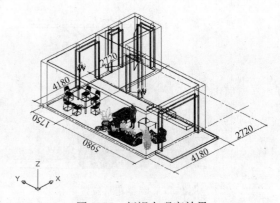

图 6.76 改变视点位置　　　　　　　　图 6.77 新视点观察效果

命令：vp

DDVPOINT

(5) 打开【视图】下拉菜单，选择【动态观察】命令选项，再选中其中的 1 个命令选项，或在命令行直接键入 3DORBIT、3DFORBIT、3DCORBIT，或打开【动态观察】工具栏点击相应的命令按钮。如图 6.78 所示。

命令：3DFOrbit

按 ESC 或 ENTER 键退出，或者单击鼠标右键显示快捷菜单。

正在重生成模型。

(6) 拖动鼠标观察，然后确定所要的视图后单击右键选择【退出】。即可观察所选择的视图效果。如图 6.79 所示。

命令：3DFOrbit

按 ESC 或 ENTER 键退出，或者单击鼠标右键显示快捷菜单。

正在重生成模型。

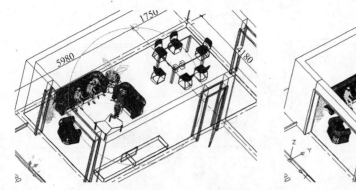

图 6.78 选择动态观察　　　　　图 6.79 选择动态视图

(7) 可以继续进行上下、左右等方向的旋转观察,以获得不同的三维效果。如图 6.80 所示。

命令:3DFOrbit
按 ESC 或 ENTER 键退出,或者单击鼠标右键显示快捷菜单。
正在重生成模型。

(8) 选定视图效果后退出消隐观察。如图 6.81 所示。

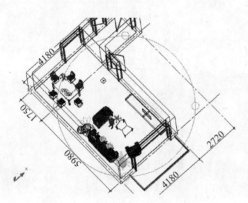 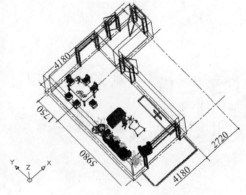

图 6.80 不同方向动态观察视图　　　　　图 6.81 选定不同的视图

命令:3DFOrbit
按 ESC 或 ENTER 键退出,或者单击鼠标右键显示快捷菜单。
正在重生成模型。
命令:HIDE
正在重生成模型。

(9) 通过动态旋转,再提供几个不同视图效果。为方便观察,顶棚或部分墙体图形所在图层关闭。如图 6.82 所示。

命令:3DFOrbit
按 ESC 或 ENTER 键退出,或者单击鼠标右键显示快捷菜单。
正在重生成模型。
命令:HIDE
正在重生成模型。

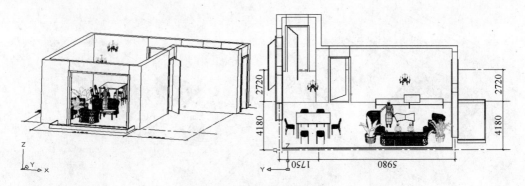

图 6.82 其他位置的效果

（10）动态观察要比视点预置观察视图的角度更为方便、灵活。为方便观察，顶棚或部分墙体图形所在图层关闭。如图 6.83 所示。

6.3.2 使用相机观察客厅等三维图形

（1）打开【视图】下拉菜单，选择【创建相机】命令选项。如图 6.84 所示。

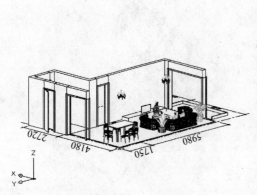

图 6.83 客厅等三维视图效果

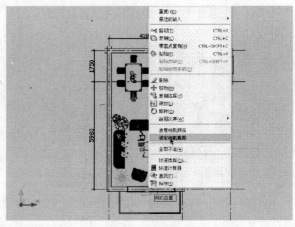

图 6.84 创建相机

命令：camera

当前相机设置：高度＝0.0000 镜头长度＝50.0000 毫米

指定相机位置：

指定目标位置：

输入选项 ［？/名称(N)/位置(LO)/高度(H)/目标(T)/镜头(LE)/剪裁(C)/视图(V)/退出(X)］＜退出＞：v(输入 V 切换到相机视图)

是否切换到相机视图？［是(Y)/否(N)］＜否＞：y(输入 Y 回车)

（2）在图形中指定相机的高度、角度及投影方向等位置。如图 6.85 所示。

命令：camera

当前相机设置：高度＝0.0000 镜头长度＝50.0000 毫米

指定相机位置：

指定目标位置：

输入选项［？/名称(N)/位置(LO)/高度(H)/目标(T)/镜头(LE)/剪裁(C)/视图(V)/退出(X)］＜退出＞：v(输入V切换到相机视图)

是否切换到相机视图？［是(Y)/否(N)］＜否＞：y(输入Y回车)

（3）设置好相机后，点击相机后单击右键，在弹出的快捷菜单中选中相机视图，也可以在创建相机操作命令选项中选择"视图V"切换到相机视图，可以观察相机视图效果。如图6.86所示。

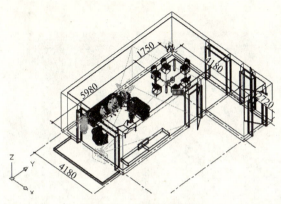

图6.85　确定相机位置　　　　　图6.86　相机视图效果

命令：camera

当前相机设置：高度＝0.0000 镜头长度＝50.0000毫米

指定相机位置：

指定目标位置：

输入选项［？/名称(N)/位置(LO)/高度(H)/目标(T)/镜头(LE)/剪裁(C)/视图(V)/退出(X)］＜退出＞：v(输入V切换到相机视图)

是否切换到相机视图？［是(Y)/否(N)］＜否＞：y(输入Y回车)

（4）调整相机位置或设置新的相机，从不同角度观察客厅等三维视图效果。如图6.87所示。

图6.87　不同相机角度观察

命令：camera

当前相机设置：高度＝0.0000 镜头长度＝50.0000毫米

指定相机位置：

指定目标位置：

输入选项［?/名称(N)/位置(LO)/高度(H)/目标(T)/镜头(LE)/剪裁(C)/视图(V)/退出(X)］＜退出＞：v(输入V切换到相机视图)

是否切换到相机视图？［是(Y)/否(N)］＜否＞：y(输入Y回车)

（5）选定观察角度后，可以使用视觉样式功能得到不同视觉样式(如概念、真实)视图的简单美化效果。如图6.88所示。

图6.88　客厅视觉样式图

命令：vscurrent

输入选项［二维线框(2)/三维线框(3)/三维隐藏(H)/真实(R)/概念(C)/其他(O)］＜二维线框＞：C(输入C观察概念视觉样式效果)

命令：vscurrent

输入选项［二维线框(2)/三维线框(3)/三维隐藏(H)/真实(R)/概念(C)/其他(O)］＜二维线框＞：R(输入R观察真实视觉样式效果)

第 7 章 卧室和书房室内三维图形绘制

📖 本章理论知识论述要点提示

本章对卧室和书房的室内空间的三维透视图进行分别展开论述，其主要内容有如何建立卧室与书房等的三维墙体与三维门窗造型，如何创建和布置卧室和书房室内三维家具及三维人物花草并调整其在卧室和书房室内中的位置等、如何观察和输出卧室和书房的三维室内透视图等相关方法与技巧。

本章案例绘图思路与技巧提示

本章所介绍的案例是卧室和书房的室内三维透视图绘制。卧室和书房室内三维透视图绘制思路基本是一致的，只是室内空间大小、室内家具类型和布置方式等有所区别而已。两者建立步骤基本是先建立卧室和书房的三维建筑模型，同时创建其三维门窗、三维地面和三维顶棚等造型。然后，根据其平面布局方案，依次布置床、衣柜、书柜等相应的三维家具设施、三维人物花草、三维灯具等图形，并通过改变用户坐标系 UCS 进行调整，最后使用相机视图、动态观察或三维视点预置等相关功能命令观察卧室和书房的室内三维透视图效果。

7.1 卧室三维 CAD 图形绘制

卧室是每种住宅户型最常见的房间，也是必有的房间，根据户型大小可能有 1 个、2 个或 3 个及以上。卧室必备家具常见有床、衣柜、梳妆台桌、床头柜等，还可能布置小沙发、花草等其他家具设施。卧室的三维图形绘制，一般是根据其平面布局，首先建立其三维墙体图形，包括门窗造型，然后布置相应的家具设施，最后选定观察视图输出效果图。

7.1.1 卧室墙体三维造型绘制

（1）绘制卧室房间的平面控制轴线。如图 7.1 所示。
命令：LINE
指定第一点：
指定下一点或 [放弃(U)]：
指定下一点或 [放弃(U)]：
命令：OFFSET
当前设置：删除源=否 图层=源 OFFSETGAPTYPE=0
指定偏移距离或 [通过(T)/删除(E)/图层(L)] <通

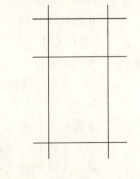

图 7.1 绘制控制轴线

过>：3900

指定要偏移的那一侧上的点，或［退出(E)/多个(M)/放弃(U)］<退出>：

选择要偏移的对象，或［退出(E)/放弃(U)］<退出>：（回车）

（2）单击【特性】工具栏上的线型下拉按钮加载点画线，改变轴线的线型。改变其中一根线条后，其他的通过格式刷实现线型改变。如图7.2所示。

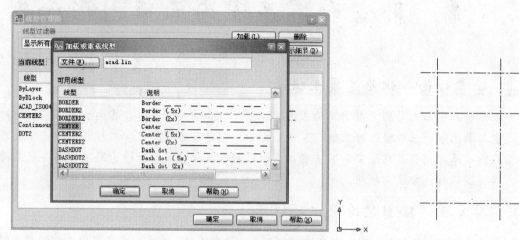

图7.2 改变轴线线型

命令：matchprop

选择源对象：

当前活动设置：颜色 图层 线型 线型比例 线宽 厚度 打印样式 标注 文字 填充图案 多段线 视口 表格材质 阴影显示 多重引线

选择目标对象或［设置(S)］：

……

选择目标对象或［设置(S)］：

选择目标对象或［设置(S)］：（回车）

（3）标注轴线尺寸作为参考。如图7.3所示。

命令：dimlinear

指定第一条尺寸界线原点或<选择对象>：

指定第二条尺寸界线原点：

指定尺寸线位置或

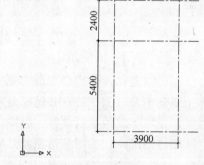

图7.3 标注轴线尺寸

［多行文字(M)/文字(T)/角度(A)/水平(H)/垂直(V)/旋转(R)］：

标注文字=5400.0000

（4）使用多线功能命令按房间墙体厚度绘制其轮廓。如图7.4所示。

命令：MLINE

当前设置：对正=上，比例=1.00，样式=STANDARD

指定起点或［对正(J)/比例(S)/样式(ST)］：s

输入多线比例<1.00>：240

当前设置：对正=上，比例=240.00，样式=STANDARD

指定起点或 [对正(J)/比例(S)/样式(ST)]: j
输入对正类型 [上(T)/无(Z)/下(B)] <上>: z
当前设置: 对正=无, 比例=240.00, 样式=STANDARD
指定起点或 [对正(J)/比例(S)/样式(ST)]:
指定下一点:
指定下一点或 [放弃(U)]:
指定下一点或 [闭合(C)/放弃(U)]:
指定下一点或 [闭合(C)/放弃(U)]: (回车)

(5) 改变多线比例,绘制房间内卫生间平面轮廓。如图7.5所示。

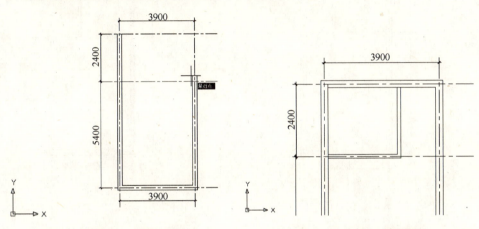

图7.4 绘制卧室墙体平面　　　图7.5 绘制卫生间平面

命令: MLINE
当前设置: 对正=上, 比例=1.00, 样式=STANDARD
指定起点或 [对正(J)/比例(S)/样式(ST)]: s
输入多线比例 <240.00>: 120
当前设置: 对正=上, 比例=120.00, 样式=STANDARD
指定起点或 [对正(J)/比例(S)/样式(ST)]: j
输入对正类型 [上(T)/无(Z)/下(B)] <上>: z
当前设置: 对正=无, 比例=120.00, 样式=STANDARD
指定起点或 [对正(J)/比例(S)/样式(ST)]:
指定下一点:
指定下一点或 [放弃(U)]:
指定下一点或 [闭合(C)/放弃(U)]:
指定下一点或 [闭合(C)/放弃(U)]: (回车)

(6) 绘制门窗洞口平面位置及轮廓。如图7.6所示。

命令: LINE
指定第一点:
指定下一点或 [放弃(U)]:
指定下一点或 [放弃(U)]:

命令：OFFSET
当前设置：删除源＝否　图层＝源　OFFSETGAPTYPE＝0
指定偏移距离或 ［通过(T)/删除(E)/图层(L)］＜通过＞：900
指定要偏移的那一侧上的点，或 ［退出(E)/多个(M)/放弃(U)］＜退出＞：
选择要偏移的对象，或 ［退出(E)/放弃(U)］＜退出＞：(回车)

(7) 使用多段体功能绘制卧室三维墙体。如图7.7所示。

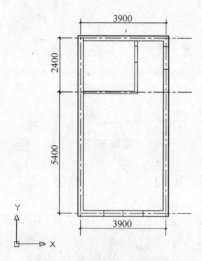 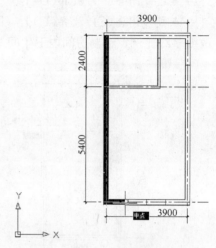

图7.6　绘制门窗平面定位　　　　　图7.7　绘制三维墙体

命令：Polysolid
高度＝2700.0000，宽度＝200.0000，对正＝居中
指定起点或 ［对象(O)/高度(H)/宽度(W)/对正(J)］＜对象＞：w
指定宽度＜200.0000＞：240
高度＝2700.0000，宽度＝240.0000，对正＝居中
指定起点或 ［对象(O)/高度(H)/宽度(W)/对正(J)］＜对象＞：h
指定高度＜2700.0000＞：2700
高度＝2700.0000，宽度＝240.0000，对正＝居中
指定起点或 ［对象(O)/高度(H)/宽度(W)/对正(J)］＜对象＞：
指定下一个点或 ［圆弧(A)/放弃(U)］：
指定下一个点或 ［圆弧(A)/放弃(U)］：
指定下一个点或 ［圆弧(A)/闭合(C)/放弃(U)］：
指定下一个点或 ［圆弧(A)/闭合(C)/放弃(U)］：
……
指定下一个点或 ［圆弧(A)/闭合(C)/放弃(U)］：
指定下一个点或 ［圆弧(A)/闭合(C)/放弃(U)］：(回车)

(8) 改变视点，观察房间三维墙体绘制情况。如图7.8所示。

命令：VP

(9) 恢复为平面视图，按上述相同方法绘制房间其他位置的三维墙体。如图7.9所示。

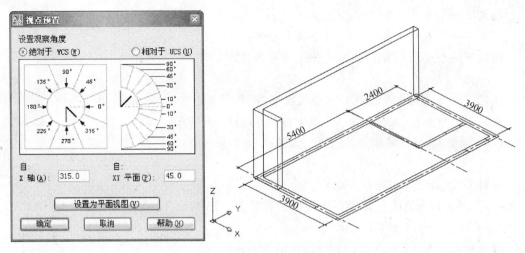

图 7.8 观察房间三维墙体

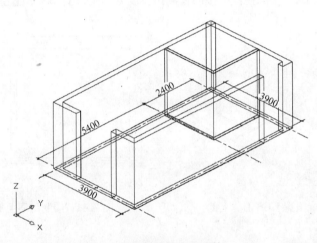

图 7.9 绘制其他位置墙体

命令：PLAN

输入选项 [当前 UCS(C)/UCS(U)/世界(W)] <当前 UCS>：

正在重生成模型。

命令：Polysolid

高度=2700.0000，宽度=200.0000，对正=居中

指定起点或 [对象(O)/高度(H)/宽度(W)/对正(J)] <对象>：w

指定宽度<200.0000>：240

高度=2700.0000，宽度=240.0000，对正=居中

指定起点或 [对象(O)/高度(H)/宽度(W)/对正(J)] <对象>：h

指定高度<2700.0000>：2700

高度=2700.0000，宽度=240.0000，对正=居中

指定起点或 [对象(O)/高度(H)/宽度(W)/对正(J)] <对象>：

指定下一个点或 [圆弧(A)/放弃(U)]：

指定下一个点或 [圆弧(A)/放弃(U)]：
指定下一个点或 [圆弧(A)/闭合(C)/放弃(U)]：
指定下一个点或 [圆弧(A)/闭合(C)/放弃(U)]：
……
指定下一个点或 [圆弧(A)/闭合(C)/放弃(U)]：
指定下一个点或 [圆弧(A)/闭合(C)/放弃(U)]：（回车）

(10) 设置 UCS 在墙体上部位置。如图 7.10 所示。

命令：ucs

当前 UCS 名称：*没有名称*

指定 UCS 的原点或 [面(F)/命名(NA)/对象(OB)/上一个(P)/视图(V)/世界(W)/X/Y/Z/Z 轴(ZA)] <世界>：m

指定新原点或 [Z 向深度(Z)] <0,0,0>：

(11) 置为当前 UCS 平面视图，按门窗洞口宽度绘制洞口上部墙体造型。如图 7.11 所示。

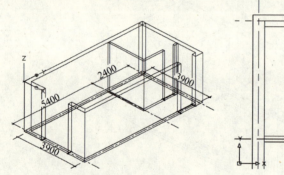

图 7.10　设置 UCS 墙体上部

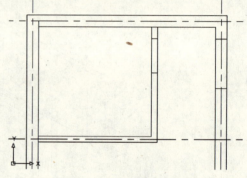

图 7.11　绘制门洞上部墙体

命令：PLAN

输入选项 [当前 UCS(C)/UCS(U)/世界(W)] <当前 UCS>：

正在重生成模型。

命令：box

指定第一个角点或 [中心(C)]：

指定其他角点或 [立方体(C)/长度(L)]：

指定高度或 [两点(2P)] <50.0000>：-450

(12) 改变视点观察图形，对窗口处视图缩放，绘制其下部窗台墙体造型。如图 7.12 所示。

命令：vp

命令：box

指定第一个角点或 [中心(C)]：

指定其他角点或 [立方体(C)/长度(L)]：

指定高度或 [两点(2P)] <-450.0000>：900

(13) 完成房间三维墙体绘制工作，保存墙体图形。如图 7.13 所示。

命令：qsave

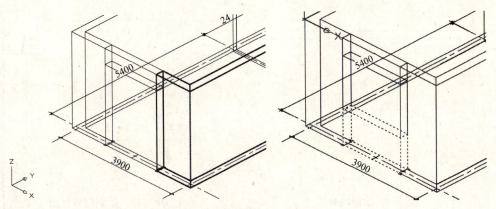

图 7.12 绘制窗台墙体

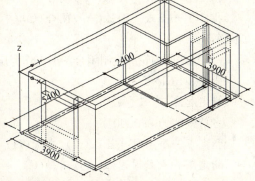

图 7.13 完成三维墙体

7.1.2 卧室门窗三维造型绘制

(1) 绘制房间门洞的门套线平面轮廓。如图 7.14 所示。

命令：rectang

指定第一个角点或 [倒角(C)/标高(E)/圆角(F)/厚度(T)/宽度(W)]：

指定另一个角点或 [面积(A)/尺寸(D)/旋转(R)]：

命令：MIRROR

找到 1 个

指定镜像线的第一点：

指定镜像线的第二点：

要删除源对象吗？[是(Y)/否(N)] <N>：N

(2) 绘制门扇截面轮廓。如图 7.15 所示。

命令：PLINE

指定起点：

当前线宽为 0.0000

指定下一个点或 [圆弧(A)/半宽(H)/长度(L)/放弃(U)/宽度(W)]：

指定下一点或 [圆弧(A)/闭合(C)/半宽(H)/长度(L)/放弃(U)/宽度(W)]：

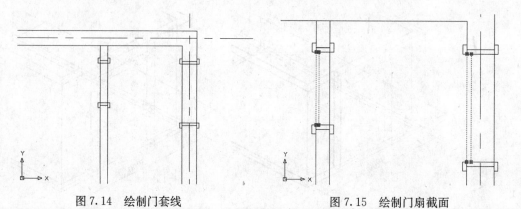

图7.14 绘制门套线　　　　　　　图7.15 绘制门扇截面

……

指定下一点或［圆弧(A)/闭合(C)/半宽(H)/长度(L)/放弃(U)/宽度(W)］：

指定下一点或［圆弧(A)/闭合(C)/半宽(H)/长度(L)/放弃(U)/宽度(W)］：C(输入C回车)

(3) 按房间内轮廓绘制闭合图形，作为房间地面和顶棚造型的轮廓平面。如图7.16所示。

命令：PLINE

指定起点：

当前线宽为0.0000

指定下一个点或［圆弧(A)/半宽(H)/长度(L)/放弃(U)/宽度(W)］：

指定下一点或［圆弧(A)/闭合(C)/半宽(H)/长度(L)/放弃(U)/宽度(W)］：

指定下一点或［圆弧(A)/闭合(C)/半宽(H)/长度(L)/放弃(U)/宽度(W)］：

指定下一点或［圆弧(A)/闭合(C)/半宽(H)/长度(L)/放弃(U)/宽度(W)］：C(输入C回车)

(4) 改变为三维视图，将门套线拉伸为三维形体。如图7.17所示。

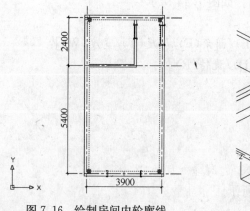
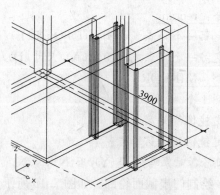

图7.16 绘制房间内轮廓线　　　　　　　图7.17 拉伸门套线条

命令：vp

DDVPOINT

命令：EXTRUDE

当前线框密度：ISOLINES=4

选择要拉伸的对象：找到1个

选择要拉伸的对象：找到1个，总计2个

......

选择要拉伸的对象：(回车)

指定拉伸的高度或 [方向(D)/路径(P)/倾斜角(T)]：2250

（5）设置 UCS 在门套线上部位置，然后绘制上部门套线造型。如图 7.18 所示。

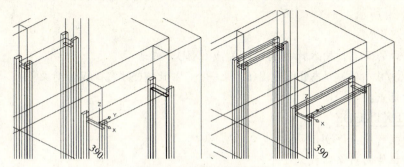

图 7.18　绘制上部门套线

命令：ucs

当前 UCS 名称：＊没有名称＊

指定 UCS 的原点或 [面(F)/命名(NA)/对象(OB)/上一个(P)/视图(V)/世界(W)/X/Y/Z/Z 轴(ZA)] ＜世界＞：m

指定新原点或 [Z 向深度(Z)] ＜0，0，0＞：

命令：BOX

指定第一个角点或 [中心(C)]：

指定其他角点或 [立方体(C)/长度(L)]：

指定高度或 [两点(2P)] ＜50.0000＞：－50

（6）窗套线按上述门套线类似方法进行绘制，需注意的是窗套线高度位置与门套线有所不同。如图 7.19 所示。

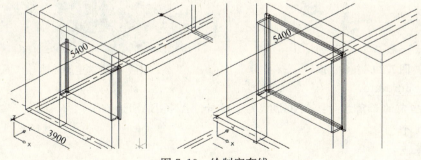

图 7.19　绘制窗套线

命令：ucs

当前 UCS 名称：＊没有名称＊

指定 UCS 的原点或 [面(F)/命名(NA)/对象(OB)/上一个(P)/视图(V)/世界(W)/X/Y/Z/Z 轴(ZA)] ＜世界＞：m

指定新原点或[Z向深度(Z)]<0，0，0>：
命令：BOX
指定第一个角点或[中心(C)]：
指定其他角点或[立方体(C)/长度(L)]：
指定高度或[两点(2P)]<50.0000>：1350

(7) 缩放视图到门处，将门扇截面拉伸为三维门扇造型，注意拉伸高度与门洞高度一致。如图7.20所示。

命令：ZOOM
指定窗口的角点，输入比例因子(nX 或 nXP)，或者
[全部(A)/中心(C)/动态(D)/范围(E)/上一个(P)/比例(S)/窗口(W)/对象(O)]<实时>：
指定对角点：
命令：EXTRUDE
当前线框密度：ISOLINES=4
选择要拉伸的对象：找到1个
选择要拉伸的对象：找到1个，总计2个
……
选择要拉伸的对象：(回车)
指定拉伸的高度或[方向(D)/路径(P)/倾斜角(T)]：2250

(8) 选定门扇进行三维旋转，选门侧边的为旋转轴。如图7.21所示。

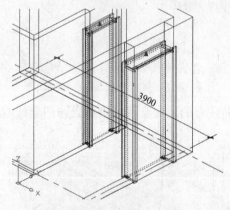 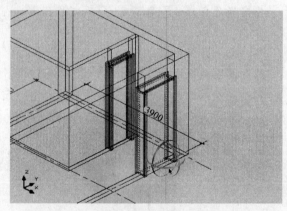

图7.20 拉伸门扇　　　　　　　图7.21 选定旋转轴

命令：3drotate
UCS当前的正角方向：ANGDIR=逆时针　ANGBASE=0
找到1个
指定基点：
拾取旋转轴：
指定角的起点或键入角度：50
正在重生成模型。

(9) 将门扇旋转一定角度，形成门半开效果。如图7.22所示。

命令：3drotate

UCS 当前的正角方向：ANGDIR＝逆时针　ANGBASE＝0
找到 1 个
指定基点：
拾取旋转轴：
指定角的起点或键入角度：50
正在重生成模型。

(10) 其他位置的门扇根据需要按相同方法处理。如图 7.23 所示。

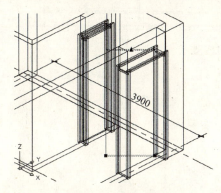
图 7.22　旋转门扇

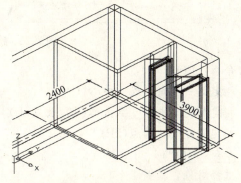
图 7.23　旋转其他位置门扇

命令：3drotate
UCS 当前的正角方向：ANGDIR＝逆时针　ANGBASE＝0
找到 1 个
指定基点：
拾取旋转轴：
指定角的起点或键入角度：60
正在重生成模型。

(11) 将 UCS 设置在窗台上表面，然后置为当前 UCS 的平面视图。如图 7.24 所示。

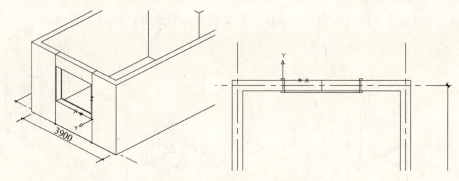
图 7.24　设置窗台平面视图

命令：ucs
当前 UCS 名称：＊没有名称＊
指定 UCS 的原点或 [面(F)/命名(NA)/对象(OB)/上一个(P)/视图(V)/世界(W)/X/Y/Z/Z 轴(ZA)] <世界>：m

指定新原点或[Z向深度(Z)]<0,0,0>：(捕捉定位点确定 UCS)

命令：plan

输入选项[当前 UCS(C)/UCS(U)/世界(W)]<当前 UCS>：

正在重生成模型。

(12) 绘制窗扇三维造型，将窗扇绘制为推拉窗形式。如图 7.25 所示。

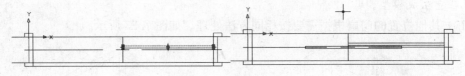

图 7.25　绘制窗扇造型

命令：BOX

指定第一个角点或[中心(C)]：

指定其他角点或[立方体(C)/长度(L)]：

指定高度或[两点(2P)]<50.0000>：1350

命令：COPY

选择对象：找到 1 个

选择对象：

当前设置：复制模式＝多个

指定基点或[位移(D)/模式(O)]<位移>：

指定第二个点或<使用第一个点作为位移>：

指定第二个点或[退出(E)/放弃(U)]<退出>：(回车)

(13) 改变视点观察窗户绘制情况，完成三维窗扇绘制。如图 7.26 所示。

命令：VP

命令：HIDE

正在重生成模型。

(14) 缩放视图，完成卧室房间墙体等三维轮廓造型绘制。如图 7.27 所示。

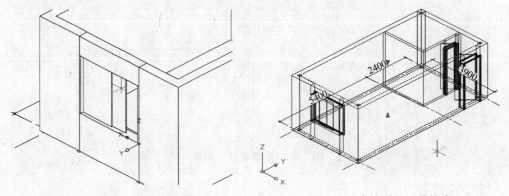

图 7.26　完成三维窗扇绘制　　　图 7.27　完成卧室三维轮廓

命令：ZOOM

指定窗口的角点，输入比例因子(nX 或 nXP)，或者

[全部(A)/中心(C)/动态(D)/范围(E)/上一个(P)/比例(S)/窗口(W)/对象(O)]<实时>：e

7.1.3 卧室家具电器等设施三维造型布置

(1) 按卧室平面布置方案举行三维家具等图形绘制。在这里不对家具的具体绘制方法进行详细论述，只是直接使用。家具的三维造型绘制方法参见前面章节的相关内容。如图 7.28 所示。

(2) 先插入床三维造型。打开【插入】下拉菜单，选中【块】命令选项，在弹出的对话框中选择所需床的三维图形，然后单击【确定】按钮。在平面视图中，还可以调整其在房间中的位置。如图 7.29 所示。

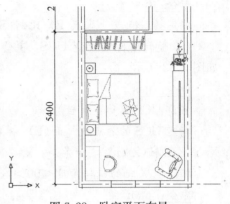

图 7.28 卧室平面布局

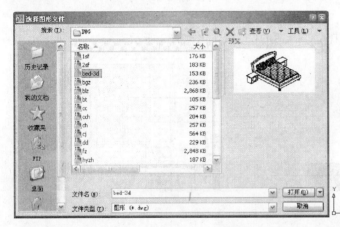

图 7.29 插入床

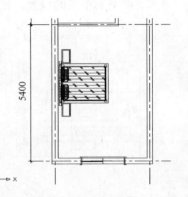

命令：insert
指定插入点或 [基点(B)/比例(S)/X/Y/Z/旋转(R)]：

(3) 改变为三维视图，观察床的位置情况。如图 7.30 所示。

命令：VP

(4) 继续进行衣柜、梳妆台及单人沙发等家具的布置。依次打开【插入】下拉菜单，选中【块】命令选项，在弹出的对话框中选择所要的衣柜、梳妆台及单人沙发等家具三维

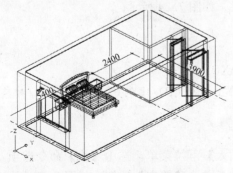

图 7.30 三维视图观察床

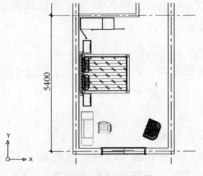

图 7.31 插入衣柜等

图形，然后单击【确定】按钮。如图7.31所示。

命令：insert

指定插入点或[基点(B)/比例(S)/X/Y/Z/旋转(R)]：

(5) 旋转坐标轴改变UCS，并置为当前UCS的平面视图，观察衣柜等家具的位置。如图7.32所示。

命令：ucs

当前UCS名称：*世界*

指定UCS的原点或[面(F)/命名(NA)/对象(OB)/上一个(P)/视图(V)/世界(W)/X/Y/Z/Z轴(ZA)]＜世界＞：x

指定绕X轴的旋转角度＜90＞：

命令：plan

输入选项[当前UCS(C)/UCS(U)/世界(W)]＜当前UCS＞：

正在重生成模型。

(6) 调整衣柜等的位置，使其位于合适的位置。如图7.33所示。

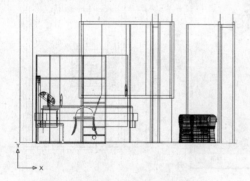

图7.32 置为新UCS观察衣柜等　　图7.33 调整衣柜等位置

命令：MOVE

选择对象：找到1个

选择对象：找到1个，总计2个

选择对象：(回车)

指定基点或[位移(D)]＜位移＞：

指定第二个点或＜使用第一个点作为位移＞：

(7) 改变视点进行三维视图观察调整效果。如图7.34所示。

命令：VP

命令：ZOOM

指定窗口的角点，输入比例因子(nX或nXP)，或者

[全部(A)/中心(C)/动态(D)/范围(E)/上一个(P)/比例(S)/窗口(W)/对象(O)]＜实时＞：

指定对角点：

(8) 在卧室插入电视柜等造型。打开【插入】下拉菜单，选中【块】命令选项，在弹出的对话框中选择所需的电视柜三维图形，然后单击【确定】按钮。如图7.35所示。

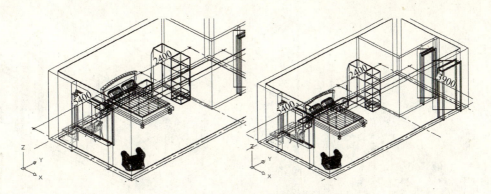

图 7.34 观察调整效果

命令：insert
指定插入点或 [基点(B)/比例(S)/X/Y/Z/旋转(R)]：

(9) 打开【插入】下拉菜单，选中【块】命令选项，在弹出的对话框中选择所需的花草和人物三维图形，然后单击【确定】按钮。如图 7.36 所示。

命令：insert
指定插入点或 [基点(B)/比例(S)/X/Y/Z/旋转(R)]：

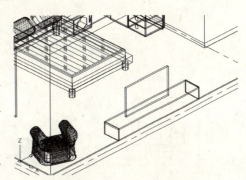

图 7.35 插入卧室电视柜

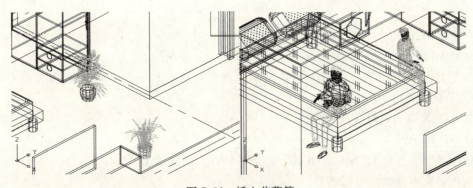

图 7.36 插入花草等

(10) 打开【插入】下拉菜单，选中【块】命令选项，在弹出的对话框中选择所需的卧室灯具三维图形，然后单击【确定】按钮。如图 7.37 所示。

命令：insert
指定插入点或 [基点(B)/比例(S)/X/Y/Z/旋转(R)]：

(11) 缩放整个视图，观察花草人物等图形在房间中的布置情况。如图 7.38 所示。

命令：ZOOM
指定窗口的角点，输入比例因子(nX 或 nXP)，或者
[全部(A)/中心(C)/动态(D)/范围(E)/上一个(P)/比例(S)/窗口(W)/对象(O)] <实时>：E

(12) 旋转 UCS 坐标轴改变 UCS，并置为当前 UCS 的平面视图。对位置不正确的家具设施进行调整，使其位于合适的位置。如图 7.39 所示。

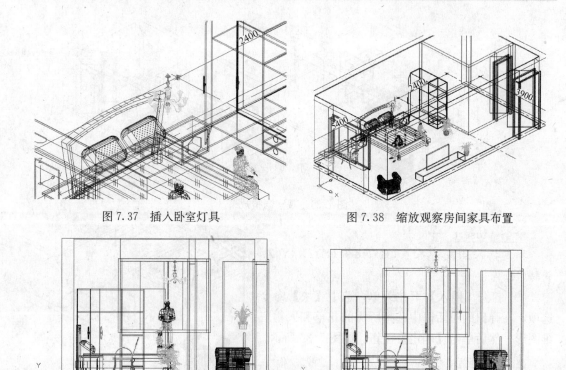

图 7.37 插入卧室灯具　　　　图 7.38 缩放观察房间家具布置

图 7.39 调整家具位置

命令：ucs

当前 UCS 名称：＊世界＊

指定 UCS 的原点或 [面(F)/命名(NA)/对象(OB)/上一个(P)/视图(V)/世界(W)/X/Y/Z/Z 轴(ZA)]＜世界＞：x

指定绕 X 轴的旋转角度＜90＞：

命令：PLAN

输入选项 [当前 UCS(C)/UCS(U)/世界(W)]＜当前 UCS＞：

正在重生成模型。

命令：MOVE

选择对象：找到 1 个

选择对象：找到 1 个，总计 2 个

选择对象：

指定基点或 [位移(D)]＜位移＞：

指定第二个点或＜使用第一个点作为位移＞：

(13) 先恢复为 WCS 坐标系，然后旋转与前一步不同的坐标轴(X 或 Y 轴)，并置为当前 UCS 的平面视图。观察各个家具设施位置是否合适，如图 7.40 所示。

命令：ucs

当前 UCS 名称：＊世界＊

指定 UCS 的原点或 [面(F)/命名(NA)/对象(OB)/上一个(P)/视图(V)/世界(W)/

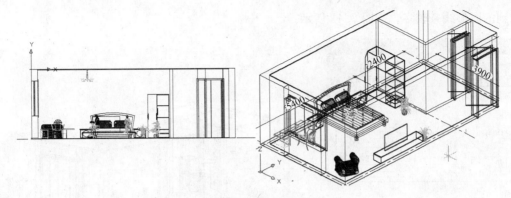

图 7.40 另外方向视图观察

X/Y/Z/Z 轴(ZA)]＜世界＞：W(回车)

命令：ucs

当前 UCS 名称：＊世界＊

指定 UCS 的原点或［面(F)/命名(NA)/对象(OB)/上一个(P)/视图(V)/世界(W)/X/Y/Z/Z 轴(ZA)]＜世界＞：y

指定绕 Y 轴的旋转角度＜90＞：

命令：MOVE

选择对象：找到 1 个

选择对象：找到 1 个，总计 2 个

选择对象：

指定基点或［位移(D)]＜位移＞：

指定第二个点或＜使用第一个点作为位移＞：

命令：VP

DDVPOINT

(14) 完成卧室三维图形，保存图形。缩放视图从三维视图不同角度方向观察卧室三维图形。对卫生间的三维布置，参考后面相关章节的详细论述，在此从略。如图 7.41 所示。

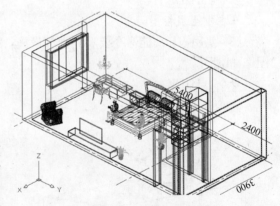

图 7.41 完成卧室三维图形

命令：ZOOM

指定窗口的角点，输入比例因子(nX 或 nXP)，或者

［全部(A)/中心(C)/动态(D)/范围(E)/上一个(P)/比例(S)/窗口(W)/对象(O)]＜实时＞：

指定对角点：

7.1.4 卧室三维图形观察

(1) 最简单的观察方法是 VP 功能命令，可以从不同角度进行不消隐观察三维图形，看到的图形线条较多。如图7.42所示。

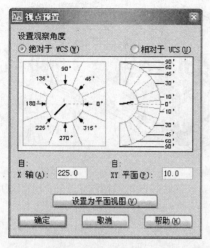

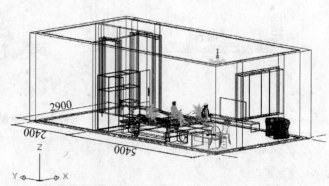

图7.42 使用VP观察

命令：VP
DDVPOINT

（2）VP功能命令但是不能消隐，消隐后只能看到外面的墙体轮廓，看不到内部设施。如图7.43所示。

命令：HIDE
正在重生成模型。

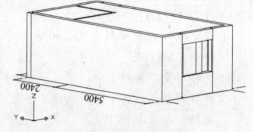

图7.43 消隐后的图形

（3）使用VP功能命令要看到内部设施，需将部分墙体遮挡的图形所在图层关闭。如图7.44所示。

命令：HIDE
正在重生成模型。

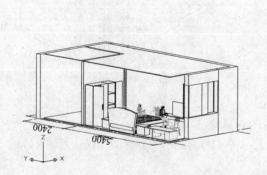
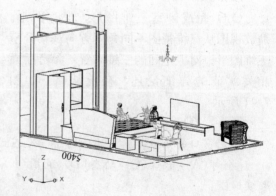

图7.44 关闭部分图层

（4）使用动态功能命令进行观察，可以从任意角度进行旋转观察。如图7.45所示。

命令：3DFORBIT
按ESC或ENTER键退出，或者单击鼠标右键显示快捷菜单。

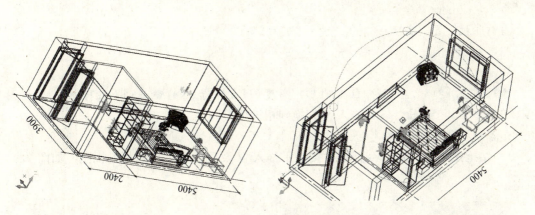

图 7.45 动态旋转观察

正在重生成模型。

命令：3DCORBIT

按 ESC 或 ENTER 键退出，或者单击鼠标右键显示快捷菜单。

正在重生成模型。

(5) 动态观察从顶部看到的卧室效果（注：部分图层关闭）。如图 7.46 所示。

命令：3DCORBIT

按 ESC 或 ENTER 键退出，或者单击鼠标右键显示快捷菜单。

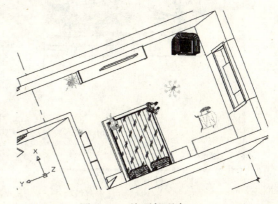

图 7.46 从顶部观察

正在重生成模型。

命令：HIDE

正在重生成模型。

(6) 使用相机功能命令进行三维视图观察。打开【视图】下拉菜单，选中【创建相机】命令选项，然后在图形中指定相机位置及投射方向等。如图 7.47 所示。

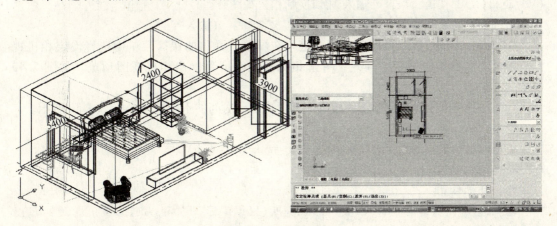

图 7.47 创建相机视图

命令：camera

当前相机设置：高度＝0.0000 镜头长度＝50.0000 毫米

指定相机位置：

指定目标位置：

输入选项 [?/名称(N)/位置(LO)/高度(H)/目标(T)/镜头(LE)/剪裁(C)/视图(V)/退出(X)] ＜退出＞：v(输入 V 切换到相机视图)

是否切换到相机视图？[是(Y)/否(N)] ＜否＞：y(输入 Y 回车)

(7) 在创建相机时的命令行依次按提示输入 V 及 Y，即可得到相机视图。如图 7.48 所示。

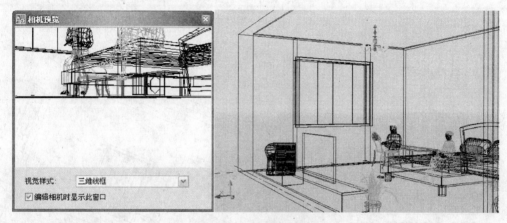

图 7.48　获得相机视图

命令：camera

当前相机设置：高度＝0.0000 镜头长度＝50.0000 毫米

指定相机位置：

指定目标位置：

输入选项 [?/名称(N)/位置(LO)/高度(H)/目标(T)/镜头(LE)/剪裁(C)/视图(V)/退出(X)] ＜退出＞：v(输入 V 切换到相机视图)

是否切换到相机视图？[是(Y)/否(N)] ＜否＞：y(输入 Y 回车)

(8) 单击已有相机，再单击鼠标右键，在屏幕上弹出的快捷菜单中选择设定相机视图，即可切换到相机的视图模式。单击相机的同时屏幕弹出相机视图预览。如图 7.49 所示。

(9) 改变相机位置或设置新的相机，可以观察到房间的不同效果。如图 7.50 所示。

命令：camera

当前相机设置：高度＝0.0000 镜头长度＝50.0000 毫米

指定相机位置：

指定目标位置：

输入选项 [?/名称(N)/位置(LO)/高度(H)/目标(T)/镜头(LE)/剪裁(C)/视图(V)/退出(X)] ＜退出＞：v(输入 V 切换到相机视图)

是否切换到相机视图？[是(Y)/否(N)] ＜否＞：y(输入 Y 回车)

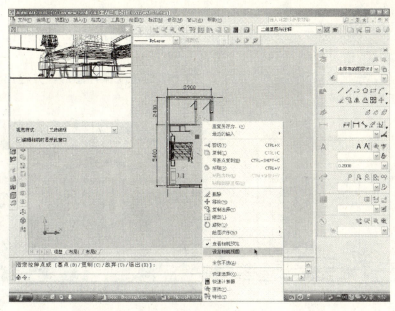

图 7.49 切换相机视图

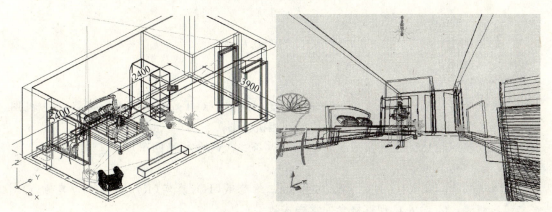

图 7.50 调整相机观察

（10）选定相机观察角度后，通过视觉样式功能命令，得到卧室三维图形的简单美化效果图。如图 7.51 所示。

图 7.51 卧室美化图

命令：vscurrent

输入选项[二维线框(2)/三维线框(3)/三维隐藏(H)/真实(R)/概念(C)/其他(O)]<二维线框>：C(输入C观察概念视觉样式效果)

(11) 最后，选定观察卧室三维图形效果比较好的角度保存图形，并输出其三维效果图。如图 7.52 所示。

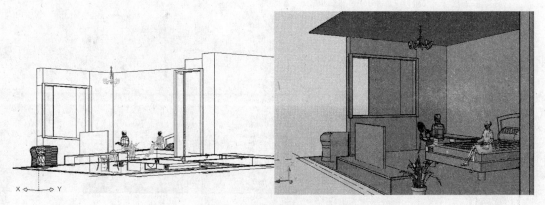

图 7.52　选定卧室观察效果图

命令：camera

当前相机设置：高度=0.0000 镜头长度=50.0000 毫米

指定相机位置：

指定目标位置：

输入选项[?/名称(N)/位置(LO)/高度(H)/目标(T)/镜头(LE)/剪裁(C)/视图(V)/退出(X)]<退出>：v(输入V切换到相机视图)

是否切换到相机视图？[是(Y)/否(N)]<否>：y(输入Y回车)

命令：vscurrent

输入选项[二维线框(2)/三维线框(3)/三维隐藏(H)/真实(R)/概念(C)/其他(O)]<二维线框>：C(输入C观察概念视觉样式效果)

7.2　书房三维CAD图形绘制

书房是大户型住宅中常见的房间，一般布置有电脑桌、书柜、小沙发、花草等各种家具设施。书房的三维图形绘制与卧室是相似的，先建立其三维墙体图形，包括门窗造型，然后布置相应的家具设施，最后选定观察视图输出效果图。

7.2.1　书房三维墙体造型创建

(1) 绘制书房的平面轮廓控制轴线。如图 7.53 所示。

命令：LINE

指定第一点：

指定下一点或[放弃(U)]：

指定下一点或[放弃(U)]：

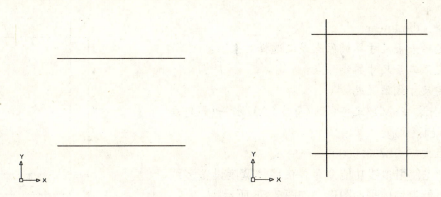

图 7.53 绘制书房轮廓轴线

命令：OFFSET

当前设置：删除源＝否　图层＝源　OFFSETGAPTYPE＝0

指定偏移距离或 ［通过(T)/删除(E)/图层(L)］＜通过＞：3900

指定要偏移的那一侧上的点，或 ［退出(E)/多个(M)/放弃(U)］＜退出＞：

选择要偏移的对象，或 ［退出(E)/放弃(U)］＜退出＞：(回车)

(2) 改变轴线的线型，一般为点画线。改变其中一根线条后，其他的通过格式刷实现线型改变。如图 7.54 所示。

图 7.54 改变轴线线型

命令：matchprop

选择源对象：

当前活动设置：颜色 图层 线型 线型比例 线宽 厚度 打印样式 标注 文字 填充图案 多段线 视口 表格材质 阴影显示 多重引线

选择目标对象或 ［设置(S)］：

……

选择目标对象或 ［设置(S)］：

选择目标对象或 ［设置(S)］：(回车)

(3) 标注控制轴线的平面轴线作为参考。如图 7.55 所示。

命令：dimlinear

指定第一条尺寸界线原点或＜选择对象＞：

指定第二条尺寸界线原点：

指定尺寸线位置或

[多行文字(M)/文字(T)/角度(A)/水平(H)/垂直(V)/旋转(R)]：

标注文字＝2700.0000

(4) 先使用多线功能命令，按墙体宽度设置多线的比例，绘制墙体平面图形。如图7.56所示。

命令：MLINE

当前设置：对正＝上，比例＝1.00，样式＝STANDARD

指定起点或 [对正(J)/比例(S)/样式(ST)]：s

输入多线比例＜1.00＞：240

当前设置：对正＝上，比例＝240.00，样式＝STANDARD

指定起点或 [对正(J)/比例(S)/样式(ST)]：j

输入对正类型 [上(T)/无(Z)/下(B)] ＜上＞：z

当前设置：对正＝无，比例＝240.00，样式＝STANDARD

指定起点或 [对正(J)/比例(S)/样式(ST)]：

指定下一点：

指定下一点或 [放弃(U)]：

指定下一点或 [闭合(C)/放弃(U)]：

指定下一点或 [闭合(C)/放弃(U)]：(回车)

图7.55 布置轴线

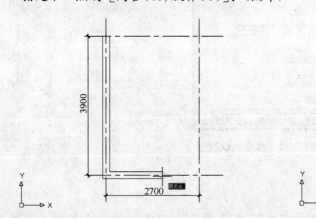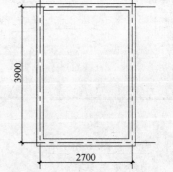

图7.56 绘制墙体平面

(5) 绘制门窗的定位平面范围控制线。如图7.57所示。

命令：LINE

指定第一点：

指定下一点或 [放弃(U)]：

指定下一点或 [放弃(U)]：

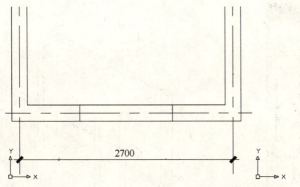
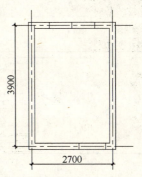

图 7.57 绘制门窗定位线

命令：OFFSET
当前设置：删除源＝否　图层＝源　OFFSETGAPTYPE＝0
指定偏移距离或 [通过(T)/删除(E)/图层(L)] <通过>：3900
指定要偏移的那一侧上的点，或 [退出(E)/多个(M)/放弃(U)] <退出>：
选择要偏移的对象，或 [退出(E)/放弃(U)] <退出>：(回车)

(6) 通过使用多段体功能命令，绘制书房墙体的三维造型。如图 7.58 所示。

命令：Polysolid
高度＝2700.0000，宽度＝200.0000，对正＝居中

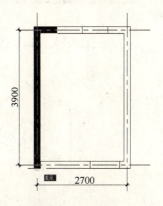

图 7.58 绘制书房三维墙体

指定起点或 [对象(O)/高度(H)/宽度(W)/对正(J)] <对象>：w
指定宽度<200.0000>：240
高度＝2700.0000，宽度＝240.0000，对正＝居中
指定起点或 [对象(O)/高度(H)/宽度(W)/对正(J)] <对象>：h
指定高度<2700.0000>：2700
高度＝2700.0000，宽度＝240.0000，对正＝居中
指定起点或 [对象(O)/高度(H)/宽度(W)/对正(J)] <对象>：
指定下一个点或 [圆弧(A)/放弃(U)]：
指定下一个点或 [圆弧(A)/放弃(U)]：
指定下一个点或 [圆弧(A)/闭合(C)/放弃(U)]：
指定下一个点或 [圆弧(A)/闭合(C)/放弃(U)]：
……
指定下一个点或 [圆弧(A)/闭合(C)/放弃(U)]：
指定下一个点或 [圆弧(A)/闭合(C)/放弃(U)]：(回车)

(7) 改变为三维视图，观察书房三维墙体绘制情况。如图 7.59 所示。
命令：VP

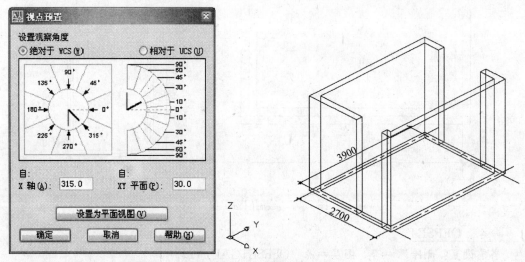

图 7.59 三维观察书房墙体

(8) 设置 UCS 到墙体顶部位置,绘制门窗处上下的墙体三维造型。如图 7.60 所示。

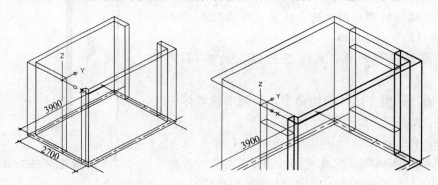

图 7.60 绘制门窗处墙体

命令:ucs

当前 UCS 名称: *没有名称*

指定 UCS 的原点或 [面(F)/命名(NA)/对象(OB)/上一个(P)/视图(V)/世界(W)/X/Y/Z/Z 轴(ZA)] <世界>:m

指定新原点或 [Z 向深度(Z)] <0,0,0>:

命令:box

指定第一个角点或 [中心(C)]:

指定其他角点或 [立方体(C)/长度(L)]:

指定高度或 [两点(2P)] <50.0000>:-450

(9) 绘制顶棚的三维结构造型,然后恢复 UCS 为 WCS,再绘制地面的三维结构造型。如图 7.61 所示。

命令:ucs

当前 UCS 名称: *没有名称*

指定 UCS 的原点或 [面(F)/命名(NA)/对象(OB)/上一个(P)/视图(V)/世界(W)/

X/Y/Z/Z 轴(ZA)]＜世界＞：W
命令：box
指定第一个角点或 [中心(C)]：
指定其他角点或 [立方体(C)/长度(L)]：
指定高度或 [两点(2P)]＜50.0000＞：100

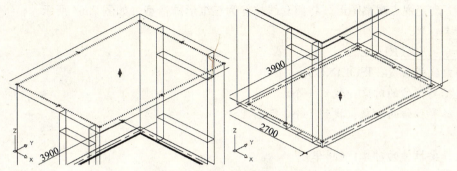

图 7.61 绘制顶棚等结构造型

（10）完成书房的三维墙体绘制，保存图形。如图 7.62 所示。

7.2.2 书房三维门窗造型创建

（1）绘制门窗的门套线平面造型轮廓。如图 7.63 所示。

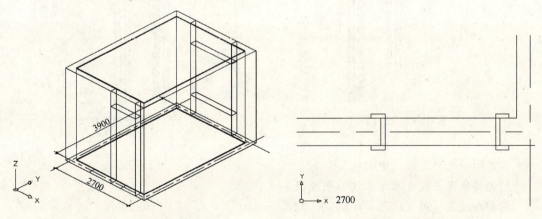

图 7.62 完成书房墙体　　　　图 7.63 绘制门套线

命令：PLINE
指定起点：
当前线宽为 0.0000
指定下一个点或 [圆弧(A)/半宽(H)/长度(L)/放弃(U)/宽度(W)]：
指定下一点或 [圆弧(A)/闭合(C)/半宽(H)/放弃(U)/宽度(W)]：
……
指定下一点或 [圆弧(A)/闭合(C)/半宽(H)/放弃(U)/宽度(W)]：
指定下一点或 [圆弧(A)/闭合(C)/半宽(H)/长度(L)/放弃(U)/宽度(W)]：C(输入 C 回车)

命令：MIRROR

找到1个

指定镜像线的第一点：

指定镜像线的第二点：

要删除源对象吗？[是(Y)/否(N)]<N>：N

(2) 改变视点观察图形，将门套线拉伸为三维形体造型。如图7.64所示。

命令：VP

命令：EXTRUDE

当前线框密度：ISOLINES=4

选择要拉伸的对象：找到1个

选择要拉伸的对象：找到1个，总计2个

……

选择要拉伸的对象：(回车)

指定拉伸的高度或 [方向(D)/路径(P)/倾斜角(T)]：2250

(3) 以捕捉端点为定位点，绘制门洞上部门套线。如图7.65所示。

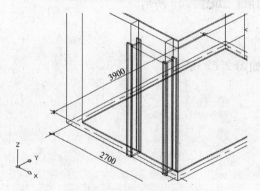
图7.64 拉伸门套线

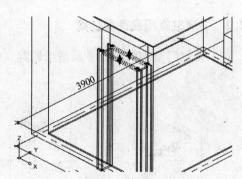
图7.65 绘制上部门套线

命令：BOX

指定第一个角点或 [中心(C)]：

指定其他角点或 [立方体(C)/长度(L)]：

指定高度或 [两点(2P)] <50.0000>：-450

(4) 将UCS设置在窗台位置，置为当前UCS平面视图，绘制两侧的窗套线平面。如图7.66所示。

命令：ucs

当前UCS名称：*没有名称*

指定UCS的原点或 [面(F)/命名(NA)/对象(OB)/上一个(P)/视图(V)/世界(W)/X/Y/Z/Z轴(ZA)]<世界>：m

指定新原点或 [Z向深度(Z)]<0,0,0>：

命令：rectang

指定第一个角点或 [倒角(C)/标高(E)/圆角(F)/厚度(T)/宽度(W)]：

指定另一个角点或 [面积(A)/尺寸(D)/旋转(R)]：

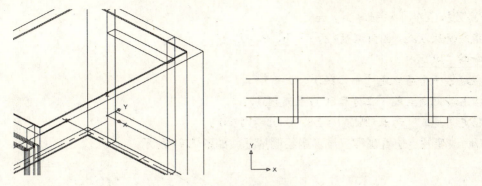

图 7.66 绘制窗套线

（5）拉伸窗套线为三维形体造型，改变视点三维观察其情况。如图 7.67 所示。

命令：EXTRUDE

当前线框密度：ISOLINES=4

选择要拉伸的对象：找到 1 个

选择要拉伸的对象：找到 1 个，总计 2 个

……

选择要拉伸的对象：（回车）

指定拉伸的高度或 [方向(D)/路径(P)/倾斜角(T)]：1350

命令：VP

（6）以捕捉端点为定位点，绘制窗洞上、下部窗套线。如图 7.68 所示。

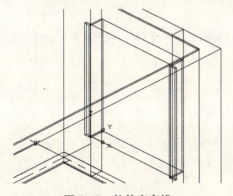
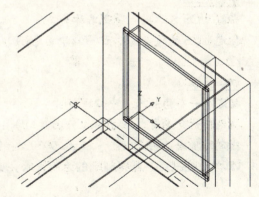

图 7.67 拉伸窗套线　　　　　　图 7.68 绘制上下窗套线

命令：BOX

指定第一个角点或 [中心(C)]：

指定其他角点或 [立方体(C)/长度(L)]：

指定高度或 [两点(2P)] <50.0000>：-50

（7）设置 UCS 在窗台位置，置为平面视图，绘制三维窗扇造型。如图 7.69 所示。

命令：ucs

当前 UCS 名称：*没有名称*

指定 UCS 的原点或 [面(F)/命名(NA)/对象(OB)/上一个(P)/视图(V)/世界(W)/

X/Y/Z/Z 轴(ZA)]＜世界＞：m

指定新原点或 [Z 向深度(Z)] ＜0，0，0＞：

命令：BOX

指定第一个角点或 [中心(C)]：

指定其他角点或 [立方体(C)/长度(L)]：

指定高度或 [两点(2P)] ＜50.0000＞：1350

(8) 改变视点位置观察三维窗扇绘制情况。如图 7.70 所示。

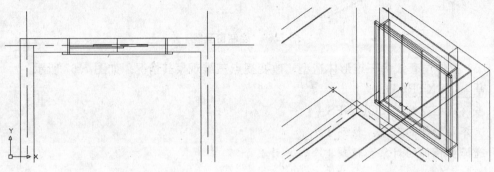

图 7.69　绘制三维窗扇　　　　　　　　图 7.70　观察三维窗扇

命令：VP

(9) 恢复 UCS 为 WCS，置为当前 UCS 的平面视图，绘制门扇三维造型。如图 7.71 所示。

命令：ucs

当前 UCS 名称：＊没有名称＊

指定 UCS 的原点或 [面(F)/命名(NA)/对象(OB)/上一个(P)/视图(V)/世界(W)/X/Y/Z/Z 轴(ZA)] ＜世界＞：W

命令：BOX

指定第一个角点或 [中心(C)]：

指定其他角点或 [立方体(C)/长度(L)]：

指定高度或 [两点(2P)] ＜50.0000＞：1350

(10) 改变视点，观察门扇的绘制效果。如图 7.72 所示。

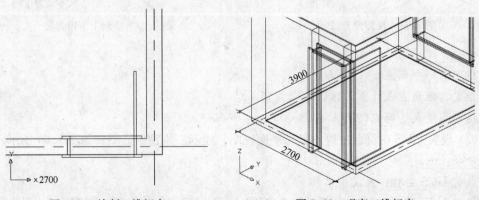

图 7.71　绘制三维门扇　　　　　　　　图 7.72　观察三维门扇

命令：VP

（11）完成门窗三维造型绘制，缩放观察三维视图，观察门扇、窗扇造型效果。如图7.73所示。

命令：ZOOM

指定窗口的角点，输入比例因子（nX 或 nXP），或者

[全部(A)/中心(C)/动态(D)/范围(E)/上一个(P)/比例(S)/窗口(W)/对象(O)]＜实时＞：E

正在重生成模型。

7.2.3 书房三维家具设施创建

（1）书房平面布置方案如图7.74所示。

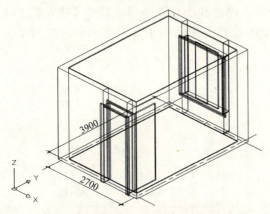

图7.73 完成门窗三维造型绘制

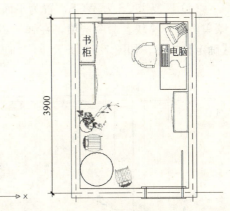

图7.74 书房布置

（2）插入电脑桌三维图形。打开【插入】下拉菜单，选中【块】命令选项，在弹出的对话框中选择所需的电脑桌三维图形，然后单击【确定】按钮。在三维视图中，还可以观察其在房间中的位置。如图7.75所示。

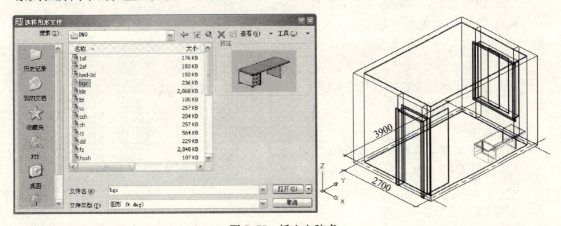

图7.75 插入电脑桌

命令：insert

指定插入点或 [基点(B)/比例(S)/X/Y/Z/旋转(R)]：

（3）旋转 UCS 坐标轴，置为当前 UCS 平面视图，调整电脑桌位置。如图7.76所示。

命令：ucs

当前 UCS 名称：*世界*

指定 UCS 的原点或 [面(F)/命名(NA)/对象(OB)/上一个(P)/视图(V)/世界(W)/X/Y/Z/Z 轴(ZA)] <世界>：x

指定绕 X 轴的旋转角度<90>：

命令：plan

输入选项 [当前 UCS(C)/UCS(U)/世界(W)] <当前 UCS>：

正在重生成模型。

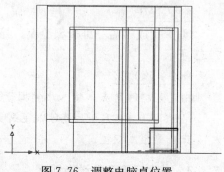

图 7.76 调整电脑桌位置

(4) 恢复 UCS 为 WCS，置为平面视图，插入椅子和小桌子造型。打开【插入】下拉菜单，选中【块】命令选项，在弹出的对话框中选择所需的椅子等三维图形，然后单击【确定】按钮。如图 7.77 所示。

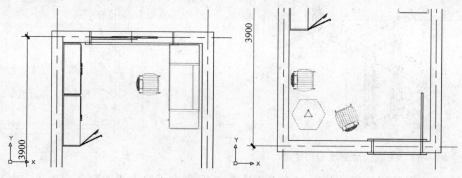

图 7.77 插入椅子等

命令：ucs

当前 UCS 名称：*世界*

指定 UCS 的原点或 [面(F)/命名(NA)/对象(OB)/上一个(P)/视图(V)/世界(W)/X/Y/Z/Z 轴(ZA)] <世界>：w

命令：plan

输入选项 [当前 UCS(C)/UCS(U)/世界(W)] <当前 UCS>：

正在重生成模型。

命令：insert

指定插入点或 [基点(B)/比例(S)/X/Y/Z/旋转(R)]：

(5) 旋转 UCS 的坐标轴，置为平面视图，调整椅子等的位置。如图 7.78 所示。

命令：ucs

当前 UCS 名称：*世界*

指定 UCS 的原点或 [面(F)/命名(NA)/对象(OB)/上一个(P)/视图(V)/世界(W)/X/Y/Z/Z 轴(ZA)] <世界>：x

指定绕 X 轴的旋转角度<90>：

命令：plan

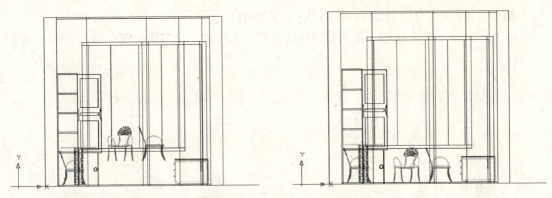

图 7.78 调整椅子位置

输入选项 [当前 UCS(C)/UCS(U)/世界(W)] <当前 UCS>：

正在重生成模型。

命令：MOVE

选择对象：找到 1 个

选择对象：找到 1 个，总计 2 个

选择对象：(回车)

指定基点或 [位移(D)] <位移>：

指定第二个点或<使用第一个点作为位移>：

(6) 恢复 UCS 为 WCS，置为平面视图。插入人物、花草三维造型。打开【插入】下拉菜单，选中【块】命令选项，在弹出的对话框中选择所需的人物、花草三维图形，然后单击【确定】按钮。如图 7.79 所示。

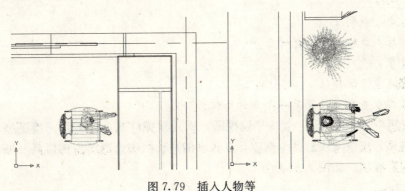

图 7.79 插入人物等

命令：ucs

当前 UCS 名称：＊世界＊

指定 UCS 的原点或 [面(F)/命名(NA)/对象(OB)/上一个(P)/视图(V)/世界(W)/X/Y/Z/Z 轴(ZA)] <世界>：w

命令：plan

输入选项 [当前 UCS(C)/UCS(U)/世界(W)] <当前 UCS>：

正在重生成模型。

命令：insert

指定插入点或 [基点(B)/比例(S)/X/Y/Z/旋转(R)]：

（7）旋转 UCS 的坐标轴，置为平面视图，调整人物和花草等的位置。如图 7.80 所示。

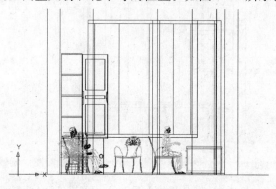

图 7.80　调整人物等位置

命令：ucs

当前 UCS 名称：＊世界＊

指定 UCS 的原点或 [面(F)/命名(NA)/对象(OB)/上一个(P)/视图(V)/世界(W)/X/Y/Z/Z 轴(ZA)]＜世界＞：x

指定绕 X 轴的旋转角度＜90＞：

命令：PLAN

输入选项 [当前 UCS(C)/UCS(U)/世界(W)]＜当前 UCS＞：

正在重生成模型。

命令：MOVE

选择对象：找到 1 个

选择对象：找到 1 个，总计 2 个

选择对象：

指定基点或 [位移(D)]＜位移＞：

指定第二个点或＜使用第一个点作为位移＞：

（8）恢复 UCS 为 WCS，置为平面视图，插入顶棚灯具、落地灯三维造型。打开【插入】下拉菜单，选中【块】命令选项，在弹出的对话框中选择所需的灯具三维图形，然后单击【确定】按钮。如图 7.81 所示。

命令：ucs

当前 UCS 名称：＊世界＊

指定 UCS 的原点或 [面(F)/命名(NA)/对象(OB)/上一个(P)/视图(V)/世界(W)/X/Y/Z/Z 轴(ZA)]＜世界＞：W

命令：PLAN

输入选项 [当前 UCS(C)/UCS(U)/世界(W)]＜当前 UCS＞：

正在重生成模型。

命令：insert

指定插入点或 [基点(B)/比例(S)/X/Y/Z/旋转(R)]：

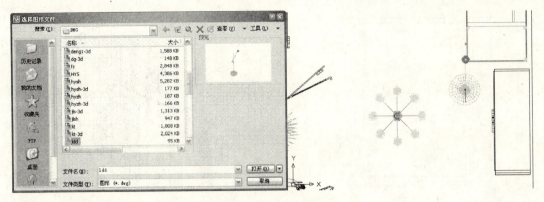

图 7.81　插入灯具造型

（9）旋转 UCS 的坐标轴，置为平面视图，调整灯具等的位置。如图 7.82 所示。

图 7.82　调整灯具位置

命令：ucs

当前 UCS 名称：＊世界＊

指定 UCS 的原点或 ［面(F)/命名(NA)/对象(OB)/上一个(P)/视图(V)/世界(W)/X/Y/Z/Z 轴(ZA)］＜世界＞：x

指定绕 X 轴的旋转角度＜90＞：

命令：PLAN

输入选项 ［当前 UCS(C)/UCS(U)/世界(W)］＜当前 UCS＞：

正在重生成模型。

命令：MOVE

选择对象：找到 1 个

选择对象：找到 1 个，总计 2 个

选择对象：

指定基点或 ［位移(D)］＜位移＞：

指定第二个点或＜使用第一个点作为位移＞：

（10）恢复 UCS 为 WCS，置为平面视图，观察书房平面图形。然后改变视点，三维观察书房家具布置情况。如图 7.83 所示。

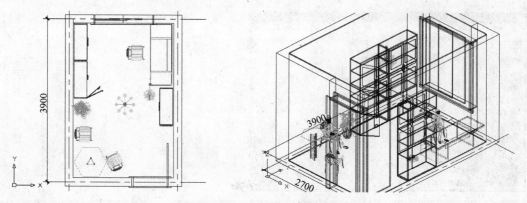

图 7.83 观察家具布置情况

命令：ucs

当前 UCS 名称：＊世界＊

指定 UCS 的原点或 [面(F)/命名(NA)/对象(OB)/上一个(P)/视图(V)/世界(W)/X/Y/Z/Z 轴(ZA)]＜世界＞：w

命令：plan

输入选项 [当前 UCS(C)/UCS(U)/世界(W)]＜当前 UCS＞：

正在重生成模型。

命令：VP

(11) 将 UCS 设置在电脑桌面上，置为平面视图，插入电脑。打开【插入】下拉菜单，选中【块】命令选项，在弹出的对话框中选择所需的电脑三维图形，然后单击【确定】按钮。旋转 UCS 坐标轴并置为平面视图，调整电脑的位置。如图 7.84 所示。

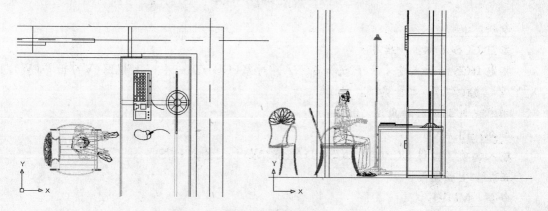

图 7.84 插入电脑

命令：ucs

当前 UCS 名称：＊没有名称＊

指定 UCS 的原点或 [面(F)/命名(NA)/对象(OB)/上一个(P)/视图(V)/世界(W)/X/Y/Z/Z 轴(ZA)]＜世界＞：m

指定新原点或 [Z 向深度(Z)]＜0，0，0＞：(捕捉定位点确定 UCS)

命令：plan

输入选项[当前 UCS(C)/UCS(U)/世界(W)]<当前 UCS>:
正在重生成模型。
命令:insert
指定插入点或[基点(B)/比例(S)/X/Y/Z/旋转(R)]:
命令:ucs
当前 UCS 名称:*世界*
指定 UCS 的原点或[面(F)/命名(NA)/对象(OB)/上一个(P)/视图(V)/世界(W)/X/Y/Z/Z 轴(ZA)]<世界>:x
指定绕 X 轴的旋转角度<90>:
命令:MOVE
选择对象:找到 1 个
选择对象:找到 1 个,总计 2 个
选择对象:
指定基点或[位移(D)]<位移>:
指定第二个点或<使用第一个点作为位移>:

(12) 改变视点,三维观察插入的电脑位置效果。如图 7.85 所示。

命令:VP
命令:ZOOM

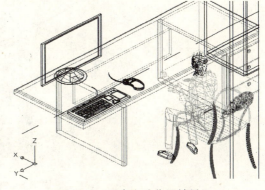

图 7.85 观察电脑位置效果

指定窗口的角点,输入比例因子(nX 或 nXP),或者
[全部(A)/中心(C)/动态(D)/范围(E)/上一个(P)/比例(S)/窗口(W)/对象(O)]<实时>:

指定对角点:

(13) 完成书房三维家具布置,及时保存图形。缩放视图,观察整个书房家具的布置情况和效果。如图 7.86 所示。

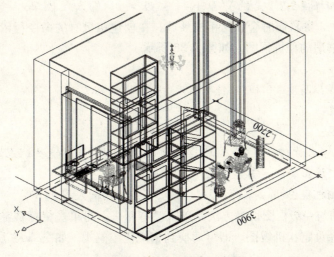

图 7.86 完成三维家具布置

命令：ZOOM

指定窗口的角点，输入比例因子(nX 或 nXP)，或者

[全部(A)/中心(C)/动态(D)/范围(E)/上一个(P)/比例(S)/窗口(W)/对象(O)]<实时>：E

7.2.4 书房三维图形观察

(1) 使用相机功能命令进行三维视图观察。打开【视图】下拉菜单，选中【创建相机】命令选项，然后在图形中指定相机位置及投射方向等。如图 7.87 所示。

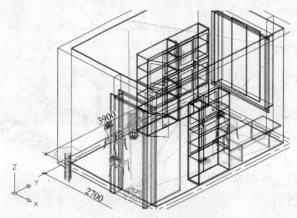

图 7.87 创建书房相机

命令：camera

当前相机设置：高度＝0.0000 镜头长度＝50.0000 毫米

指定相机位置：

指定目标位置：

输入选项 [?/名称(N)/位置(LO)/高度(H)/目标(T)/镜头(LE)/剪裁(C)/视图(V)/退出(X)] <退出>：v(输入 V 切换到相机视图)

是否切换到相机视图？[是(Y)/否(N)] <否>：y(输入 Y 回车)

(2) 在操作中，屏幕同时会弹出相机预览。在创建相机时的命令行依次按提示输入 V 及 Y，即可得到书房的相机视图。如图 7.88 所示。

命令：camera

当前相机设置：高度＝0.0000 镜头长度＝50.0000 毫米

指定相机位置：

指定目标位置：

输入选项 [?/名称(N)/位置(LO)/高度(H)/目标(T)/镜头(LE)/剪裁(C)/视图(V)/退出(X)] <退出>：v(输入 V 切换到相机视图)

是否切换到相机视图？[是(Y)/否(N)] <否>：y(输入 Y 回车)

(3) 相机视图与一般视图切换方法是单击已有相机，再单击鼠标右键，在屏幕上弹出的快捷菜单中选择设定相机视图，即可切换到相机视图模式。如图 7.89 所示。

命令：camera

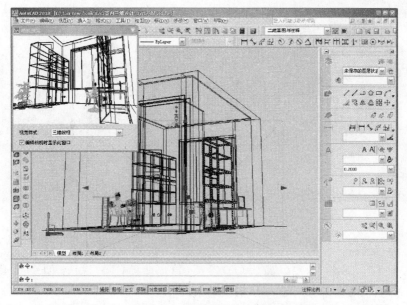

图 7.88 获得书房相机视图

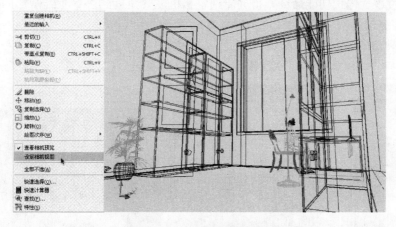

图 7.89 切换书房相机视图

当前相机设置：高度＝0.0000 镜头长度＝50.0000 毫米

指定相机位置：

指定目标位置：

输入选项 [？/名称(N)/位置(LO)/高度(H)/目标(T)/镜头(LE)/剪裁(C)/视图(V)/退出(X)] ＜退出＞：v(输入 V 切换到相机视图)

是否切换到相机视图？[是(Y)/否(N)] ＜否＞：y(输入 Y 回车)

(4) 要观察到的不同书房室内三维效果，可以改变相机位置或设置新的相机。如图 7.90 所示。

命令：camera

当前相机设置：高度＝0.0000 镜头长度＝50.0000 毫米

指定相机位置：

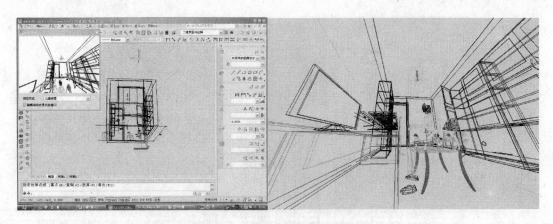

图 7.90 获得书房新相机视图

指定目标位置：

输入选项 [？/名称(N)/位置(LO)/高度(H)/目标(T)/镜头(LE)/剪裁(C)/视图(V)/退出(X)] <退出>：v(输入 V 切换到相机视图)

是否切换到相机视图？[是(Y)/否(N)] <否>：y(输入 Y 回车)

(5) 通过视觉样式功能命令，得到所选定相机观察角度的卧室三维图形的简单美化效果图(注：部分墙体所在图层关闭)。如图 7.91 所示。

命令：vscurrent

输入选项 [二维线框(2)/三维线框(3)/三维隐藏(H)/真实(R)/概念(C)/其他(O)] <二维线框>：C(输入 C 观察概念视觉样式效果)

图 7.91 书房视觉样式视图

(6) 建立新的相机视图，再通过视觉样式功能命令，得到新选定的相机观察角度的卧室三维图形的简单美化效果图。如图 7.92 所示。

命令：camera

当前相机设置：高度=0.0000 镜头长度=50.0000 毫米

指定相机位置：

指定目标位置：

输入选项 [？/名称(N)/位置(LO)/高度(H)/目标(T)/镜头(LE)/剪裁(C)/视图

图 7.92　书房新的视觉样式视图

(V)/退出(X)]＜退出＞：v(输入 V 切换到相机视图)

是否切换到相机视图？[是(Y)/否(N)]＜否＞：y(输入 Y 回车)

命令：vscurrent

输入选项 [二维线框(2)/三维线框(3)/三维隐藏(H)/真实(R)/概念(C)/其他(O)]＜二维线框＞：C(输入 C 观察概念视觉样式效果)

第8章 厨房和卫生间室内三维图形绘制

📖 本章理论知识论述要点提示

本章主要论述的知识和操作技能分别是建立厨房和卫生间的三维室内透视图,包括其三维墙体与三维门窗造型的绘制方法和技巧、厨房和卫生间室内三维橱具和洁具及相关电器设备或设施创建和布置方法和技巧、厨房和卫生间中的橱具和洁具位置调整方法和技巧、观察和输出厨房和卫生间三维室内透视图的相关方法与技巧等方面内容。

本章案例绘图思路与技巧提示

本章所介绍的案例是厨房和卫生间的室内三维透视图绘制。厨房和卫生间的室内三维透视图绘制,尽管与卧室和书房等其他房间的空间大小和使用功能有很大的区别,但其室内三维透视图绘制思路也是一致的。与其他类型房间三维图形绘制步骤一样,首先建立厨房和卫生间的三维建筑模型,并创建其三维门窗、三维地面和三维顶棚等结构构造造型;然后,根据厨房和卫生间的平面布局方案,分别布置橱柜、抽油烟机、洗菜盆、坐便器、洗脸盆和浴缸及灯具等相应的三维橱具和洁具设施,并通过改变用户坐标系UCS进行调整;最后,通过利用相机视图、动态观察或三维视点预置等相关功能命令,选择厨房和卫生间最佳室内三维透视图输出。

8.1 厨房室内三维 CAD 图形绘制

厨房是日常饮食起居中使用较为频繁的空间,与其他房间不同的地方是厨房一般设置有排烟通风道。一般有橱柜、洗菜盆、燃气灶和抽油烟机等相应的家具及电器设施,有的还有冰箱、微波炉等其他家用电器。其三维图形的绘制,重点在布置不同空间位置的橱柜和各种厨房电器,处理好其布局的相互关系。

8.1.1 厨房三维墙体造型绘制

(1) 绘制厨房的平面控制轴线。如图 8.1 所示。
命令:LINE
指定第一点:
指定下一点或 [放弃(U)]:
指定下一点或 [放弃(U)]:
命令:OFFSET

当前设置：删除源＝否 图层＝源 OFFSETGAPTYPE＝0

指定偏移距离或［通过（T）/删除（E）/图层（L）］＜通过＞：2880

指定要偏移的那一侧上的点，或［退出（E）/多个（M）/放弃（U）］＜退出＞：

选择要偏移的对象，或［退出（E）/放弃（U）］＜退出＞：（回车）

（2）单击【特性】工具栏上的线型下拉按钮加载点画线，改变厨房控制轴线的线型。改变其中一根线条后，其他的通过格式刷来实现线型改变。如图 8.2 所示。

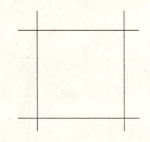

图 8.1　绘制厨房控制轴线

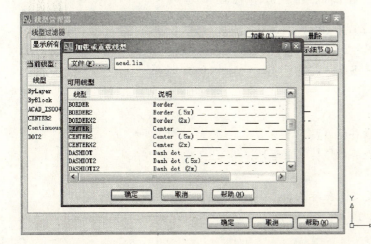

图 8.2　改变厨房轴线线型

命令：matchprop

选择源对象：

当前活动设置：颜色 图层 线型 线型比例 线宽 厚度 打印样式 标注 文字 填充图案 多段线 视口 表格材质 阴影显示 多重引线

选择目标对象或［设置(S)］：

……

选择目标对象或［设置(S)］：

选择目标对象或［设置(S)］：（回车）

（3）按厨房墙体厚度使用多线功能命令绘制其轮廓，同时标注厨房控制轴线的尺寸作为参考。如图 8.3 所示。

命令：MLINE

当前设置：对正＝上，比例＝1.00，样式＝STANDARD

指定起点或［对正(J)/比例(S)/样式(ST)］：s

输入多线比例＜1.00＞：240

当前设置：对正＝上，比例＝240.00，样式＝STANDARD

指定起点或［对正(J)/比例(S)/样式(ST)］：j

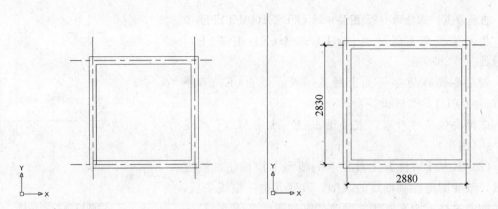

图8.3 绘制厨房墙体平面

输入对正类型 [上(T)/无(Z)/下(B)] <上>：z
当前设置：对正＝无，比例＝240.00，样式＝STANDARD
指定起点或 [对正(J)/比例(S)/样式(ST)]：
指定下一点：
指定下一点或 [放弃(U)]：
指定下一点或 [闭合(C)/放弃(U)]：
指定下一点或 [闭合(C)/放弃(U)]：(回车)
命令：dimlinear
指定第一条尺寸界线原点或<选择对象>：
指定第二条尺寸界线原点：
指定尺寸线位置或
[多行文字(M)/文字(T)/角度(A)/水平(H)/垂直(V)/旋转(R)]：
标注文字＝2880.0000

(4) 定位厨房门屏幕位置，本案例的厨房为入口门和阳台门两个门，没有设置窗户。如图8.4所示。

命令：LINE
指定第一点：
指定下一点或 [放弃(U)]：
指定下一点或 [放弃(U)]：
命令：OFFSET
当前设置：删除源＝否 图层＝源 OFFSETGAPTYPE＝0
指定偏移距离或 [通过(T)/删除(E)/图层(L)] <通过>：750

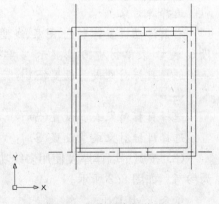

图8.4 定位厨房门位置

指定要偏移的那一侧上的点，或 [退出(E)/多个(M)/放弃(U)] <退出>：
选择要偏移的对象，或 [退出(E)/放弃(U)] <退出>：(回车)

(5) 厨房三维墙体的绘制，可以通过多段体绘制，也可以使用长方体BOX功能命令分段绘制。此外，还可以使用拉伸平面图形的方法进行。各自可根据习惯及熟练程度选用其中一种或多种方法组合进行。如图 8.5 所示。

命令：Polysolid

高度＝2700.0000，宽度＝200.0000，对正＝居中

指定起点或［对象(O)/高度(H)/宽度(W)/对正(J)］＜对象＞：w

指定宽度＜200.0000＞：240

高度＝2700.0000，宽度＝240.0000，对正＝居中

指定起点或［对象(O)/高度(H)/宽度(W)/对正(J)］＜对象＞：h

指定高度＜2700.0000＞：2700

高度＝2700.0000，宽度＝240.0000，对正＝居中

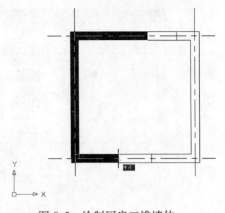

图 8.5 绘制厨房三维墙体

指定起点或［对象(O)/高度(H)/宽度(W)/对正(J)］＜对象＞：

指定下一个点或［圆弧(A)/放弃(U)］：

指定下一个点或［圆弧(A)/放弃(U)］：

指定下一个点或［圆弧(A)/闭合(C)/放弃(U)］：

指定下一个点或［圆弧(A)/闭合(C)/放弃(U)］：

……

指定下一个点或［圆弧(A)/闭合(C)/放弃(U)］：

指定下一个点或［圆弧(A)/闭合(C)/放弃(U)］：(回车)

(6) 绘制厨房三维排烟通风道造型。如图 8.6 所示。

命令：Polysolid

高度＝2700.0000，宽度＝200.0000，对正＝居中

指定起点或［对象(O)/高度(H)/宽度(W)/对正(J)］＜对象＞：w

指定宽度＜200.0000＞：120

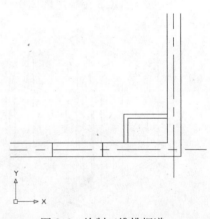

图 8.6 绘制三维排烟道

高度＝2700.0000，宽度＝120.0000，对正＝居中

指定起点或［对象(O)/高度(H)/宽度(W)/对正(J)］＜对象＞：h

指定高度＜2700.0000＞：2700

高度＝2700.0000，宽度＝120.0000，对正＝居中

指定起点或［对象(O)/高度(H)/宽度(W)/对正(J)］＜对象＞：

指定下一个点或［圆弧(A)/放弃(U)］：

指定下一个点或［圆弧(A)/放弃(U)］：

指定下一个点或［圆弧(A)/闭合(C)/放弃(U)］：

指定下一个点或［圆弧(A)/闭合(C)/放弃(U)］：

……

指定下一个点或［圆弧(A)/闭合(C)/放弃(U)］：

指定下一个点或［圆弧(A)/闭合(C)/放弃(U)］：(回车)

(7) 改变视点，观察厨房三维墙体的绘制情况。如图 8.7 所示。

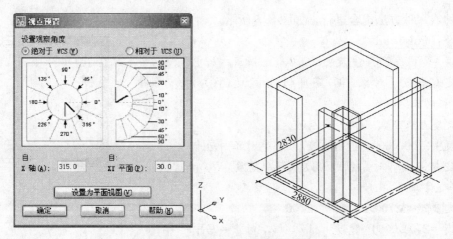

图 8.7 改变视点观察厨房墙体

命令：VP

(8) 设置 UCS 在厨房墙体上部位置，绘制门洞上部墙体造型。如图 8.8 所示。

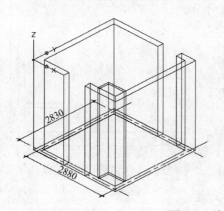
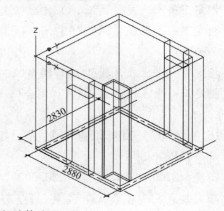

图 8.8 绘制门洞上部墙体造型

命令：ucs

当前 UCS 名称：*没有名称*

指定 UCS 的原点或 [面(F)/命名(NA)/对象(OB)/上一个(P)/视图(V)/世界(W)/X/Y/Z/Z 轴(ZA)] <世界>：m

指定新原点或 [Z 向深度(Z)] <0, 0, 0>：

命令：box

指定第一个角点或 [中心(C)]：

指定其他角点或 [立方体(C)/长度(L)]：

指定高度或 [两点(2P)] <50.0000>：-450

(9) 通过捕捉端点，分别在墙体的上部和下部绘制很薄的实体作为地面和顶棚结构三维造型，完成厨房三维墙体绘制。如图 8.9 所示。

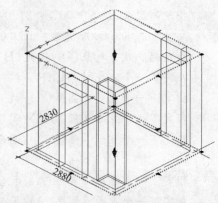

图 8.9 绘制地面顶棚结构造型

命令：box

指定第一个角点或 [中心(C)]：

指定其他角点或 [立方体(C)/长度(L)]：

指定高度或 [两点(2P)] <-450.0000>：90

8.1.2 厨房三维门窗造型绘制

(1) 恢复 UCS 为 WCS，然后设置为当前 UCS 的平面，绘制门套线平面截面。如图 8.10 所示。

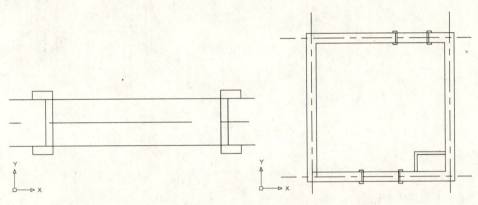

图 8.10 绘制门套线平面

命令：UCS

当前 UCS 名称：*没有名称*

指定 UCS 的原点或 [面(F)/命名(NA)/对象(OB)/上一个(P)/视图(V)/世界(W)/X/Y/Z/Z 轴(ZA)] <世界>：W

命令：PLAN

输入选项 [当前 UCS(C)/UCS(U)/世界(W)] <当前 UCS>：

正在重生成模型。

(2) 绘制厨房阳台平面轮廓，最好使用 PLINE 绘制闭合轮廓线，以能够拉伸为三维实体造型。如图 8.11 所示。

命令：PLINE

指定起点：

当前线宽为 0.0000

指定下一个点或 [圆弧(A)/半宽(H)/长度(L)/放弃(U)/宽度(W)]：

指定下一点或 [圆弧(A)/闭合(C)/半宽(H)/长度(L)/放弃(U)/宽度(W)]：

……

指定下一点或 [圆弧(A)/闭合(C)/半宽(H)/长度(L)/放弃(U)/宽度(W)]：

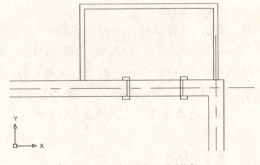

图 8.11 绘制厨房阳台轮廓

指定下一点或［圆弧(A)/闭合(C)/半宽(H)/长度(L)/放弃(U)/宽度(W)］：C(输入C回车)

(3) 改变视图为三维视点，分别拉伸门套线和厨房阳台轮廓为相应的高度，成为三维图形。如图 8.12 所示。

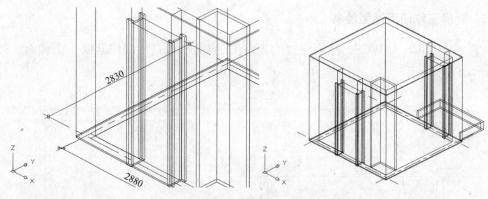

图 8.12　拉伸门套线

命令：VP
DDVPOINT
命令：EXTRUDE
当前线框密度：ISOLINES=4
选择要拉伸的对象：找到 1 个
选择要拉伸的对象：找到 1 个，总计 2 个
……
选择要拉伸的对象：(回车)
指定拉伸的高度或［方向(D)/路径(P)/倾斜角(T)］：2250

(4) 设置 UCS 在门套线侧板上部位置，绘制上部门套线造型。如图 8.13 所示。

命令：UCS
当前 UCS 名称：*没有名称*
指定 UCS 的原点或［面(F)/命名(NA)/对象(OB)/上一个(P)/视图(V)/世界(W)/X/Y/Z/Z 轴(ZA)］＜世界＞：m
指定新原点或［Z 向深度(Z)］＜0，0，0＞：

命令：box
指定第一个角点或［中心(C)］：
指定其他角点或［立方体(C)/长度(L)］：
指定高度或［两点(2P)］＜0.0000＞：－50

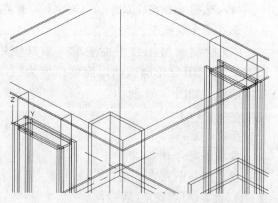

图 8.13　绘制上部门套线

(5) 恢复为 WCS，绘制厨房的两个门扇三维造型。如图 8.14 所示。

命令：box

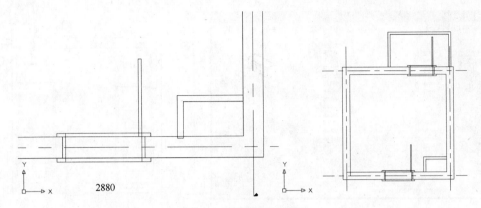

图 8.14 绘制厨房门扇

指定第一个角点或 [中心(C)]：
指定其他角点或 [立方体(C)/长度(L)]：
指定高度或 [两点(2P)] <0.0000>：2250

(6) 改变视图为三维视点观察门扇情况，完成门扇三维造型绘制。如图 8.15 所示。

命令：VP

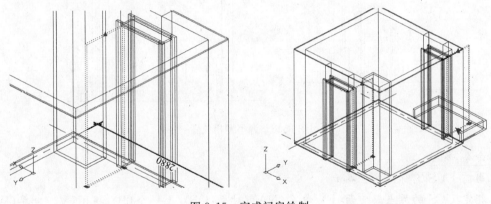

图 8.15 完成门扇绘制

8.1.3 厨房橱柜等家具设施三维造型绘制

(1) 先按厨房的平面空间进行布局，布置橱柜、洗菜盆、抽油烟机等家具设施的平面位置，然后再进行厨房三维布置。如图 8.16 所示。

(2) 按照厨房的平面布局方案，先插入橱柜进行布置。打开【插入】下拉菜单，选中【块】命令选项，在弹出的对话框中选择所需的橱柜三维图形，然后单击【确定】按钮。在平面视图中，还可以调整其在房间中的位置。如图 8.17 所示。

命令：insert

指定插入点或 [基点(B)/比例(S)/X/Y/Z/旋转(R)]：

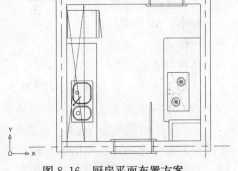

图 8.16 厨房平面布置方案

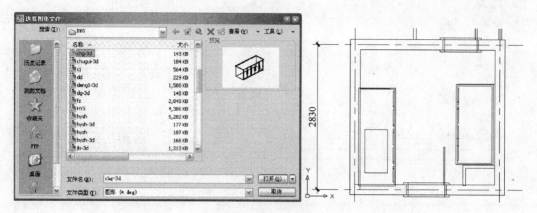

图 8.17 布置橱柜

(3) 旋转坐标轴设置新的 UCS,并置为当前 UCS 的平面实体,对橱柜位置进行调整。如图 8.18 所示。

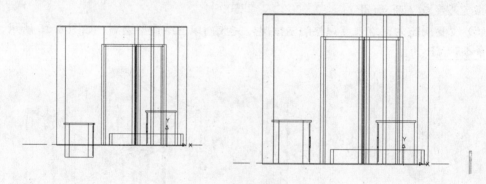

图 8.18 调整橱柜位置

命令:ucs

当前 UCS 名称:*世界*

指定 UCS 的原点或 [面(F)/命名(NA)/对象(OB)/上一个(P)/视图(V)/世界(W)/X/Y/Z/Z 轴(ZA)] <世界>:x

指定绕 X 轴的旋转角度<90>:

命令:plan

输入选项 [当前 UCS(C)/UCS(U)/世界(W)] <当前 UCS>:

正在重生成模型。

命令:MOVE

选择对象:找到 1 个

选择对象:(回车)

指定基点或 [位移(D)] <位移>:

指定第二个点或<使用第一个点作为位移>:

(4) 坐标系恢复为 WCS,并置为平面视图,布置洗菜盆。打开【插入】下拉菜单,选中【块】命令选项,在弹出的对话框中选择所需的洗菜盆三维图形,然后单击【确定】按钮。对其位置同样可以通过改变视图方向进行调整。如图 8.19 所示。

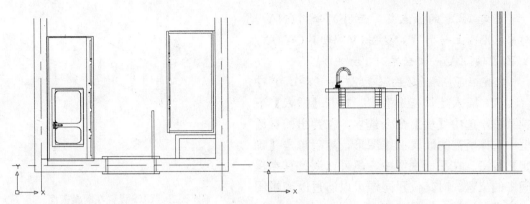

图 8.19 布置洗菜盆

命令：ucs

当前 UCS 名称：*世界*

指定 UCS 的原点或 [面(F)/命名(NA)/对象(OB)/上一个(P)/视图(V)/世界(W)/X/Y/Z/Z 轴(ZA)] <世界>：W

命令：insert

指定插入点或 [基点(B)/比例(S)/X/Y/Z/旋转(R)]：

命令：ucs

当前 UCS 名称：*世界*

指定 UCS 的原点或 [面(F)/命名(NA)/对象(OB)/上一个(P)/视图(V)/世界(W)/X/Y/Z/Z 轴(ZA)] <世界>：x

指定绕 X 轴的旋转角度<90>：

命令：plan

输入选项 [当前 UCS(C)/UCS(U)/世界(W)] <当前 UCS>：

正在重生成模型。

命令：MOVE

选择对象：找到 1 个

选择对象：(回车)

指定基点或 [位移(D)] <位移>：

指定第二个点或<使用第一个点作为位移>：

(5) 改变视点，关闭墙体所在图层，消隐观察洗菜盆图形效果。如图 8.20 所示。

命令：VP

命令：LAYER

命令：HIDE

(6) 将 UCS 设置在另外一个的橱柜上部表面。如图 8.21 所示。

命令：UCS

当前 UCS 名称：*没有名称*

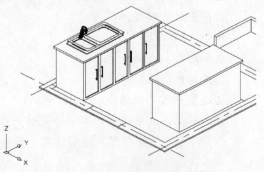

图 8.20 洗菜盆效果

指定 UCS 的原点或 [面(F)/命名(NA)/对象(OB)/上一个(P)/视图(V)/世界(W)/X/Y/Z/Z 轴(ZA)] <世界>：m

指定新原点或 [Z 向深度(Z)] <0,0,0>：

(7) 插入灶具三维造型。打开【插入】下拉菜单，选中【块】命令选项，在弹出的对话框中选择所需的灶具三维图形，然后单击【确定】按钮。在平面视图中，还可以调整其在房间中的位置。对其位置同样可以通过改变视图方向进行调整。如图 8.22 所示。

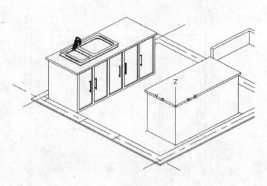

图 8.21 UCS 设置在橱柜表面

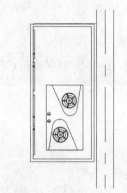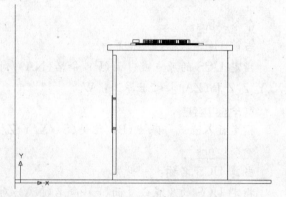

图 8.22 布置灶具造型

命令：insert

指定插入点或 [基点(B)/比例(S)/X/Y/Z/旋转(R)]：

命令：ucs

当前 UCS 名称：*世界*

指定 UCS 的原点或 [面(F)/命名(NA)/对象(OB)/上一个(P)/视图(V)/世界(W)/X/Y/Z/Z 轴(ZA)] <世界>：x

指定绕 X 轴的旋转角度<90>：

命令：plan

输入选项 [当前 UCS(C)/UCS(U)/世界(W)] <当前 UCS>：

正在重生成模型。

命令：MOVE

选择对象：找到 1 个

选择对象：(回车)

指定基点或 [位移(D)] <位移>：

指定第二个点或<使用第一个点作为位移>：

(8) 改变为三维视点，观察灶具三维造型情况。如图 8.23 所示。

命令：vp

(9) 恢复为 WCS 设置为平面视图，继续进行厨房设施布置，插入抽油烟机和冰箱等造型图形。打开【插入】下拉菜单，选中【块】命令选项，在弹出的对话框中选择所要的抽油烟机和冰箱三维图形，然后单击【确定】按钮。如果图形插入后家具电器朝向相反，可以使用三维镜像得到正确的朝向，并打开墙体所在图层。如图 8.24 所示。

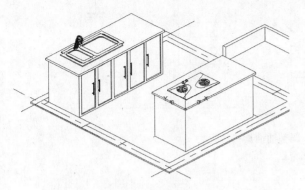

图 8.23 灶具造型效果

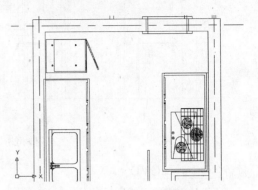

图 8.24 插入抽油烟机等

命令：ucs

当前 UCS 名称：＊世界＊

指定 UCS 的原点或 [面(F)/命名(NA)/对象(OB)/上一个(P)/视图(V)/世界(W)/X/Y/Z/Z 轴(ZA)]＜世界＞：W

命令：insert

指定插入点或 [基点(B)/比例(S)/X/Y/Z/旋转(R)]：

命令 MIRROR3D(输入三维镜像命令)

选择对象：找到 1 个(选择三维图形对象)

选择对象：(回车)

指定镜像平面(三点)的第一个点或

[对象(O)/最近的(L)/Z 轴(Z)/视图(V)/XY 平面(XY)/YZ 平面(YZ)/ZX 平面(ZX)/三点(3)]＜三点＞：zx(选择确定镜像空间平面的选项，此处以 ZX 平面作为镜像空间平面)

指定 ZX 平面上的点＜0，0，0＞：(指定镜像空间平面 ZX 基点)

是否删除源对象？[是(Y)/否(N)]＜否＞：N(输入 Y 或 N 确定是否删除原图形对象)

(10) 旋转坐标系的坐标轴(X、Y 轴)，设置新的 UCS 并置为当前 UCS 的平面视图，调整抽油烟机等的位置。如图 8.25 所示。

命令：ucs

当前 UCS 名称：＊世界＊

指定 UCS 的原点或 [面(F)/命名(NA)/对象(OB)/上一个(P)/视图(V)/世界(W)/X/Y/Z/Z 轴(ZA)]＜世界＞：x

指定绕 X 轴的旋转角度＜90＞：

命令：plan

输入选项 [当前 UCS(C)/UCS(U)/世界(W)]＜当前 UCS＞：

正在重生成模型。

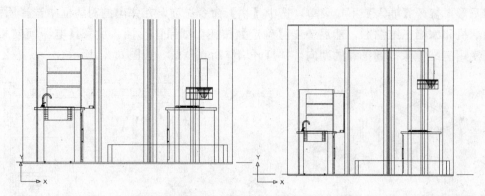

图 8.25 调整抽油烟机位置

命令：MOVE
选择对象：找到 1 个
选择对象：(回车)
指定基点或 [位移(D)] <位移>：
指定第二个点或 <使用第一个点作为位移>：

(11) 改变视点观察，同时暂时关闭部分墙体图层，可以得到此时厨房家具设施布局三维效果。如图 8.26 所示。

命令：vp

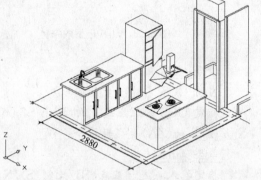

图 8.26 观察厨房整体效果

(12) 布置上部吊柜三维造型。打开【插入】下拉菜单，选中【块】命令选项，在弹出的对话框中选择所需的上部吊柜三维图形，然后单击【确定】按钮。通过旋转坐标系的坐标轴设置新的 UCS，观察和调整吊柜的位置。如图 8.27 所示。

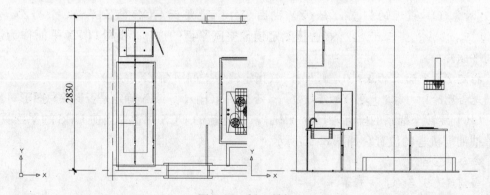

图 8.27 插入吊柜

命令：insert
指定插入点或 [基点(B)/比例(S)/X/Y/Z/旋转(R)]：
命令：ucs
当前 UCS 名称：*世界*

指定 UCS 的原点或 [面(F)/命名(NA)/对象(OB)/上一个(P)/视图(V)/世界(W)/X/Y/Z/Z 轴(ZA)] <世界>：x

指定绕 X 轴的旋转角度<90>：

命令：plan

输入选项 [当前 UCS(C)/UCS(U)/世界(W)] <当前 UCS>：

正在重生成模型。

命令：MOVE

选择对象：找到 1 个

选择对象：(回车)

指定基点或 [位移(D)] <位移>：

指定第二个点或<使用第一个点作为位移>：

(13) 改变视点，三维观察吊柜的情况。如图 8.28 所示。

命令：vp

(14) 打开关闭的墙体图层，此时可以观察到带墙体的厨房情况。如图 8.29 所示。

命令：layer

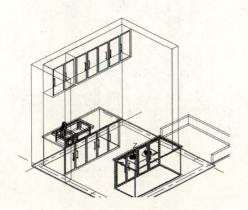

图 8.28　吊柜布置情况

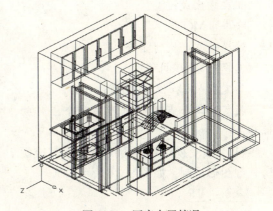

图 8.29　厨房布置情况

(15) 设置 UCS 在顶棚上部位置，并置为当前 UCS 平面视图，插入厨房灯具造型。打开【插入】下拉菜单，选中【块】命令选项，在弹出的对话框中选择所要的灯具三维图形，然后单击【确定】按钮。对灯具位置同样可以通过改变视图方向进行调整。如图 8.30 所示。

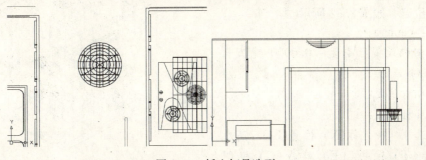

图 8.30　插入灯具造型

命令：UCS

当前 UCS 名称：*没有名称*

指定 UCS 的原点或 [面(F)/命名(NA)/对象(OB)/上一个(P)/视图(V)/世界(W)/X/Y/Z/Z 轴(ZA)] <世界>：m

指定新原点或 [Z 向深度(Z)] <0,0,0>：

命令：insert

指定插入点或 [基点(B)/比例(S)/X/Y/Z/旋转(R)]：

命令：ucs

当前 UCS 名称：*世界*

指定 UCS 的原点或 [面(F)/命名(NA)/对象(OB)/上一个(P)/视图(V)/世界(W)/X/Y/Z/Z 轴(ZA)] <世界>：x

指定绕 X 轴的旋转角度<90>：

命令：plan

输入选项 [当前 UCS(C)/UCS(U)/世界(W)] <当前 UCS>：

正在重生成模型。

命令：MOVE

选择对象：找到 1 个

选择对象：（回车）

指定基点或 [位移(D)] <位移>：

指定第二个点或<使用第一个点作为位移>：

(16) 改变视点观察厨房造型。完成厨房三维图形绘制。如图 8.31 所示。

命令：VP

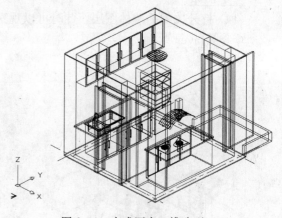

图 8.31 完成厨房三维造型

8.1.4 厨房室内三维图形观察

(1) 使用相机观察厨房三维视图。打开【视图】下拉菜单，选择【创建相机】命令选项。在图形中指定相机的高度、角度及投影方向等位置。如图 8.32 所示。

命令：camera

当前相机设置：高度=0.0000 镜头长度=50.0000 毫米

指定相机位置：

指定目标位置：

输入选项 [?/名称(N)/位置(LO)/高度(H)/目标(T)/镜头(LE)/剪裁(C)/视图(V)/退出(X)] <退出>：v（输入 V 切换

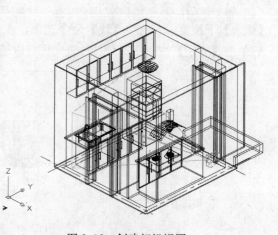

图 8.32 创建相机视图

到相机视图)

是否切换到相机视图？ [是(Y)/否(N)]＜否＞：y(输入 Y 回车)

(2) 设置好相机后，点击相机后单击右键，在弹出的快捷菜单中选中相机视图，也可以在创建相机操作命令选项中选择"视图 V"切换到相机视图，此时可以观察相机视图效果。如图 8.33 所示。

命令：camera

当前相机设置：高度＝0.0000 镜头长度＝50.0000 毫米

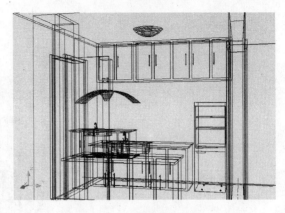

图 8.33 相机视图效果

指定相机位置：

指定目标位置：

输入选项 [?/名称(N)/位置(LO)/高度(H)/目标(T)/镜头(LE)/剪裁(C)/视图(V)/退出(X)]＜退出＞：v(输入 V 切换到相机视图)

是否切换到相机视图？[是(Y)/否(N)]＜否＞：y(输入 Y 回车)

(3) 调整相机位置或设置新的相机，从不同角度观察厨房等三维视图效果。如图 8.34 所示。

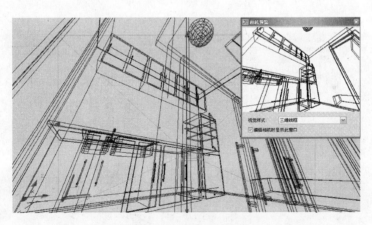

图 8.34 创建新相机观察

命令：camera

当前相机设置：高度＝0.0000 镜头长度＝50.0000 毫米

指定相机位置：

指定目标位置：

输入选项 [?/名称(N)/位置(LO)/高度(H)/目标(T)/镜头(LE)/剪裁(C)/视图(V)/退出(X)]＜退出＞：v(输入 V 切换到相机视图)

是否切换到相机视图？[是(Y)/否(N)]＜否＞：y(输入 Y 回车)

(4) 相机视图与一般视图切换方法是单击已有相机，再单击鼠标右键，在屏幕上弹出的快捷菜单中选择设定相机视图，即可切换到相机视图模式。如图 8.35 所示。

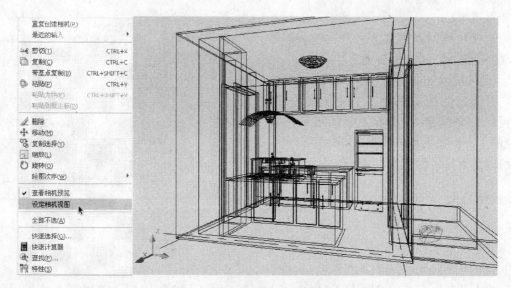

图 8.35　相机视图与模型视图切换

（5）使用设置视点观察厨房三维室内视图。打开【视图】下拉菜单，选择【三维视图】命令选项，再选中视点预置，或在命令行直接键入 VP，在弹出的对话框中设置视点的观察角度。如图 8.36 所示。

命令：VP

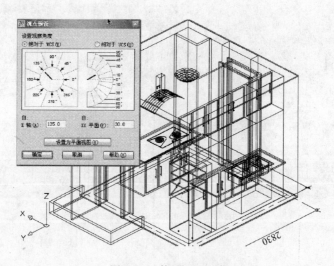

图 8.36　使用 VP 观察

（6）改变视点位置，再进行厨房三维室内图形观察。如图 8.37 所示。

命令：VP

（7）自由动态观察厨房三维室内图形。打开【视图】下拉菜单，选择【动态观察】命令选项，再选中其中的一个命令选项，或在命令行直接键入 3DFORBIT，或打开【动态观察】工具栏点击相应的命令按钮。如图 8.38 所示。

命令：3DFOrbit

第8章　厨房和卫生间室内三维图形绘制

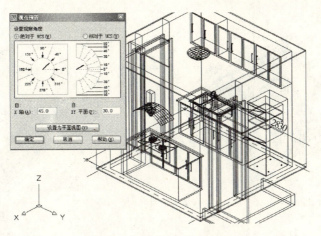

图8.37　改变VP视点观察

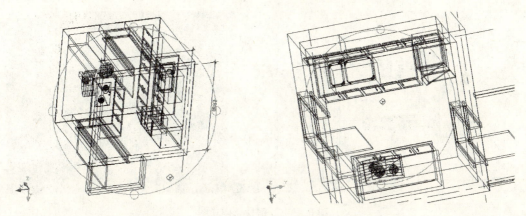

图8.38　自由动态观察

按ESC或ENTER键退出,或者单击鼠标右键显示快捷菜单。
正在重生成模型。
(8) 连续动态观察厨房三维室内图形。如图8.39所示。

命令:3DCOrbit

按ESC或ENTER键退出,或者单击鼠标右键显示快捷菜单。
正在重生成模型。
(9) 受约束地动态观察厨房三维室内图形。如图8.40所示。

命令:3DOrbit

按ESC或ENTER键退出,或者单击鼠标右键显示快捷菜单。
正在重生成模型。
(10) 选定观察角度后,可以使用视觉样式功能,得到厨房三维视图的简单美化效果。如图8.41所示。

命令:vscurrent

输入选项[二维线框(2)/三维线框(3)/三维隐藏(H)/真实(R)/概念(C)/其他(O)]
<二维线框>:H(输入H观察三维隐藏视觉样式效果)

· 411 ·

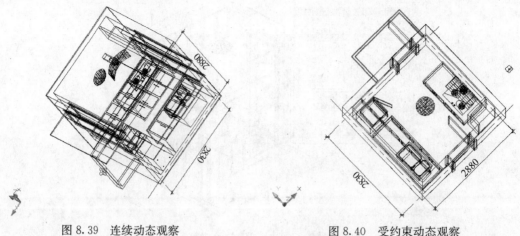

图 8.39 连续动态观察　　　　　图 8.40 受约束动态观察

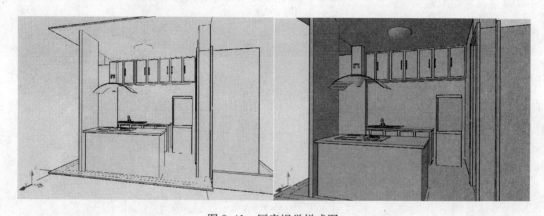

图 8.41 厨房视觉样式图

命令：vscurrent

输入选项 [二维线框(2)/三维线框(3)/三维隐藏(H)/真实(R)/概念(C)/其他(O)] <二维线框>：C(输入 C 观察概念视觉样式效果)

(11) 通过视觉样式功能，得到厨房墙体简化后的厨房室内美化效果，注意部分墙体图层关闭。如图 8.42 所示。

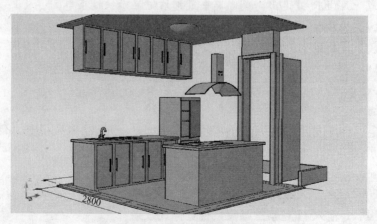

图 8.42 厨房室内美化效果

命令：vscurrent

输入选项［二维线框(2)/三维线框(3)/三维隐藏(H)/真实(R)/概念(C)/其他(O)］＜二维线框＞：C(输入C观察概念视觉样式效果)

(12) 最后，选择合适的厨房相机视图输出效果图。如图8.43所示。

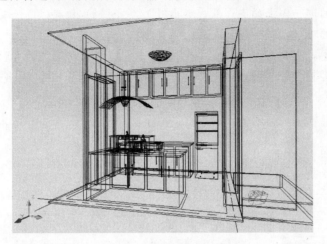

图8.43 选择相机视图输出

命令：camera

当前相机设置：高度＝0.0000 镜头长度＝50.0000 毫米

指定相机位置：

指定目标位置：

输入选项［?/名称(N)/位置(LO)/高度(H)/目标(T)/镜头(LE)/剪裁(C)/视图(V)/退出(X)］＜退出＞：v(输入V切换到相机视图)

是否切换到相机视图？［是(Y)/否(N)］＜否＞：y(输入Y回车)

8.2 卫生间室内三维CAD图形绘制

卫生间在住宅中也是固定的空间之一，卫生间的数量依据户型的大小，可能有1～3个。卫生间一般的设施有浴缸、坐便器、淋浴器、洗脸盆或电热水器等洁具。洗衣机也可能布置在卫生间中。在日常使用中，基于空间布局的要求，卫生间很少能有窗户。因此，卫生间按要求均设置有通风道，在绘制墙体时要注意。

8.2.1 卫生间三维墙体和门扇造型创建

(1) 绘制卫生间平面轮廓控制轴线。如图8.44所示。

命令：LINE

指定第一点：

指定下一点或［放弃(U)］：

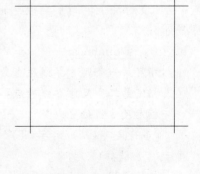

图8.44 绘制卫生间轴线

指定下一点或［放弃(U)］：

命令：OFFSET

当前设置：删除源＝否 图层＝源 OFFSETGAPTYPE＝0

指定偏移距离或［通过(T)/删除(E)/图层(L)］<通过>：2880

指定要偏移的那一侧上的点，或［退出(E)/多个(M)/放弃(U)］<退出>：

选择要偏移的对象，或［退出(E)/放弃(U)］<退出>：（回车）

（2）改变卫生间轴线类型为点画线。单击【特性】工具栏上的线型下拉按钮加载点画线，改变卫生间控制轴线的线型。改变其中一根线条后，其他的通过格式刷来实现线型改变。如图 8.45 所示。

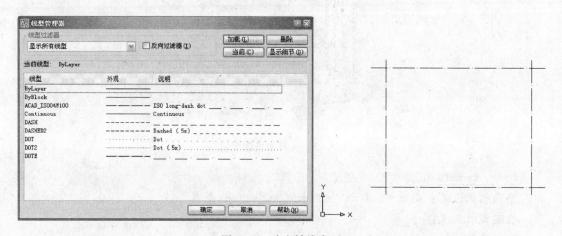

图 8.45 改变轴线类型

命令：matchprop

选择源对象：

当前活动设置：颜色 图层 线型 线型比例 线宽 厚度 打印样式 标注 文字 填充图案 多段线 视口 表格材质 阴影显示 多重引线

选择目标对象或［设置(S)］：

……

选择目标对象或［设置(S)］：

选择目标对象或［设置(S)］：（回车）

（3）标注卫生间平面控制轴线尺寸。如图 8.46 所示。

命令：dimlinear

指定第一条尺寸界线原点或<选择对象>：

指定第二条尺寸界线原点：

指定尺寸线位置或

［多行文字(M)/文字(T)/角度(A)/水平(H)/垂直(V)/旋转(R)］：

标注文字＝2400.0000

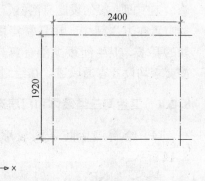

图 8.46 标注轴线尺寸

(4) 通过多线功能命令绘制卫生间墙体平面轮廓，并绘制其门垛位置定位线。如图 8.47 所示。

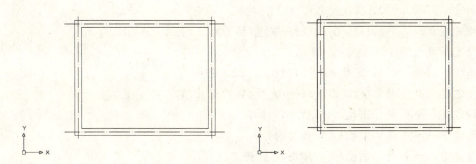

图 8.47 绘制墙体平面

命令：MLINE
当前设置：对正＝上，比例＝1.00，样式＝STANDARD
指定起点或 [对正(J)/比例(S)/样式(ST)]：s
输入多线比例＜1.00＞：120
当前设置：对正＝上，比例＝120.00，样式＝STANDARD
指定起点或 [对正(J)/比例(S)/样式(ST)]：j
输入对正类型 [上(T)/无(Z)/下(B)]＜上＞：z
当前设置：对正＝无，比例＝120.00，样式＝STANDARD
指定起点或 [对正(J)/比例(S)/样式(ST)]：
指定下一点：
指定下一点或 [放弃(U)]：
指定下一点或 [闭合(C)/放弃(U)]：
指定下一点或 [闭合(C)/放弃(U)]：(回车)

(5) 利用多段体功能命令直接创建卫生间三维墙体造型，包括卫生间通风道。如图 8.48 所示。

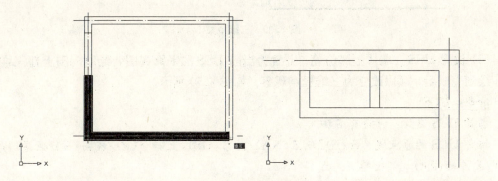

图 8.48 绘制三维墙体

命令：Polysolid
高度＝2700.0000，宽度＝200.0000，对正＝居中

指定起点或［对象(O)/高度(H)/宽度(W)/对正(J)］＜对象＞：w

指定宽度＜200.0000＞：120

高度＝2700.0000，宽度＝120.0000，对正＝居中

指定起点或［对象(O)/高度(H)/宽度(W)/对正(J)］＜对象＞：h

指定高度＜2700.0000＞：2700

高度＝2700.0000，宽度＝120.0000，对正＝居中

指定起点或［对象(O)/高度(H)/宽度(W)/对正(J)］＜对象＞：

指定下一个点或［圆弧(A)/放弃(U)］：

指定下一个点或［圆弧(A)/放弃(U)］：

指定下一个点或［圆弧(A)/闭合(C)/放弃(U)］：

指定下一个点或［圆弧(A)/闭合(C)/放弃(U)］：

……

指定下一个点或［圆弧(A)/闭合(C)/放弃(U)］：

指定下一个点或［圆弧(A)/闭合(C)/放弃(U)］：（回车）

(6) 改变为三维视点，观察卫生间三维墙体绘制情况。如图8.49所示。

命令：VP

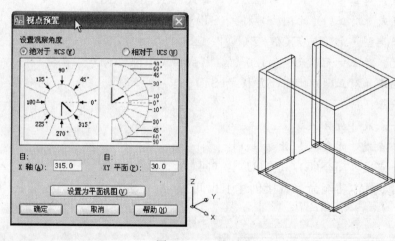

图8.49 三维观察

(7) 设置UCS在墙体上部位置，并置为当前UCS的平面视图，绘制门洞上部三维墙体。绘制完成后，可以改变为三维视点观察。如图8.50所示。

命令：UCS

当前UCS名称：＊没有名称＊

指定UCS的原点或［面(F)/命名(NA)/对象(OB)/上一个(P)/视图(V)/世界(W)/X/Y/Z/Z轴(ZA)］＜世界＞：m

指定新原点或［Z向深度(Z)］＜0，0，0＞：

命令：PLAN

输入选项［当前UCS(C)/UCS(U)/世界(W)］＜当前UCS＞：

正在重生成模型。

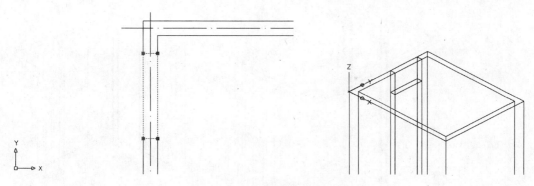

图 8.50　绘制门洞上部三维墙体

命令：box

指定第一个角点或 [中心(C)]：

指定其他角点或 [立方体(C)/长度(L)]：

指定高度或 [两点(2P)] <0.0000>：-450

命令：VP

(8) 恢复 UCS 为 WCS 并置为当前坐标系的平面视图，绘制门套线及其门扇造型平面。如图 8.51 所示。

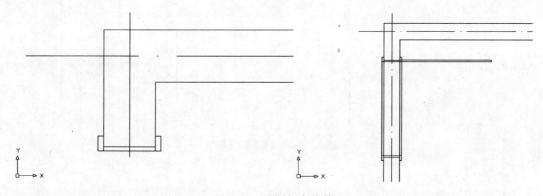

图 8.51　绘制门套线等

命令：UCS

当前 UCS 名称：*没有名称*

指定 UCS 的原点或 [面(F)/命名(NA)/对象(OB)/上一个(P)/视图(V)/世界(W)/X/Y/Z/Z 轴(ZA)] <世界>：W

命令：PLAN

输入选项 [当前 UCS(C)/UCS(U)/世界(W)] <当前 UCS>：

正在重生成模型。

(9) 将门套线及其门扇平面拉伸为三维造型。如图 8.52 所示。

命令：EXTRUDE

当前线框密度：ISOLINES=4

选择要拉伸的对象：找到 1 个

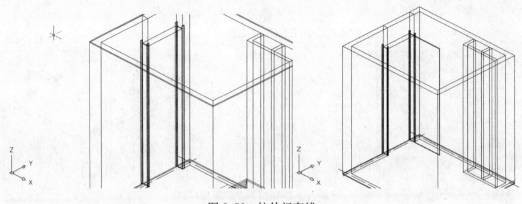

图 8.52 拉伸门套线

选择要拉伸的对象：找到 1 个，总计 2 个
……
选择要拉伸的对象：(回车)
指定拉伸的高度或 [方向(D)/路径(P)/倾斜角(T)]：2300

(10) 设置 UCS 在侧面三维门套线上部，绘制顶部门套线三维造型。如图 8.53 所示。

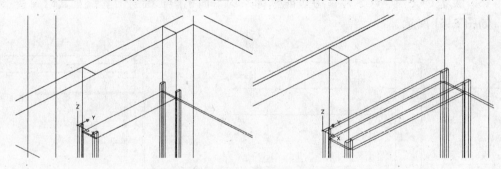

图 8.53 绘制顶部门套线

命令：UCS
当前 UCS 名称：＊没有名称＊
指定 UCS 的原点或 [面(F)/命名(NA)/对象(OB)/上一个(P)/视图(V)/世界(W)/X/Y/Z/Z 轴(ZA)] ＜世界＞：m
指定新原点或 [Z 向深度(Z)] ＜0，0，0＞：
命令：box
指定第一个角点或 [中心(C)]：
指定其他角点或 [立方体(C)/长度(L)]：
指定高度或 [两点(2P)] ＜0.0000＞：-100

(11) 将坐标系置为 WCS，按卫生间外轮廓范围绘制很薄的三维实体作为地面造型。卫生间顶棚结构造型按相似方法绘制。如图 8.54 所示。

命令：UCS
当前 UCS 名称：＊没有名称＊
指定 UCS 的原点或 [面(F)/命名(NA)/对象(OB)/上一个(P)/视图(V)/世界(W)/

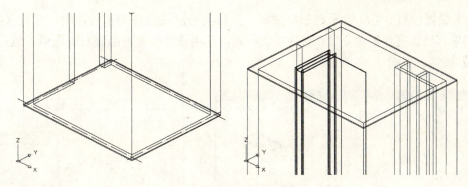

图 8.54 绘制地面等造型

X/Y/Z/Z 轴(ZA)]＜世界＞：w

命令：box

指定第一个角点或［中心(C)］：

指定其他角点或［立方体(C)/长度(L)］：

指定高度或［两点(2P)］＜0.0000＞：80

(12) 完成卫生间三维墙体绘制。缩放视图，观察卫生间图形效果。如图 8.55 所示。

命令：ZOOM

指定窗口的角点，输入比例因子(nX 或 nXP)，或者

［全部(A)/中心(C)/动态(D)/范围(E)/上一个(P)/比例(S)/窗口(W)/对象(O)］＜实时＞：

指定对角点：

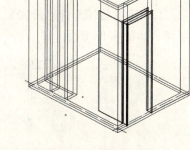

图 8.55 完成卫生间三维墙体

8.2.2 卫生间三维洁具设施创建

(1) 要创建卫生间三维洁具设施，需先确定卫生间的平面布局方案。如图 8.56 所示。

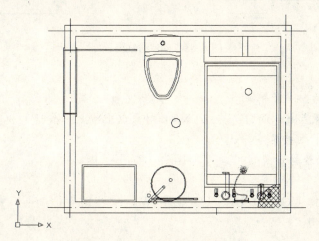

图 8.56 卫生间的平面布局方案

·419·

(2) 根据按照卫生间的平面布局方案，先插入浴缸三维造型进行布置。打开【插入】下拉菜单，选择【块】命令选项，在弹出的对话框中选择所需的浴缸三维图形，然后单击【确定】按钮。如图 8.57 所示。

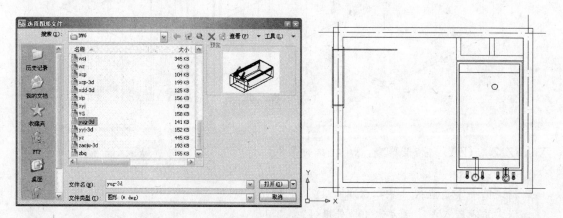

图 8.57 插入浴缸造型

命令：insert
指定插入点或 [基点(B)/比例(S)/X/Y/Z/旋转(R)]：

(3) 通过旋转坐标轴设置新的 UCS，并置为当前 UCS 的平面实体，对浴缸位置进行调整。如图 8.58 所示。

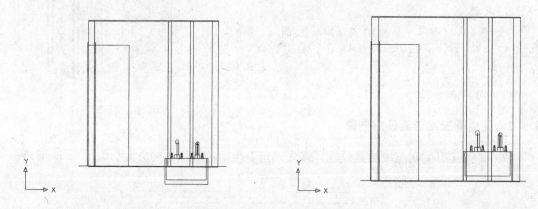

图 8.58 调整浴缸位置

命令：ucs
当前 UCS 名称：*世界*
指定 UCS 的原点或 [面(F)/命名(NA)/对象(OB)/上一个(P)/视图(V)/世界(W)/X/Y/Z/Z 轴(ZA)] <世界>：x
指定绕 X 轴的旋转角度<90>：
命令：plan
输入选项 [当前 UCS(C)/UCS(U)/世界(W)] <当前 UCS>：
正在重生成模型。
命令：MOVE

选择对象：找到 1 个
选择对象：（回车）
指定基点或 [位移(D)] <位移>：
指定第二个点或<使用第一个点作为位移>：

（4）改变视点观察浴缸效果，恢复 UCS 为 WCS。如图 8.59 所示。

命令：vp

命令：ucs
当前 UCS 名称：*世界*
指定 UCS 的原点或 [面(F)/命名(NA)/对象(OB)/上一个(P)/视图(V)/世界(W)/X/Y/Z/Z 轴(ZA)] <世界>：w

（5）插入坐便器、洗脸盆三维造型进行布置。打开【插入】下拉菜单，选择【块】命令选项，在弹出的对话框中选择所需的坐便器、洗脸盆三维图形，然后单击【确定】按钮。如图 8.60 所示。

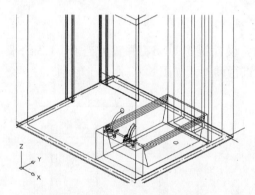

图 8.59 改变视点观察浴缸

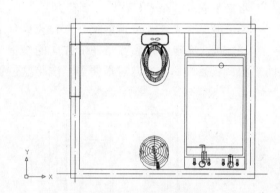

图 8.60 插入坐便器等

命令：insert
指定插入点或 [基点(B)/比例(S)/X/Y/Z/旋转(R)]：

（6）通过旋转坐标轴设置新的 UCS，并置为当前 UCS 的平面视图，对坐便器、洗脸盆等位置进行调整。如图 8.61 所示。

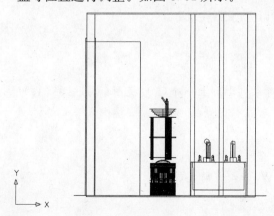
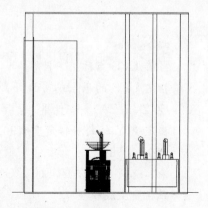

图 8.61 调整坐便器位置

命令：ucs

当前 UCS 名称：＊世界＊

指定 UCS 的原点或 [面(F)/命名(NA)/对象(OB)/上一个(P)/视图(V)/世界(W)/X/Y/Z/Z 轴(ZA)] <世界>：x

指定绕 X 轴的旋转角度<90>：

命令：plan

输入选项 [当前 UCS(C)/UCS(U)/世界(W)] <当前 UCS>：

正在重生成模型。

命令：MOVE

选择对象：找到 1 个

……

选择对象：找到 1 个，总计 3 个

选择对象：(回车)

指定基点或 [位移(D)] <位移>：

指定第二个点或<使用第一个点作为位移>：

(7) 通过旋转坐标系另外一个方向的坐标轴，设置新的 UCS，并置为当前 UCS 的平面视图，从另外一个方向对坐便器、洗脸盆位置进行调整。如图 8.62 所示。

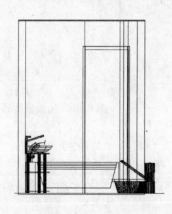

图 8.62　另外一个方向调整坐便器等位置

命令：ucs

当前 UCS 名称：＊世界＊

指定 UCS 的原点或 [面(F)/命名(NA)/对象(OB)/上一个(P)/视图(V)/世界(W)/X/Y/Z/Z 轴(ZA)] <世界>：Y

指定绕 Y 轴的旋转角度<90>：

命令：plan

输入选项 [当前 UCS(C)/UCS(U)/世界(W)] <当前 UCS>：

正在重生成模型。

命令：MOVE

选择对象：找到1个

……

选择对象：找到1个，总计3个

选择对象：（回车）

指定基点或 [位移(D)] <位移>：

指定第二个点或<使用第一个点作为位移>：

（8）改变视点，三维观察调整后的卫生间坐便器、洗脸盆等各个三维洁具布置情况。如图8.63所示。

命令：VP

（9）插入洗衣机三维造型。打开【插入】下拉菜单，选择【块】命令选项，在弹出的对话框中选择所需的洗衣机三维图形，然后单击【确定】按钮。如图8.64所示。

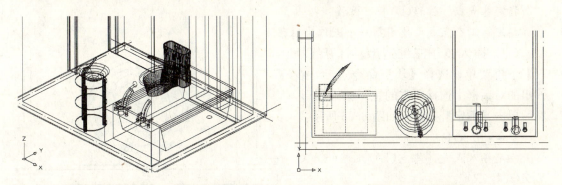

图8.63 改变视点，观察坐便器等   图8.64 插入洗衣机

命令：insert

指定插入点或 [基点(B)/比例(S)/X/Y/Z/旋转(R)]：

（10）通过旋转坐标轴设置新的UCS，并置为当前UCS的平面视图，对洗衣机位置进行调整。如图8.65所示。

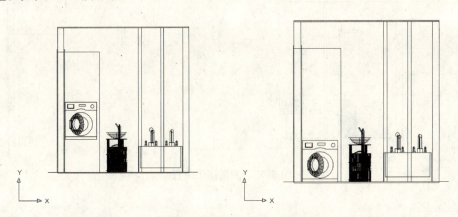

图8.65 调整洗衣机位置

命令：ucs

当前 UCS 名称：*世界*

指定UCS的原点或［面(F)/命名(NA)/对象(OB)/上一个(P)/视图(V)/世界(W)/X/Y/Z/Z轴(ZA)]＜世界＞：X

指定绕X轴的旋转角度＜90＞：

命令：plan

输入选项［当前UCS(C)/UCS(U)/世界(W)］＜当前UCS＞：

正在重生成模型。

命令：MOVE

选择对象：找到1个

……

选择对象：找到1个，总计3个

选择对象：(回车)

指定基点或［位移(D)]＜位移＞：

指定第二个点或＜使用第一个点作为位移＞：

(11) 插入镜子三维造型。打开【插入】下拉菜单，选择【块】命令选项，在弹出的对话框中选择所需的镜子三维图形，然后单击【确定】按钮。如图8.66所示。

命令：insert

指定插入点或［基点(B)/比例(S)/X/Y/Z/旋转(R)]：

(12) 先后通过旋转坐标轴X、Y轴设置新的UCS，并置为当前UCS的平面视图，对镜子位置进行调整。如图8.67所示。

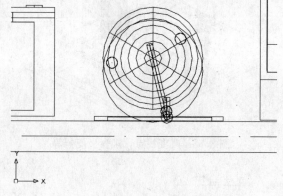

图8.66 插入镜子造型

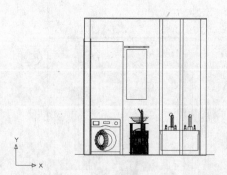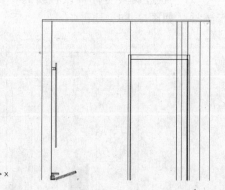

图8.67 调整镜子位置

命令：ucs

当前UCS名称：*世界*

指定UCS的原点或［面(F)/命名(NA)/对象(OB)/上一个(P)/视图(V)/世界(W)/X/Y/Z/Z轴(ZA)]＜世界＞：X

指定绕 X 轴的旋转角度<90>：

命令：plan

输入选项 [当前 UCS(C)/UCS(U)/世界(W)] <当前 UCS>：

正在重生成模型。

命令：MOVE

选择对象：找到 1 个

……

选择对象：找到 1 个，总计 3 个

选择对象：(回车)

指定基点或 [位移(D)] <位移>：

指定第二个点或<使用第一个点作为位移>：

命令：ucs

当前 UCS 名称：*世界*

指定 UCS 的原点或 [面(F)/命名(NA)/对象(OB)/上一个(P)/视图(V)/世界(W)/X/Y/Z/Z 轴(ZA)] <世界>：Y

指定绕 Y 轴的旋转角度<90>：

(13) 设置 UCS 于顶棚结构表面，并置为平面视图，插入吸顶灯造型。打开【插入】下拉菜单，选择【块】命令选项，在弹出的对话框中选择所需吸顶灯的三维图形，然后单击【确定】按钮。如图 8.68 所示。

命令：UCS

当前 UCS 名称：*没有名称*

指定 UCS 的原点或 [面（F）/命名(NA)/对象(OB)/上一个(P)/视图(V)/世界(W)/X/Y/Z/Z 轴(ZA)] <世界>：m

指定新原点或 [Z 向深度(Z)] <0, 0, 0>：

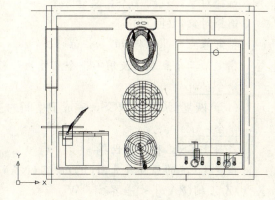

图 8.68 插入吸顶灯

命令：plan

输入选项 [当前 UCS(C)/UCS(U)/世界(W)] <当前 UCS>：

正在重生成模型。

命令：insert

指定插入点或 [基点(B)/比例(S)/X/Y/Z/旋转(R)]：

(14) 旋转坐标轴(X 或 Y 轴)设置新的 UCS，并置为当前 UCS 的平面视图，对吸顶灯位置进行调整。最后，改变为三维视点观察吸顶灯情况。如图 8.69 所示。

命令：ucs

当前 UCS 名称：*世界*

指定 UCS 的原点或 [面(F)/命名(NA)/对象(OB)/上一个(P)/视图(V)/世界(W)/X/Y/Z/Z 轴(ZA)] <世界>：X

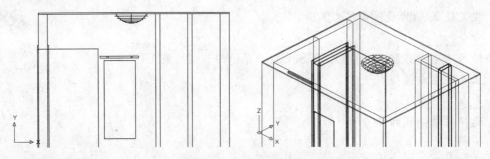

图 8.69　调整吸顶灯位置

指定绕 X 轴的旋转角度＜90＞：

命令：plan

输入选项 [当前 UCS(C)/UCS(U)/世界(W)] ＜当前 UCS＞：

正在重生成模型。

命令：MOVE

选择对象：找到 1 个

……

选择对象：找到 1 个，总计 3 个

选择对象：(回车)

指定基点或 [位移(D)] ＜位移＞：

指定第二个点或＜使用第一个点作为位移＞：

命令：vp

(15) 恢复 UCS 为 WCS，完成卫生间的三维图形绘制。如图 8.70 所示。

命令：ucs

当前 UCS 名称：＊世界＊

指定 UCS 的原点或 [面(F)/命名(NA)/对象(OB)/上一个(P)/视图(V)/世界(W)/X/Y/Z/Z 轴(ZA)] ＜世界＞：W

(16) 消隐观察卫生间三维室内效果(注：部分墙体所在图层关闭)。如图 8.71 所示。

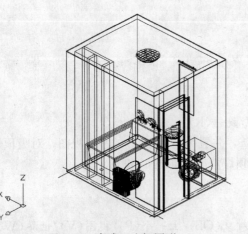

图 8.70　完成卫生间图形

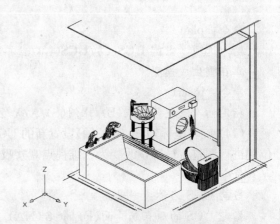

图 8.71　消隐观察卫生间效果

命令：HIDE

命令：ZOOM

指定窗口的角点，输入比例因子（nX 或 nXP），或者
[全部(A)/中心(C)/动态(D)/范围(E)/上一个(P)/比例(S)/窗口(W)/对象(O)]
<实时>：

指定对角点：

8.2.3 卫生间三维室内图形观察

（1）除了前面绘图操作最为常用的三维视点观察图形外，动态观察和相机视图是观察三维室内图形的较好工具（注：部分墙体所在图层切割和关闭）。如图 8.72 所示。

命令：VP

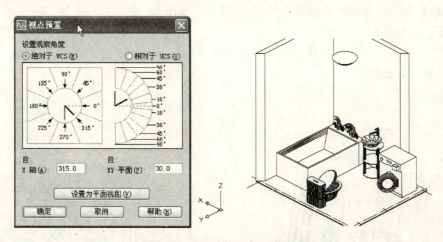

图 8.72　VP 功能观察三维图形

（2）自由动态观察卫生间三维室内图形。打开【视图】下拉菜单，选择【动态观察】命令选项，再选中其中的一个命令选项，或在命令行直接键入 3DORBIT、3DFORBIT、3DCORBIT，或打开【动态观察】工具栏点击相应的命令按钮。如图 8.73 所示。

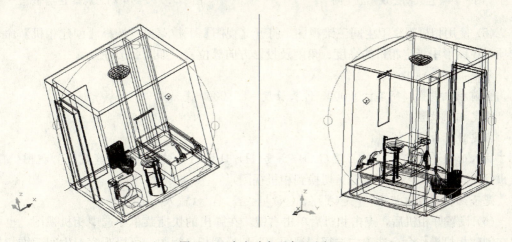

图 8.73　自由动态观察卫生间

命令：3DFOrbit

按 ESC 或 ENTER 键退出，或者单击鼠标右键显示快捷菜单。

正在重生成模型。

（3）连续动态观察卫生间三维室内图形。打开【视图】下拉菜单，选择【动态观察】命令选项，再选中其中的一个命令选项，或在命令行直接键入 3DCORBIT，或打开【动态观察】工具栏点击相应的命令按钮。如图 8.74 所示。

命令：3DCOrbit

按 ESC 或 ENTER 键退出，或者单击鼠标右键显示快捷菜单。

正在重生成模型。

（4）受约束地动态观察卫生间三维室内图形。打开【视图】下拉菜单，选择【动态观察】命令选项，再选中其中的一个命令选项，或在命令行直接键入 3DORBIT，或打开【动态观察】工具栏点击相应的命令按钮。如图 8.75 所示。

命令：3DOrbit

按 ESC 或 ENTER 键退出，或者单击鼠标右键显示快捷菜单。

正在重生成模型。

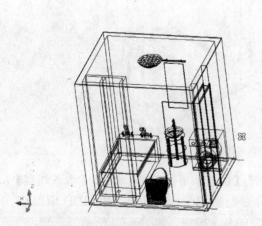 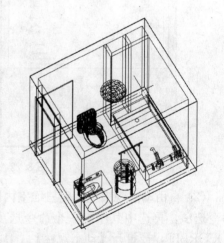

图 8.74　连续动态观察卫生间　　　　　图 8.75　受约束动态观察卫生间

（5）使用相机观察卫生间三维视图。打开【视图】下拉菜单，选择【创建相机】命令选项。在图形中指定相机的高度、角度及投影方向等位置。如图 8.76 所示。

命令：camera

当前相机设置：高度＝0.0000 镜头长度＝50.0000 毫米

指定相机位置：

指定目标位置：

输入选项 [?/名称(N)/位置(LO)/高度(H)/目标(T)/镜头(LE)/剪裁(C)/视图(V)/退出(X)]＜退出＞：v(输入 V 切换到相机视图)

是否切换到相机视图？[是(Y)/否(N)]＜否＞：y(输入 Y 回车)

（6）设置好相机后，点击相机后单击右键，在弹出的快捷菜单中选中相机视图，也可以在创建相机操作命令选项中选择"视图 V"切换到相机视图，可以观察卫生间三维相机视图效果。如图 8.77 所示。

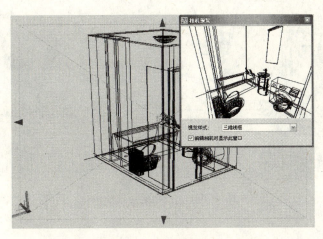

图 8.76 创建相机

图 8.77 相机视图效果

命令：camera

当前相机设置：高度=0.0000 镜头长度=50.0000 毫米

指定相机位置：

指定目标位置：

输入选项 [?/名称(N)/位置(LO)/高度(H)/目标(T)/镜头(LE)/剪裁(C)/视图(V)/退出(X)] <退出>：v(输入 V 切换到相机视图)

是否切换到相机视图？[是(Y)/否(N)] <否>：y(输入 Y 回车)

(7) 调整相机位置或设置新的相机，从不同角度观察卫生间等三维视图效果。如图 8.78 所示。

命令：camera

当前相机设置：高度=0.0000 镜头长度=50.0000 毫米

指定相机位置：

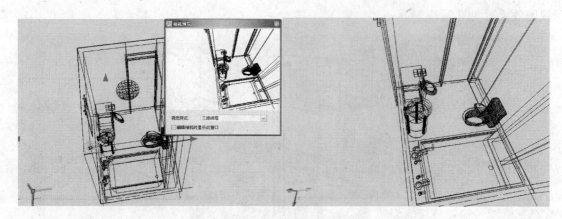

图 8.78　不同位置相机视图

指定目标位置：

输入选项 [?/名称(N)/位置(LO)/高度(H)/目标(T)/镜头(LE)/剪裁(C)/视图(V)/退出(X)] <退出>：v(输入 V 切换到相机视图)

是否切换到相机视图？[是(Y)/否(N)] <否>：y(输入 Y 回车)

(8) 选定观察角度后，可以使用视觉样式功能，得到卫生间三维视图的简单美化效果。如图 8.79 所示。

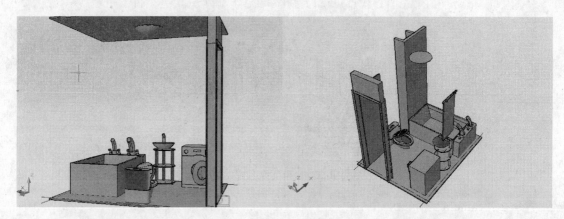

图 8.79　视觉样式美化效果

命令：vscurrent

输入选项 [二维线框(2)/三维线框(3)/三维隐藏(H)/真实(R)/概念(C)/其他(O)] <二维线框>：H(输入 H 观察三维隐藏视觉样式效果)

命令：vscurrent

输入选项 [二维线框(2)/三维线框(3)/三维隐藏(H)/真实(R)/概念(C)/其他(O)] <二维线框>：C(输入 C 观察概念视觉样式效果)

第 9 章 会议室和经理办公室室内三维图形绘制

📖 **本章理论知识论述要点提示**

本章论述的主要内容分别是会议室和经理办公室室内三维透视图的绘制操作方法和技巧，包括建立其三维墙体与三维门窗造型操作方法与技巧、三维吊顶造型的绘制方法和技巧；会议室和建立办公室室内三维家具、三维灯具和三维人物及花草等相关设施的创建和调整方法和技巧；观察和输出会议室和经理办公室的三维透视图的方法和技巧等。

🗣 **本章案例绘图思路与技巧提示**

本章所介绍的案例分别是会议室和经理办公室的室内三维透视图绘制。尽管两者均属于常见公共室内空间，但其三维室内透视图绘制同样是从建立其三维墙体与三维门窗造型开始逐步展开的。在完成其建筑三维轮廓创建后，接着进行其三维吊顶造型的绘制；然后依次创建和布置会议室和建立办公室室内三维家具、三维灯具和三维人物及花草等相关设施，并对其位置是否合适进行适当调整；在完成会议室和经理办公室的三维透视图后，创建相机视图观察和输出其三维室内透视图。

9.1 会议室室内三维 CAD 图形绘制

会议室在一般公司的办公室中是必需设置的空间之一，其功能不仅用来开会、培训、讲座等，有的还用来接待来访客人等。会议室室内一般布置有会议桌、椅子等常见家具，有的布置有电视机、投影仪等设施。

9.1.1 会议室三维墙体造型绘制

（1）按照会议室的大小，绘制会议室的平面控制轴线。如图 9.1 所示。
命令：PLINE
指定起点：
当前线宽为 0.0000
指定下一个点或 ［圆弧(A)/半宽(H)/长度(L)/放弃(U)/宽度(W)］：
指定下一点或 ［圆弧(A)/闭合(C)/半宽(H)/长度(L)/放弃(U)/宽度(W)］：（回车）
命令：OFFSET

当前设置：删除源＝否 图层＝源 OFFSETGAPTYPE＝0

指定偏移距离或［通过(T)/删除(E)/图层(L)］＜通过＞:3600

指定要偏移的那一侧上的点，或［退出(E)/多个(M)/放弃(U)］＜退出＞：

选择要偏移的对象，或［退出(E)/放弃(U)］＜退出＞：(回车)

（2）改变会议室控制轴线的线型。单击【特性】工具栏上的线型下拉按钮加载点画线，可以改变轴线的线型。改变其中一根线条后，其他的通过格式刷实现线型改变。如图9.2所示。

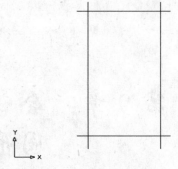

图9.1 绘制会议室轴线

图9.2 改变轴线线型

命令：matchprop

选择源对象：

当前活动设置：颜色 图层 线型 线型比例 线宽 厚度 打印样式 标注 文字 填充图案 多段线 视口 表格材质 阴影显示 多重引线

选择目标对象或［设置(S)］：

……

选择目标对象或［设置(S)］：

选择目标对象或［设置(S)］：(回车)

（3）标注会议室相关轴线尺寸。如图9.3所示。

命令：dimlinear

指定第一条尺寸界线原点或＜选择对象＞：

指定第二条尺寸界线原点：

指定尺寸线位置或

［多行文字(M)/文字(T)/角度(A)/水平(H)/垂直(V)/旋转(R)］：

标注文字＝6000.0000

（4）按照会议室平面控制轴线位置，使用多线功能命令

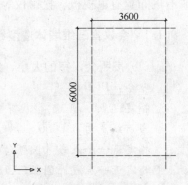

图9.3 标注会议室轴线

按房间墙体厚度绘制其轮廓。同时,绘制房间的门窗定位平面控制线。如图9.4所示。

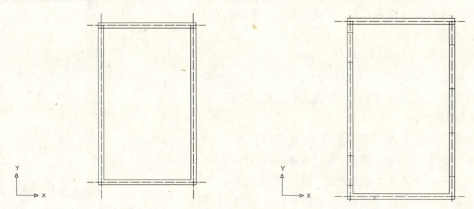

图9.4 绘制墙体平面

命令:MLINE
当前设置:对正=上,比例=1.00,样式=STANDARD
指定起点或 [对正(J)/比例(S)/样式(ST)]:s
输入多线比例<1.00>:240
当前设置:对正=上,比例=240.00,样式=STANDARD
指定起点或 [对正(J)/比例(S)/样式(ST)]:j
输入对正类型 [上(T)/无(Z)/下(B)] <上>:z
当前设置:对正=无,比例=240.00,样式=STANDARD
指定起点或 [对正(J)/比例(S)/样式(ST)]:
指定下一点:
指定下一点或 [放弃(U)]:
指定下一点或 [闭合(C)/放弃(U)]:
指定下一点或 [闭合(C)/放弃(U)]:(回车)
命令:LINE
指定第一点:
指定下一点或 [放弃(U)]:
指定下一点或 [放弃(U)]:
命令:OFFSET
当前设置:删除源=否 图层=源 OFFSETGAPTYPE=0
指定偏移距离或 [通过(T)/删除(E)/图层(L)] <通过>:1000
指定要偏移的那一侧上的点,或 [退出(E)/多个(M)/放弃(U)] <退出>:
选择要偏移的对象,或 [退出(E)/放弃(U)] <退出>:(回车)

(5) 会议室的三维墙体使用多段体功能进行绘制。如图9.5所示。
命令:Polysolid
高度=3000.0000,宽度=240.0000,对正=居中
指定起点或 [对象(O)/高度(H)/宽度(W)/对正(J)] <对象>:w
指定宽度<200.0000>:240

高度=3000.0000,宽度=240.0000,对正=居中

指定起点或 [对象(O)/高度(H)/宽度(W)/对正(J)]<对象>: h

指定高度<3000.0000>: 3000

高度=3000.0000,宽度=240.0000,对正=居中

指定起点或 [对象(O)/高度(H)/宽度(W)/对正(J)]<对象>:

指定下一个点或 [圆弧(A)/放弃(U)]:

指定下一个点或 [圆弧(A)/放弃(U)]:

指定下一个点或 [圆弧(A)/闭合(C)/放弃(U)]:

指定下一个点或 [圆弧(A)/闭合(C)/放弃(U)]:

……

指定下一个点或 [圆弧(A)/闭合(C)/放弃(U)]:

指定下一个点或 [圆弧(A)/闭合(C)/放弃(U)]:(回车)

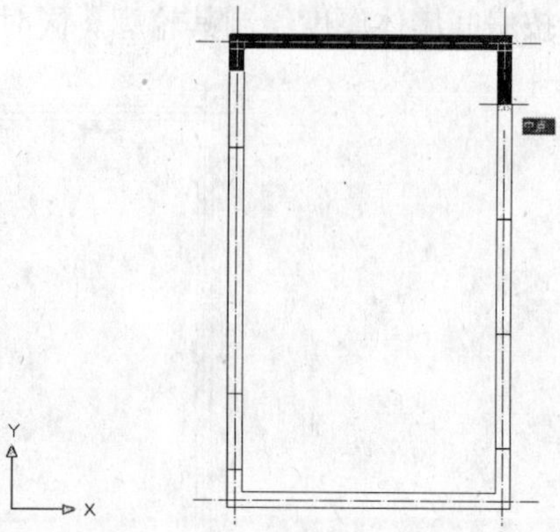

(6) 改变为三维视点,观察会议室三维墙体绘制情况。如图9.6所示。

命令:VP

图 9.5 绘制会议室三维墙体

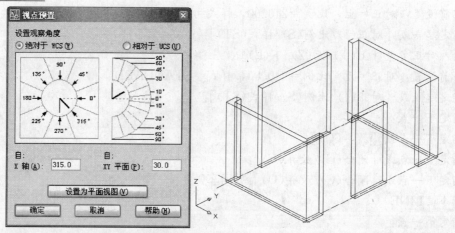

图 9.6 观察会议室三维墙体

(7) 将UCS设置在会议室墙体上部位置,按门窗洞口宽度绘制洞口处的三维墙体造型。如图9.7所示。

命令:UCS

当前 UCS 名称: *没有名称*

指定 UCS 的原点或 [面(F)/命名(NA)/对象(OB)/上一个(P)/视图(V)/世界(W)/X/Y/Z/Z轴(ZA)]<世界>: m

指定新原点或 [Z向深度(Z)]<0,0,0>:

命令:box

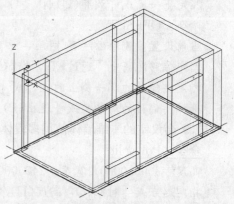

图 9.7 绘制会议室门窗洞口处墙体

指定第一个角点或 [中心(C)]：
指定其他角点或 [立方体(C)/长度(L)]：
指定高度或 [两点(2P)] <50.0000>：-600

(8) 缩放视图观察，在会议室三维墙体的底面和顶面，分别绘制一个很薄的三维形体作为地面和顶棚结构造型。如图9.8所示。

命令：ZOOM
指定窗口的角点，输入比例因子(nX 或 nXP)，或者
[全部(A)/中心(C)/动态(D)/范围(E)/上一个(P)/比例(S)/窗口(W)/对象(O)]
<实时>：
指定对角点：
命令：box
指定第一个角点或 [中心(C)]：
指定其他角点或 [立方体(C)/长度(L)]：
指定高度或 [两点(2P)] <0.0000>：100

(9) 完成会议室的三维墙体造型绘制，及时保存图形。如图9.9所示。

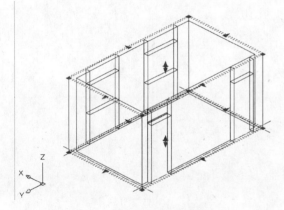

图9.8 绘制会议室顶棚等造型

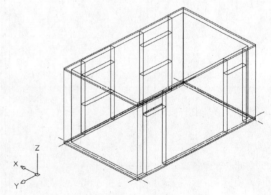

图9.9 完成会议室三维墙体

命令：ZOOM
指定窗口的角点，输入比例因子(nX 或 nXP)，或者
[全部(A)/中心(C)/动态(D)/范围(E)/上一个(P)/比例(S)/窗口(W)/对象(O)]
<实时>：E
命令：SAVE

9.1.2 会议室三维门窗和吊顶造型绘制

(1) 将UCS设置在窗户洞口的窗台表面位置。如图9.10所示。
命令：UCS
当前UCS名称：*没有名称*
指定UCS的原点或 [面(F)/命名(NA)/对象(OB)/上一个(P)/视图(V)/世界(W)/X/Y/Z/Z轴(ZA)] <世界>：m

指定新原点或[Z向深度(Z)]<0,0,0>:

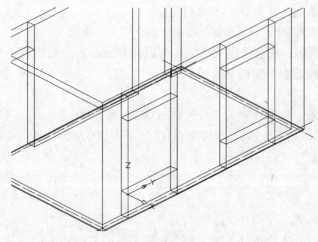

图9.10 设置UCS在窗台

(2) 置为当前UCS平面视图，绘制窗扇三维造型。相同的窗户造型可以通过复制及镜像得到。如图9.11所示。

图9.11 绘制三维窗扇

命令: PLAN
输入选项[当前UCS(C)/UCS(U)/世界(W)]<当前UCS>:
正在重生成模型。
命令: PLINE
指定起点:
当前线宽为0.0000
指定下一个点或[圆弧(A)/半宽(H)/长度(L)/放弃(U)/宽度(W)]:
指定下一点或[圆弧(A)/闭合(C)/半宽(H)/长度(L)/放弃(U)/宽度(W)]:
……
指定下一点或[圆弧(A)/闭合(C)/半宽(H)/长度(L)/放弃(U)/宽度(W)]:
指定下一点或[圆弧(A)/闭合(C)/半宽(H)/长度(L)/放弃(U)/宽度(W)]: C(输入C回车)

命令：COPY

选择对象：找到 1 个

……

选择对象：

当前设置：复制模式＝多个

指定基点或 [位移(D)/模式(O)] <位移>：

指定第二个点或<使用第一个点作为位移>：

指定第二个点或 [退出(E)/放弃(U)] <退出>：(回车)

(3) 绘制门扇和门套线、窗套线等平面造型。如图 9.12 所示。

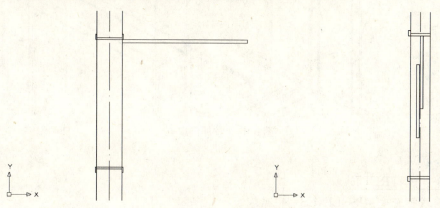

图 9.12　绘制门套线等平面

命令：RECTANG

指定第一个角点或 [倒角(C)/标高(E)/圆角(F)/厚度(T)/宽度(W)]：

指定另一个角点或 [面积(A)/尺寸(D)/旋转(R)]：

命令：MIRROR

找到 1 个

指定镜像线的第一点：

指定镜像线的第二点：

要删除源对象吗？[是(Y)/否(N)] <N>：N

(4) 对相同的门扇、门套线、窗套线等平面造型，可以通过复制和镜像得到。如图 9.13 所示。

命令：MIRROR

找到 1 个

指定镜像线的第一点：

指定镜像线的第二点：

要删除源对象吗？[是(Y)/否(N)] <N>：N

命令：COPY

选择对象：找到 1 个

……

选择对象：

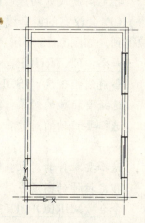

图 9.13　完成所有门套线等

当前设置：复制模式＝多个

指定基点或［位移(D)/模式(O)］＜位移＞：

指定第二个点或＜使用第一个点作为位移＞：

指定第二个点或［退出(E)/放弃(U)］＜退出＞：（回车）

（5）改变视点，将会议室的门扇、窗扇等拉伸为三维形体。如图9.14所示。

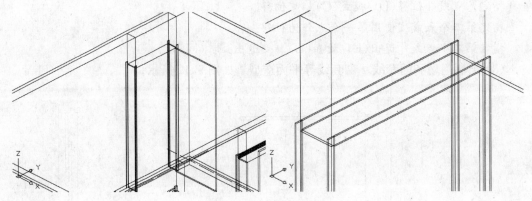

图9.14 拉伸门扇等

命令：VP

命令：EXTRUDE

当前线框密度：ISOLINES＝4

选择要拉伸的对象：找到1个

选择要拉伸的对象：找到1个，总计2个

……

选择要拉伸的对象：（回车）

指定拉伸的高度或［方向(D)/路径(P)/倾斜角(T)］：2400

命令：box

指定第一个角点或［中心(C)］：

指定其他角点或［立方体(C)/长度(L)］：

指定高度或［两点(2P)］＜50.0000＞：－120

（6）会议室的窗套线三维造型按相似方法进行绘制，对相同的可以通过复制和三维镜像得到。如图9.15所示。

命令：EXTRUDE

当前线框密度：ISOLINES＝4

选择要拉伸的对象：找到1个

选择要拉伸的对象：找到1个，总计2个

……

选择要拉伸的对象：（回车）

指定拉伸的高度或［方向(D)/路径(P)/倾斜角(T)］：1500

命令 MIRROR3D(三维镜像)

选择对象：找到1个(选择三维图形对象)

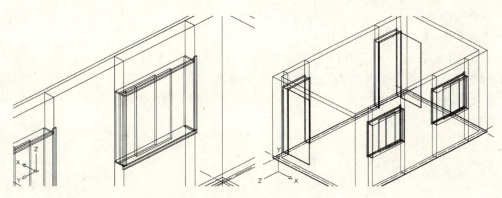

图 9.15 绘制三维窗套线造型

选择对象:(回车)

指定镜像平面(三点)的第一个点或

[对象(O)/最近的(L)/Z 轴(Z)/视图(V)/XY 平面(XY)/YZ 平面(YZ)/ZX 平面(ZX)/三点(3)]<三点>:XY(选择确定镜像空间平面的选项,此处以 XY 平面作为镜像空间平面)

指定 XY 平面上的点<0,0,0>:(指定镜像空间平面 ZX 基点)

是否删除源对象?[是(Y)/否(N)]<否>:N(输入 N 确定不删除原图形对象)

(7) 完成会议室三维门窗造型绘制。可以消隐观察会议室的三维图形情况,如图 9.16 所示。

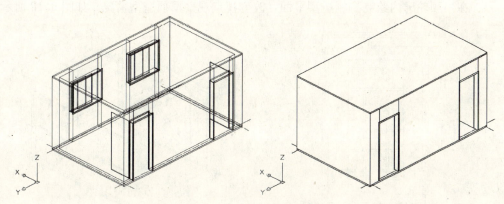

图 9.16 消隐观察会议室

命令:ZOOM

指定窗口的角点,输入比例因子(nX 或 nXP),或者

[全部(A)/中心(C)/动态(D)/范围(E)/上一个(P)/比例(S)/窗口(W)/对象(O)]<实时>:

指定对角点:

命令:HIDE

(8) 将 UCS 设置在会议室顶棚结构上表面,并置为当前 UCS 的平面视图。然后,绘制吊顶造型外轮廓线。如图 9.17 所示。

命令：UCS

当前 UCS 名称：＊没有名称＊

指定 UCS 的原点或 [面(F)/命名(NA)/对象(OB)/上一个(P)/视图(V)/世界(W)/X/Y/Z/Z 轴(ZA)] ＜世界＞：m

指定新原点或 [Z 向深度(Z)] ＜0,0,0＞：（捕捉定位点确定 UCS）

命令：PLAN

输入选项 [当前 UCS(C)/UCS(U)/世界(W)] ＜当前 UCS＞：

正在重生成模型。

命令：PLINE

指定起点：

当前线宽为 0.0000

指定下一个点或 [圆弧(A)/半宽(H)/长度(L)/放弃(U)/宽度(W)]：

指定下一点或 [圆弧(A)/闭合(C)/半宽(H)/长度(L)/放弃(U)/宽度(W)]：

……

指定下一点或 [圆弧(A)/闭合(C)/半宽(H)/长度(L)/放弃(U)/宽度(W)]：

指定下一点或 [圆弧(A)/闭合(C)/半宽(H)/长度(L)/放弃(U)/宽度(W)]：C（输入 C 回车）

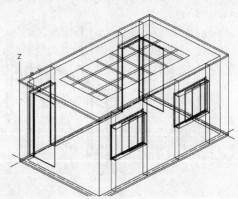

图 9.17　绘制吊顶轮廓

（9）在吊顶轮廓内绘制搁栅造型平面，改变视点观察吊顶造型情况。如图 9.18 所示。

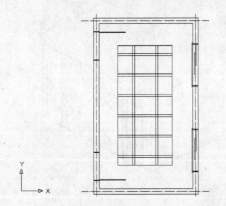

图 9.18　绘制搁栅造型

命令：RECTANG

指定第一个角点或 [倒角(C)/标高(E)/圆角(F)/厚度(T)/宽度(W)]：

指定另一个角点或 [面积(A)/尺寸(D)/旋转(R)]：

命令：COPY

选择对象：找到 1 个

……

选择对象：

当前设置：复制模式＝多个

指定基点或 [位移(D)/模式(O)] <位移>：
指定第二个点或<使用第一个点作为位移>：
指定第二个点或 [退出(E)/放弃(U)] <退出>：(回车)
命令：VP

(10) 在吊顶造型轮廓角点位置绘制一条三维直线，高度与吊顶造型高度一致。然后，将吊顶外轮廓通过三维直线生成三维曲面形体(或进行拉伸)。如图9.19所示。

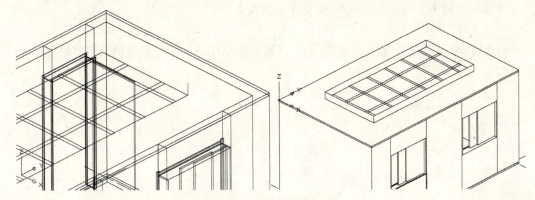

图9.19 创建三维外轮廓面

命令：LINE
指定第一点：
指定下一点或 [放弃(U)]：@0,0,200
指定下一点或 [放弃(U)]：(回车)
命令：TABSURF(绘制三维平移网格曲面)
当前线框密度：SURFTAB1=16
选择用作轮廓曲线的对象：
选择用作方向矢量的对象：
命令：HIDE

(11) 将内侧搁栅依次拉伸为三维形体，高度不要很大，消隐观察搁栅绘制效果。如图9.20所示。

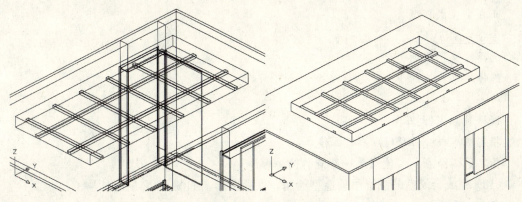

图9.20 创建三维搁栅

命令：EXTRUDE

当前线框密度：ISOLINES=4

选择要拉伸的对象：找到1个

选择要拉伸的对象：找到1个，总计2个

……

选择要拉伸的对象：(回车)

指定拉伸的高度或 [方向(D)/路径(P)/倾斜角(T)]：50

命令：HIDE

(12) 旋转UCS坐标轴，并置为当前UCS的平面视图。通过三维镜像调整吊顶造型位置。如图9.21所示。

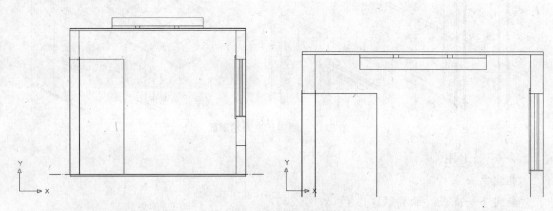

图9.21 调整吊顶造型位置

命令：UCS

当前UCS名称：*没有名称*

指定UCS的原点或 [面(F)/命名(NA)/对象(OB)/上一个(P)/视图(V)/世界(W)/X/Y/Z/Z轴(ZA)] ＜世界＞：X

指定绕X轴的旋转角度＜90＞：90(回车)

命令：plan

输入选项 [当前UCS(C)/UCS(U)/世界(W)] ＜当前UCS＞：

正在重生成模型。

命令：MOVE

选择对象：找到1个

选择对象：找到1个，总计2个

……

选择对象：(回车)

指定基点或 [位移(D)] ＜位移＞：

指定第二个点或＜使用第一个点作为位移＞：

(13) 完成会议室的三维吊顶造型绘制，保存图形。如图9.22所示。

命令：SAVE

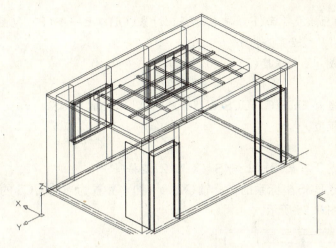

图 9.22 完成三维吊顶造型

9.1.3 会议室三维室内家具设施绘制

(1) 要进行会议室室内三维家具设施绘制,先得确定会议室的平面布局。其具体布置方法在此从略。如图 9.23 所示。

(2) 将 UCS 设置在顶棚位置,置为当前 USC 平面视图,然后插入灯具。打开【插入】下拉菜单,选中【块】命令选项,在弹出的对话框中选择所要的灯具三维图形,然后单击【确定】按钮。如图 9.24 所示。

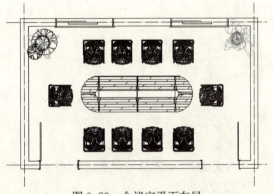

图 9.23 会议室平面布局

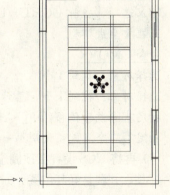

图 9.24 插入灯具造型

命令:ucs

当前 UCS 名称: *没有名称*

指定 UCS 的原点或 [面(F)/命名(NA)/对象(OB)/上一个(P)/视图(V)/世界(W)/X/Y/Z/Z 轴(ZA)] <世界>：m

指定新原点或 [Z 向深度(Z)] <0, 0, 0>：

命令：plan

输入选项 [当前 UCS(C)/UCS(U)/世界(W)] <当前 UCS>：

正在重生成模型。

命令：insert

指定插入点或 [基点(B)/比例(S)/X/Y/Z/旋转(R)]：

（3）分别旋转 UCS 坐标系的坐标轴(X、Y 轴)，并置为当前 UCS 的平面视图。调整灯具的位置，如图 9.25 所示。

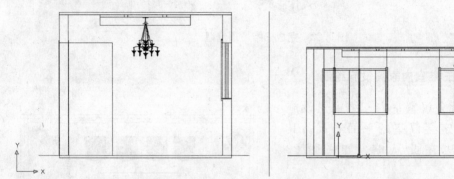

图 9.25　调整灯具位置

命令：ucs

当前 UCS 名称：*没有名称*

指定 UCS 的原点或 [面(F)/命名(NA)/对象(OB)/上一个(P)/视图(V)/世界(W)/X/Y/Z/Z 轴(ZA)] <世界>：x

指定绕 X 轴的旋转角度<90>：90(回车)

命令：plan

输入选项 [当前 UCS(C)/UCS(U)/世界(W)] <当前 UCS>：

正在重生成模型。

命令：MOVE

选择对象：找到 1 个

选择对象：找到 1 个，总计 2 个

指定基点或 [位移(D)] <位移>：

指定第二个点或 <使用第一个点作为位移>：

（4）再将 UCS 设置在顶棚位置，置为当前 USC 平面视图。然后按上述方法插入其他两个灯具，并调整好其位置。如图 9.26 所示。

命令：insert

指定插入点或 [基点(B)/比例(S)/X/Y/Z/旋转(R)]：

命令：ucs

当前 UCS 名称：*没有名称*

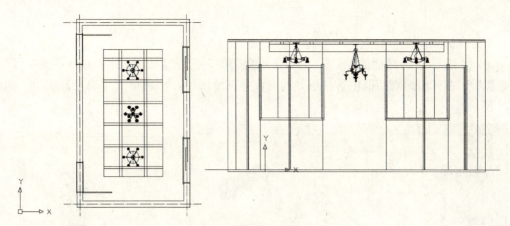

图 9.26 插入其他两个灯具

指定 UCS 的原点或 [面(F)/命名(NA)/对象(OB)/上一个(P)/视图(V)/世界(W)/X/Y/Z/Z 轴(ZA)]＜世界＞：x

指定绕 X 轴的旋转角度＜90＞：90(回车)

命令：plan

输入选项 [当前 UCS(C)/UCS(U)/世界(W)]＜当前 UCS＞：

正在重生成模型。

命令：MOVE

选择对象：找到 1 个

选择对象：找到 1 个，总计 2 个

选择对象：(回车)

指定基点或 [位移(D)]＜位移＞：

指定第二个点或＜使用第一个点作为位移＞：

(5) 改变视点，观察三维灯具情况。如图 9.27 所示。

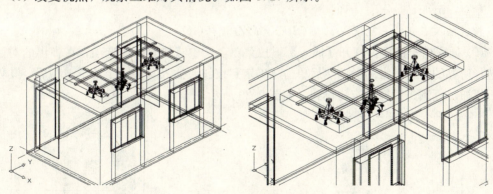

图 9.27 观察灯具效果

命令：VP

命令：ZOOM

指定窗口的角点，输入比例因子(nX 或 nXP)，或者

[全部(A)/中心(C)/动态(D)/范围(E)/上一个(P)/比例(S)/窗口(W)/对象(O)]

<实时>：
指定对角点：

（6）恢复 UCS 为地面的 WCS，插入会议桌造型。打开【插入】下拉菜单，选中【块】命令选项，在弹出的对话框中选择所要的会议桌三维图形，然后单击【确定】按钮。如图 9.28 所示。

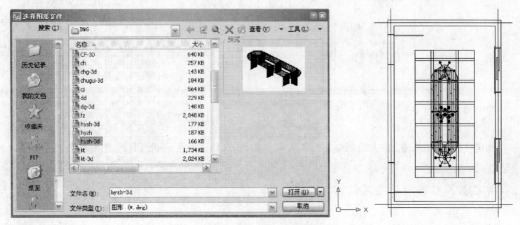

图 9.28 插入会议桌

命令：ucs

当前 UCS 名称：*没有名称*

指定 UCS 的原点或 [面(F)/命名(NA)/对象(OB)/上一个(P)/视图(V)/世界(W)/X/Y/Z/Z 轴(ZA)] <世界>：W

命令：plan

输入选项 [当前 UCS(C)/UCS(U)/世界(W)] <当前 UCS>：

正在重生成模型。

命令：insert

指定插入点或 [基点(B)/比例(S)/X/Y/Z/旋转(R)]：

（7）插入椅子造型。打开【插入】下拉菜单，选中【块】命令选项，在弹出的对话框中选择所要的椅子三维图形，然后单击【确定】按钮。插入其中一个椅子造型后，其他椅子可以通过复制、镜像和旋转得到。如图 9.29 所示。

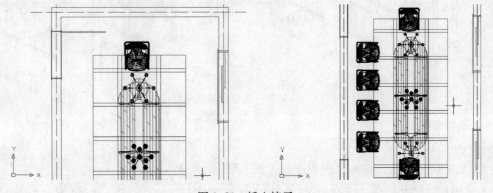

图 9.29 插入椅子

命令：insert
指定插入点或［基点(B)/比例(S)/X/Y/Z/旋转(R)］：

(8) 继续进行椅子布置，直至完成所有的椅子。如图9.30所示。

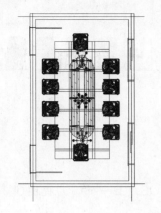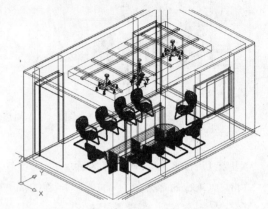

图9.30 布置完成椅子

命令：insert
指定插入点或［基点(B)/比例(S)/X/Y/Z/旋转(R)］：
命令：COPY
选择对象：找到1个
选择对象：找到1个，总计2个
……
选择对象：(回车)
当前设置：复制模式＝多个
指定基点或［位移(D)/模式(O)］＜位移＞：
指定第二个点或＜使用第一个点作为位移＞：
指定第二个点或［退出(E)/放弃(U)］＜退出＞：(回车)
命令：ROTATE3D（三维旋转）
UCS当前的正角方向：ANGDIR＝逆时针　ANGBASE＝0
选择对象：找到1个(选择三维图形对象)
选择对象：找到1个，总计2个
……
选择对象：(回车)
指定基点：
拾取旋转轴：
指定角的起点或键入角度：
指定角的端点：
正在重生成模型。

(9) 旋转UCS坐标轴(X、Y轴)改变UCS，并置为当前UCS的平面视图。对会议桌、椅子等的位置进行调整，使其位于合适的位置。如图9.31所示。

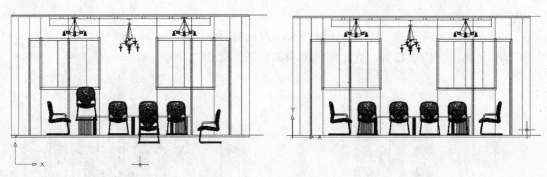

图9.31 调整会议桌等位置

命令：ucs

当前 UCS 名称：*没有名称*

指定 UCS 的原点或 [面(F)/命名(NA)/对象(OB)/上一个(P)/视图(V)/世界(W)/X/Y/Z/Z 轴(ZA)] <世界>：x

指定绕 X 轴的旋转角度<90>：90(回车)

命令：plan

输入选项 [当前 UCS(C)/UCS(U)/世界(W)] <当前 UCS>：

正在重生成模型。

命令：MOVE

选择对象：找到 1 个

选择对象：找到 1 个，总计 2 个

……

选择对象：(回车)

指定基点或 [位移(D)] <位移>：

指定第二个点或<使用第一个点作为位移>：

(10) 恢复 UCS 为 WCS，并置为当前 UCS 的平面视图。在会议室中插入人物三维造型。打开【插入】下拉菜单，选中【块】命令选项，在弹出的对话框中选择所需人物的三维图形，然后单击【确定】按钮。如图 9.32 所示。

图9.32 插入人物造型

命令：ucs
当前 UCS 名称：*没有名称*
指定 UCS 的原点或 [面(F)/命名(NA)/对象(OB)/上一个(P)/视图(V)/世界(W)/X/Y/Z/Z 轴(ZA)]＜世界＞：W
命令：plan
输入选项 [当前 UCS(C)/UCS(U)/世界(W)]＜当前 UCS＞：
正在重生成模型。
命令：insert
指定插入点或 [基点(B)/比例(S)/X/Y/Z/旋转(R)]：

(11) 继续进行三维人物造型布置。打开【插入】下拉菜单，选中【块】命令选项，在弹出的对话框中选择所需人物的三维图形，然后单击【确定】按钮。如图 9.33 所示。

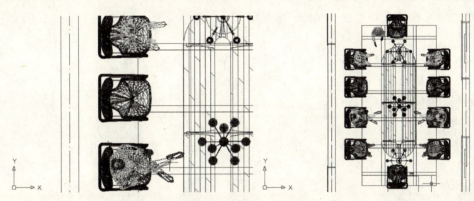

图 9.33　继续插入人物

命令：insert
指定插入点或 [基点(B)/比例(S)/X/Y/Z/旋转(R)]：
命令　MIRROR3D（三维镜像）
选择对象：找到 1 个（选择三维图形对象）
……
选择对象：（回车）
指定镜像平面(三点)的第一个点或
[对象(O)/最近的(L)/Z 轴(Z)/视图(V)/XY 平面(XY)/YZ 平面(YZ)/ZX 平面(ZX)/三点(3)]＜三点＞：XY（选择确定镜像空间平面的选项，此处以 XY 平面作为镜像空间平面）
指定 XY 平面上的点＜0，0，0＞：（指定镜像空间平面 ZX 基点）
是否删除源对象？[是(Y)/否(N)]＜否＞：N（输入 N 确定不删除原图形对象）

(12) 旋转 UCS 坐标轴（X、Y 轴）改变 UCS，并置为当前 UCS 的平面视图。对会议室的三维人物的位置进行调整，使其位于合适的位置。如图 9.34 所示。
命令：UCS
当前 UCS 名称：*没有名称*
指定 UCS 的原点或 [面(F)/命名(NA)/对象(OB)/上一个(P)/视图(V)/世界(W)/

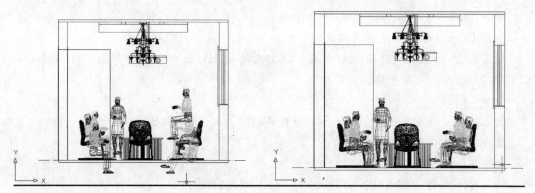

图 9.34 调整人物位置

X/Y/Z/Z 轴(ZA)]＜世界＞：X

　　指定绕 X 轴的旋转角度＜90＞：90(回车)

　　命令：plan

　　输入选项 [当前 UCS(C)/UCS(U)/世界(W)]＜当前 UCS＞：

正在重生成模型。

　　命令：MOVE

　　选择对象：找到 1 个

　　选择对象：找到 1 个，总计 2 个

　　……

　　选择对象：(回车)

　　指定基点或 [位移(D)]＜位移＞：

　　指定第二个点或＜使用第一个点作为位移＞：

(13) 旋转 UCS 坐标轴(与前一步的坐标轴不同的轴)改变 UCS，并置为当前 UCS 的平面视图。从另外一个侧面观察人物位置。若位置不对，也进行相应调整。然后，改变视点观察人物绘制的效果。如图 9.35 所示。

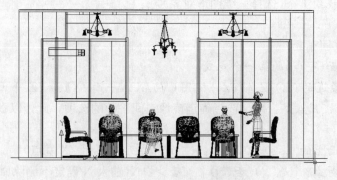

图 9.35 从另外一个方向调整人物

　　命令：ucs

　　当前 UCS 名称：*没有名称*

　　指定 UCS 的原点或 [面(F)/命名(NA)/对象(OB)/上一个(P)/视图(V)/世界(W)/X/Y/Z/Z 轴(ZA)]＜世界＞：Y

指定绕 Y 轴的旋转角度<90>：90(回车)

命令：plan

输入选项 [当前 UCS(C)/UCS(U)/世界(W)] <当前 UCS>：

正在重生成模型。

命令：MOVE

选择对象：找到 1 个

选择对象：找到 1 个，总计 2 个

……

选择对象：(回车)

指定基点或 [位移(D)] <位移>：

指定第二个点或<使用第一个点作为位移>：

(14) 恢复 UCS 为 WCS，并置为当前 UCS 的平面视图。插入花草三维造型。打开【插入】下拉菜单，选中【块】命令选项，在弹出的对话框中选择所需花草的三维图形，然后单击【确定】按钮。如图 9.36 所示。

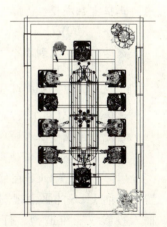

图 9.36　插入花草造型

命令：UCS

当前 UCS 名称：*没有名称*

指定 UCS 的原点或 [面(F)/命名(NA)/对象(OB)/上一个(P)/视图(V)/世界(W)/X/Y/Z/Z 轴(ZA)] <世界>：W

命令：PLAN

输入选项 [当前 UCS(C)/UCS(U)/世界(W)] <当前 UCS>：

正在重生成模型。

命令：INSERT

指定插入点或 [基点(B)/比例(S)/X/Y/Z/旋转(R)]：

(15) 对会议室的花草三维造型的位置进行调整，使其位于合适的位置。调整方法是先转 UCS 坐标轴(X、Y 轴)改变 UCS，并置为当前 UCS 的平面视图，然后使用移动等相关功能命令进行调整。如图 9.37 所示。

命令：UCS

图 9.37　调整花草造型位置

当前 UCS 名称：＊没有名称＊

指定 UCS 的原点或 [面(F)/命名(NA)/对象(OB)/上一个(P)/视图(V)/世界(W)/X/Y/Z/Z 轴(ZA)]＜世界＞：Y

指定绕 Y 轴的旋转角度＜90＞：90(回车)

命令：PLAN

输入选项 [当前 UCS(C)/UCS(U)/世界(W)]＜当前 UCS＞：

正在重生成模型。

命令：MOVE

选择对象：找到 1 个

选择对象：找到 1 个，总计 2 个

……

选择对象：(回车)

指定基点或 [位移(D)]＜位移＞：

指定第二个点或＜使用第一个点作为位移＞：

(16) 先设置 UCS 在顶棚实体的表面，并置为当前 UCS 的平面视图。然后在会议室中插入投影仪三维造型。打开【插入】下拉菜单，选中【块】命令选项，在弹出的对话框中选择所需投影仪的三维图形，然后单击【确定】按钮。如图 9.38 所示。

命令：PLAN

输入选项 [当前 UCS(C)/UCS(U)/世界(W)]＜当前 UCS＞：

正在重生成模型。

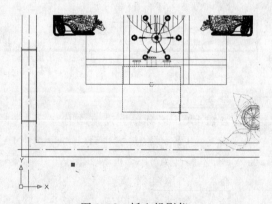

图 9.38　插入投影仪

命令：UCS

当前 UCS 名称：＊没有名称＊

指定 UCS 的原点或 [面(F)/命名(NA)/对象(OB)/上一个(P)/视图(V)/世界(W)/X/Y/Z/Z 轴(ZA)]＜世界＞：m

指定新原点或 [Z 向深度(Z)]＜0, 0, 0＞：

命令：insert

指定插入点或 [基点(B)/比例(S)/X/Y/Z/旋转(R)]：

(17) 旋转 UCS 的坐标轴并设置为当前 UCS 的平面视图，调整投影仪的位置。如图 9.39 所示。

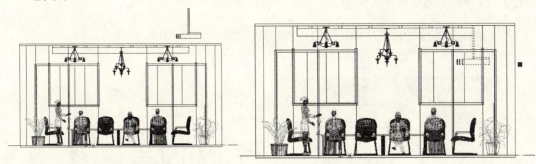

图 9.39　调整投影仪位置

命令：ucs

当前 UCS 名称：＊没有名称＊

指定 UCS 的原点或 ［面(F)/命名(NA)/对象(OB)/上一个(P)/视图(V)/世界(W)/X/Y/Z/Z 轴(ZA)］＜世界＞：x

指定绕 X 轴的旋转角度＜90＞：90(回车)

命令：plan

输入选项 ［当前 UCS(C)/UCS(U)/世界(W)］＜当前 UCS＞：

正在重生成模型。

命令：MOVE

选择对象：找到 1 个

选择对象：找到 1 个，总计 2 个

选择对象：(回车)

指定基点或 ［位移(D)］＜位移＞：

指定第二个点或＜使用第一个点作为位移＞：

(18) 会议室的其他家具可根据各自设计的平面方案进行布置。完成会议室室内三维家具及其花草人物等设施的绘制，改变视点观察会议室的整体效果并保存图形。如图 9.40 所示。

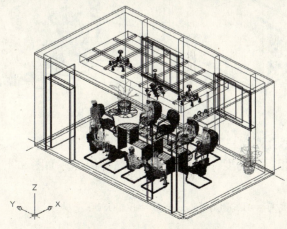

图 9.40　完成会议室家具绘制

命令：VP

9.1.4 会议室三维室内图形观察

(1) 使用三维预置视点功能观察会议室室内三维图形。如图 9.41 所示。

命令：VP

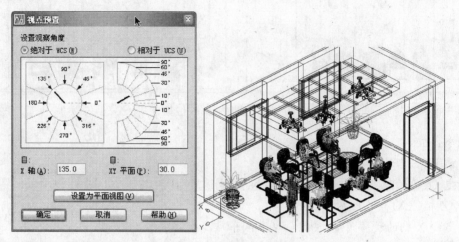

图 9.41 预置视点观察

(2) 需注意的是，使用预置视点方法观察图形，要看到室内的情况不能消隐，若进行消隐则室内情况大部分被外墙体遮挡。要消隐又能看到室内三维效果，则需关闭部分遮挡的墙体。如图 9.42 所示。

命令：VP
命令：HIDE

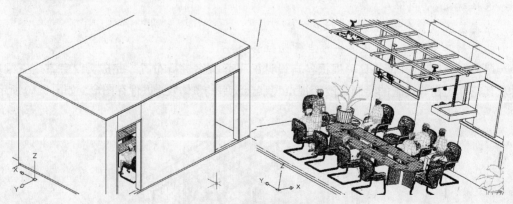

图 9.42 消隐观察室内效果

(3) 使用相机观察会议室三维视图。打开【视图】下拉菜单，选择【创建相机】命令选项。在图形中指定相机的高度、角度及投影方向等位置。如图 9.43 所示。

命令：camera
当前相机设置：高度＝0.0000 镜头长度＝50.0000 毫米
指定相机位置：

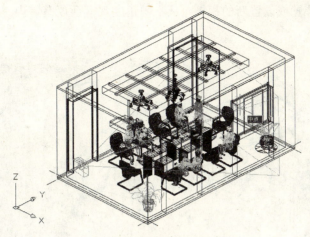

图 9.43 创建相机观察

指定目标位置:

输入选项 [?/名称(N)/位置(LO)/高度(H)/目标(T)/镜头(LE)/剪裁(C)/视图(V)/退出(X)]<退出>：v(输入 V 切换到相机视图)

是否切换到相机视图？[是(Y)/否(N)]<否>：y(输入 Y 回车)

（4）设置好相机后，点击相机后单击右键，在弹出的快捷菜单中选中相机视图，也可以在创建相机操作命令选项中选择"视图 V"切换到相机视图，可以观察相机视图效果。如图 9.44 所示。

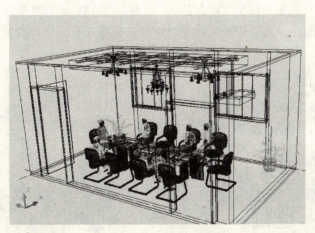

图 9.44 会议室相机视图

命令：camera

当前相机设置：高度＝0.0000 镜头长度＝50.0000 毫米

指定相机位置：

指定目标位置：

输入选项 [?/名称(N)/位置(LO)/高度(H)/目标(T)/镜头(LE)/剪裁(C)/视图(V)/退出(X)]<退出>：v(输入 V 切换到相机视图)

是否切换到相机视图？[是(Y)/否(N)]<否>：y(输入 Y 回车)

(5) 调整相机位置或设置新的相机,从不同角度观察会议室室内三维视图效果。如图 9.45 所示。

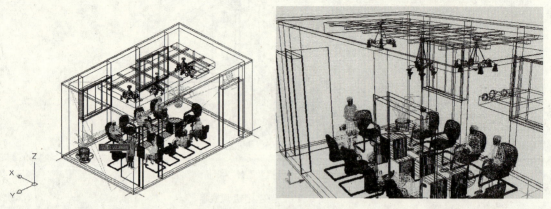

图 9.45 创建新相机视图

命令:camera

当前相机设置:高度=0.0000 镜头长度=50.0000 毫米

指定相机位置:

指定目标位置:

输入选项 [?/名称(N)/位置(LO)/高度(H)/目标(T)/镜头(LE)/剪裁(C)/视图(V)/退出(X)] <退出>:v(输入 V 切换到相机视图)

是否切换到相机视图?[是(Y)/否(N)] <否>:y(输入 Y 回车)

(6) 需要注意的是,要获得很好的会议室室内视图观察角度,需慢慢设置和调整相机位置与角度,需要一点耐心和技巧。如图 9.46 所示。

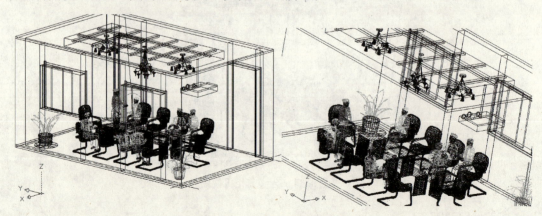

图 9.46 不同的室内相机视图

命令:camera

当前相机设置:高度=0.0000 镜头长度=50.0000 毫米

指定相机位置:

指定目标位置:

输入选项 [?/名称(N)/位置(LO)/高度(H)/目标(T)/镜头(LE)/剪裁(C)/视图(V)/

退出(X)]＜退出＞：v(输入 V 切换到相机视图)

是否切换到相机视图？[是(Y)/否(N)]＜否＞：y(输入 Y 回车)

（7）设置好相机后，单击相机屏幕将弹出相机预览视图。相机视图与一般视图切换方法是单击已有相机，再单击鼠标右键，在屏幕上弹出的快捷菜单中选择设定相机视图，即可切换到相机视图模式。如图 9.47 所示。

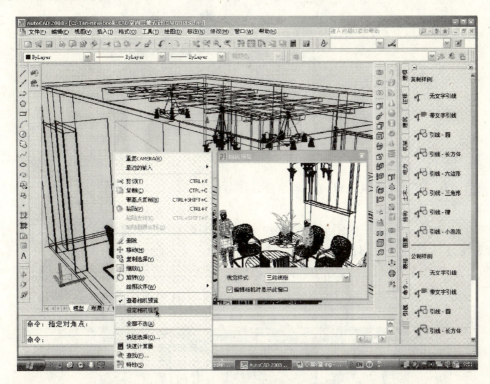

图 9.47 相机视图切换

（8）对会议室三维室内图形进行自由动态观察。打开【视图】下拉菜单，选择【动态观察】命令选项，再选中其中的一个命令选项，或在命令行直接键入 3DFORBIT，或打开【动态观察】工具栏点击相应的命令按钮。如图 9.48 所示。

命令：3DFOrbit

按 ESC 或 ENTER 键退出，或者单击鼠标右键显示快捷菜单。

正在重生成模型。

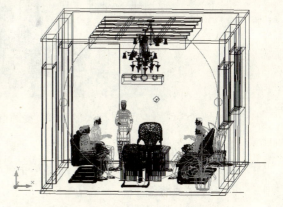

图 9.48 自由动态观察会议室

（9）对会议室三维室内图形进行连续动态观察。打开【视图】下拉菜单，选择【动态观察】命令选项，再选中其中的一个命令选项，或在命令行直接键入 3DCORBIT，或打开【动态观察】工具栏点击相应的命令按钮。如图 9.49 所示。

图 9.49　连续动态观察会议室

命令：3DCOrbit
按 ESC 或 ENTER 键退出，或者单击鼠标右键显示快捷菜单。
正在重生成模型。

(10) 对会议室三维室内图形进行受约束地动态观察。打开【视图】下拉菜单，选择【动态观察】命令选项，再选中其中的一个命令选项，或在命令行直接键入 3DORBIT，或打开【动态观察】工具栏点击相应的命令按钮。如图 9.50 所示。

图 9.50　受约束动态观察会议室

命令：3DOrbit
按 ESC 或 ENTER 键退出，或者单击鼠标右键显示快捷菜单。
正在重生成模型。

(11) 选定观察角度后，可以使用视觉样式功能，得到会议室三维室内视图的简单美化效果(注：部分墙体和门窗所在图层暂时关闭)。如图 9.51 所示。

命令：vscurrent
输入选项 [二维线框(2)/三维线框(3)/三维隐藏(H)/真实(R)/概念(C)/其他(O)]
＜二维线框＞：H(输入 H 观察三维隐藏视觉样式效果)

图9.51 视觉样式视图

命令：vscurrent

输入选项[二维线框(2)/三维线框(3)/三维隐藏(H)/真实(R)/概念(C)/其他(O)]<二维线框>：C(输入C观察概念视觉样式效果)

(12) 改变观察角度和相机视图，可获得不同效果的会议室三维室内视觉样式简单美化图(注：部分墙体和门窗所在图层暂时关闭)。如图9.52所示。

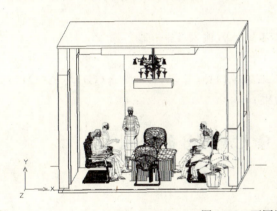 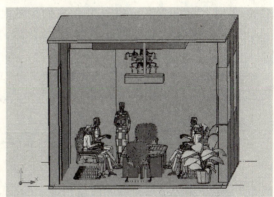

图9.52 不同视觉样式美化效果

命令：camera

当前相机设置：高度=0.0000 镜头长度=50.0000 毫米

指定相机位置：

指定目标位置：

输入选项[?/名称(N)/位置(LO)/高度(H)/目标(T)/镜头(LE)/剪裁(C)/视图(V)/退出(X)]<退出>：v(输入V切换到相机视图)

是否切换到相机视图？[是(Y)/否(N)]<否>：y(输入Y回车)

命令：vscurrent

输入选项[二维线框(2)/三维线框(3)/三维隐藏(H)/真实(R)/概念(C)/其他(O)]<二维线框>：C(输入C观察概念视觉样式效果)

(13) 选定最佳观察视图输出会议室三维室内效果(注：部分墙体和门窗所在图层暂时关闭)。如图9.53所示。

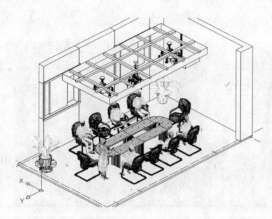 

图 9.53 输出会议室室内三维图形

命令：camera

当前相机设置：高度＝0.0000 镜头长度＝50.0000 毫米

指定相机位置：

指定目标位置：

输入选项 [?/名称(N)/位置(LO)/高度(H)/目标(T)/镜头(LE)/剪裁(C)/视图(V)/退出(X)] ＜退出＞：v(输入 V 切换到相机视图)

是否切换到相机视图？[是(Y)/否(N)] ＜否＞：y(输入 Y 回车)

命令：vscurrent

输入选项 [二维线框(2)/三维线框(3)/三维隐藏(H)/真实(R)/概念(C)/其他(O)] ＜二维线框＞：C(输入 C 观察概念视觉样式效果)

9.2 经理办公室三维 CAD 图形绘制

9.2.1 经理办公室三维墙体造型创建

(1) 按房间大小，绘制经理办公室平面控制轴线。如图 9.54 所示。

命令：LINE

指定第一点：

指定下一点或 [放弃(U)]：

指定下一点或 [放弃(U)]：

命令：OFFSET

当前设置：删除源＝否　图层＝源　OFFSETGAPTYPE＝0

指定偏移距离或 [通过(T)/删除(E)/图层(L)] ＜通过＞：3000

指定要偏移的那一侧上的点，或 [退出(E)/多个(M)/放弃(U)] ＜退出＞：

选择要偏移的对象，或 [退出(E)/放弃(U)] ＜退

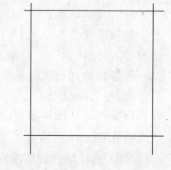

图 9.54 绘制经理房间轴线

出＞：(回车)

(2) 改变经理房间轴线线型。方法是单击【特性】工具栏上的线型下拉按钮加载点画线，可以改变轴线的线型。改变其中一根线条后，其他的通过格式刷实现线型改变。然后，标注轴线尺寸。如图 9.55 所示。

图 9.55　改变房间线型

命令：matchprop

选择源对象：

当前活动设置：颜色 图层 线型 线型比例 线宽 厚度 打印样式 标注 文字 填充图案 多段线 视口 表格材质 阴影显示 多重引线

选择目标对象或 [设置(S)]：

……

选择目标对象或 [设置(S)]：

选择目标对象或 [设置(S)]：(回车)

命令：dimlinear

指定第一条尺寸界线原点或 ＜选择对象＞：

指定第二条尺寸界线原点：

指定尺寸线位置或

[多行文字(M)/文字(T)/角度(A)/水平(H)/垂直(V)/旋转(R)]：

标注文字＝3000.0000

(3) 使用多线功能命令按经理房间墙体厚度绘制其轮廓，并定位门窗位置。如图 9.56 所示。

命令：MLINE

当前设置：对正＝上，比例＝1.00，样式＝STANDARD

指定起点或 [对正(J)/比例(S)/样式(ST)]：s

输入多线比例＜1.00＞：240

当前设置：对正＝上，比例＝240.00，样式＝STANDARD

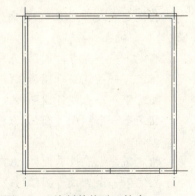

图 9.56　绘制其他平面轮廓

指定起点或 [对正(J)/比例(S)/样式(ST)]: j

输入对正类型 [上(T)/无(Z)/下(B)] <上>: z

当前设置: 对正=无, 比例=240.00, 样式=STANDARD

指定起点或 [对正(J)/比例(S)/样式(ST)]:

指定下一点:

指定下一点或 [放弃(U)]:

指定下一点或 [闭合(C)/放弃(U)]:

指定下一点或 [闭合(C)/放弃(U)]: (回车)

命令: PLINE

指定起点:

当前线宽为 0.0000

指定下一个点或 [圆弧(A)/半宽(H)/长度(L)/放弃(U)/宽度(W)]:

指定下一点或 [圆弧(A)/闭合(C)/半宽(H)/长度(L)/放弃(U)/宽度(W)]: (回车)

命令: OFFSET

当前设置: 删除源=否 图层=源 OFFSETGAPTYPE=0

指定偏移距离或 [通过(T)/删除(E)/图层(L)] <通过>: 900

指定要偏移的那一侧上的点, 或 [退出(E)/多个(M)/放弃(U)] <退出>:

选择要偏移的对象, 或 [退出(E)/放弃(U)] <退出>: (回车)

(4) 使用多段体功能绘制经理房间的三维墙体。如图 9.57 所示。

命令: Polysolid

高度=3000.0000, 宽度=240.0000, 对正=居中

指定起点或 [对象(O)/高度(H)/宽度(W)/对正(J)] <对象>: w

指定宽度 <200.0000>: 240

高度=3000.0000, 宽度=240.0000, 对正=居中

指定起点或 [对象(O)/高度(H)/宽度(W)/对正(J)] <对象>: h

指定高度 <3000.0000>: 3000

高度=3000.0000, 宽度=240.0000, 对正=居中

指定起点或 [对象(O)/高度(H)/宽度(W)/对正(J)] <对象>:

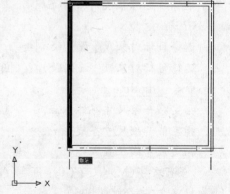

图 9.57 绘制经理房间三维墙体

指定下一个点或 [圆弧(A)/放弃(U)]:

指定下一个点或 [圆弧(A)/放弃(U)]:

指定下一个点或 [圆弧(A)/闭合(C)/放弃(U)]:

指定下一个点或 [圆弧(A)/闭合(C)/放弃(U)]:

……

指定下一个点或 [圆弧(A)/闭合(C)/放弃(U)]:

指定下一个点或 [圆弧(A)/闭合(C)/放弃(U)]: (回车)

(5) 经理办公室的三维墙体绘制情况, 可以通过改变三维视点进行观察。如图 9.58 所示。

命令：VP

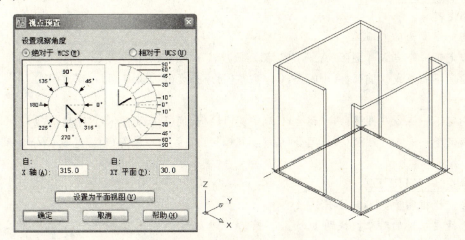

图 9.58 观察经理室三维墙体

(6) 设置 UCS 在经理室三维墙体顶部，按门窗洞口宽度绘制洞口处的三维墙体造型。如图 9.59 所示。

命令：UCS

当前 UCS 名称：＊没有名称＊

指定 UCS 的原点或 [面(F)/命名(NA)/对象(OB)/上一个(P)/视图(V)/世界(W)/X/Y/Z/Z 轴(ZA)]＜世界＞：m

指定新原点或 [Z 向深度(Z)]＜0，0，0＞：

命令：box

指定第一个角点或 [中心(C)]：

指定其他角点或 [立方体(C)/长度(L)]：

指定高度或 [两点(2P)]＜50.0000＞：−600

(7) 在经理室三维墙体的底面和顶面，分别绘制一个很薄的三维形体作为地面和顶棚结构造型。如图 9.60 所示。

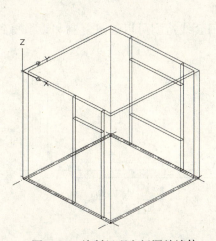

图 9.59 绘制经理室门洞处墙体

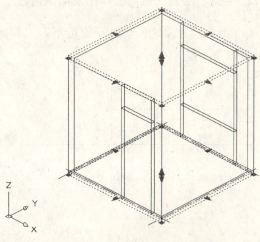

图 9.60 绘制经理室地面等造型

命令：PLINE
指定起点：
当前线宽为 0.0000
指定下一个点或 [圆弧(A)/半宽(H)/长度(L)/放弃(U)/宽度(W)]：
指定下一点或 [圆弧(A)/闭合(C)/半宽(H)/长度(L)/放弃(U)/宽度(W)]：
……
指定下一点或 [圆弧(A)/闭合(C)/半宽(H)/长度(L)/放弃(U)/宽度(W)]：
指定下一点或 [圆弧(A)/闭合(C)/半宽(H)/长度(L)/放弃(U)/宽度(W)]：C(输入C回车)

命令：EXTRUDE
当前线框密度：ISOLINES=4
选择要拉伸的对象：找到 1 个
选择要拉伸的对象：找到 1 个，总计 2 个
……
选择要拉伸的对象：(回车)
指定拉伸的高度或 [方向(D)/路径(P)/倾斜角(T)]：100

(8) 完成经理室的三维墙体造型绘制，及时保存图形。如图 9.61 所示。

命令：ZOOM
指定窗口的角点，输入比例因子（nX 或 nXP），或者
[全部(A)/中心(C)/动态(D)/范围(E)/上一个(P)/比例(S)/窗口(W)/对象(O)]<实时>：E

命令：VP

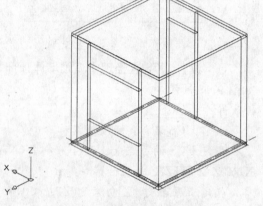

图 9.61 完成经理室三维墙体

9.2.2 经理办公室三维门窗和吊顶造型创建

(1) 绘制经理室的门套线平面造型，对相同的门套线造型可以通过复制和镜像得到。如图 9.62 所示。

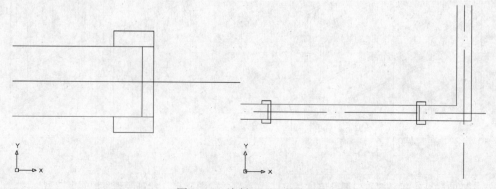

图 9.62 绘制经理室门套线

命令：PLINE
指定起点：
当前线宽为 0.0000
指定下一个点或 [圆弧(A)/半宽(H)/长度(L)/放弃(U)/宽度(W)]：
指定下一点或 [圆弧(A)/闭合(C)/半宽(H)/长度(L)/放弃(U)/宽度(W)]：
……
指定下一点或 [圆弧(A)/闭合(C)/半宽(H)/长度(L)/放弃(U)/宽度(W)]：C(输入C回车)
命令：COPY
选择对象：找到 1 个
……
选择对象：
当前设置：复制模式＝多个
指定基点或 [位移(D)/模式(O)] <位移>：
指定第二个点或<使用第一个点作为位移>：
指定第二个点或 [退出(E)/放弃(U)] <退出>：(回车)
(2) 按门洞宽度大小，绘制经理室门扇平面造型。如图 9.63 所示。
命令：RECTANG
指定第一个角点或 [倒角(C)/标高(E)/圆角(F)/厚度(T)/宽度(W)]：
指定另一个角点或 [面积(A)/尺寸(D)/旋转(R)]：
(3) 改变视点，拉伸经理室的门套线为三维造型。如图 9.64 所示。

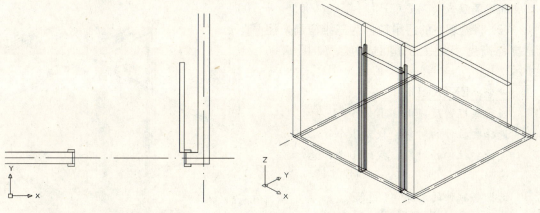

图 9.63　绘制经理室门扇平面　　　图 9.64　拉伸经理室门套线

命令 VP
命令：EXTRUDE
当前线框密度：ISOLINES＝4
选择要拉伸的对象：找到 1 个
选择要拉伸的对象：找到 1 个,总计 2 个
……

选择要拉伸的对象：（回车）

指定拉伸的高度或 [方向(D)/路径(P)/倾斜角(T)]：2500

（4）设置UCS在门套线上部，绘制门洞上部三维门套线造型。如图9.65所示。

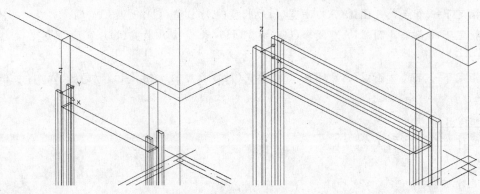

图9.65 绘制门洞上部三维门套线

命令：UCS

当前UCS名称：*没有名称*

指定UCS的原点或 [面(F)/命名(NA)/对象(OB)/上一个(P)/视图(V)/世界(W)/X/Y/Z/Z轴(ZA)] <世界>：m

指定新原点或 [Z向深度(Z)] <0, 0, 0>：（捕捉定位点确定UCS）

命令：box

指定第一个角点或 [中心(C)]：

指定其他角点或 [立方体(C)/长度(L)]：

指定高度或 [两点(2P)] <50.0000>：-100

（5）将经理室的门扇拉伸为三维门扇，注意拉伸高度不要大于门洞高度。如图9.66所示。

命令：EXTRUDE

当前线框密度：ISOLINES=4

选择要拉伸的对象：找到1个

选择要拉伸的对象：找到1个,总计2个

……

选择要拉伸的对象：（回车）

指定拉伸的高度或 [方向(D)/路径(P)/倾斜角(T)]：2400

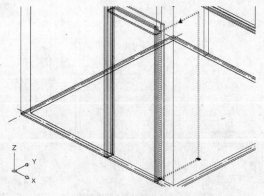

图9.66 拉伸门扇造型

（6）经理室窗套线的三维造型，按门套线绘制的类似方法得到。如图9.67所示。

命令：UCS

当前UCS名称：*没有名称*

指定UCS的原点或 [面(F)/命名(NA)/对象(OB)/上一个(P)/视图(V)/世界(W)/X/Y/Z/Z轴(ZA)] <世界>：m

指定新原点或 [Z 向深度(Z)] <0，0，0>：(捕捉定位点确定 UCS)

命令：box

指定第一个角点或 [中心(C)]：

指定其他角点或 [立方体(C)/长度(L)]：

指定高度或 [两点(2P)] <50.0000>：1500

(7) 设置 UCS 在经理室窗台的表面位置。如图 9.68 所示。

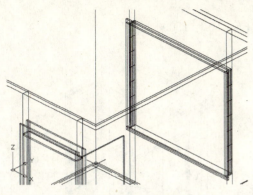

图 9.67 创建三维窗套线

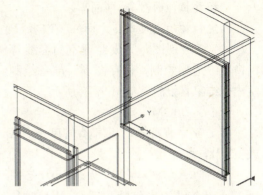

图 9.68 设置 UCS 在窗台上部

命令：UCS

当前 UCS 名称：*没有名称*

指定 UCS 的原点或 [面(F)/命名(NA)/对象(OB)/上一个(P)/视图(V)/世界(W)/X/Y/Z/Z 轴(ZA)] <世界>：m

指定新原点或 [Z 向深度(Z)] <0，0，0>：(捕捉定位点确定 UCS)

(8) 置为当前 UCS 的平面视图，绘制三维窗扇造型。改变视点可以三维观察窗扇情况。如图 9.69 所示。

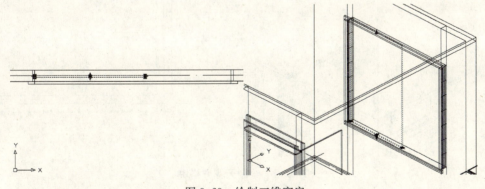

图 9.69 绘制三维窗扇

命令：PLAN

输入选项 [当前 UCS(C)/UCS(U)/世界(W)] <当前 UCS>：

正在重生成模型。

命令：RECTANG

指定第一个角点或 [倒角(C)/标高(E)/圆角(F)/厚度(T)/宽度(W)]：

指定另一个角点或[面积(A)/尺寸(D)/旋转(R)]：

命令：EXTRUDE

当前线框密度：ISOLINES=4

选择要拉伸的对象：找到 1 个

选择要拉伸的对象：找到 1 个，总计 2 个

……

选择要拉伸的对象：(回车)

指定拉伸的高度或[方向(D)/路径(P)/倾斜角(T)]：1500

(9) 缩放视图，完成经理室门套线等门窗三维造型绘制。保存图形，准备绘制室内三维家具设施。如图 9.70 所示。

命令：ZOOM

指定窗口的角点，输入比例因子(nX 或 nXP)，或者

[全部(A)/中心(C)/动态(D)/范围(E)/上一个(P)/比例(S)/窗口(W)/对象(O)]＜实时＞：E

命令：SAVE

(10) 设置 UCS 在经理室顶棚结构面上，并置为当前 UCS 平面视图，绘制天花格造型轮廓(注：按房间宽度划分方格块大小)。如图 9.71 所示。

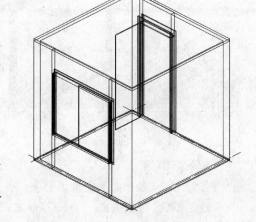

图 9.70 完成三维门窗造型

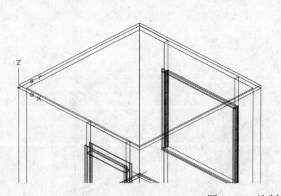

图 9.71 绘制天花方格块

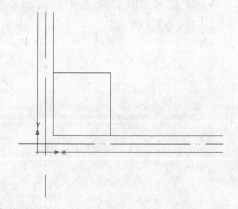

命令：UCS

当前 UCS 名称：*没有名称*

指定 UCS 的原点或[面(F)/命名(NA)/对象(OB)/上一个(P)/视图(V)/世界(W)/X/Y/Z/Z 轴(ZA)]＜世界＞：m

指定新原点或[Z 向深度(Z)]＜0，0，0＞：

命令：PLAN
输入选项 [当前 UCS(C)/UCS(U)/世界(W)] <当前 UCS>：
正在重生成模型。
命令：PLINE
指定起点：
当前线宽为 0.0000
指定下一个点或 [圆弧(A)/半宽(H)/长度(L)/放弃(U)/宽度(W)]：
指定下一点或 [圆弧(A)/闭合(C)/半宽(H)/长度(L)/放弃(U)/宽度(W)]：
……
指定下一点或 [圆弧(A)/闭合(C)/半宽(H)/长度(L)/放弃(U)/宽度(W)]：
指定下一点或 [圆弧(A)/闭合(C)/半宽(H)/长度(L)/放弃(U)/宽度(W)]：C(输入 C 回车)

(11) 复制天花方格造型。如图 9.72 所示。

命令：COPY
选择对象：找到 1 个
选择对象：(回车)
当前设置：复制模式＝多个
指定基点或 [位移(D)/模式(O)] <位移>：
指定第二个点或 <使用第一个点作为位移>：
指定第二个点或 [退出(E)/放弃(U)] <退出>：
……
指定第二个点或 [退出(E)/放弃(U)] <退出>：
指定第二个点或 [退出(E)/放弃(U)] <退出>：(回车)

(12) 改变为三维视点，将所有天花方格拉伸为很薄的实体形体。如图 9.73 所示。

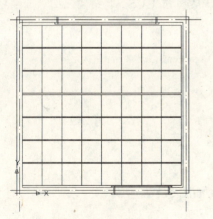

图 9.72 复制天花方格

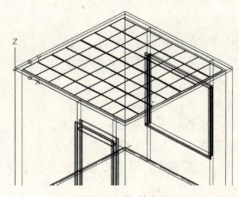

图 9.73 拉伸方格

命令：VP
命令：EXTRUDE
当前线框密度：ISOLINES＝4

选择要拉伸的对象：找到 1 个

选择要拉伸的对象：找到 1 个，总计 2 个

……

选择要拉伸的对象：(回车)

指定拉伸的高度或 [方向(D)/路径(P)/倾斜角(T)]：50

（13）旋转 UCS 的坐标轴(X、Y 轴)，改变 UCS 并置为新的 UCS 的平面视图。往地面方向移动天花方格一定距离，形成天花空间造型。如图 9.74 所示。

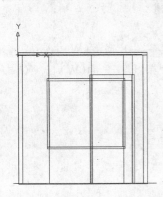 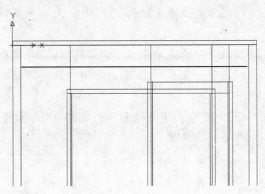

图 9.74　移动天花方格位置

命令：UCS

当前 UCS 名称：*没有名称*

指定 UCS 的原点或 [面(F)/命名(NA)/对象(OB)/上一个(P)/视图(V)/世界(W)/X/Y/Z/Z 轴(ZA)]＜世界＞：X

指定绕 X 轴的旋转角度＜90＞：90(回车)

命令：plan

输入选项 [当前 UCS(C)/UCS(U)/世界(W)]＜当前 UCS＞：

正在重生成模型。

命令：MOVE

选择对象：找到 1 个

选择对象：找到 1 个，总计 2 个

……

选择对象：(回车)

指定基点或 [位移(D)]＜位移＞：

指定第二个点或＜使用第一个点作为位移＞：

（14）改变视点，三维观察天花方格移动情况。如图 9.75 所示。

命令：VP

（15）完成经理室的墙体、吊顶等三维图形绘制，及时保存图形，如图 9.76 所示。

命令：SAVE

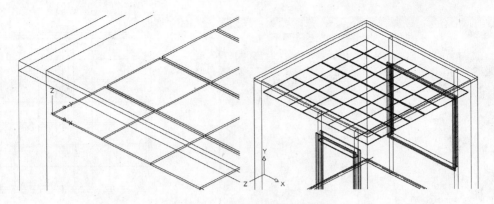

图 9.75 三维视点观察方格情况

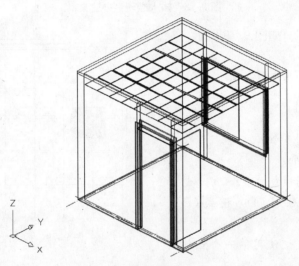

图 9.76 完成经理室墙体、吊顶等

9.2.3 经理办公室三维室内家具设施创建

(1) 经理室三维家具设施是根据经理室的平面布局方案进行绘制的。其平面布置方法在此从略。如图 9.77 所示。

(2) 在平面视图情况下,插入经理室的办公桌三维造型。打开【插入】下拉菜单,选中【块】命令选项,在弹出的对话框中选择所需的办公桌三维图形,然后单击【确定】按钮。如图 9.78 所示。

命令:insert

指定插入点或 [基点(B)/比例(S)/X/Y/Z/旋转(R)]:

(3) 再为经理室插入椅子三维造型。打开【插入】下拉菜单,选中【块】命令选项,在弹出的对话框中选择所要的椅子三维图形,然

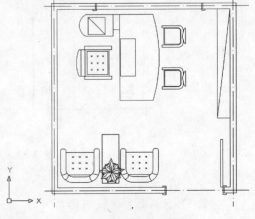

图 9.77 经理室平面方案

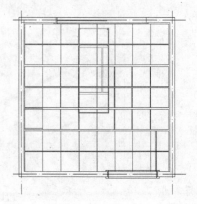

图 9.78 插入经理室办公桌

后单击【确定】按钮。如图 9.79 所示。

命令：insert
指定插入点或 [基点(B)/比例(S)/X/Y/Z/旋转(R)]：
命令：COPY
选择对象：找到 1 个
选择对象：(回车)
当前设置：复制模式＝多个
指定基点或 [位移(D)/模式(O)] <位移>：
指定第二个点或 <使用第一个点作为位移>：
指定第二个点或 [退出(E)/放弃(U)] <退出>：(回车)

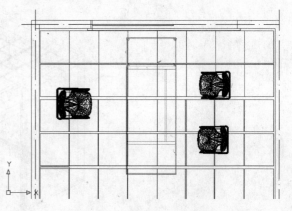

图 9.79 插入经理室椅子

（4）对经理室的办公桌、椅子等的位置进行观察和调整，使其位于合适的位置。具体调整方法是旋转 UCS 坐标轴(X、Y 轴)，改变 UCS，并置为当前 UCS 的平面视图。如图 9.80 所示。

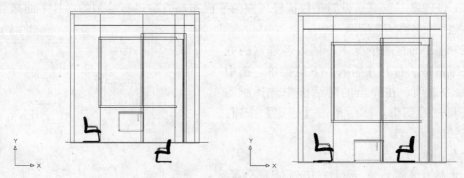

图 9.80 调整办公桌等位置

命令：UCS
当前 UCS 名称：＊没有名称＊
指定 UCS 的原点或 [面(F)/命名(NA)/对象(OB)/上一个(P)/视图(V)/世界(W)/

X/Y/Z/Z 轴(ZA)]＜世界＞：X

指定绕 X 轴的旋转角度＜90＞：90(回车)

命令：plan

输入选项 [当前 UCS(C)/UCS(U)/世界(W)]＜当前 UCS＞：

正在重生成模型。

命令：MOVE

选择对象：找到 1 个

选择对象：找到 1 个，总计 2 个

……

选择对象：(回车)

指定基点或 [位移(D)]＜位移＞：

指定第二个点或＜使用第一个点作为位移＞：

(5) 恢复为 WCS 坐标系，为办公桌插入电脑办公设施造型并旋转坐标轴，观察和调整其在办公桌的位置。如图 9.81 所示。

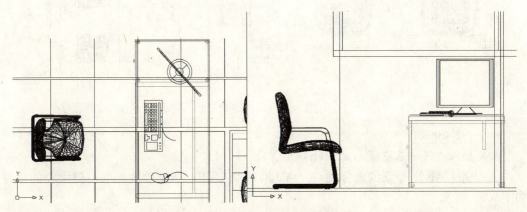

图 9.81 插入电脑造型并调整

命令：UCS

当前 UCS 名称：＊没有名称＊

指定 UCS 的原点或 [面(F)/命名(NA)/对象(OB)/上一个(P)/视图(V)/世界(W)/X/Y/Z/Z 轴(ZA)]＜世界＞：W

命令：plan

输入选项 [当前 UCS(C)/UCS(U)/世界(W)]＜当前 UCS＞：

正在重生成模型。

命令：INSERT

指定插入点或 [基点(B)/比例(S)/X/Y/Z/旋转(R)]：

命令：ucs

当前 UCS 名称：＊没有名称＊

指定 UCS 的原点或 [面(F)/命名(NA)/对象(OB)/上一个(P)/视图(V)/世界(W)/X/Y/Z/Z 轴(ZA)]＜世界＞：Y

指定绕Y轴的旋转角度<90>：90(回车)

命令：MOVE

选择对象：找到1个

选择对象：找到1个，总计2个

......

选择对象：(回车)

指定基点或 [位移(D)] <位移>：

指定第二个点或<使用第一个点作为位移>：

(6) 继续在经理室中插入其他家具，如沙发、书柜等家具造型。如图9.82所示。

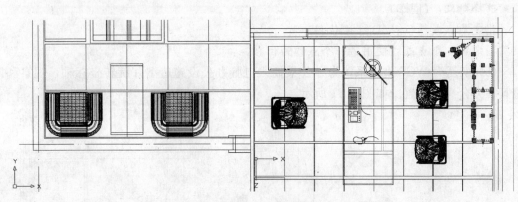

图9.82 插入沙发等

命令：INSERT

指定插入点或 [基点(B)/比例(S)/X/Y/Z/旋转(R)]：

(7) 通过旋转坐标系的坐标轴(X、Y轴)改变UCS，调整沙发、书柜等家具的位置。如图9.83所示。

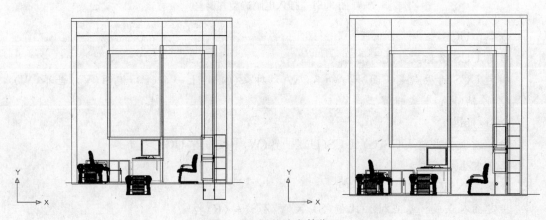

图9.83 调整沙发等位置

命令：ucs

当前UCS名称：*没有名称*

指定UCS的原点或 [面(F)/命名(NA)/对象(OB)/上一个(P)/视图(V)/世界(W)/

X/Y/Z/Z 轴(ZA)]＜世界＞：Y

指定绕 Y 轴的旋转角度＜90＞：90(回车)

命令：plan

输入选项 [当前 UCS(C)/UCS(U)/世界(W)]＜当前 UCS＞：

正在重生成模型。

命令：MOVE

选择对象：找到1个

选择对象：找到1个，总计2个

……

选择对象：(回车)

指定基点或 [位移(D)] ＜位移＞：

指定第二个点或＜使用第一个点作为位移＞：

(8) 再次将坐标系恢复为 WCS，并置为当前 UCS 的平面视图，插入人物和花草等造型。如图 9.84 所示。

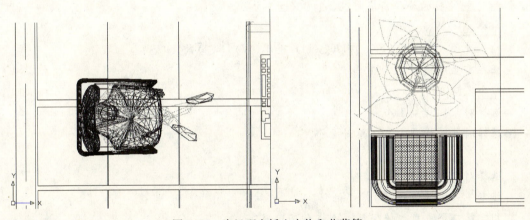

图 9.84 为经理室插入人物和花草等

命令：ucs

当前 UCS 名称：＊没有名称＊

指定 UCS 的原点或 [面(F)/命名(NA)/对象(OB)/上一个(P)/视图(V)/世界(W)/X/Y/Z/Z 轴(ZA)]＜世界＞：w

命令：plan

输入选项 [当前 UCS(C)/UCS(U)/世界(W)] ＜当前 UCS＞：

正在重生成模型。

命令：INSERT

指定插入点或 [基点(B)/比例(S)/X/Y/Z/旋转(R)]：

(9) 对经理室的人物和花草等的位置进行观察和调整，使其位于合适的位置。具体调整方法是旋转 UCS 坐标轴(X、Y 轴)，改变 UCS，并置为当前 UCS 的平面视图。如图 9.85 所示。

命令：UCS

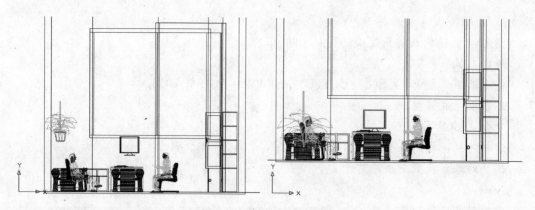

图 9.85 调整人物等位置

当前 UCS 名称：*没有名称*

指定 UCS 的原点或 [面(F)/命名(NA)/对象(OB)/上一个(P)/视图(V)/世界(W)/X/Y/Z/Z 轴(ZA)] <世界>：X

指定绕 X 轴的旋转角度<90>：90(回车)

命令：PLAN

输入选项 [当前 UCS(C)/UCS(U)/世界(W)] <当前 UCS>：

正在重生成模型。

命令：MOVE

选择对象：找到 1 个

选择对象：找到 1 个，总计 2 个

……

选择对象：(回车)

指定基点或 [位移(D)] <位移>：

指定第二个点或<使用第一个点作为位移>：

(10) 设置 UCS 在天花方格表面，并置为当前 UCS 的平面视图。插入格栅灯造型，同时删除格栅灯处的天花方格。插入具体方法是打开【插入】下拉菜单，选择【块】命令选项，在弹出的对话框中选择所需的格栅灯三维图形，然后单击【确定】按钮。如图 9.86 所示。

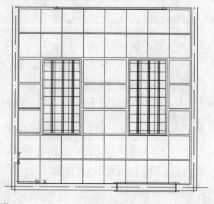

图 9.86 插入格栅灯造型

命令：UCS

当前 UCS 名称：*没有名称*

指定 UCS 的原点或 [面(F)/命名(NA)/对象(OB)/上一个(P)/视图(V)/世界(W)/X/Y/Z/Z 轴(ZA)] <世界>：m

指定新原点或 [Z 向深度(Z)] <0，0，0>：

命令：PLAN

输入选项 [当前 UCS(C)/UCS(U)/世界(W)] <当前 UCS>：

正在重生成模型。

命令：insert

指定插入点或 [基点(B)/比例(S)/X/Y/Z/旋转(R)]：

(11) 旋转坐标轴改变视图方向，对格栅灯位置进行调整。然后恢复坐标系为 WCS，改变为三维视点观察格栅灯情况。如图 9.87 所示。

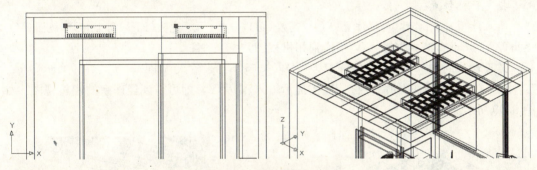

图 9.87 调整格栅灯位置

命令：UCS

当前 UCS 名称：*没有名称*

指定 UCS 的原点或 [面(F)/命名(NA)/对象(OB)/上一个(P)/视图(V)/世界(W)/X/Y/Z/Z 轴(ZA)] <世界>：x

指定绕 X 轴的旋转角度 <90>：90(回车)

命令：PLAN

输入选项 [当前 UCS(C)/UCS(U)/世界(W)] <当前 UCS>：

正在重生成模型。

命令：MOVE

选择对象：找到 1 个

选择对象：找到 1 个，总计 2 个

选择对象：(回车)

指定基点或 [位移(D)] <位移>：

指定第二个点或 <使用第一个点作为位移>：

(12) 完成经理室的室内三维家具绘制，缩放视图并保存图形。如图 9.88 所示。

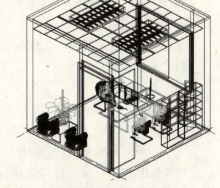

图 9.88 完成经理室室内家具

命令：ZOOM

指定窗口的角点，输入比例因子（nX 或 nXP），或者

[全部(A)/中心(C)/动态(D)/范围(E)/上一个(P)/比例(S)/窗口(W)/对象(O)]<实时>：E

9.2.4 经理办公室三维图形观察

(1) 在 AutoCAD 最新版本中，相机视图是观察三维图形的有效方法之一。使用相机功能命令进行经理室三维视图观察，具体方法是打开【视图】下拉菜单，选中【创建相机】命令选项，然后在图形中指定相机位置及投射方向等。如图 9.89 所示。

命令：camera

当前相机设置：高度＝0.0000 镜头长度＝50.0000 毫米

指定相机位置：

指定目标位置：

输入选项 [?/名称(N)/位置(LO)/高度(H)/目标(T)/镜头(LE)/剪裁(C)/视图(V)/退出(X)]<退出>：v(输入 V 切换到相机视图)

是否切换到相机视图？[是(Y)/否(N)]<否>：y(输入 Y 回车)

(2) 在创建相机时的命令行依次按提示输入 V 及 Y，即可得到经理室的相机视图。如图 9.90 所示。

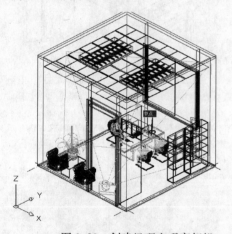

图 9.89 创建经理室观察相机

图 9.90 经理室相机视图

命令：camera

当前相机设置：高度＝0.0000 镜头长度＝50.0000 毫米

指定相机位置：

指定目标位置：

输入选项 [?/名称(N)/位置(LO)/高度(H)/目标(T)/镜头(LE)/剪裁(C)/视图(V)/退出(X)]<退出>：v(输入 V 切换到相机视图)

是否切换到相机视图？[是(Y)/否(N)]<否>：y(输入 Y 回车)

(3) 单击已有相机，再单击鼠标右键，在屏幕上弹出的快捷菜单中选择设定相机视图，即可切换到相机视图模式。单击相机同时屏幕弹出相机视图预览。改变相机位置，得

到新的经理室相机视图。如图 9.91 所示。

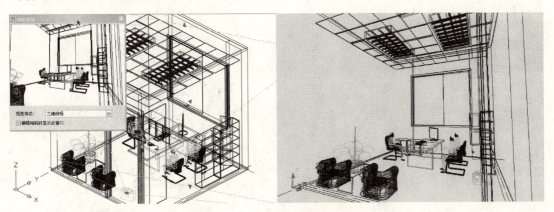

图 9.91　不同位置的相机视图

（4）自由动态观察经理室三维室内图形。具体操作是打开【视图】下拉菜单，选择【动态观察】命令选项，再选中其中的一个命令选项，或在命令行直接键入 3DFORBIT，或打开【动态观察】工具栏点击相应的命令按钮。如图 9.92 所示。

命令：3DFOrbit
按 ESC 或 ENTER 键退出，或者单击鼠标右键显示快捷菜单。
正在重生成模型。

（5）受约束地动态观察经理室三维室内图形。具体操作是打开【视图】下拉菜单，选择【动态观察】命令选项，再选中其中的一个命令选项，或在命令行直接键入 3DORBIT，或打开【动态观察】工具栏点击相应的命令按钮。如图 9.93 所示。

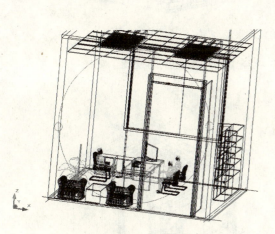

图 9.92　自由动态观察

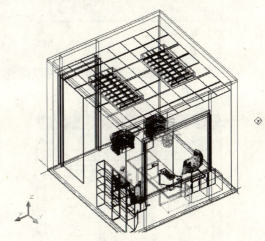

图 9.93　受约束动态观察

命令：3DOrbit
按 ESC 或 ENTER 键退出，或者单击鼠标右键显示快捷菜单。
正在重生成模型。

（6）连续动态观察经理室三维室内图形。具体操作是打开【视图】下拉菜单，选择【动态观察】命令选项，再选中其中的一个命令选项，或在命令行直接键入 3DCORBIT，或打开【动态观察】工具栏点击相应的命令按钮。如图9.94所示。

命令：3DCOrbit

按ESC或ENTER键退出，或者单击鼠标右键显示快捷菜单。

正在重生成模型。

(7) 三维观察经理室另外的方法之一是使用视点预置VP功能命令，可以从不同角度进行不消隐观察三维图形，但看到的图形线条较多。如图9.95所示。

命令：VP

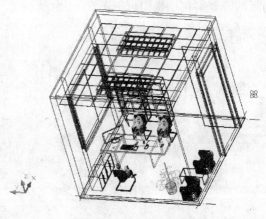

图9.94 连续动态观察

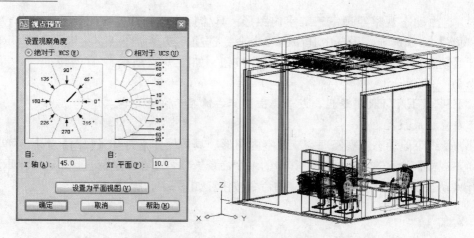

图9.95 视点预置观察经理室

(8) 改变三维视点位置和角度，可以得到经理室不同观察视点的视图。如图9.96所示。

命令：VP

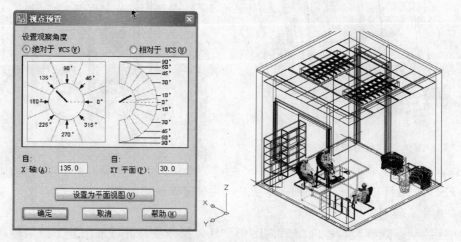

图9.96 改变视点位置观察

(9) 通过视觉样式功能命令，得到所选定相机观察角度的经理室三维图形简单美化效果图。如图 9.97 所示。

图 9.97　经理室视觉样式效果图

命令：vscurrent

输入选项 [二维线框(2)/三维线框(3)/三维隐藏(H)/真实(R)/概念(C)/其他(O)]<二维线框>：H(输入 H 观察三维隐藏视觉样式效果)

命令：vscurrent

输入选项 [二维线框(2)/三维线框(3)/三维隐藏(H)/真实(R)/概念(C)/其他(O)]<二维线框>：C(输入 C 观察概念视觉样式效果)

(10) 最后选定经理室的三维室内视图效果，并输出经理室三维室内图形(注：部分墙体所在图层关闭)。同时，注意及时保存绘制成果。如图 9.98 所示。

图 9.98　输出经理室室内三维效果图

附录 三维CAD图形索引

说明：本附录所列三维CAD图形索引，是本书光盘所提供各章案例论述的或使用到的三维图形（概念视觉样式图），均是DWG格式的CAD图形，可以使用AutoCAD软件直接打开使用，也可以对其进行编辑和修改。各个图形文件参见本书所附光盘。

A. 家具三维CAD图形（讲解案例）

1. 办公桌

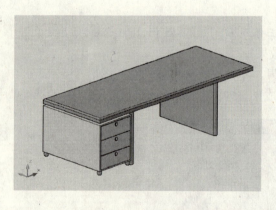

2. 椅子

3. 玻璃圆桌

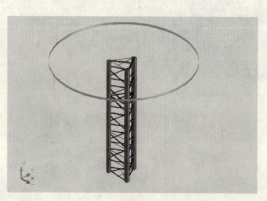

4. 小茶几

5. 吊灯

6. 落地灯

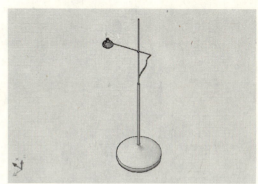

7. 餐具架

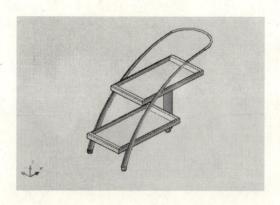

8. 餐具车

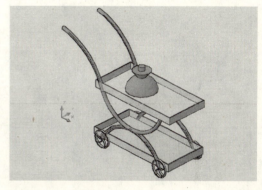

9. 茶壶

10. 热水瓶

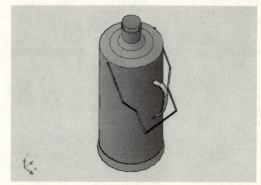

11. 装饰品

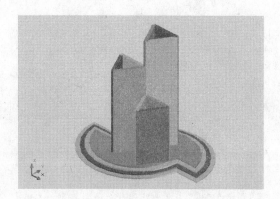

12. 文字

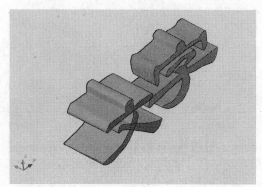

13. 沙发

14. 会议桌

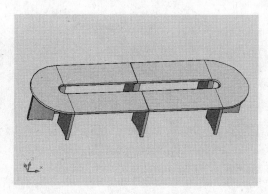

15. 双人床

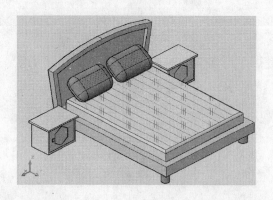

16. 衣柜

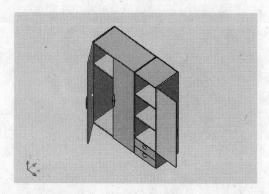

17. 书柜

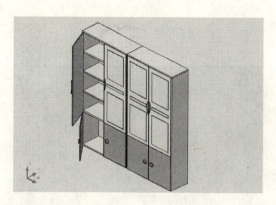

18. 洗衣机

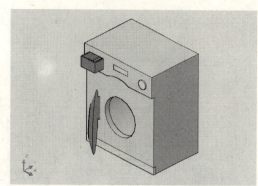

19. 洗菜盆

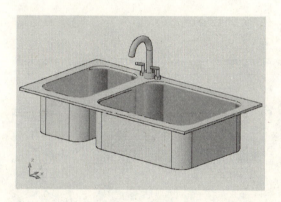

20. 洗脸盆

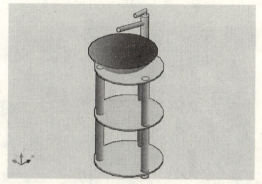

21. 坐便器

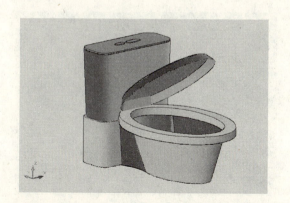

B. 常见室内空间三维 CAD 图形（讲解案例）

1. 客厅餐厅室内三维透视图

注：左图为 CAD 三维线框图形，右图为 CAD 三维概念视觉样式图，后同此。

2. 卧室三维透视图

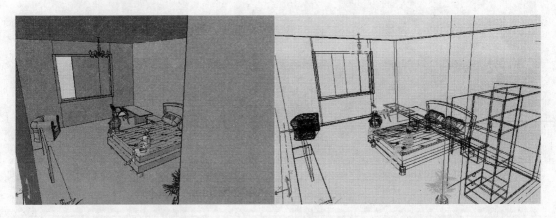

3. 书房室内三维透视图

4. 厨房三维透视图

5. 卫生间三维透视图

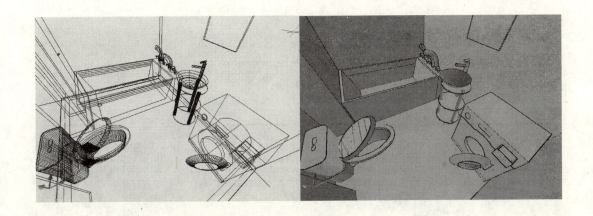

6. 会议室三维透视图

7. 经理办公室三维透视图

C. 常用三维 CAD 图形（图库）

1. 单人沙发

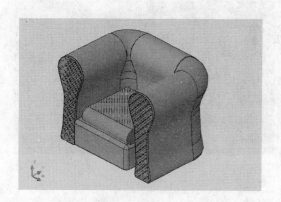

2. 双人沙发

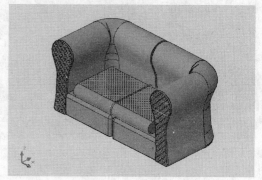

3. 植物 A

4. 植物 B

5. 植物 C

6. 植物 D

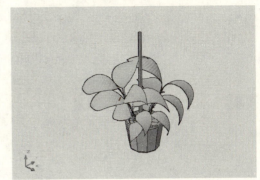

7. 人物 A

8. 人物 B

9. 人物 C

10. 人物 D

11. 人物 E

12. 人物 F

13. 玻璃方桌

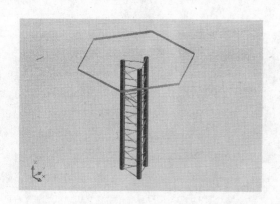

14. 茶几

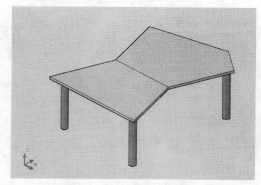

15. 椅子

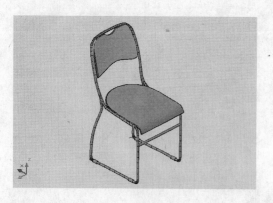

16. 吊灯 A

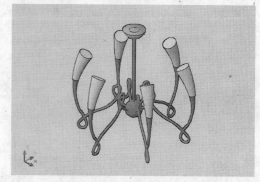

17. 吊灯 B

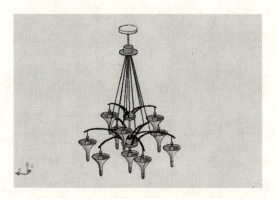

18. 吸顶灯

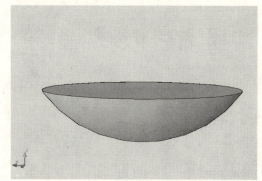

19. 餐桌

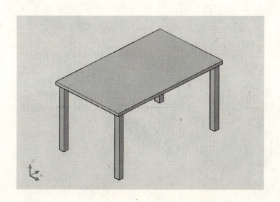

20. 电视柜

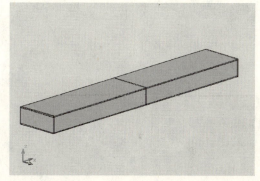

21. 橱柜 A

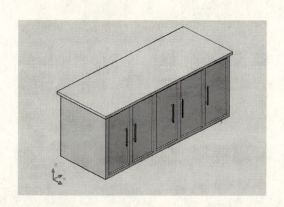

22. 橱柜 B

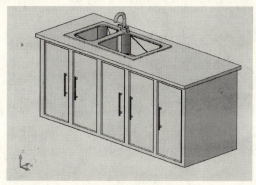

23. 吊柜

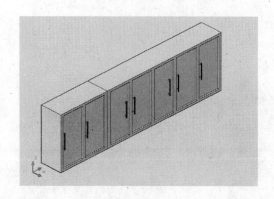

24. 电脑

25. 投影仪

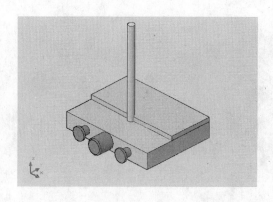

26. 灶具

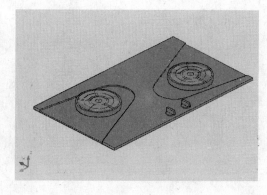

27. 抽油烟机

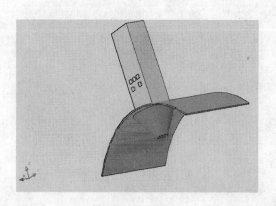

28. 冰箱

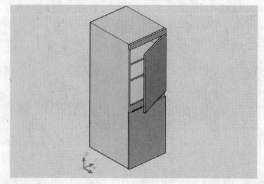

29. 浴缸

30. 格栅灯

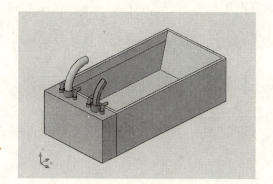
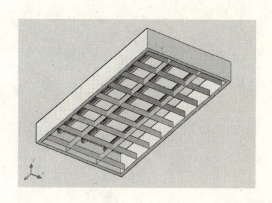